北京理工大学"双一流"建设精品出版工程

Modern Blasting Technology
（2nd Edition）

现代爆破技术
（第2版）

杨 军　陈鹏万　戴开达　迟力源 ◎ 编著

北京理工大学出版社
BEIJING INSTITUTE OF TECHNOLOGY PRESS

内 容 简 介

本书力争反映国内外爆破技术领域最新理论技术成果，满足各相关专业教学课程体系改革和对爆破技术专业人才培养的需要。本书共分 11 章，主要内容包括现代爆破技术概论、炸药及爆炸的基本理论、爆破器材、岩石爆破机理、掘进爆破技术、台阶爆破技术、建构筑物爆破拆除技术、特种爆破技术、爆破安全技术、爆破数值模拟和智能化设计及爆破施工机械等。附录列有常用爆破术语英汉对照，以方便读者自学、查阅外文资料及国际交流。

本书既适用于军工院校工程力学、安全工程、弹药工程与爆炸技术等专业本科生的专业课教学，也适用于普通高等学校矿业、交通、铁路、水电、土建等相关专业爆破技术课程教学，还可作为上述专业硕士、博士研究生及相关工程技术人员教学科研参考书。

图书在版编目（CIP）数据

现代爆破技术/杨军等编著．—2 版．—北京：北京理工大学出版社，2020.10
ISBN 978 - 7 - 5682 - 9169 - 9

Ⅰ．①现…　Ⅱ．①杨…　Ⅲ．①爆破技术　Ⅳ．①TB41

中国版本图书馆 CIP 数据核字（2020）第 203057 号

出版发行／北京理工大学出版社有限责任公司
社　　址／北京市海淀区中关村南大街 5 号
邮　　编／100081
电　　话／（010）68914775（总编室）
　　　　　（010）82562903（教材售后服务热线）
　　　　　（010）68948351（其他图书服务热线）
网　　址／http：//www.bitpress.com.cn
经　　销／全国各地新华书店
印　　刷／三河市华骏印务包装有限公司
开　　本／787 毫米 × 1092 毫米　1/16
印　　张／20　　　　　　　　　　　　　　　　　责任编辑／王玲玲
字　　数／470 千字　　　　　　　　　　　　　　文案编辑／王玲玲
版　　次／2020 年 10 月第 2 版　2020 年 10 月第 1 次印刷　责任校对／周瑞红
定　　价／62.00 元　　　　　　　　　　　　　　责任印制／李志强

前 言

现代爆破技术是一门发展迅速的实用型跨学科专业课程。随着我国国民经济和国防建设的发展，以及对基础建设投入的增加，爆破技术得到了更加广泛的应用；各种爆破技术名目繁多，新方法、新技术层出不穷，并且技术水平日趋成熟，不断地丰富着技术门类，也极大地促进了这门学科的发展。爆破工程是军工产业民用炸药和爆破器材的主要市场，各种新型、安全、高效的民用炸药和爆破器材不断涌现，对爆破技术的发展起到了重要的推进作用；近年来，爆破理论、数值计算、设计智能化技术和安全与量测技术等研究工作取得了辉煌的成果，并在工程实践中起到了重要的作用。爆破工程技术的发展不仅需要大量的新型工业炸药和爆破器材，还需要加快培养更多具有一定专业水平的爆破从业技术人员。

本书修编宗旨在于力争反映国内外爆破技术最新成就和教学内容课程体系改革成果。近年来，爆破技术发展势头很猛，各种爆破新技术的出现及其技术水平日趋成熟，都需要反映在新的教材里，才能有利于学生掌握最先进的爆破技术，以便能更好地为生产实际服务。本书致力于从爆破理论研究和工程实践中吸取成熟的最新理论和先进技术成果，以充实教学内容，突出现代特色。

爆破工程技术是一门涉及专业面广、新技术多、发展变化快的学科。本书克服以往的现代爆破技术教材的手册化倾向，而采取以点带面的方式，突出重点，使读者能通过学习精选章节的重点内容，掌握基本方法，对相关爆破技术问题也能做到举一反三，融会贯通。同时，借鉴了经典教材的优点，以爆破技术的基本理论和基本原理为重点，结合工程实践，深入浅出，既介绍先进技术和理论研究成果，又充分考虑工程应用现状，以达到理论联系实际，为爆破工程服务的目的。考虑到学生专业基础水平和军工特点，进行适当的章节取舍，略去与其他课程重复的章节，以便在有限的学时内使学生掌握较多的爆破先进技术。

本教材共分11章，建议授课时间为60学时。主要内容由四大部分组成：第1章现代爆破技术概论、第2章炸药及爆炸的基本理论和第3章爆破器材，属于炸药及爆炸基础部分；第4章岩石爆破机理和第10章爆破数值模拟和智能化设计，属于爆破理论及研究新进展部分；爆破技术部分由第5章掘进爆破技术、第6章台阶爆破技术、第7章建构筑物爆破拆除技术、第8章特种爆破技术和第9章爆破安全技术构成；此外，还有第11章爆破施工机械部分。本书在上一版基础上对许多内容进行修编和重写。其中，第1章现代爆破技术概论部分增加了对西方接受中国火药发明和爆破技术最新发展的介绍；第2章和第3章炸药及爆炸的基本概念和爆破器材中删去了含梯炸药和火雷管等内容，增加了乳胶基质混装炸药和电子雷管及起爆系统等内容；第4章岩石爆破机理和第10章爆破数值模拟和智能化设计增加了国内外爆破理论研究最新成果和爆破技术发展前沿内容；在第5章掘进爆破技术增加了大断面隧道掘进等新技术；第6章台阶爆破技术增加了高精度延时逐孔起爆技术；第7章建构筑物爆破拆除技术重新规划了章节分布，增加了高烟囱和箱梁桥体拆除等内容，并对水压爆破、静态破碎及机械拆除技术做了新的梳理；第8章特种爆破技术增加了复合板技术；第9章爆破安全技术根据新版安全规程进行了修订；最后一章爆破施工机械部分也加进了新的设备介绍等内容。本书的第1章、第5章、第10章和第3章的部分内容由杨军撰写，第2章、第11章和第3章的大部分内容由戴开达撰写，第8章和第9章由陈鹏万撰写，第4章、第6章、第7章及附录由迟力源撰写。全书由杨军负责统稿和定稿。

本书适用于工程力学、安全工程、弹药工程与爆炸技术等专业的本科、研究生的爆破工程选修专业课程教学，也可作为涉及力学、安全和兵器科学与技术等学科了解爆炸技术、拓宽专业视野的本科通识课教材。本书还可作为矿业、交通、铁路、水电和土木工程等行业相关专业改进课程设置，拓宽专业方向的新教材。考虑到留学生和国际交流需要，在原中英专业词汇注释基础上，增加了英文目录和每章开篇英文提要。

本书是在2004年版（原作者杨军、陈鹏万、胡刚）的基础上修编完成的，原书得到了中国矿业大学王树仁教授的鼎力支持和精心指教，中国工程院冯叔瑜院士欣然作序，并给予作者殷切希望和极大鼓舞。修编过程中，得到了著名爆破专家顾毅成研究员的热忱帮助，他不辞劳苦，认真审核，并提出了许多建设性意见。修编中参考并采纳了爆破界同行大量的教材和研究成果。作者在此一并表示衷心的感谢！

Modern blasting technology is a fast-developing practical interdisciplinary professional course. With the development of national economy and national defense construction and the increase in infrastructure construction, blasting technology has been more widely used. Available blasting techniques are various and numerous. New techniques and methods are emerging in an endless stream. The technology gradually matures. These continuously enrich technology categories, and also greatly promote the development of this discipline. Blasting engineering works are the main market for military industry, civil explosives and blasting materials. Variously new, safe and efficient explosives for civil uses and blasting materials are emerging, which plays a significant role in facilitating the development of blasting technology. Recently, in the areas of blasting theory, numerical computation, intelligent design system and safety and measurement technologies, research works have achieved brilliant results, and has played an important role in engineering practice. The development of blasting engineering technology not only requires a large number of new industrial explosives and blasting materials, but also needs to accelerate the training of more blasting technicians with a certain professional level.

The purpose of the revision of this textbook is to strive to reflect the latest achievements of domestic and international blasting technology and the achievements of reforming teaching content and curriculum system. Recently, blasting technology is developing rapidly. The emergence of various new blasting technologies and their gradually maturity are supposed to be reflected in this new textbook. The text book helps students master the most advanced blasting technology. The students could serve the production better in the future. This textbook is devoted to absorbing mature latest theories and advanced technological achievements from blasting theory research and engineering practice, enriching the teaching content and highlighting modern characteristics.

Blasting technology is a subject that involves a wide range of specialties and many new technologies, and develops fast. This textbook of modern blasting technology cannot include all aspects, should overcome the tendency of being a manual, and lays stress on the key points. By studying the important content of selected chapters, readers master the basic methods, draw inferences about other cases from one instance and have a full and thorough understanding. The textbook draws on the advantages of classic textbooks, focuses on the basic theories and principles of blasting technology, and also includes engineering practice. The content compiled from the elementary to the profound introduces advanced technology and theoretical research results, and integrates theory with practice by fully considering the current status of engineering applications. Finally, it achieves the purpose of serving blasting engineering works. In order to enable students to master more advanced blasting techniques in a limited number of studying hours, the textbook contains appropriate chapters and skips duplicate content from other courses by considering their basic level of expertise and military specialty.

This textbook is divided into 11 chapters, and the recommended teaching time is 60 hours. The main content consists of four parts. The first part is explosives and basic explosion, including Chapter 1 Outline to Modern Blasting Technology, Chapter 2 Explosives and the Basic Theory of Explosions, and Chapter 3 Explosive Materials. The second part involves blasting basic theory and the new research progress, including Chapter 4 Rock Blasting Mechanism and Chapter 10 Numerical Simulation and Intelligent Design of Blasting. The third part is blasting technology, including Chapter 5 Development Blasting Technology, Chapter 6 Bench blasting techniques, Chapter 7 Demolition Blasting Techniques for Structures and Buildings, Chapter 8 Special Blasting Techniques, and Chapter 9 Blasting Safety Techniques. The last part is Chapter 11 Blasting Machinery. The revised textbook is divided into 11 chapters. Based on the original version of textbook, we added a new chapter of Numerical Simulation and Intelligent Design of Blasting as Chapter 10. Many parts in the original 10 chapters are revised and rewritten. In Chapter 1 Outline to Modern Blasting Technology, the content adds the acceptance of Chinese gunpowder invention by West countries and the introduction of the latest developments of blasting technology. In Chapter 2 Explosives and the Basic Theory of Explosions and Chapter 3 Explosive Materials, the content about explosives containing TNT and fuse cap is removed, and emulsion-matrix mixed explosives, electronic detonators and the initiation system are added. In Chapter 4 Rock Blasting Mechanism and Chapter 10 Numerical Simulation and Intelligent Design of Blasting, the latest achievements from domestic and international blasting theory research and frontiers of blasting technology development are added. In Chapter 5, development blasting technology adds new technologies such as tunneling of large sections. Chapter 6 Bench Blasting Techniques adds high precise hole-by-hole delay blasting. Chapter 7 Demolition Blasting Techniques for Structures and Buildings reorganizes sections and adds demolition blasting of high chimney and box girder bridges. In addition, water pressure blasting, static fracture and mechanical demolition are straightened out. Chapter 8 Special Blasting Techniques adds composite board technology. According to new safety regulations, Chapter 9 Blasting Safety Techniques is revised. The introduction of new equipment is added in the last part Blasting Machinery. Chapter 1, Chapter 5, Chapter 10, and some sections of Chapter 3 of this book were written by Jun Yang. Chapter 2, Chapter 11 and most sections of Chapter 3 were written by Kaida Dai. Chapters 8 and 9 were written by Pengwan Chen. Chapter 4, Chapter 6, Chapter 7 and appendix are written by Liyuan Chi. The whole book is drafted and finalized by Jun Yang.

This textbook is suitable for elective courses of the undergraduate and postgraduate students with majors of Engineering Mechanics, Safety Engineering, Ammunition Engineering and blasting Technology. It can also be used as an undergraduate general course textbook for subjects including mechanics, safety, and weapons science and technology to understand explosion technology and broaden professional horizons. This book can also be used as a new textbook for the improvement of professional courses in mining, transportation, railway, hydropower, civil engineering and other industries. Taking into account the needs of international students and international communication, on the basis of the original Chinese and English professional vocabulary notes, an English catalog and an English summary for each chapter are added.

This book was edited and completed on the basis of the 2004 edition (the original author Jun Yang, Pengwan Chen, Gang Hu). The original manuscript was supported and carefully instructed by Professor Shuren Wang from China University of Mining and Technology. Academician Shuyu Feng of the Chinese Academy of Engineering is pleased to preface and gives the author great hope and great encouragement. The revision was warmly assisted by researcher Yicheng Gu, a well-known blasting expert. He worked tirelessly to review it and put forward many constructive suggestions. A large number of textbooks and research results from colleagues in the blasting industry were referenced and adopted in the revision. The author expresses his heartfelt thanks here!

时间进入 21 世纪，国民经济建设有了更为深入的发展，大量城市建筑物被拆除、改建或扩建，许多新建工程不断增加；随着爆破器材的新品种相继出现，工程爆破的技术水平也在不断提高。据不完全统计，全国从事爆破工程的专业公司已超过千家，有关的从业人员达一百多万，其中专业技术人员有一万多人。事实表明，各个专业公司的技术水平差异很大，因而这些技术人员的素质也有着大的差别。由于社会对爆破作业人员的需求越来越大，对爆破作业的安全要求越来越高，为此，公安部在中国工程爆破协会的积极配合下，先后培训了爆破技术人员一万二千多名，但仍然不能满足客观的需要。

工程爆破是一门重实践的技术科学，许多工程实例都要通过实践来验证。但是没有正确的理论基础去指导实践，很难收到良好的工程效果。

杨军等作者一直从事理论研究和爆破专业教学，并积累了一定的工程实践经验，合著了这本《现代爆破技术》，内容丰富，增加了一些新技术和新工艺，有利于大学本科相关专业和现场工作者的学习参考，相信他们能够从中得到裨益。

我高兴地看到了《现代爆破技术》书稿，在即将出版问世之际，乐于介绍给新学本专业和爆破界广大同仁，希望今后能有更多的著作出版，丰富和充实工程爆破理论和技术内容，培养和造就更多优秀的爆破专业人才，促进我国爆破技术的不断创新和发展。

冯叔瑜

2004.7.2 于北京

目　录
CONTENTS

目 录
CONTENTS

第1章

现代爆破技术概论

Chapter 1　Outline to Modern Blasting Technology

　　自人类发明黑火药并用于采矿活动以来，爆破一直是岩石开挖破碎的重要手段。目前，现代爆破技术已广泛应用于矿山开采、岩土工程、建构筑物拆除和材料加工等工程建设与生产领域。而作为研究炸药在岩石等介质中爆炸的破坏作用及其效果控制的爆破技术，也迅速发展成为一个实用型跨学科专业方向。现代爆破技术的主要内容，包括炸药及爆炸的基本理论和岩石爆破机理，工业炸药、起爆器材及方法和施工机械，岩石中掘进爆破、露天台阶爆破、建构筑物拆除爆破和各种特殊爆破技术，以及爆破安全技术。随着工业生产和工程建设现代化水平的提高及对爆破技术进步的要求，现代爆破技术正朝着精细化、数字化和智能化的方向发展。

　　Since the invention of black powder and used in mining activities, blasting has been the important means of rock excavation and medium breaking. At present, modern blasting technology has been widely used in mining, geotechnical engineering, construction demolition and material processing and many other engineering construction and production fields. As a discipline studying the destructive effect of explosive explosion in rocks and other media and its effect control, modern blasting technology has rapidly developed into a practical interdisciplinary professional technology. The main content of modern blasting technology, including the basic theory of explosives and explosion and rock blasting mechanism, industrial explosives, blasting equipment and methods and construction machinery, rock driving blasting, open stage blasting, demolition blasting of construction and various special blasting technology, as well as blasting safety technology. With the improvement of the modernization level of industrial production and engineering construction and the requirement of the development of blasting technology, modern blasting technology is developing towards the direction of refinement, digitalization and intelligentization.

1.1　从黑火药发明到现代爆破技术

1.1.1　爆破技术发展历史

　　爆破技术是利用炸药爆炸释放的能量对介质做功，实现岩石开挖或介质破碎的专门技术。炸药的始祖黑火药是对人类文明做出重要贡献的中国古代四大发明之一。

　　中国人最先发明黑火药的记载可追溯到 6~7 世纪。早在唐代孙思邈所著的《丹经内伏硫黄注》中已出现硫、硝、炭三种成分的黑火药。郑思远在《真远妙道要略》中描述了硝、炭的化学反应。9 世纪就出现了完整的黑火药的配方，到南宋时期，黑火药已用于军事目的。黑火药传入欧洲是在 13 世纪。1627 年，匈牙利人首先将黑火药用于采矿过程的爆破工序，从此开始了爆破技术的萌芽。然而，西方世界一直以为黑火药是著名科学家培根于 13 世纪发明的，直到 20 世纪 80 年代北京理工大学校长丁儆教授纠正了西方这一传统观点。通过对中国古代火药的发明、火药的早期军事应用、火药技术的发展和古代火药理论等方面深入研究，丁先生有关中国人发明黑火药的结论先后得到英国剑桥大学著名科技史作家 Joseph Needham 教授、日本东京大学吉田忠雄教授及日本工业火药学会的认可，直到 1990 年应邀在美国第十五届国际烟火技术学术会议上发表《火药与冲击波的发明发现在中国》的大会报告，才受到西方学界的一致认可。

爆破技术是伴随着各种爆破器材的发明而发展的，爆破技术的进步又促进了爆破器材的发展。1799 年，英国人 E. Howard 发明了雷汞炸药。1831 年，W. Bickford 发明了导火索。A. Nobel 在 1867 年发明了火雷管，同年又发明了以硅藻土为吸收剂的硝化甘油炸药（Dynamite），1875 年成功研制胶质硝化甘油炸药。硝化甘油炸药后来逐渐取代了黑火药。19 世纪，随着许多工业炸药新品种的发明及凿岩机械和起爆技术的出现，爆破技术得到了很大的发展。如 1831 年 Richard Treuitck 成功研制蒸汽式钻机；1862 年，Sommeiller 研制出压气冲击式凿岩机，结束了人工掌钎抢锤打孔的历史；1895 年出现的秒延期雷管解决了大规模爆破同时起爆多个药包的难题，并为延时起爆技术的发展创造了条件。

1925 年，以硝酸铵为主要成分的粉状硝酸铵炸药问世，使爆破工程技术朝着安全、经济的方向迈出了决定性的一大步。在此前后出现的以太安为药芯的导爆索（1919）和毫秒延期电雷管（1946），加上大型凿岩设备的出现，为爆破技术从硐室爆破发展到深孔爆破、从齐发爆破发展到毫秒延时爆破创造了条件。1956 年，Melvin Cook 发明的浆状炸药，以及 20 世纪 70 年代乳化炸药的研制成功，彻底解决了硝铵类炸药的防水问题。1967 年，瑞典诺贝尔公司研制的导爆管起爆系统克服了电雷管起爆系统易受外来电干扰的弊端，进一步提高了起爆的安全性，成为爆破工程的主流起爆器材。

随着爆破技术的不断发展，技术进步速度加快，新技术不断涌现，一些过时的技术逐渐被淘汰。硐室爆破是以专用硐室或巷道作为装药空间的一种爆破技术，由于该技术爆破规模大、成本低、初期效率高、不需要大型机械设备，曾在我国露天矿剥离、路堑开挖、基建平场和堤坝堆筑等工程中发挥了重要作用。硐室爆破药室的容量可达数千吨，我国曾成功进行过多次千吨级和万吨级的硐室大爆破。随着机械化程度的提高和工程投资状况的改善，大规模硐室爆破的应用日益萎缩，加之爆破环境影响大和二次破碎工程量繁重，发达国家和地区已不再使用此种爆破技术。随着起爆规模的增加和起爆器材品种的更新，我国火雷管起爆法及含有 TNT 的炸药已于 2008 年宣布淘汰。近年来，电雷管的使用范围也逐渐萎缩；乳化炸药的兴起和普及，使固体防水硝铵类炸药已经逐渐退出爆破市场；炸药现场混装车已广泛应用，取代包装炸药的比例越来越大；电子雷管应用推广也取得了突出的成效。

长期以来，使用爆破技术几乎是破碎岩石的唯一手段，即使在与隧道掘进机和液压冲击锤等重型机械激烈竞争的今天，爆破技术在中硬以上岩石开挖和混凝土破碎工程中，仍然没有失去其不可替代的优势。我国的爆破技术在改革开放以来取得了突飞猛进的发展，如今不仅在爆破技术开发应用上成果显赫，炸药技术输出和理论研究方面也取得了令世人瞩目的成效，21 世纪更是有望跨进世界爆破技术强国行列。

1.1.2　爆破技术在国民经济建设中的作用

现代爆破技术是直接为国民经济建设服务的各种工业生产和开挖施工的技术手段之一。目前，在冶金、煤炭、水电、铁路交通和基础设施等国民经济建设领域，爆破技术在矿岩开采、岩土工程、建构筑物拆除和材料加工等领域取得了广泛的应用，为国民经济建设做出了重大贡献。我国冶金矿山、非金属矿山，年产矿石量 40 亿吨以上，年产煤炭 35 亿吨以上，每年修建新线铁路近 6 000 km，公路逾 15 万千米，大、中型水库和机场、港口等基础设施建设，都需采用爆破技术。由此可见，爆破工程在我国国民经济建设中具有重要地位且不可替代。据统计，近年来我国民用炸药年产量已超过 430 万吨，雷管年产量已经突破 20 亿发，一跃超出美国，成为世界上最大民爆产品生产国。同时，从事民爆生产的公司许多都是军工企业，火工品生产和贸易每年不仅为国家创造可观的经济效益，也有力地促进了军工企业走出一条军民融合的市场化发展新路。

现代爆破技术不仅已深入应用到我国国民经济生产的各个部门，而且在爆破实践中不断创造出了许多爆破新工艺和新方法，提高了生产效率，促进了施工和生产工艺的技术创新。诸如矿山开采爆破大孔距小抵抗线大区延时爆破；地下巷道的掘进的光面爆破；水利部门用于打开水库引水隧洞的岩塞爆破；铁道交通部门的复杂地质条件下大断面隧道爆破、路堑爆破，填筑路堤和软土、冻土地带的爆破；石油化工部门埋设地下管道和过江管道，以及处理油井卡钻事故的特殊爆破；水下炸礁、疏浚河道和为压实软土的水下码头、堤坝地基处理的水下爆破等；诸多爆破实践探索不仅解决了工程建设和生产实际中的技术难题，同时也发展和丰富了现代爆破技术。

随着国民经济建设的深入发展，许多城市也在进行改建和扩建，城市控制爆破技术得到了空前的发展。城市控制爆破技术的发展，不仅把过去危险性大的爆破作业由野外推进到了人口密集的城镇，更重要的是，将爆破技术与安全和环保问题结合起来。考虑建筑物和围岩稳定的控制爆破技术，配合爆破测试手段监测爆破引起的周围环境影响，不仅改进了爆破工艺，还使得在城市复杂环境中可以从容地进行爆破工程施工。跨入新世纪，大型机械设备的普及、高技术产品的不断涌现，以及环保意识的增强，无不给爆破技术的提高带来新的机遇。

此外，近年来利用炸药爆炸原理在机械工业部门加工处理机械零部件的爆炸加工方法，使得表面硬化的金属淬火处理、不同材质的金属爆炸焊接等新技术在理论和生产实践方面都取得了很大的成就。爆炸合成新材料技术在人工合成金刚石及超硬材料方面近年来也取得了重要进展。

1.2　现代爆破技术学科内容

现代爆破技术是研究炸药在岩石等介质中爆炸破碎作用及其效果控制的一门学科。利用炸药的爆炸能量对介质做功，以达到预定工程目标的作业过程称作爆破（blasting）工程。现代爆破技术是一门发展迅速的实用型跨学科专业技术，主要研究爆破理论及其在岩石介质破碎、开挖和城市拆除工程等领域的应用。随着经济建设的发展，爆破技术在国民经济建设和国防工程各部门得到了广泛的应用；各种爆破技术名目繁多，新方法、新技术层出不穷，极大地促进了这门学科的发展，使爆破的含义已远远超出世人对其的传统理解和认识。

1.2.1 现代爆破技术的主要内容

现代爆破技术的主要内容由四大部分组成：炸药及爆炸的基本理论和岩石爆破机理是现代爆破技术发展的理论基础；工业炸药和各种安全实用的起爆器材，以及现代化施工机械，是爆破技术应用的物质条件；岩石中掘进爆破、露天台阶爆破、建构筑物拆除爆破和形形色色的特殊爆破，共同组成了现代爆破技术的丰富内容；而爆破安全技术是爆破技术推广应用的保障和前提。

1. 爆破理论

爆破理论包括炸药及爆炸基本理论和岩石爆破机理等内容。炸药及爆炸作用的基本概念，阐述与爆破技术密切相关的炸药特性的感度及起爆传爆原理、氧平衡爆炸功及其炸药的主要性能；岩石爆破机理，则通过研究爆破作用下岩石破坏过程、爆破漏斗理论和成组药包作用，推出装药量计算原理，并深入分析了包括工程地质在内的影响爆破作用的因素。爆破理论模型研究成果也为爆破过程数值模拟奠定了基础。

2. 爆破的物质基础

爆破的物质基础包括爆破器材和施工机械等内容。常用工业炸药、起爆器材及其起爆方法，具体如电雷管起爆方法和非电导爆管雷管起爆法的连接网路，这些都是实施各种爆破方法的物质条件；爆破工程施工中所涉及的钻孔、装药、挖运及其破碎机械等机械设备对改进施工条件，促进施工现代化具有重要影响。

3. 爆破技术

爆破技术包括岩石爆破技术、建构筑物爆破拆除技术和特种爆破技术等内容。掘进爆破技术和台阶爆破技术的炮孔布置、爆破参数设计是爆破技术的核心，光面爆破、大区毫秒延时爆破和预裂爆破等技术构成了控制爆破技术的主要内容；烟囱、水塔类高耸建筑物拆除技术及房屋类建筑拆除技术的爆破方案选择、控制原理和参数设计是拆除爆破的重点，基础地坪拆除技术、水压爆破技术和静态破碎技术等丰富了拆除爆破的方法；特殊形状药包的应用、金属破碎和切割技术、爆炸合成新材料、油气井爆破技术等特种爆破技术，进一步拓展了炸药及爆破技术的应用范围。

4. 爆破安全

爆破安全包括早爆、盲炮的预防和处理，爆破振动波效应及减振技术，空气冲击波、飞石及其防护技术，噪声、粉尘等环境危害的预防和减灾措施等内容。

现代爆破技术的结构框架可概括如图 1-1 所示。

1.2.2 现代爆破技术特点

现代爆破技术具有基本理论发展快、各种爆破技术更新周期短、涉及的应用范围广及社会影响力大的特点。现代爆破的基本方法是钻孔爆破法（包括深孔爆破和浅孔爆破），钻孔爆破法所占比例是整个爆破工程量的绝大部分，主导了现代爆破技术的发展方向。

1. 掘进爆破

钻孔爆破是矿山生产、水电工程、交通和基础设施建设的岩石开挖的主要施工手段。岩

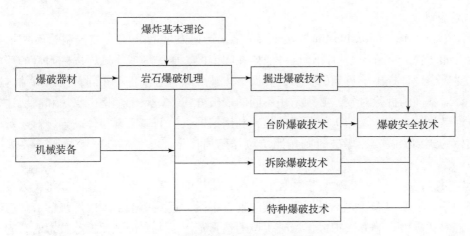

图 1-1　现代爆破技术基本框架

石中掘进工程是地下矿山开拓、交通水电工程及地下洞库开挖不可或缺的项目，掘进爆破（tunneling blasting）技术是整个掘进工程的首要部分，爆破效果直接关系着工程质量和使用年限。

在一个自由面条件下进行巷道掘进，爆破的夹制作用很大，掏槽技术是举足轻重的。为了保护围岩及推广新奥法施工，光面爆破技术得到了广泛应用。光面爆破是当爆破接近开挖边界线时，预留一圈保护层，然后对此保护层的密集钻孔进行少量装药的爆破，以求得到光滑平整的坡面和轮廓面。

除掘进爆破外，浅孔爆破还广泛应用于小规模土石方开挖爆破、城市建构筑物拆除爆破和一些地下矿开采等工程中。

2. 台阶爆破

台阶爆破（bench blasting）是现代爆破工程应用最广的爆破技术。露天矿开采、铁路和公路路堑工程、水电工程及基坑开挖等大规模岩石开挖工程都离不开台阶爆破。台阶爆破可与装运机械匹配施工，机械化水平高，因此施工速度快、效率高、安全性好。随着深孔钻机等机械设备的不断改进发展，深孔爆破技术在石方开挖工程中占有越来越重要的地位。台阶爆破中的毫秒延时爆破和预裂爆破是控制爆破技术发展的重要方向。

毫秒延时爆破（millisecond delay blasting）是一种巧妙地安排各炮孔起爆次序与合理时差的爆破技术，能有效减少爆破后出现的大块率，降低振动波、空气冲击波的强度和减小碎块的飞散距离，得到良好的便于挖运的堆积体。目前在露天及地下开挖和城市控制爆破中已普遍采用这种技术，其还有更为广阔的发展前途。随着台阶爆破技术的发展，伴随高精度毫秒延期雷管和电子雷管的应用，逐孔起爆毫秒延时技术已在露天矿和大型石方开挖工程中获得了成功推广。

预裂爆破（presplit blasting）与光面爆破（smooth blasting）在获得光滑的岩面、保护围岩免遭破坏方面具有相同的目的。预裂爆破在完整的岩体开挖前预先爆破预裂孔，使沿着开挖部分和保留部分的分界线裂开一道缝隙，用于隔断爆破作用对保留岩体的破坏。国内露天矿临近永久边坡爆破所采取的控制爆破措施中，多数矿山采用预裂爆破，少数矿山采用缓冲爆破和光面爆破。

3. 拆除爆破

拆除爆破（demolition blasting）是近 50 年来迅速发展起来的一类控制爆破技术。拆除爆破具有如下特点：首先，拆除爆破一般处在闹市区、居民区或厂区，爆区附近的环境十分复杂，对爆破设计提出了更高的要求；其次，爆破拆除的对象各不相同，其建筑结构也各不相同，针对不同的拆除对象，必须采用不同的爆破方式。如对于烟囱、水塔和高层建筑物的拆除，爆破设计只需炸毁结构的要害部位，利用结构失稳倒塌实现整体破碎；对于基础、地坪等实体构筑物的破碎，爆破时则按照单位炸药消耗量，参考岩石松动爆破有关规律进行设计。

拆除爆破的关键在于爆破规模的控制、药包质量的计算、炮孔位置的安排，以及有效的安全防护手段。使用炸药并不是拆除爆破的唯一手段，近些年来出现的燃烧剂、静态膨胀破碎剂、二氧化碳破岩等方法扩大了爆破手段的选择范围。大型机械化拆除技术的兴起，对爆破拆除市场形成了巨大的冲击，机械破碎配合爆破拆除可以改善工作条件，提高爆破拆除效率。使用时，可以根据爆破的规模、安全要求和被爆破对象的具体条件选择合理、有效的拆除方法。

4. 特种爆破技术

特种爆破是指爆破介质和对象、爆破方法及药包结构、爆破环境或爆破目的等不同于普通爆破的特殊爆破技术。近年来金属爆炸冲压成形、金属焊接、表面硬化和切割技术、爆炸合成金刚石、高温超导材料、非晶和微晶新材料等技术的应用领域越来越广，已建立和发展一批具有特殊装备的爆炸加工专业队伍。

炸药爆炸的聚能原理和它所产生的效应一直用作穿甲弹的军事目的，近年来才逐渐转为民用。利用聚能效应在冻土内穿孔、为炼钢平炉的出钢口射孔、为石油井内射孔或排除钻孔故障，以及在工程上用来切割金属板材和大块二次破碎等方面都取得了广泛的应用。其中油气井爆破技术，包括振动勘探、测井、射孔、压裂和修井技术，已成为特殊爆破的重要分支。

水下爆破技术在水库岩塞爆破、船坞围堰拆除、港湾航道疏浚工程和淤泥与饱和砂土软地基爆炸处理等方面发展非常迅速，尤其是淤泥软基爆炸处理技术具有投资少、工效高和施工简便等优势，在沿海开发区建设中得到了广泛的应用。

5. 爆破安全技术

爆破安全技术包括爆破施工作业中使用火工品的安全问题和爆破对周围建筑设施与环境安全影响两部分：一部分涉及爆破器材性能、适用条件、检验方法和起爆技术等问题；另一部分为爆破安全准则、爆破引起的公害及控制标准，以及防护技术和减灾技术等问题。

使用先进的爆破器材可以消除早爆和盲炮等各种安全隐患。非电导爆管雷管起爆系统、高精度毫秒延期雷管、无起爆药雷管和乳化炸药为首的安全防水炸药等新产品的推广使用，极大提高了爆破作业的安全可靠性，也大幅度减少了爆破事故的发生。随着爆破技术的进步及其在复杂工程城市环境的广泛使用，爆破引起的有害影响，包括振动、空气冲击波、飞石、噪声、毒气和粉尘等现象的控制和削弱，已经成为爆破设计与施工的必要部分；只要在爆破设计中采取有效的控制和防范措施，严格执行《爆破安全规程》，加强安全监测管理，可使各种爆破有害效应降到最低程度。

1.3　现代爆破技术的发展趋势

现代爆破技术的特点是在保证施工过程安全条件下完成具体爆破工程。爆破工程的高风险性及其社会影响，使得从业技术人员除了应掌握一般的爆破方法进行爆破设计施工外，还应具备较强的安全环保意识、良好的心理素质和一定的管理协调能力。因为爆破工程是要做到万无一失的工程，爆破失败往往会造成极其严重的灾难性后果和影响。为了适应社会发展和技术进步的要求，现代爆破技术正朝着精细化、科学化和智能化的方向发展。

1. 爆破控制的精确化

装药形式和装药结构的变化导致药包分散更为合理。集中药包是爆破理论中相似法则和最小抵抗线原理的典型装药形式，也是爆破设计中确定单位炸药消耗量的依据。硐室爆破多用集中药包，但在大规模硐室爆破中使用条形药包较为普遍。扩壶爆破属于集中药包，适用于钻孔机具不足的施工条件的中硬以下的岩石爆破。扩壶就是在普通炮孔的底部装入少量炸药，分次爆破，使孔底逐步扩大成圆壶状空间，以便装入较多药量的爆破方法。随着现代机械化施工水平的提高，扩壶爆破的运用面已越来越小。

钻孔爆破中绝大多数药包属于柱状药包，但为了满足预裂爆破、毫秒延时爆破等控制爆破的要求，常采取不耦合、间隔装药等装药技术。随着爆破装药的精确化，药包在空间的分散更为合理，这不仅有利于控制爆破效应，还能有效地提高破碎矿岩的质量，为后续工序生产创造了有利条件。

控制爆破过程中不同空间位置药包的起爆间隔时差是改善爆破质量和减小振动效应的得力手段，爆破器材的发展进一步促进了起爆技术精确化。高精度雷管可使爆破毫秒延时间隔的控制提高到 1 ms 数量级，这对于改善爆破质量和控制爆破振动效应都具有重要意义。推广使用电子雷管将使起爆精确度和安全性提高到更高的水平。

爆破控制的精确化还表现在城市建构筑物拆除爆破中。对于烟囱、水塔和高层建筑物的拆除，爆破设计不仅需要将结构要害部位炸毁，形成失稳倒塌切口，为了降低建筑物倒塌冲击造成的振动效应，还需在炸毁切口以外位置布置药包，以实现结构空中解体和减缓落地冲击振动效应。通过精确设计爆破的药量及装药起爆方式，实现对建构筑物倾倒方向、倒塌范围、破坏区域、碎块飞散距离和振动波、空气冲击波等公害的有效控制。

2. 爆破技术的科学化

近年来，随着相关科学的进步和爆破理论的发展，尤其是计算机技术的广泛使用，而爆破理论落后于爆破技术发展的状况有所改观。固体力学、工程力学等学科的新理论的引进，数值计算、设计智能化技术和安全与量测技术等研究工作的进步，为研究岩石爆破复杂过程提供了新的技术支持。

近年来，爆破理论研究充分借鉴了岩石损伤理论研究成果，甚至开始考虑岩体中天然节理裂隙对爆破效果的影响。在破岩机理研究中，除考虑爆炸冲击波和爆生气体作用外，更加关注自由面对爆破作用的影响。在爆破实践中，大孔距小抵抗线毫秒延时爆破技术充分利用自由面作用，采取斜线起爆，尽可能产生多个人为制造自由面，从而极大地改善了爆破质量。

爆破安全技术的发展和完善对于扩大爆破技术的应用范围具有重要意义。非电导爆管起爆系统、高精度雷管、安全抗水炸药和乳化炸药等新型爆破器材的使用极大提高了爆破作业的安全性；同时，降低爆破振动、空气冲击波、飞石、粉尘及有害气体污染等有害效应的研究和工程实践，也有力提高了爆破安全技术水平。

3. 爆破技术的智能化

数值计算方法的发展经历了连续介质材料模型和非连续介质材料模型等发展阶段。岩石爆破损伤模型因考虑了岩石内部客观存在的微裂纹及其在爆炸载荷下的损伤演化对岩石断裂和破碎的影响，能较真实地反映岩石爆破破碎过程。但是目前的岩石爆破损伤模型普遍没有考虑爆生气体在岩石破碎中的作用。为了反映岩石中的天然节理裂隙和初始损伤等不连续影响，以及爆破后碎块飞散状况，人们尝试用离散元和不连续变形分析方法建立爆破数值计算模型。

电子雷管具有数码延时控制精度高和延时间隔设定灵活两大技术特点。电子雷管的延期发火时间由微型电子芯片控制，延时控制误差小，延期时间可在爆破现场由爆破员设定，并在现场对整个爆破系统实施编程。使用电子雷管除了有利于提高爆破质量外，还能提高生产、储存和使用等方面的安全性，因此得到了安全主管部门的推崇。推广使用电子雷管的重要意义还在于其高精度延时优势，不仅能通过干扰振动减小爆破振动效应，而且对于改善破碎岩石块度及爆堆形状具有重要的现实意义。

基于计算机辅助设计 CAD 的露天矿生产爆破专家系统在矿山应用较为普及。该系统利用模糊数学理论帮助用户进行爆破对策的选择和最优台阶高度的确定，对于某些决策系统，可以给出置信水平。整个系统具有爆破对策选择、设备选择、方案选择、矿石破碎块度分布预测、参数的敏感性研究及参数最优选择等多项输出功能。可方便地用于露天台阶爆破设计和咨询、进行爆破方案设计和爆破振动分析。随着矿山生产信息化进程和人工智能技术的发展，爆破设计仍然依靠技术人员的人工经验完成，已无法保证爆破设计的科学性和合理性。在数字矿山信息化作业条件下，通过将人工智能理论和台阶爆破设计原理相结合产生的爆破智能设计系统，实现爆破参数选取智能化、布孔施工精确化、设计图表规范化，提高了生产爆破的设计质量和设计速度，进而实现爆破效果的进一步优化。该系统可根据台阶坡面形状及坡面角的变化自动布置炮孔，并可结合人工干预自动调整相关炮孔的设计参数，做到最优化的爆破设计；还能通过网路将钻孔信息导入，据此及时更新岩性调整各孔药量，并直接传给装药车；利用爆破前后拍摄的台阶信息判断爆破效果，进而可以分析爆堆和破碎形态，反馈爆破设计。

第 2 章

炸药及爆炸的基本理论

Chapter 2　Explosives and the Basic Theory of Explosions

炸药是在一定能量作用下，发生快速化学反应，释放能量，生成大量热和气体产物的化合物或混合物。炸药广泛应用于爆破工程中。炸药及爆炸的基本理论包括炸药及其爆炸作用、炸药的热化学参数、炸药的起爆机理和感度、冲击波和爆轰波的基本知识，以及炸药的爆炸性能等内容。

炸药爆炸有反应的放热性、生成气体产物和反应的高速性 3 个基本特征。炸药爆炸的化学反应是氧化反应，并且所需氧元素是由炸药本身提供的。炸药内含氧量与可燃物氧化所需氧量之间的关系称为氧平衡。激发炸药爆炸的过程称为起爆。炸药一旦起爆，首先在起爆点发生爆炸反应而产生大量高温、高压和高速的气流，并能够在周围炸药中激发冲击波。这个过程叫作爆轰过程。爆速和爆轰压力是两个重要的爆轰参数。一般从炸药的做功能力和猛度两方面来评价炸药的爆炸性能。

Explosive is a kind of compound or mixture which can produce fast chemical reaction, release energy, and generate a large amount of heat and gas under the action of a certain amount of energy. Explosive is widely used in blasting engineering. Explosives and the basic theories of explosions include explosives and the effects of explosions, the thermochemical parameters of explosives, the initiation mechanism and sensitivity of explosives, the basic knowledge of shock wave and detonation wave, and the explosion properties of explosives.

Explosive explosion has three basic characteristics: reaction exothermic, gas product and reaction high speed. The chemical reaction of explosive explosion is oxidation reaction, and the required oxygen element is provided by the explosive itself. The relationship between the oxygen content of explosives and the oxygen demand for the oxidation of combustibles is called oxygen balance. The process of igniting an explosive is called initiation. Once the explosive initiation, it first reacts with an explosion at the initiation point to produce a large number of high temperature, high pressure and high speed airflow, and can stimulate a shock wave in the surrounding explosives. This process is called detonation. Detonation velocity and detonation pressure are two important detonation parameters. The explosive performance of explosives is generally evaluated from two aspects: the strength power and brisance.

2.1 炸药及其爆炸作用

2.1.1 炸药及爆炸的定义

1. 炸药

炸药（explosive）是在一定能量作用下，发生快速化学反应，释放能量，生成大量热和气体产物的化合物或混合物。炸药的主要组成元素为碳、氢、氮、氧。在通常条件下，炸药是比较安定的物质，一旦受外界条件作用而获得足够的活化能，炸药内各种分子的运动速度和相互间碰撞能力增加，便会发生剧烈化学反应，引起炸药爆炸。炸药爆炸通常是从局部分子被活化、分解开始的，其反应热又使周围炸药分子被活化、分解，如此循环下去，直至全部炸药反应完毕。

2. 爆炸的定义及分类

爆炸（explosion）是物质系统的迅速变化过程。在爆炸过程中，物质系统瞬间放出巨大的能量，对系统周围介质做功，产生巨大的破坏作用，并伴随有强烈的声、光、热和电磁波等效应。各种爆炸现象按其作用产生的原因，可分为物理爆炸、核爆炸和化学爆炸 3 类。

①物理爆炸，指由物理原因造成的爆炸，爆炸过程中不发生化学变化。例如，锅炉爆炸、氧气瓶爆炸和轮胎放炮等都是物理爆炸。

②核爆炸，指由核裂变或核聚变引起的爆炸。核爆炸放出的能量极大，相当于数万吨至数千万吨梯恩梯当量爆炸能，并辐射出很强的各种射线。

③化学爆炸，指由化学变化造成的爆炸，炸药爆炸、瓦斯或煤尘爆炸、汽油与空气混合物的爆炸等都是化学爆炸。化学爆炸是工业生产和现代战争中广泛使用的类型。

2.1.2 炸药爆炸的基本特征

炸药爆炸的 3 个基本特征包括反应的放热性、生成气体产物和反应的高速性，是构成爆炸的必要条件，又称为爆炸的三要素。

1. 反应的放热性

放出大量热能是形成爆炸的必要条件，吸热反应或放热不足都不能形成爆炸。从各种草酸盐的反应热效应与其爆炸性的比较可以证实这一点。

$$（NH_4）_2C_2O_4 \rightarrow 2NH_3 + H_2O + CO + CO_2 - 263.3 \text{ kJ} \qquad 不爆炸$$

$$CuC_2O_4 \rightarrow 2CO_2 + Cu + 23.9 \text{ kJ} \qquad 爆炸性不明显$$

$$HgC_2O_4 \rightarrow 2CO_2 + Hg + 72.4 \text{ kJ} \qquad 爆炸$$

$$Ag_2C_2O_4 \rightarrow 2CO_2 + 2Ag + 123.5 \text{ kJ} \qquad 爆炸$$

对于同一种化合物，由于激起反应的条件和热效应不同，也有类似的结果。例如，硝酸铵在常温至 150 ℃时的反应为吸热反应；加热到 200 ℃时，分解反应虽为放热反应，但放热量不大，仍然不能构成爆炸；若迅速加热到 400 ~ 500 ℃，或用起爆药柱强力起爆，由于放热量增大，就会引起爆炸。其爆炸反应方程式为

$$NH_4NO_3 \rightarrow 0.75N_2 + 0.5NO_2 + 2H_2O + 118.0 \text{ kJ}$$

$$NH_4NO_3 \rightarrow N_2 + 0.5O_2 + 2H_2O + 126.4 \text{ kJ}$$

2. 生成气体产物

炸药爆炸放出的能量必须借助气体介质才能转化为机械功。因此，生成气体产物是炸药做功不可缺少的条件。在炸药能量转化的过程中，放出的热能先转化为气体的压缩能，后者在气体膨胀过程中转化为机械功。即使物质的反应热很大，但如果没有气体生成，就不会具有爆炸性。例如，铝热剂反应：

$$2Al + Fe_2O_3 \rightarrow Al_2O_3 + 2Fe + 828 \ kJ$$

铝热剂单位放热量要比梯恩梯高，并能形成 3 000 ℃高温，可使生成产物熔化，但却不能形成爆炸。若浸湿铝热剂或在松散铝热剂中含有空气，就可能产生类似爆炸现象。

虽然炸药爆炸放出的热量不可能全部转化为机械功，但生成气体越多，热量利用率越高。

3. 反应的快速性

炸药爆炸反应中，在反应区内炸药变成爆炸气体产物只需要 $10^{-6} \sim 10^{-5}$ s。爆炸过程的高速度决定了炸药能够在很短时间内释放大量能量，使得单位体积内聚集很高的热能，使反应产物被迅速加热到 2 000 ~ 3 000 ℃的高温，从而具有极大的威力。这是爆炸反应区别于燃烧及其他化学反应的一个显著特点。如果比较单位质量放出的能量，炸药还不及一般的燃料。例如，单位质量煤在空气中燃烧可放出 10 032 kJ/kg 的热量，比单位质量炸药放出的热量（2 900 ~ 6 300 kJ/kg）多很多，但在煤的燃烧过程中，所产生的热量通过热传导和热辐射不断散失，所以不会发生爆炸。

2.1.3　炸药化学反应的形式

炸药的化学反应是一种氧化还原反应。由于环境和引起化学反应的条件不同，一种炸药可能有不同形式的化学反应，即热分解、燃烧和爆炸。

1. 热分解

炸药在常温条件下，若不受其他外界能量作用，常常以缓慢的速度进行热分解反应，环境温度越高，分解越显著。热分解的特点是：炸药内各点温度相同；在全部炸药内反应同时进行，没有集中的反应区；分解时，既可以吸热，也可以放热，取决于炸药的类别和环境温度。但当温度较高时，所有炸药的分解反应都伴随有热量放出。例如，硝酸铵在常温或温度低于150 ℃时，其分解反应为吸热反应；当加热至200 ℃左右，分解时将放出热量。

$$NH_4NO_3 \rightarrow 0.5N_2 + NO + 2H_2O + 36.1 \ kJ \qquad 150 \ ℃$$

$$NH_4NO_3 \rightarrow N_2O + 2H_2O + 52.5 \ kJ \qquad 200 \ ℃$$

分解反应若为放热反应，如果放出热量不能及时散失，炸药温度就会不断升高，促使反应速度不断加快和放出更多的热量，最终引起炸药的燃烧和爆炸。因此，在储存、加工和使用炸药时，要随时注意通风，防止由于炸药分解产生热积累而导致意外爆炸事故的发生。

衡量炸药在不同温度条件下的化学安定性指标称为炸药的热安定性。

2. 燃烧

燃烧（combustion）是可燃元素（如碳、氢等）被激烈氧化的反应。炸药在加热条件下也会产生燃烧，但与其他可燃物燃烧的区别在于炸药燃烧时不需要外界供氧。炸药的快速燃烧又称爆燃，其燃烧速度可达 10^2 m/s。

燃烧与缓慢分解反应不同，燃烧不是在全部物质内同时展开的，而只在局部区域内进行并在物质内传播。进行燃烧的区域称为燃烧区或称为反应区。反应区沿物质向前传播，其传播的速度称为燃烧速度。

炸药在燃烧过程中，若燃烧速度保持定值，就称为稳定燃烧；否则，就称为不稳定燃烧。炸药燃烧主要靠热传导来传递能量。因此，稳定燃烧速度不可能很高，一般为 $10^{-3} \sim 10$ m/s，最高只能达到 10^2 m/s，低于炸药内的声速，且燃烧速度受环境条件的影响较大。约束条件下药柱燃烧时，燃烧产物向外部空间排出，燃烧反应区则向尚未反应的炸药内部传播，二者运动方向相反。

3. 爆炸

在炸药爆炸的过程中，化学反应区只在反应区内进行并在炸药内传播，反应区的传播速度称为爆炸速度。燃烧与爆炸的主要区别在于：燃烧靠热传导来传递能量和激起化学反应，受环境影响较大；而爆炸则靠冲击波的作用来传递能量和激起化学反应，基本上不受环境影响；爆炸反应也比燃烧反应更为激烈，放出热量和形成温度也高；燃烧产物的运动方向与反应区传播方向相反，而爆炸产物的运动方向则与反应区传播方向相同，故燃烧产生的压力较低，而爆炸则可产生很高的压力；燃烧速度是亚声速的，爆炸速度是超声速的。

爆炸同样存在稳定爆炸和不稳定爆炸两种情况，爆炸速度保持定值的称为稳定爆炸，否则，为不稳定爆炸。稳定爆炸又称为爆轰。爆炸是爆轰的不理想状态。爆轰速度可达 2 000 ~ 9 000 m/s，产生压力可达 $10^3 \sim 10^4$ MPa。

炸药上述 3 种化学变化的形式，在一定条件下，都是能够相互转化的：缓慢分解可发展为燃烧、爆炸；反之，爆炸也可以转化为燃烧、缓慢分解。

2.2 炸药的氧平衡及爆轰产物

2.2.1 炸药的氧平衡

2.2.1.1 氧平衡的概念

炸药内的主要元素是碳、氢、氧、氮，有些炸药还含有氯、硫、金属及其他成分。若炸药内只含有前四种元素，无论是单质炸药还是混合炸药，都可以把它们写成通式 $C_a H_b O_c N_d$，a、b、c、d 分别代表一个炸药分子中碳、氢、氧、氮原子的个数。单质炸药的通式通常按 1 mol 写出，混合炸药则按 1 kg 写出。

炸药爆炸的化学反应是氧化反应，并且所需氧元素是由炸药本身提供。按理想氧化反应生成的产物应为 H_2O、CO_2 和其他元素的高级氧化物；由于氮和多余的游离氧量不足，在生成产物中，除 H_2O、CO_2、N_2 外，还会有 H_2、CO、固体碳和其他氧化不完全的产物。

炸药内含氧量与可燃物氧化所需氧量之间的关系称为氧平衡（oxygen balance）。氧平衡用每克炸药中剩余或不足氧量的克数或百分数来表示。一些炸药及物质的氧平衡见表 2 – 1。

表 2 - 1 一些炸药和物质的氧平衡

物质名称	分子式	原子量或分子量相对分子质量	氧平衡/%
硝酸铵	NH_4NO_3	80	20.0
硝酸钾	KNO_3	101	39.6
硝酸钠	$NaNO_3$	85	47.0
乙二醇	$C_2H_4(OH)_2$	62	-129.0
太安 (PETN)	$C_5H_8(ONO_2)_4$	316	-10.1
黑索金 (RDX)	$C_3H_6N_3(NO_2)_3$	222	-21.6
奥克托今 (HMX)	$C_4H_4N_4(NO_2)_4$	296	-21.6
特屈儿	$C_6H_2(NO_2)_4NCH_3$	287	-47.7
梯恩梯 (TNT)	$C_6H_2(NO_2)_3CH_3$	227	-74.0
二硝基甲苯 (DNT)	$C_6H_3(NO_2)_2CH_3$	182	-114.4
硝化棉 (NC)	$C_{24}H_{31}(ONO_2)_9O_{11}$	-1 053	-38.5
石蜡	$C_{18}H_{38}$	254.5	-346.0
木粉	$C_5H_{22}O_{11}$	362	-137.0
轻柴油	$C_{11}H_{32}$	224	-342.0
沥青	$C_{30}H_{22}O_{11}$	294	-276.0

2.2.1.2 氧平衡的计算

炸药发生爆炸反应时，若碳、氢原子完全氧化，则

$$C + O_2 \rightarrow CO_2$$
$$H_2 + 1/2O_2 \rightarrow H_2O$$

即 a 个原子的碳生成 CO_2 需 $2a$ 个氧，b 个原子的氢生成水需要 $b/2$ 个氧。这样炸药本身所含的氧原子 c 与 $(2a + b/2)$ 之差，就反映了炸药的氧平衡状态。

若炸药的通式为 $C_aH_bO_cN_d$，单质炸药的氧平衡按下式计算：

$$OB = \frac{c - \left(2a + \dfrac{b}{2}\right)}{M} \times 16 \times 100\% \qquad (2-1)$$

式中，OB——炸药的氧平衡；

　　　M——炸药的摩尔量。

混合炸药的通式按 1 kg 炸药所含各元素比例写出，其氧平衡计算式为

$$OB = \frac{c - \left(2a + \dfrac{b}{2}\right)}{1\ 000} \times 16 \times 100\% \qquad (2-2)$$

混合炸药也可按各组分质量分数与其氧平衡乘积的总和来计算：

$$OB = \sum m_i k_i \qquad (2-3)$$

式中，m_i、k_i——第 i 组分的质量分数与其氧平衡值。

[例题1] 计算梯恩梯炸药的氧平衡。

[解答] 梯恩梯即三硝基甲苯 $C_6H_2(NO_2)_3CH_3$，其通式为 $C_7H_5O_6N_3$，其中 $a = 7$、$b = 5$、$c = 6$、$d = 3$，代入式 (2-1) 可得

$$OB = \frac{6 - \left(2 \times 7 + \frac{5}{2}\right)}{227} \times 16 \times 100\% = -74\%$$

2.2.1.3 氧平衡的应用

根据氧平衡值的大小，可将氧平衡分为正氧平衡、负氧平衡和零氧平衡三种类型。

1. 正氧平衡（OB > 0）

炸药内的含氧量除将可燃元素充分氧化之后尚有剩余，这类炸药称为正氧平衡炸药。正氧平衡炸药未能充分利用其中的氧量，并且剩余的氧和游离氮化合时，将生成氮氧化物有毒气体，并吸收热量。

2. 负氧平衡（OB < 0）

炸药内的含氧量不足以使可燃元素充分氧化，这类炸药称为负氧平衡炸药。这类炸药因氧量欠缺，未能充分利用可燃元素，放热量不充分，并且生成可燃性 CO 等有毒气体。

3. 零氧平衡（OB = 0）

炸药内的含氧量恰好够可燃元素充分氧化，这类炸药称为零氧平衡炸药。零氧平衡炸药因氧和可燃元素都能得到充分利用，故在理想反应条件下，能放出最大热量，并且不会生成有毒气体。

由此可见，氧平衡对炸药的爆炸性能，如放出热量、生成气体的组成和体积、有毒气体含量、气体温度、二次火焰（如 CO 和 H_2 在高温条件下和有外界供氧时，可以二次燃烧形成二次火焰）及做功效率等，有着多方面的影响。

在配制混合炸药时，通过调节其组成和配比，应使炸药的氧平衡接近于零氧平衡，这样可以充分利用炸药的能量和避免或减少有毒气体的产生。

2.2.2 炸药的爆炸反应方程式及爆轰产物

1. 炸药的爆炸反应方程式

由于爆炸反应是在高温高压条件下进行的，很难测定在爆炸瞬间的爆炸产物的组成，并且产物受炸药本身的组分和配比、炸药密度、起爆条件、可逆二次反应等影响。因此，精确确定爆炸产物组分是很困难的，只能近似建立炸药的爆炸反应方程式。

爆炸反应大多数是氧化反应，为建立近似的爆炸反应方程式，根据炸药内含氧量的多少，可将通式为 $C_aH_bO_cN_d$ 的炸药分为三类：第一类炸药为零氧平衡或正氧平衡炸药，$d \geq 2a + b/2$；第二类炸药为只生成气体产物的负氧平衡炸药，$a + b/2 \leq d < 2a + b/2$；第三类炸药可能生成固体碳的负氧平衡炸药，$d < a + b/2$。三类炸药分别按以下方法建立其爆炸反应方程式。

第一类炸药：生成产物应为充分氧化的产物，即 H 氧化成 H_2O、C 氧化成 CO_2、N 与多余的 O 游离。因此，这类炸药的爆炸反应方程式为

$$C_aH_bO_cN_d = aCO_2 + \frac{b}{2}H_2O + \frac{1}{2}\left(c - 2a - \frac{b}{2}\right)O_2 + \frac{d}{2}N_2$$

例如，硝化甘油炸药 $C_3H_5(ONO_2)_3$ 的爆炸反应方程式为

$$C_aH_bO_cN_d = 3CO_2 + 2.5H_2O + 0.25O_2 + 1.5N_2$$

第二类炸药：含氧量不足以使可燃元素充分氧化，但生成产物均为气体，无固体碳。建立这类炸药近似爆炸反应方程的原则为：首先使 H 全部氧化成 H_2O，多余的 O 将 C 全部氧

化成 CO，再多余的 O 将部分 CO 氧化成 CO_2。因此，可按以下步骤写出爆炸反应方程式：

第一步　$C_aH_bO_cN_d = \dfrac{b}{2}H_2O + aCO + \dfrac{1}{2}\left(c - a - \dfrac{b}{2}\right)O_2 + \dfrac{d}{2}N_2$

第二步　$C_aH_bO_cN_d = \dfrac{b}{2}H_2O + \left(d - a - \dfrac{b}{2}\right)CO_2 + \left(2a - c + \dfrac{b}{2}\right)CO_2 + \dfrac{d}{2}N_2$

例如，太安炸药 $C_5H_8(ONO_2)_4$ 的爆炸反应方程式为

第一步　$C_5H_8(ONO_2)_4 = 4H_2O + 5CO + 1.5O_2 + 2N_2$

第二步　$C_5H_8(ONO_2)_4 = 4H_2O + 3CO_2 + 2CO + 2N_2$

第三类炸药：由于严重缺氧，有可能生成固体碳。确定该类炸药爆炸反应方程式的原则是：首先使 H 全部氧化成 H_2O，多余的氧使一部分 C 氧化成 CO，剩余的碳游离出来。因此，其爆炸反应方程式为

$$C_aH_bO_cN_d = \frac{b}{2}H_2O + \left(c - \frac{b}{2}\right)CO + \frac{1}{2}\left(a - c + \frac{b}{2}\right)O_2 + \frac{d}{2}N_2$$

例如，TNT 炸药 $C_6H_2(NO_2)_3CH_3$ 的爆炸反应方程式为

$$C_7H_5N_3O_6 = 2.5H_2O + 3.5C + 3.5CO + 1.5N_2$$

以上确定炸药爆炸反应方程式的方法是按最大放热原则进行的，即以炸药爆炸生成产物时放出的热量最大为原则，且忽略了可能产生的可逆反应。

2. 爆轰产物与有毒气体

爆轰产物是指炸药爆轰时，化学反应区反应终了瞬间的化学反应产物。爆轰产物组成成分很复杂，炸药爆炸瞬间生成的产物主要有 H_2O、CO_2、CO 和氮氧化物等气体，若炸药内含硫、氯和金属等，产物中还会有硫化氢、氯化氢和金属氯化物等。爆轰产物的进一步膨胀，或同外界空气、岩石等其他物质相互作用，其组分要发生变化或生成新的产物。爆轰产物是炸药爆炸借以做功的介质，它是衡量炸药爆轰反应热效应及爆炸后有毒气体生成量的依据。

炸药爆炸生成的气体产物中，CO 和氮氧化物都是有毒气体。炸药内含硫或硫化物时，还会生成 H_2S、SO_2 等有毒气体。上述有毒气体进入人体呼吸系统后能引起中毒，就是所说的炮烟中毒。某些有毒气体对煤矿井下瓦斯起催爆作用（如氧化氮），或引起二次火焰（如 CO）。氮氧化物的毒性比 CO 大 6.5 倍。

影响有毒气体生成量的主要因素有：

①炸药的氧平衡。正氧平衡内剩余氧量会生成氮氧化物，负氧平衡会生成 CO，零氧平衡生成的有毒气体量最少。

②化学反应的完全程度。即使是零氧平衡炸药，如果反应不完全，也会增加有毒气体含量。

③若炸药外壳为涂蜡纸壳，由于纸和蜡均为可燃物，能夺取炸药中的氧，在氧量不充裕的情况下，将形成较多的 CO。若爆破岩石内含硫时，爆轰产物与岩石中的硫作用，生成 H_2S、SO_2 等有毒气体。

2.2.3　炸药的热化学参数

2.2.3.1　爆热

单位质量炸药在定容条件下爆炸所释放的热量称为爆热（explosion heat），其单位是 kJ/kg

现代爆破技术（第 2 版）

或 kJ/mol。爆热是爆轰气体产物膨胀做功的能源，是炸药的一个重要参数，提高炸药的爆热对于爆破工程具有重要的实际意义。一些炸药的爆热值见表 2-2。

表 2-2 一些炸药的爆热

炸药名称	爆热/$(kJ \cdot kg^{-1})$	装药密度/$(g \cdot cm^{-3})$
梯恩梯	4 222	1.5
黑索金	5 392	1.5
太安	5 685	1.65
特屈儿	4 556	1.55
雷汞	1 714	3.77
硝化甘油	6 186	1.6
硝酸铵	1 438	—

炸药爆热理论计算的基础是爆炸反应方程式的确立和盖斯定律的应用。

1. 生成热

在一定温度和压力下，由最稳定的单质生成 1 kg 或 1 mol 化合物所放出（或吸收）的热量叫作该化合物的生成热。一般规定，吸热时生成热为负，放热时为正。温度标准一般取 18 ℃（有时取 25 ℃），单位是 kJ/mol 或 kJ/kg。生成热分为定容生成热和定压生成热。前者是反应过程在定容条件下产生的生成热，而后者则是反应在 0.1 MPa 的恒压下产生的生成热。

例如，在定容条件下，反应方程为

$$2H_2 + O_2 \rightarrow 2H_2O(g) + 479.9 \text{ kJ}$$
$$N_2 + O_2 \rightarrow 2NO - 180.6 \text{ kJ}$$

上式表示，气态水的生成热为 +479.9/2 = +239.95（kJ/mol），即生成水的过程是放热的；NO 的生成热为 -180.6/2 = -90.3（kJ/mol），即生成 NO 的过程是吸热的。某些炸药和化合物的生成热见表 2-3。

表 2-3 一些炸药和物质的定容生成热

物质名称	定容生成热/$(kJ \cdot mol^{-1})$	物质名称	定容生成热/$(kJ \cdot mol^{-1})$
硝酸铵	354.83	木粉	2 005.48
硝酸钾	489.56	轻柴油	946.09
硝酸钠	463.02	沥青	594.53
硝化乙二醇	233.41	淀粉	948.18
乙二醇	444.93	甲铵硝盐	339.60
太安（PETN）	512.50	水(气)	240.70
黑索金（RDX）	-87.34	水(液)	282.61
奥克托今（HMX）	-104.84	二氧化硫	297.10
特屈儿	-41.49	二氧化碳	395.70
梯恩梯（TNT）	56.52	一氧化碳	113.76
二硝基甲苯（DNT）	53.40	二氧化氮	-17.17

物质名称	定容生成热/（kJ·mol^{-1}）	物质名称	定容生成热/（kJ·mol^{-1}）
硝化棉（NC）	2 720.16	一氧化氮	− 90.43
叠氮化铅（LA）	− 448.00	硫化氢	20.16
雷汞（MP）	− 273.40	甲烷	74.10
二硝基氮酚（DDNP）	− 198.83	氯化钠	410.47
石蜡	558.94	三氧化二铝	1 666.77

2. 盖斯定律

盖斯定律认为，化学反应的热效应与反应进行的途径无关，当热力过程一定时，热效应只取决于反应的初态和终态。盖斯定律的图解如图 2 - 1 所示。图中的 1、2、3 分别表示在标准状态下的元素、炸药和爆轰产物。根据盖斯定律，从状态 1 到状态 3，同状态 1 经由状态 2 再到状态 3 的热效应相等。即

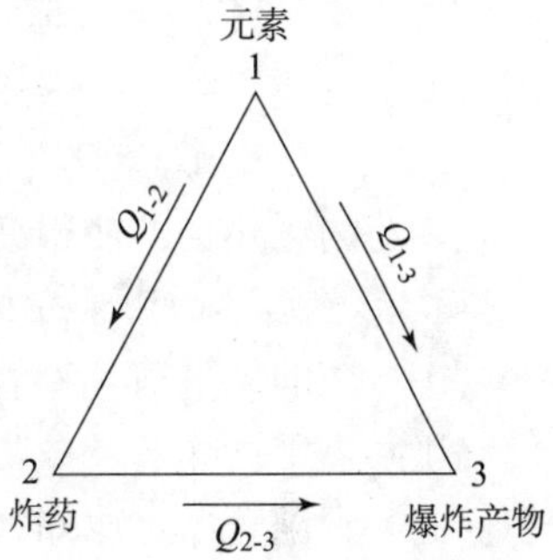

$$Q_{1-3} = Q_{1-2} + Q_{2-3} \qquad (2-4)$$

式中，Q_{1-3}——爆轰产物的生成热；

Q_{1-2}——炸药的生成热；

Q_{2-3}——炸药的爆热。

由此可知，爆热值为

$$Q_{2-3} = Q_{1-3} - Q_{1-2} \qquad (2-5)$$

图 2 - 1　盖斯三角形图解

显然，只要知道爆轰产物的成分及其生成热和炸药的生成热，就能计算出炸药的爆热值。需要注意的是，应用盖斯定律时，不同途径的各个反应都应在同样条件（定容或定压）下进行。因此，使用手册的数据进行计算时，必须用同样条件的数据，并要注意其温度和物质的状态。通常认为，炸药的爆轰是在定容绝热压缩条件下进行的，故其爆热通常是指定容爆热 Q_V。如果计算出的爆热是定压爆热 Q_p，则可按下式换算：

$$Q_V = Q_p + \Delta nRT \qquad (2-6)$$

式中，Q_V——定压爆热，kJ/mol；

Q_p——定容爆热，kJ/mol；

R——气体常数，$R = 8.306$ kJ/（mol·K）；

T——计算热效应时取定的温度，K；

Δn——产物中气体物质的量 n_2 与炸药中气体物质的量 n_1 之差；凝聚炸药的 $n_1 = 0$，故 $\Delta n = n_2$。

[**例题 2**]　计算多孔粒状铵油炸药的爆热。炸药配比为 NH$_4$NO$_3$ 95%，柴油 C$_{16}$H$_{32}$ 5%。

[**解答**]　首先计算 1 kg 炸药的生成热。

1 kg 炸药含 NH$_4$NO$_3$ 的物质的量为 $950 \div 80 = 11.875$（mol）；

1 kg 炸药含柴油 C$_{16}$H$_{32}$ 的物质的量为 $50 \div 224 = 0.223\ 2$（mol）。

由表 2 - 3 查得，在定容条件下，NH$_4$NO$_3$ 的生成热为 354.83 kJ/mol，柴油 C$_{16}$H$_{32}$ 的生成热为 946.09 kJ/mol，因此，1 kg 炸药的总生成热为

$$Q_{1-2} = 11.875 \times 354.83 + 0.223\ 2 \times 946.09 = 4\ 424.77\quad (\text{kJ})$$

然后计算爆炸产物的总定容生成热。列出 1 kg 炸药的爆炸反应方程式，该炸药为正氧平衡炸药，其爆炸反应方程式为

$$11.875NH_4NO_3 + 0.223\ 2C_{16}H_{32}$$

$$= C_{3.571\ 4}H_{54.642\ 8}N_{23.75}O_{35.625}$$

$$= 3.571\ 4CO_2 + 27.321\ 4H_2O + 0.580\ 4O_2 + 11.875N_2$$

由表 2-3 查得，生成产物中，CO_2 的定容生成热为 395.69 kJ/mol，H_2O 的为 240.70 kJ/mol，O_2、N_2 的为 0。则爆炸产物的总生成热为

$$Q_{1-3} = 3.571\ 4 \times 395.69 + 27.321\ 4 \times 240.7 = 7\ 989.43\quad (\text{kJ/kg})$$

则由盖斯定律得炸药的爆热为

$$Q_V = Q_{1-3} - Q_{1-2} = 7\ 989.43 - 4\ 424.77 = 3\ 564.66\quad (\text{kJ/kg})$$

炸药的爆热也可使用高强度爆热弹的试验装置测得。

3. 影响爆热的因素分析

①炸药的氧平衡。零氧平衡时，炸药内可燃元素能完全氧化并放出最大热量。但是，即使对于零氧平衡炸药，放出的热量也不同，炸药中含氧量越多，单位质量放出的热量也越多。此外，由盖斯定律知，炸药的生成热越小，爆热就越高。

②装药密度。对缺氧较多的负氧平衡炸药，增大装药密度可以增加爆热，这是因为装药密度增加，爆压增大，使一二次可逆反应向增加爆热的方向发展。增大装药密度对其他炸药影响不大。

③附加物，在炸药中加入细金属粉末不仅能与氧生成金属氧化物，而且能与氮反应生成金属氮化物，这些反应是剧烈的放热反应，从而增加爆热。

④装药外壳。增加外壳强度或重量，能阻止气体产物的膨胀，提高爆压，从而提高爆热。装药外壳特别是对缺氧严重的炸药影响较大。

⑤炸药化学反应的完全程度。炸药反应越完全，放热越充分，则爆热越高。

2.2.3.2　爆容

1 kg 炸药爆炸生成气体产物在标准状态下的体积称为爆容，其单位为 L/kg。爆轰气体产物是炸药放出热能借以做功的介质。爆容越大，炸药做功能力越强。因此，爆容是炸药爆炸做功能力的一个重要参数。

爆炸反应方程确定后，按阿伏伽德罗定律很容易计算炸药的爆容。若炸药的通式 $C_aH_bO_cN_d$ 是按 1 mol 写出的，则爆容计算公式为

$$V = \frac{22.4 \sum n_i \times 1\ 000}{M} \tag{2-7}$$

式中，$\sum n_i$——气体产物的总摩尔数；

M——炸药的摩尔量。

若炸药通式是按 1 kg 写出的，则

$$V_0 = 22.4 \sum n_i \tag{2-8}$$

［例题 3］　求硝酸铵的爆容。

［解答］　硝酸铵属于第一类炸药，其爆炸反应方程式为

$$NH_4NO_3 = 2H_2O + 0.5O_2 + N_2$$

则将 $\sum n_i = 3.5$、$M = 80$ 代入式（2-7），有

$$V_0 = \frac{22.4 \times 3.5 \times 1\,000}{80} = 980 \ (\text{L/kg})$$

2.2.3.3　爆温与爆压

爆温（detonation temperature）是指炸药爆炸时放出的能量将爆炸产物加热到的最高温度。爆温也是炸药的重要参数之一。在爆炸过程中，温度变化极快，并且其数值极高，可达几千度，目前的试验方法很难测定，为了得到炸药的爆温值，一般采用理论计算方法。

从炸药膨胀做功的观点考虑，希望能够提高炸药的爆温，但为避免引燃瓦斯和煤尘，矿用炸药的爆温不能过高，并有严格的限制。提高爆温的途径是增加爆热和减少爆炸产物的热容，而降低爆热的途径则相反。在煤矿许用炸药中，常用加入消焰剂（如氯化钠）的办法来降低爆温。

爆轰产物在爆炸完成的瞬间所具有的压力称为爆压（detonation pressure），单位为 MPa。爆炸过程中爆炸产物内的压力是不断变化的，爆压是指爆轰结束时，爆炸产物在炸药初始体积内达到热平衡时的流体静压值。爆压反映炸药爆炸瞬间的猛烈程度。

计算爆压的关键在于选择产物的状态方程，一般可利用阿贝尔状态方程来计算爆压，即

$$p = \frac{nRT}{V - \alpha} = \frac{n\rho}{1 - \alpha\rho}RT \qquad (2-9)$$

式中，α——气体分子的余容，是炸药密度的函数；

ρ——炸药密度，$\rho = 1/V$；

T——爆温。

乘积 nR 可用炸药爆容 V_0 来表示。因爆容是标准状态下的体积，由理想气体状态方程得

$$nR = \frac{p_0 V_0}{T_0} = \frac{V_0}{273} \qquad (2-10)$$

2.3　炸药的起爆与传爆

2.3.1　炸药的起爆机理

2.3.1.1　起爆与起爆能

要使炸药发生爆炸，必须施以某种外界作用并供给足够能量，来激发或活化一部分炸药分子。激发炸药爆炸的过程称为起爆。使炸药活化发生爆炸反应所需的活化能称为起爆能或初始冲能。

通常，工业炸药的起爆能有以下三种形式：

①热能。利用加热作用使炸药起爆，如直接加热、火焰、电火花或电线灼热起爆等。工业雷管多利用这种形式的起爆能。

②机械能。通过撞击、摩擦、针刺等机械作用使炸药分子间产生强烈的相对运动，并在瞬间产生热效应，使炸药起爆。这种形式多用于武器。

③爆炸冲能。利用起爆药爆轰产生的爆轰波及高温高压气体产物流的动能，可以使猛炸

药起爆。利用雷管或起爆药柱等产生的爆炸冲能可使一般炸药起爆。

2.3.1.2　炸药的起爆机理

起爆能是否能使炸药起爆，不仅与起爆能量多少有关，还与能量的集中程度有关。根据活化能理论，化学反应只是在具有活化能量的分子互相接触和碰撞时才能发生。活化分子具有比一般分子更高的能量，故比较活泼。因此，为了使炸药起爆，就必须有足够的外能使部分炸药分子变为活化分子。活化分子的数量越多，其能量同分子平均能量相比越大，则爆炸反应速度也越高。炸药爆炸反应过程中能量的变化如图2－2所示。能量级Ⅰ是炸药A的分子平均能量，能量级Ⅱ是爆炸产物C的分子平均能量，能量级Ⅲ则是炸药分子碰撞发生化学反应后所具有的最低能量。显然，为了使炸药分子的能量从Ⅰ提高到Ⅲ以达到活化状态，就必须使能量增加 E，E 就是活化能。起爆时，外能转化为炸药分子活化能，产生足够数量的活化分子，并因它们的互相接触、碰撞而发生爆炸反应。

图2－2中 ΔE 表示反应过程终了释放出的热能，说明该过程为放热反应。许多炸药的活化能为 125 ~ 250 kJ/mol。相应地，爆炸反应释放出来的热能为 840 ~ 1 250 kJ/mol，远大于所需活化能量，足以生成更多的新的活化分子，自动加速反应的进行。因此，外能越大、越集中，炸药局部温度越高，形成的活化分子越多，则引起炸药爆炸的可能性越大；反之，如果外能均匀地作用于炸药整体，则需要更多的能量才能引起爆炸。这一点对于热点起爆过程尤为重要。

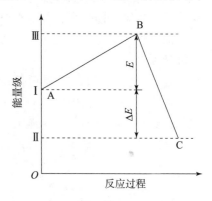

图2－2　炸药爆炸时能量变化示意图

1. 热能起爆机理

炸药在均匀加热作用下的爆炸又称为热爆炸，其过程是化学反应自动加速到爆炸的过程。热爆炸理论既是炸药起爆机理的基础，同时对于炸药的热加工和大量炸药储存中的安全又具有十分重要的实际意义。

在一定条件下，炸药发生化学变化时总要产生大量的热，即在一定温度下，炸药发生分解反应时常伴有热量放出，它的放热性随外界温度的升高或者是自催化作用的加剧而不断地增加。如果外界的通风和散热条件较好，并且炸药的药量又较少，那么炸药自身和环境的温度及压力不会升得过高，此时炸药较难发生爆炸；反之，如果炸药反应时所放出的热量大于向环境散失的热量，炸药内部出现热积累，其自身的温度和环境压力就会升高，致使炸药的热分解反应加速，放热加剧，从而使环境温度和压力上升，最终必然导致炸药爆炸。

因此，炸药发生热爆炸的条件一是放热量大于散热量，即炸药中能产生热积累；二是炸药受热分解反应的放热速度大于环境介质的散热速度。

炸药在热作用下发生爆炸的过程是一个从缓慢变化到突然升温爆炸的过程。即炸药的温度随时间的变化开始是缓慢上升的，其分解的反应速度也是逐渐增加的，只有经过一定的时间后温度才会突然上升，从而出现爆炸。因此，在炸药爆炸前，还存在一段反应加速期，称为爆炸延期或延迟时间。炸药爆炸反应时间主要取决于延迟时间，其本身反应时间很短。使炸药发生爆炸的温度称为爆发点。显然，爆发点并不是指爆发瞬间的炸药温度，而是指炸药分解自行加速时的环境温度。爆发点越高，延迟时间越短，其存在以下关系：

$$\tau = ce^{\frac{E}{RT}} \qquad\qquad (2-11)$$

式中，τ——延迟时间；

　　　c——与炸药成分有关的常数；

　　　E——炸药的活化能；

　　　R——通用气体常数；

　　　T——爆发点。

爆发点测定器如图 2 – 3 所示。

2. 机械能起爆机理

在机械作用下，炸药发生爆炸的机理是非常复杂的。目前公认的热点学说认为，炸药在受到机械作用时，绝大部分的机械能量首先转化为热能，由于机械作用不可能是均匀的，因此，热能不是作用在整个炸药上，而只是集中在炸药的局部范围内，并形成热点，在热点处的炸药首先发生热分解，同时放出热量，放出的热量又促使炸药的分解速度迅速增加。如果炸药中形成热点数

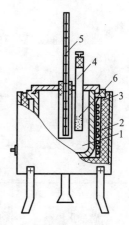

1—合金浴锅；2—电阻丝；
3—隔热层；4—铜管；
5—温度计；6—炸药。

图 2 – 3　爆发点测定器

目足够多，并且尺寸足够大，热点的温度升高到爆发点后，炸药便在这些点被激爆，最后引起部分炸药乃至整个炸药的爆炸。

热点学说认为，热点的形成和发展经过了热点的形成阶段、热点的成长阶段（速燃）、低爆轰阶段（燃烧转变为低爆轰）和稳定爆轰阶段。

至于在机械作用下热点形成的原因，主要有：①炸药内部的空气间隙或者微小气泡等在机械作用下受到绝热压缩，压缩气泡温度升高形成热点；②受摩擦作用后，在炸药的颗粒之间、炸药与容器内壁之间出现局部加热，摩擦生成的热量集中在一些突出点上，使温度升高而形成热点；③液体炸药的高速冲击造成黏滞性流动而产生热量。热点扩展和成长为爆炸的条件为：热点温度不低于 $300 \sim 600\ ℃$，视炸药品种而定；热点半径应为 $10^{-3} \sim 10^{-5}\ cm$；热点作用时间在 $10^{-7}\ s$ 以上；热点具有足够大的热量，应大于 $4.18 \times 10^{-8} \sim 4.18 \times 10^{-10}\ J$。

3. 爆炸冲能起爆

在爆破工程中，常利用起爆药的爆炸冲能引爆炸药，例如用雷管的爆炸使工业炸药起爆。爆炸冲能起爆机理与机械起爆相似，由于瞬间爆轰波（或强冲击波）的作用，首先在炸药某些局部造成热点，然后由热点周围炸药分子的爆炸再进一步扩展。

2.3.2　炸药的感度

炸药在外界起爆能作用下发生爆炸反应与否，以及发生爆炸反应的难易程度，叫作炸药的感度（sensitivity）。炸药的感度用激起炸药爆炸反应所需起爆能的多少来衡量。感度与所需起爆能成反比。炸药对某些形式起爆能的感度过高，就会在炸药生产、运输、储存、使用过程中造成危险；而使用炸药时，感度过低，则难以起爆，影响炸药的适用性。

炸药对不同形式的起爆能具有不同的感度。例如，梯恩梯对机械作用的感度较低，但对电火花的感度则较高；氮化铅对机械能比对热能更敏感，而二硝基重氮酸则相反。为研究不同形式的起爆能起爆作用的难易程度，将炸药感度区分为热感度、机械感度、冲击波感度、起爆冲能感度和静电火花感度等。

1. 热感度

炸药的热感度是指在热能作用下引起炸药爆炸的难易程度。热感度包括加热感度和火焰感度两种。

（1）加热感度

加热感度用来表示炸药在均匀加热条件下发生爆炸的难易程度，通常采用炸药在一定条件下确定出的爆发点来表示。爆发点低的炸药容易因受热而发生爆炸，其加热感度高。一些炸药的爆发点见表2-4。

表2-4　一些炸药的爆发点

炸药名称	爆发点/℃	炸药名称	爆发点/℃
二硝基重氮酚	170～175	太安	205～215
胶质炸药	180～200	黑索金	215～235
雷汞	170～180	梯恩梯	290～295
特屈儿	195～200	硝铵类炸药	280～320
硝化甘油	200～205	氮化铅	330～340

爆发点一般采用测定炸药在规定时间（5 min）内起爆所需加热的最低温度来表示。爆发点测定仪如图2-3所示。测定时，用电热丝加热使温度上升（到预计爆发点），然后将装有0.05 g炸药试样的铜管迅速插入合金浴（低熔点的伍德合金，熔点65 ℃）中，插入深度要超过管体的2/3。如在5 min内不爆炸，则需将温度升高5 ℃再试；如不到5 min就爆炸，则需将温度降低5 ℃再试。如此反复试验，直到求出被试炸药的爆发点。

（2）火焰感度

炸药在明火（火焰、火星）作用下发生爆炸的难易程度叫火焰感度。常用炸药对导火索喷出的火焰的最大引爆距离来表示，单位为mm。一般用来测量炸药的火焰感度的装置如图2-4所示。将0.05 g炸药试样装入火帽中，调节导火索与火帽中炸药的距离，点燃导火索，导火索燃到最后的末端喷出火焰可以引爆炸药的最大距离即为所求。一般采用6次平行测试的平均值。6次100%全爆的最大距离叫上限距离，它表征炸药的火焰感度；6次100%全部不爆的最小距离叫下限距离，它表征炸药的安全性。

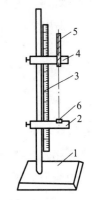

1—铁座；2—下盘；
3—表尺；4—上盘；
5—导火索；6—火帽壳。

图2-4　火焰感度
测定装置

2. 机械感度

在军工火工品中，常利用冲击或摩擦等机械作用来起爆弹药中的引信。而在炸药生产、运输和使用中，不可避免地会遇到各种机械作用，因此，研究炸药对机械作用的感度，在安全方面有着重要的意义。

（1）撞击感度

炸药撞击感度的试验方法和表示方法有多种，其基本原理是相同的。猛炸药撞击感度常用立式落锤仪（图2-5）来测定。测定时，将0.05 g炸药试样置于撞击器内上、下两击柱之间，让10 kg重锤自25 cm的高度自由下落而撞击在上击柱上。采用25次平行试验中炸药样品发生爆炸的百分率来表示该炸药的撞击感度。一些炸药的撞击感度见表2-5。

表 2 - 5　猛炸药的撞击感度、摩擦感度

炸药名称	粉状梯恩梯	特屈儿	黑索金	乳化炸药	2 号煤矿炸药
撞击感度/%	28	44 ~ 52	75 ~ 80	≤8	32 ~ 40
摩擦感度/%	0	24	80	≤8	24 ~ 36

　　起爆药的撞击感度很高，用上述的装置来测定不合适，可用弧形落锤仪（图 2 - 6）进行测量。起爆药的撞击感度常用在试验时重锤使受试炸药 100% 爆炸的最小落高作为上限距离（mm）和 100% 不爆炸的最大落高作为下限（mm）。试验药量 0.02 g，平行试验次数 10 次以上。上限距离表示起爆药的撞击感度，下限距离表示安全条件。几种起爆药的撞击感度见表 2 - 6。

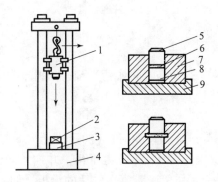

1—落锤；2—撞击器；3—钢钻；4—基础；5—上击柱；
6—炸药；7—导向套；8—下击柱；9—底座。

图 2 - 5　立式落锤仪

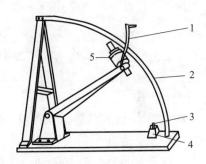

1—手柄；2—有刻度的弧架；3—击柱；
4—击柱和火帽定位器；5—落锤。

图 2 - 6　弧形落锤仪

表 2 - 6　起爆药的撞击感度

起爆药名称	锤质量/g	上限距离/mm	下限距离/mm
雷汞	450	80	55
氮化铅	975	235	65 ~ 70
二硝基氮酚	500	—	225

　　（2）摩擦感度

　　炸药摩擦感度通常利用摆式摩擦仪来测定（图 2 - 7）。施加静荷载的击柱之间夹有炸药试样，在摆锤打击下，上、下两击柱间发生水平移动以摩擦炸药试样，观察爆炸的百分率。炸药试样质量为 0.02 g，摆锤质量为 1 500 g，摆角 90°，平行试验 25 次。试验方法和感度表示方法与冲击感度相类似。一些炸药的摩擦感度见表 2 - 5。

　　3. 起爆冲能感度

　　炸药对起爆冲能的感度又称为爆轰感度或起爆感度。引爆炸药并保证其稳定爆轰所应采取的起爆装置（雷管、起爆药柱等）取决于炸药的起爆感度。引爆炸药时，炸药受到起爆装置爆炸产生的冲击波（即激发冲击波）和高温爆炸产物的作用。因此，炸药的起爆感度与热感度、冲击感度有关。

　　引爆炸药并使之达到稳定爆轰所需的最低起爆冲能即临界冲能，可用它来表示炸药的起

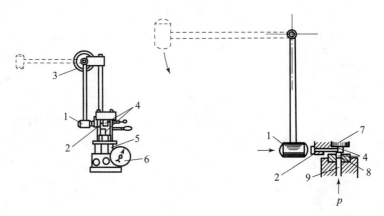

1—摆锤；2—击柱；3—角度标盘；4—测定装置（上下击柱）；5—油压机；
6—压力表；7—顶板；8—导向套；9—柱塞。

图 2 - 7　摩擦摆

爆感度。凡是用雷管能够直接引爆的炸药（称为具有雷管感度的炸药），临界冲能可以采用引爆炸药所需的最小起爆药量（又称为极限起爆药量）来表示，并用它来比较各种炸药的相对起爆感度。

猛炸药的极限起爆药量的试验方法为：将 1 g 受试炸药以 50 MPa 的压力压入 8 号铜质雷管壳中，然后装入定量的起爆药，扣上加强帽，以 30 MPa 的压力压药，并插入导火索，将装好的雷管垂直放在 $\phi40$ mm × 4 mm 的铅板上并引爆雷管。观察爆炸后的铅板，如果铅板被击穿且孔径大于雷管外径，则表示猛炸药完全爆轰；否则，说明猛炸药没有完全爆轰。通过增减起爆药量反复试验即可测出该炸药爆炸所需最小起爆药量。几种猛炸药的最小起爆药量见表 2 - 7。试验装置如图 2 - 8 所示。

表 2 - 7　几种猛炸药的最小起爆药量

起爆药名称	受试炸药极限起爆炸药/g		
	梯恩梯	特屈儿	黑索金
雷汞	0.24	0.19	0.19
氮化铅	0.16	0.10	0.05
二硝基重氮酚	0.163	0.17	0.13

对起爆感度较低的工业炸药，用少量的起爆药是难以使其爆轰的，这类炸药的起爆感度不能用最小起爆药量来表示，而只能用引爆炸药使之达到稳定爆轰所需起爆药柱的最小药量来表示。起爆药柱用猛炸药制作，以雷管引爆。

4. 冲击波感度和殉爆

（1）冲击波感度

炸药在冲击波作用下发生爆炸的难易程度称为冲击波感度（shock wave sensitivity）。

常用炸药的冲击波感度试验方法为隔板试验（图 2 - 9）。试验时，利用有机玻璃、软钢、铝等做隔板，通过改变其厚度来调节冲击波的强度。采用直径 41 mm、高 50.8 mm、质量为 100 g 的特屈儿作为主发药柱，爆炸时产生的冲击波经隔板传入受试药柱（被发炸药），使它发生爆炸。通过一系列试验，找出爆炸频数 50% 的隔板厚度（称作隔板值）作为炸药对冲击波感度的指标，传入受试药柱并能引爆它的冲击波称为激发性冲击波。引爆炸药所需激发冲击波的最小压力称为临界压力。

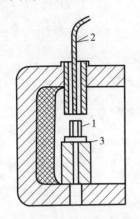

1—雷管；2—导火索；3—铅板。

图 2-8　极限起爆药量的测定装置

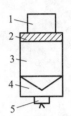

1—受试炸药；2—隔板；3—主发炸药；
4—平面波发生器；5—起爆药柱。

图 2-9　隔板试验

（2）殉爆

炸药爆炸时，通过介质产生的冲击波引起另一处炸药爆炸的现象称为殉爆（sympathetic detonation）。炸药殉爆的难易性取决于炸药对冲击波作用的感度。在炸药储存和运输过程中，必须防止炸药发生殉爆，以确保安全。但在工程爆破中，则必须保证炮孔内相邻药卷完全殉爆，以防止产生半爆，降低爆破效率。

首先爆炸的炸药称为主动装药，被诱导爆炸的炸药称为被动装药。主动装药能诱导被动装药爆炸的最大距离称为殉爆距离（图 2-10）。殉爆距离取决于主动装药的炸药性质和药量、被动装药对冲击波的感度及装药间的介质性质。

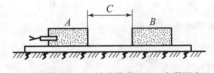

A—主动装药；B—被动装药；C—殉爆距离。

图 2-10　殉爆距离

药卷间的殉爆距离一般可通过试验来确定（图 2-10）。试验时，将同一种炸药的两个药卷沿轴线隔一定距离平放在坚实的砂土上，其中一个药卷装有雷管作为主动装药，另一个药卷作为被动装药，然后引爆雷管。根据形成的炸坑及有无残留的炸药和药卷来判断殉爆情况。通过一系列试验，找出相邻药卷能殉爆的最大距离。在炸药说明书中，都列有殉爆距离，使用者只需抽样检验，判定炸药在储存过程中有无变质即可。

5. 静电感度

炸药的静电感度指在静电火花作用下炸药发生爆炸的难易程度。炸药属于绝缘物质，比电阻在 10^{12} Ω/cm 以上，介电常数与一般绝缘材料差不多。在炸药生产及在爆破地点利用装药器经管道输送进行装药时，炸药颗粒之间或炸药与其他绝缘物体之间经常发生摩擦，同样也能产生静电，并形成很高的静电电压。例如，用压气把硝铵炸药通过软管吹入炮孔内时，由于炸药颗粒间相互摩擦，可能产生电容相当于 500 μF、电位达 35 kV 的静电。当静电电量或能量聚集到足够大时，就会放电产生电火花，从而引燃或引爆炸药。

高电压静电放电产生电火花时，形成高温、高压的离子流，并集中大量能量，这种现象类似于爆炸，同样能在炸药中产生激发冲击波。炸药对静电火花作用的感度，可用使炸药发生爆炸所需最小放电电能来表示，或用在一定放电电能条件下所发生的爆炸频数来表示。试验测定炸药静电火花感度的方法如图 2-11 所示。

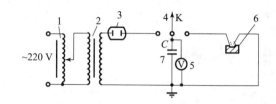

1—自耦变压器；2—升压变压器；3—整流二极管（电子管）；
4—转换开关；5—电压表；6—受试炸药；7—电容。

图 2-11 静电火花感度试验

2.3.3 炸药的爆轰过程

爆轰（detonation）是炸药爆炸的理想过程，也是其化学反应最充分的形式。建立在流体动力学基础上爆轰理论的基本观点是：

①炸药的爆轰是冲击波在炸药中传播而引起的。

②炸药在冲击波作用下的快速化学反应所释放出的能量又支持冲击波的传播，使其波速保持稳定。

③爆轰参数是以流体动力学为基础计算的。

2.3.3.1 爆轰波及其结构

在正常条件下，炸药一旦起爆，首先在起爆点发生爆炸反应而产生大量高温、高压和高速的气流，并能够在周围介质（炸药）中激发冲击波。冲击波波阵面所到之处，其高能量使炸药分子活化而产生化学反应。化学反应所释放出来的能量的一部分足以补偿冲击波传播时的能量损耗，并可阻止稀疏波对冲击波头的侵蚀。因此，冲击波得以维持并以固有波速和波阵面压力继续向前传播，其后紧跟着一个炸药化学反应区以同等速度向前传播。这种在炸药中传播并伴随有高速化学反应的冲击波叫作爆轰波（detonation wave），也称为反应性冲击波。这个过程叫作爆轰过程。

爆轰波具有冲击波的一般特性，但由于伴随有炸药的化学反应，反应释放出的能量支持冲击波的传播，补偿冲击波在传播中的能量衰减，因此，爆轰波具有传播速度稳定的特点。爆轰波传播的速度称为爆速（velocity of detonation）。爆速是炸药爆轰的一个重要参数。爆轰波波头结构的经典模型为 Z-N-D 模型，这是一个理想的模型，如图 2-12 所示。

爆轰波最前端的压力为冲击波压力 p_z，炸药在受到 p_z 作用下，开始进行化学反应。在化学反应结束时，爆轰波的压力为 p_H，称为爆轰压力，炸药中相应于 p_z 的位置称为冲击波波阵面。冲击波波阵面前的炸药尚

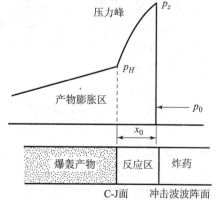

图 2-12 爆轰波的 Z-N-D 模型

未受冲击波的作用，处于初始状态，其压力、密度、温度、内能为 p_0、ρ_0、T_0、E_0；炸药中相对于 p_H 的位置为化学反应结束面，称为爆轰波波阵面，常叫作 C – J 面，C – J 面上的状态参数称作炸药的爆轰参数，分别为 p_H、ρ_H、T_H、E_H、u_H（u_H 为质点运动速度）等，C – J 面后的物质成分已完全变成了炸药的爆轰产物。在冲击波波头和 C – J 面之间为化学反应区，在化学反应区内，由于化学反应和放出热量，介质的状态参数将相应发生变化，与冲击波波头相比较，压力逐渐下降，比容和温度逐渐增加，当反应结束时，因放热量减少，温度开始下降。因此，反应区内不同截面上的状态参数是不同的。前沿冲击波和后跟的化学反应区构成了一个完整的爆轰波面，以同一速度沿爆炸物传播。

2.3.3.2　爆轰波传播的稳定性条件

假定爆轰波的传播过程是绝热过程，则爆轰波内的物质应符合质量守恒、动量守恒和能量守恒定律，这样可以得出与冲击波相同的基本方程。

$$D_H = V_0 \sqrt{\frac{p_H - p_0}{V_0 - V_H}} \tag{2-12}$$

$$u_H = \sqrt{(p_H - p_0)(V_0 - V_H)} \tag{2-13}$$

只是能量方程有些差别，因为在 C – J 面上的炸药已反应完毕变为爆轰产物，其内能已减少，有一部分已变成化学反应方程的热量，即爆热 Q_V，因此能量方程变为

$$E_H - E_0 = \frac{1}{2}(p_H + p_0)(V_0 - V_H) + Q_V \tag{2-14}$$

在冲击波波头上，炸药受到冲击压缩，但尚未发生化学反应，没有热量放出，故冲击波波头的能量方程为

$$E_z - E_0 = \frac{1}{2}(p_z + p_0)(V_0 - V_z) \tag{2-15}$$

若已知爆轰产物的状态函数 $E = E(p,V)$，就能在 $p - V$ 坐标面上画出与冲击绝热方程相对应的冲击绝热曲线。

公式（2 – 14）、式（2 – 15）相对应的两条曲线如图 2 – 13 所示，分别称为冲击波波头冲击绝热线（曲线 I）和爆轰波的冲击绝热线（曲线 II）。冲击波波头冲击绝热线通过 (p_0, V_0) 点，而爆轰波波头冲击绝热曲线不通过该点，并位于冲击波波头冲击绝热曲线的上方，原因是爆轰波波头冲击绝热方程右方多了一项反应热。

因为冲击波波头参数和爆轰参数必须满足相应的冲击绝热方程，所以点 (p_z, V_z) 必须落在冲击波波头冲击绝热曲线上，点 (p_H, V_H) 则必须落在爆轰波波头冲击绝热曲线上。

因冲击波波头和爆轰波波头是以相同的速度 D 传播的，所以点 (p_z, V_z) 和点 (p_H, V_H) 还必须落在代表波速的波速线上。该直线方程为

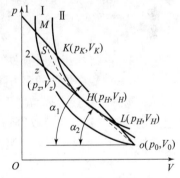

图 2 – 13　爆轰波的冲击绝热和波速关系曲线

$$p_z = p_0 + \frac{D^2}{V_0^2}(V_0 - V_z) \tag{2-16}$$

$$p_H = p_0 + \frac{D^2}{V_0^2}(V_0 - V_H) \tag{2-17}$$

因此，若已知爆速 D，则（p_z, V_z）和（p_H, V_H）可由其对应的冲击绝热线与波速线的交点来确定。自 o 点（p_0, V_0）可作无数条代表不同爆速并与两条冲击绝热相交的波速线。实际上，由于对于同一爆速，只能对应有唯一状态的爆轰产物，因此，只有当爆速为 D_H 时，气体状态由（p_0, V_0）突跃到（p_z, V_z）后开始化学反应，反应进行后，沿直线 2 变化，反应结束时，与爆轰波的冲击绝热线交于唯一的交点 H，气体状态为 $H(p_H, V_H)$。而其他波速线（直线 1）与爆轰波的冲击绝热线都有两个交点，即反应结束时，气体的状态不是唯一的，因此，其代表的爆炸是不稳定的。

在所有通过 o 点的波速线中，能代表稳定爆炸的只有一条，即与爆轰波波头冲击绝热曲线相切的波速线，它代表的爆速是所有波速线中最小的，即速度为 $D_H = u_H + c_H$。切点 H 称为 C - J 点，它是爆轰波的冲击绝热曲线、波速线和等熵线的公切点，该点的状态参数称为 C - J 参数或爆轰参数。

稳定爆炸的条件是反应终了气体的流速与声速之和必须等于爆速，即

$$u + c = D \tag{2-18}$$

该条件即为爆轰波的稳定传播条件，又称为 C - J 条件。

由于稀疏波和化学反应区都以当地声速（$u + c$）的速度跟随在冲击波波头后传播，如果 $u + c > D$，稀疏波就会侵入反应区，减少对冲击波波头的能量补充，使爆轰波不能稳定传播而降低爆速；如果 $u + c < D$，由于连续性的原因，反应区内也有部分区域存在着 $u + c < D$ 的情况，而这部分区域释放的化学能不可能传送到冲击波波头上，故从支持冲击波波头能量的观点来看，它是无效的，结果也会使爆轰波不能稳定传播而降低爆速。因此，稳定爆炸条件必须满足式（2 - 18），即满足 C - J 条件。

2.3.3.3 爆轰参数计算

大多数工业和军用炸药是凝聚体炸药，即固体或液体炸药，以上公式不能采用。但多数研究人员认为凝聚体炸药的密度比气体炸药的大，其爆轰产物的密度也大得多，此时已不能用理想气体的状态方程。为此，许多研究者提出了许多凝聚体炸药爆轰产物的状态方程式，对其爆轰参数进行理论计算。通常的近似计算以下式作为凝聚炸药的近似状态方程：

$$pV^\gamma = A \tag{2-19}$$

式中，A——与炸药性质有关的常数；

γ——凝聚炸药的多方指数。

在形式上，该方程与理想气体等熵方程完全一样，但其物理意义却有着本质区别。引入上式的状态方程后，可以得到与气体爆轰参数计算式相同的结果，只是绝热指数 K 换成了多方指数 γ。因此，可得凝聚炸药的爆轰参数计算公式：

$$D_H = \sqrt{2(\gamma^2 - 1) Q_V} \tag{2-20}$$

$$p_H = \frac{1}{\gamma + 1} \rho_0 D_H^2 \tag{2-21}$$

$$\rho_H = \frac{\gamma + 1}{\gamma} \rho_0 \tag{2-22}$$

$$u_H = \frac{1}{\gamma + 1} D_H \tag{2-23}$$

$$T_H = \frac{\gamma D_H^2}{nR(\gamma + 1)^2} \tag{2-24}$$

多方指数 γ 受炸药爆轰产物的组成、炸药密度和爆轰参数等因素影响，目前还没有一个精确的计算公式。但实际计算中，通常将 γ 视为常数，取 $\gamma = 3$ 被认为是一个很好的近似。这样可以得到如下简明的结果：

$$D_H = 4\sqrt{Q_V} \qquad (2-25)$$

$$p_H = \frac{1}{4}\rho_0 D_H^2 \qquad (2-26)$$

$$\rho_H = \frac{4}{3}\rho_0 \qquad (2-27)$$

$$u_H = \frac{1}{4}D_H \qquad (2-28)$$

$$c_H = \frac{3}{4}D_H \qquad (2-29)$$

由于爆轰产物状态方程的精确确定目前尚存困难，以上的计算仍属近似估算。尤其是按式（2-25）计算出的爆速值与实际偏差较大，必要时须经实际测定或按经验式估算。

此外，按以上给出的公式计算出的爆轰参数，都是在一维轴向流动条件下的理想爆轰参数，反应区放出的热量全部用来支持爆轰波的传播，但在实际情况下，存在有径向流动，使爆轰波的有效能量利用区小于反应区，支持爆轰波传播的能量减少，从而使爆速降低，也使爆轰参数相应降低。

［例题 4］ 已知铵油炸药的实测爆速 $D = 2\,800$ m/s，炸药密度 $\rho_0 = 1$ g/cm^3，计算炸药爆轰参数。

［解答］
$$p_H = 1/4 \times 1 \times 2\,800^2 \times 10^3 = 1\,960 \ (\text{MPa})$$
$$\rho_H = 4/3\rho_0 = 4/3 \times 1 = 1.33 \ (\text{g/cm}^3)$$
$$u_H = 1/4 D = 1/4 \times 2\,800 = 700 \ (\text{m/s})$$
$$c_H = D - u_H = 2\,800 - 700 = 2\,200 \ (\text{m/s})$$

2.3.3.4 爆速及其影响因素

爆速是重要的爆轰参数，它是计算其他爆轰参数的依据，也可以说爆速间接地表示出其他爆轰参数值，反映了炸药爆轰的性能。

炸药理想爆速主要取决于炸药密度、爆轰产物组成和爆热。从理论上讲，仅当药柱为理想封闭、爆轰产物不发生径向流动、炸药在冲击波波阵面后反应区释放出的能量全部都用来支持冲击波的传播、爆轰波以稳定速度传播时，才能达到理想爆速。实际上，炸药是很难达到理想爆速的，炸药的实际爆速都低于理想爆速。爆速除了与爆热、化学反应速度等本身的化学性质有关外，还受装药直径、装药密度和粒度、装药外壳、起爆冲能及传爆条件等影响。

1. 装药直径的影响

实际爆破工程中大量应用的是圆柱形装药，炸药爆轰时，冲击波沿装药轴向前传播，在冲击波波阵面的高压下，必然产生侧向膨胀，这种侧向膨胀以稀疏波的形式由装药边缘向轴心传播，稀疏波在介质中的传播速度为介质中的声速。装药直径影响爆速的机理，可用无外壳约束的药柱在空气中爆轰的情况来说明，如图 2-14 所示。

当药柱爆轰时，由于爆轰产物的径向膨胀，除在空气中产生空气冲击波外，还在爆轰产物中产生径向稀疏波向药柱轴心方向传播。此时，厚度为 a 的反应区 $ABBA$ 分为两部分：稀

疏波干扰区 ABC 和未干扰的稳恒区 $ACCA$。只有稳恒区内炸药反应释放出的能量对爆轰波传播有效，因而冲击波的强度将下降，爆速也相应减小。稳恒区的大小表明支持冲击波传播的有效能量的多少，决定了爆速的大小。当稳恒区的长度小于一定值时，便不能稳定爆轰。

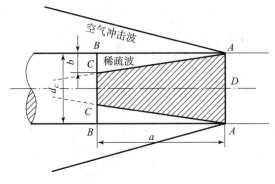

图 2 – 14   爆轰产物的径向膨胀

理论和试验研究表明，炸药爆速随装药直径 d 的增大而提高，并存在下列经验公式：

$$D = D_H\left(1 - \frac{d}{d_L}\right) \qquad (2-30)$$

爆速随药柱直径变化的关系如图 2 – 15 所示。当装药直径增大到一定值后，爆速就接近于理想爆速。接近理想爆速的装药直径 d_L 称为极限直径（limiting diameter），此时爆速不随装药直径的增大而变化。当装药直径小于极限直径时，爆速将随装药直径减小而减小。当装药直径小到一定值后，便不能维持炸药的稳定爆轰，能维持炸药稳定爆轰的最小装药直径称为炸药的临界直径 d_K（critical diameter）。炸药在临界直径时的爆速称为炸药的临界爆速。

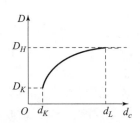

图 2 – 15   爆速与药柱
直径的关系

因此，为保证炸药能稳定爆轰，实际应用中的装药直径必须大于炸药的临界直径。临界直径与炸药化学本质有很大关系，起爆药的临界直径最小，一般为 10^{-2} mm 量级；其次为高猛单质炸药，一般为几毫米；硝酸铵和硝铵类混合炸药的临界直径则较大，硝酸铵可达 100 mm，而含梯炸药一般为 12～15 mm。

对于同一种炸药，当密度不同时，临界直径也不同。对于多数单质炸药，密度越大，临界直径越小；但对混合炸药，尤其是硝铵类炸药，密度超过一定限度后，临界直径随密度增大而显著增加。

2. 装药密度的影响

增大装药密度，可使炸药的爆轰压力增大，化学反应速度加快，爆热增大，爆速提高。并且反应区相对变窄，炸药的临界直径和极限直径都相应减小，理想爆速也相对提高。但其影响规律随炸药类型不同而变化。

对单质炸药，因增大密度既提高了理想爆速，又减小了临界直径，在达到结晶密度之前，爆速随密度增大而增大，如图 2 – 16（a）所示。

对混合炸药，增大密度虽然提高了理想爆速，但相应地，也增大了临界直径。分析图 2 – 16（b）可知，当药柱直径一定时，存在有使爆速达最大的密度值，这个密度称为最佳密度。超过最佳密度后，再继续增大装药密度，就会导致爆速下降，如图 2 – 16（b）所示。当爆速下降到临界爆速，或临界直径增大到药柱直径时，爆轰波就不能稳定传播，最终导致熄爆。

3. 炸药粒度的影响

对于同一种炸药，当粒度不同时，化学反应的速度不同，其临界直径、极限直径和爆速也不同。但粒度的变化并不影响炸药的极限爆速。一般情况下，炸药粒度细、临界直径和极限直径减小，爆速增高。

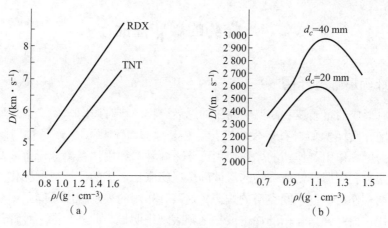

图 2 – 16　炸药爆速与密度的关系

混合炸药中不同成分的粒度对临界直径的影响不完全一样。其敏感成分的粒度越细，临界直径越小，爆速越高；而相对钝感成分的粒度越细，临界直径增大，爆速也相应减小；但粒度细到一定程度后，临界直径又随粒度减小而减小，爆速也相应增大。

4. 装药外壳的影响

装药外壳可以限制炸药爆轰时反应区爆轰产物的侧向飞散，从而减小炸药的临界直径。当装药直径较小时，爆速距理想爆速较大时，增加外壳可以提高爆速，其效果与加大装药直径相同。例如，硝酸铵的临界直径在玻璃外壳时为 100 mm，而采用 7 mm 厚的钢管作为外壳时，仅为 20 mm。装药外壳不会影响炸药的理想爆速，所以，当装药直径较大、爆速已接近理想爆速时，外壳作用不大。

5. 起爆冲能的影响

起爆冲能不会影响炸药的理想爆速，但要使炸药达到稳定爆轰，必须供给炸药足够的起爆能，并且激发冲击波速度必须大于炸药的临界爆速。

试验研究表明，起爆能量的强弱，能够使炸药形成差别很大的高爆速或低爆速稳定传播，其中高爆速即是炸药的正常爆轰速度。例如，当梯恩梯的颗粒直径为 1.0 ~ 1.6 mm、密度为 1.0 g/cm^3、装药直径为 21 mm 时，在强起爆能时，爆速为 3 600 m/s，而在弱起爆条件下，爆速仅为 1 100 m/s。当硝化甘油的装药直径为 25.4 mm 时，用 6 号雷管起爆时的爆速为 2 000 m/s，而用 8 号雷管起爆时的爆速为 8 000 m/s 以上。低爆速现象形成的原因是炸药在起爆能较低时，不能产生爆轰反应，而其中的空气隙和气泡受到绝热压缩形成热点，使部分炸药进行反应并支持冲击波的传播，从而形成炸药的低爆速。

6. 间隙效应（channel effect）

间隙效应，也称沟槽效应或管道效应，是指药卷与炮孔壁间存在月牙形空间时，爆炸药柱所出现的自抑制 – 能量逐渐衰减直至拒（熄）爆的现象。炸药在传爆过程中的这种间隙效应的机理，主要是由于炸药在一端起爆时，爆炸产物压缩药卷和孔壁之间的间隙中的空气形成了有持续能量补充的空气冲击波，它超前于爆轰波并压缩炸药，使得后面未开始化学反应的炸药密度逐步增加，当炸药密度被压缩到大于极限密度时，爆轰将中断。一般地，间隙效应与炸药配方、物理结构、包装条件及加工工艺有关。

2.4　炸药的爆炸性能

2.4.1　炸药爆炸的作用

炸药爆炸时形成的爆轰波和高温、高压的爆轰产物，将对周围介质产生强烈的冲击和压缩作用，使周围介质（例如岩石）发生变形、破坏、运动和抛掷。炸药对周围介质的各种机械作用统称为爆炸作用。炸药的爆炸作用可分为两种：利用炸药爆炸产生冲击波或应力波形成的破坏作用和利用爆炸气体产物的流体静压或膨胀功形成的破坏或抛掷作用。虽然各种炸药都具有这两种作用，但不同类型的炸药，这两种作用的表现程度不同。如黑火药几乎不存在冲击波作用，而高强猛炸药的冲击波作用则表现很明显。此外，同一种炸药，随装药结构、爆炸条件的不同，其两种爆炸作用的表现程度也不同。炸药的两种作用取决于炸药爆炸作用在炮孔壁上的压力变化。孔壁初始冲击压力越大，作用时间越短，则冲击作用越强；反之，则爆炸气体产物的准静态作用越强。孔壁上的压力取决于炸药和介质的性质、装药结构和爆破条件等。

对于连续装药（continuous column charging），炸药爆炸时的爆轰波直接与周围介质发生碰撞，在岩石中直接产生应力波，按弹性波理论，爆轰波以爆轰压力 $p_1 = \rho_0 D^2/4$ 的值入射到岩石等介质中，则在介质中产生的透射压力即为孔壁上的初始压力值。按弹性碰撞和正入射条件，可得孔壁初始压力 p_2 值的计算公式：

$$p_2 = \frac{1}{4}\rho_0 D^2 \frac{2}{1 + \dfrac{\rho_0 D}{\rho_m c_p}} \qquad (2-31)$$

式中，ρ_0、D——炸药的密度和爆速；

$\qquad \rho_m$、c_p——介质的密度和弹性波速。

对于不耦合装药（decoupling charge），炸药爆炸时的爆轰波首先压缩间隙内的空气，产生空气冲击波，而后再由空气冲击波冲击炮孔壁并在介质内产生爆炸应力波。若炮孔内的爆轰产物按 $pV^\gamma = A(\gamma = 3)$ 的规律膨胀，膨胀时的初始压力按平均爆轰压力计算，则可导出在不耦合装药条件下，作用在孔壁上的初始压力为

$$p_2 = \frac{1}{8}\rho_0 D^2 \left(\frac{d_c}{d_b}\right)^6 n \qquad (2-32)$$

式中，d_c、d_b——药柱和炮孔直径；

$\qquad n$——爆轰产物碰撞炮孔壁时的压力增大系数，$n = 8 \sim 11$，一般取 $n = 10$。

作用在炮孔壁上的冲击压力几乎是在瞬间产生的，其后衰减很快。这种随时间迅速变化的压力以波动形式传播，使岩体内产生动态应力场，并在一定范围内产生孔壁破裂。该阶段为炸药的初期作用阶段。此后，在炮孔壁上受到准静态气体产物的压力作用，气体将继续膨胀，但压力随时间变化，在岩体内产生准静态应力场，使原先产生的破裂增大，岩石被破碎成块并产生一定的推动和抛掷作用。压力随时间的变化一般采用指数函数来描述

$$p(t) = p_2 e^{-\alpha t} \qquad (2-33)$$

式中，α——衰减指数，它与炸药、岩石性质等因素有关。

设压力作用时间为 τ，则传给岩石的冲量为

$$I = \int_0^\tau p(t)\,\mathrm{d}t \qquad (2-34)$$

在动压作用期间，通过炮孔壁单位面积传给岩石的能量产物比能按下式计算：

$$E = \int_0^\tau p(t)u(t)\,\mathrm{d}t = \frac{1}{\rho_m c_p}\int_0^\tau p^2(t)\,\mathrm{d}t \qquad (2-35)$$

式中，$u(t)$——位移速度随时间变化的函数，它与 $p(t)$ 的关系为

$$p(t) = \rho_m c_p u(t) \qquad (2-36)$$

炸药的准静态作用阶段，可假定气体封闭在炮孔内容积不变，气体以一定的静压作用于孔壁，形成一稳态应力场，可近似按弹性力学的方法来分析。

为了研究和了解炸药的爆炸性能和对周围介质的破坏能力，合理地利用炸药能量，一般从两方面对炸药进行评价：一是炸药的做功能力，二是炸药的猛度。前者表示了炸药的准静态做功能力，后者表示炸药的冲击能力。

2.4.2　炸药的做功能力

炸药爆炸对周围介质所做机械功的总和，称为炸药的做功能力，又称为炸药威力（strength power）。它反映了爆炸生成气体产物膨胀做功的能力，也是衡量炸药爆炸作用的重要指标。

假设炸药爆炸放出的能量全部用于气体产物的膨胀做功，且该过程为绝热过程，根据热力学第一定律，气体产物的膨胀功应等于其内能的减少，即

$$- \mathrm{d}u = \mathrm{d}A$$

假设气体为理想气体，并引入爆热表达式 $Q_V = c_V T_1$，有

$$A = \int - \mathrm{d}u = \int_{T_1}^{T_2} - c_V \mathrm{d}T = c_V(T_1 - T_2) = Q_V\left(1 - \frac{T_2}{T_1}\right) = \eta Q_V \qquad (2-37)$$

式中，T_1——爆轰产物的初始温度；

$\quad\quad T_2$——爆轰产物做功后的温度；

$\quad\quad c_V$——爆轰产物的平均热容；

$\quad\quad \eta = \left(1 - \dfrac{T_2}{T_1}\right)$，称为热效率或做功效率。

应用气体等熵绝热状态方程 $pV^k =$ 常数，有

$$\frac{T_2}{T_1} = \left(\frac{V_1}{V_2}\right)^{k-1} = \left(\frac{p_2}{p_1}\right)^{\frac{k-1}{k}} \qquad (2-38)$$

代入式（2-37），可改写为

$$A = Q_V\left[1 - \left(\frac{V_1}{V_2}\right)^{k-1}\right] = Q_V\left[1 - \left(\frac{p_2}{p_1}\right)^{\frac{k-1}{k}}\right] \qquad (2-39)$$

式中，V_1、p_1——爆炸产物的初始比容和压力；

$\quad\quad V_2$、p_2——爆炸产物膨胀后的比容和压力；

$\quad\quad k$——爆炸产物的绝热指数。

上式表明，炸药的做功能力正比于爆热，并且和炸药的爆容有关，爆容越大，热效率越大。而爆炸产物的组成对爆容和绝热指数 k 都有影响，从而影响炸药的做功能力，因此，炸药的做功能力取决于热化学参数和爆炸产物的组成。试验测定炸药做功能力的方法常用的有铅铸法、弹道臼炮法和抛掷漏斗法。

铅铸法是最常用的方法。一般工业炸药说明书中的做功能力值都是采用此法测定的。铅铸为 99.99% 的纯铅铸成的圆柱体，直径 200 mm，高 200 mm，质量 70 kg，沿轴心有 $\phi 25$ mm、深 125 mm 的圆孔（图 2－17（a））。试验时，将 10 g 炸药用锡箔纸作外壳制成 $\phi 24$ mm 的药柱，并在一端装入 8 号雷管，放进铅铸的轴心孔内，然后用 144 孔/cm² 过筛的石英砂将孔填满（图 2－17（b））。炸药引爆后，圆孔扩大为梨形（图 2－17（c）），清除孔内残碴，注水测量扩孔后的容积。扩孔前后的容积差减去雷管扩孔容积（8 号雷管的扩孔值为28.5 mL）就作为炸药的做功能力值，单位为毫升，它是反映炸药做功能力的相对指标。因环境温度对扩孔值有影响，故标准试验温度规定为 15 ℃。不同温度时扩孔值的校正值见表 2－8。

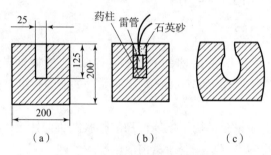

图 2－17　炸药做功能力试验
（a）装药前；（b）装药后；（c）爆炸后

表 2－8　扩孔值受温度影响的修正值

温度/℃	－20	－15	－10	－5	0	＋5	＋8	＋10	＋15	＋20	＋25	＋30
修正值/%	＋14	＋12	＋10	＋7	＋5	＋3.5	＋2.5	＋2	0	－2	－4	－6

2.4.3　炸药的猛度

炸药的猛度（brisance）表示炸药对邻近介质做功的能力。猛度表征了炸药冲击作用的强度，是衡量炸药爆炸特性及爆炸作用的重要指标。炸药爆炸的冲击破坏能力取决于作用压力及其作用时间，故可用爆轰压力或比冲量来表示。因此，炸药的密度和爆速越高，猛度也越高。

猛度的试验测定方法有多种，较普遍采用的是铅柱压缩法。此法试验装置如图 2－18 所示。用高 60 mm、直径 40 mm、纯铅制成的铅柱置于钢砧上，铅柱上放一块厚10 mm、直径 41 mm 的钢片，其上放药柱试样，并捆扎在钢砧上。药柱的药量 50 g，直径 40 mm，装药密度为 1 g/cm³，用纸作外壳。最后插入 8 号雷管引爆，雷管插入深度为15 mm。炸药爆炸后，爆轰波通过钢片压缩铅柱，铅柱被压缩成蘑菇状。用压缩前、后铅柱的高差来表示炸药的猛度，单位为 mm。一般工业炸药性能指标中的猛度值就是指铅柱压缩量。

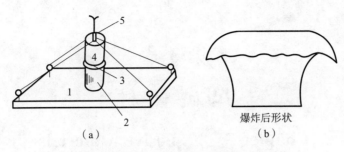

1—钢砧；2—铅柱；3—圆钢片；4—药柱；5—雷管。

图 2-18 炸药猛度试验

（a）试验装置；（b）压缩后的铅柱

爆破不同性质的岩石，应选择不同猛度的炸药。一般来说，岩石的波阻抗越大，选用炸药的猛度越大；爆破波阻抗较小的岩土时，炸药的猛度不宜过高。在工程爆破中，采用空气柱间隔装药或不耦合装药等措施，可减小作用在炮孔壁上的初始压力，从而降低猛度。

作为表征炸药性能的参量，炸药做功能力与猛度的区别在于：

①做功能力表示炸药在介质内部做功，猛度表示炸药对邻近介质做功。

②做功能力反映了对介质整体的压缩、破碎和抛掷能力，猛度则反映了对邻近介质的冲击损伤能力。

③猛度主要取决于炸药爆轰波参数，如爆速、爆轰波波阵面压力等，做功能力则与爆生气体作用关系较大。

思 考 题

1. 什么叫爆炸？自然界中存在哪些爆炸现象？各有何特点？

2. 什么叫炸药？炸药自身有什么特点？

3. 炸药爆炸必须具备哪三个基本要素？为什么？

4. 炸药化学反应的基本形式是什么？各有何特点？

5. 什么叫炸药的氧平衡？氧平衡有几种类型？配制炸药时，为什么要选用零氧平衡？

6. 求下列炸药的氧平衡，写出它们的爆炸反应方程式并计算爆容：（1）奥克托今；（2）铵油炸药（硝酸铵92%、柴油4%、木粉4%）。

7. 炸药爆炸生成的有毒气体有哪些？影响其生成量的主要因素是什么？

8. 什么是炸药的爆热？

9. 试用盖斯定律计算题6中炸药的爆热。

10. 什么叫炸药的起爆和起爆能？起爆能的常见形式有几种？

11. 试用活化能理论解释起爆机理。

12. 什么叫炸药的感度？炸药的感度可分为几种？如何表示？

13. 冲击波和爆轰波有哪些参数？有什么区别？

14. 试述影响炸药爆速的因素。

15. 何谓炸药的做功能力和猛度？它们有何区别？如何测定？

第 3 章

爆 破 器 材

Chapter 3　Explosive Materials

爆破器材包括工业炸药和起爆器材。工业炸药又称民用炸药，根据用途，分为起爆药、发射药和猛炸药三类。根据炸药组分情况，可分为单质炸药和混合炸药。混合炸药是以硝酸铵为主要成分，加上适量的可燃剂、敏化剂及其附加剂的混合物，也称硝铵类混合炸药。最常用的硝铵类混合炸药是铵油炸药，乳化炸药、浆状炸药和水胶炸药统称为含水硝铵类炸药。起爆器材是指使炸药获得必要引爆能量所用的器材，如雷管、导爆索、导爆管和起爆药柱（或起爆弹）等。

现行常用的起爆方法主要有电雷管起爆法、导爆索起爆法、导爆管起爆法、电子雷管起爆法、混合起爆法等。工程爆破中选用起爆方法时，要根据环境条件、炸药的品种、爆破规模、经济技术效果、是否安全可靠及作业人员掌握起爆技术的熟练程度来确定。

Explosive materials includes industrial explosives and initiation materials. And industrial explosives are also called civil explosives, they are classified into three types according to their applications: primary explosives, propellants and high explosives. According to the composition of explosives, it can be divided into single explosives and mixed explosives. The mixed explosive is a mixture of ammonium nitrate as a main component with an appropriate amount of a combustible agent, a sensitizer and an additive thereof, which is also called a mixed explosive of ammonium nitrate. The most commonly used ammonium nitrate mixed explosives are ammonium nitrate and fuel oil mixture (ANFO). Emulsion explosives, slurry explosives, and water gel explosives are collectively referred to as aqueous ammonium nitrate explosives. Initiation materials refer to the equipment used to obtain the necessary initiation energy for explosives. Such as detonators, detonating fuse, nonel tubes, delay connectors, safety fuses and primer (or initiatied bombs), etc.

The current methods of initiation mainly include blasting electric circuit, detonating cord blasting system, shock-conducting tube initiation system, electronic detonator initiation system and electric nonelectric initiation system. When the detonation method is selected in engineering blasting, it should be determined according to the environmental conditions, the type of explosive, the blasting scale, the economic and technical effects, whether it is safe and reliable, and the proficiency of the operator in the detonation technology.

3.1　工 业 炸 药

工业炸药（industrial explosive）是指用于非军事目的民用炸药。20 世纪初，以硝酸铵为主的混合炸药出现以来，其爆炸及安全性能更适用于矿山生产及各类爆破工程，因此得到了广泛应用，从而形成了以硝酸铵为主的多品种混合炸药占据绝大部分市场份额的局面。

作为一种工业产品，炸药应满足下列基本要求：

①爆炸性能好，具有足够的爆炸威力，能满足各种爆破工程需要。

②具有合适的感度，既能保证使用、运输、搬运等环节的安全，又能方便顺利地起爆。

③具有一定的化学安定性，在储存中不变质、不老化、不失效，也不爆炸，并且具有一定的稳定储存期。

④其组分配比应达到零氧平衡或接近零氧平衡，爆炸生成的有毒气体少。

⑤原材料来源广，成本低廉，便于生产加工，且操作安全。

3.1.1　工业炸药分类

根据炸药的用途，可将工业炸药分为起爆药、发射药和猛炸药三类。根据炸药组分情况，可分为单质炸药和混合炸药。根据炸药的形态，可分为固体炸药、液体炸药、塑性炸药和浆状炸药。若按炸药的主要化学成分，则可将其分为如下几类：

①硝铵类炸药。以硝酸铵为主要成分，加上适量的可燃剂、敏化剂及附加剂的混合炸药均属此类，它是目前国内外工程爆破中用量最大、品种最多的一类混合炸药，也是国际工业炸药的主流产品。

②硝化甘油类炸药。以硝化甘油或硝化甘油与硝化乙二醇混合物为主要成分的混合炸药均属此类。就其外观状态来说，有粉状和胶质之分；就耐冻性能来说，有耐冻和普通之分。

③芳香族硝基化合物类炸药。凡是苯及其同系物，如甲苯、二甲苯的硝基化合物及苯胺、苯酚和萘的硝基化合物均属此类。例如，梯恩梯（TNT）、二硝基甲苯磺酸钠（DNTS）等。

④液氧炸药。由液氧和多孔性可燃物混合而成的炸药。这类炸药在工程中很少使用。

3.1.2　起爆药

起爆药是炸药的一大类别，它对机械冲击、摩擦、加热、火焰和电火花等作用都非常敏感，因此，在较小的外界初始冲能（如火焰、针刺、撞击、摩擦等）作用下即可被激发而发展为爆轰。起爆药的爆轰成长期很短（图 3 - 1），借助起爆药这一特性，可安全、可靠和准确地激发猛炸药，使它迅速达到稳定的爆轰。下面为几种常见起爆药的结构成分、性能及适用范围。

1. 雷汞

雷汞 $[Hg(CNO)_2]$ 为白色或灰白色微细晶体，50 ℃以上即自行分解，160～165 ℃ 时爆炸。雷汞流散性较好，耐压性差（压力超过 50 MPa 即被压死）。雷汞有甜的金属味，其毒性与汞的相似。它的粉尘能使黏膜发生痛痒，长期连续作用能使皮肤痛痒，甚至引起湿疹病，使人长白发，牙根出血，头晕无力等。干燥雷汞对撞击、摩擦、火花极敏感；潮湿的或压制的雷汞感度有所降低。湿雷汞易与铝作用，生成极易爆炸的雷酸盐，故铝质雷管壳内不能装雷汞做起爆药。工业用雷汞雷管均用铜壳或纸壳，但库存或使用过程中，应防止雷汞受潮，以免出现拒爆。

2. 氮化铅

氮化铅 $[Pb(N_3)_2]$ 通常为白色针状晶体，它与雷汞、二硝基重氮酚相比较，热感度低，起爆威力大，并且不因潮湿而失去爆炸能力，可用于水下爆破。氮化铅在有 CO_2 存在的潮湿环境中与铜金属会发生作用，生成极敏感的氮化铜。因此，铜质雷管壳中不宜装作起爆药用的氮化铅。

3. 二硝基重氮酚

二硝基重氮酚简称 DDNP，分子式为 $C_6H_2(NO_2)_2N_2O$，为黄色或黄褐色晶体，安定性好，在常温下长期储存于水中仍不降低其爆炸性能。干燥的二硝基重氮酚，在 75 ℃ 时开始分解，温度升至 170～175 ℃ 时爆炸。二硝基重氮酚对撞击、摩擦的感度均比雷汞和氮化铅的低，其热感则介于两者之间。二硝基重氮酚的原料来源广，生产工艺简单，安全性好，成本低，且具有良好的起爆性能。目前国产工业雷管主要用二硝基重氮酚做起爆药。

3.1.3 单质猛炸药

单质猛炸药指化学成分为单一化合物的猛炸药。它的敏感度比起爆药的低，爆炸威力大，爆炸性能好。工业上常用的单质炸药有黑索金和太安等，常用于做雷管的加强药、导爆索和导爆管的芯药，以及混合炸药的敏化剂等。军用炸药梯恩梯过去一直作为硝铵类炸药的敏化剂使用，由于苯及其同系物对人体健康有害，2008 年以来国内已禁止在混合炸药中加入梯恩梯。

1. 梯恩梯（TNT）

梯恩梯，即三硝基甲苯 $CH_3C_6H_2(NO_2)_3$，纯净的梯恩梯为五色针状结晶，熔点为 80.75 ℃，工业生产的粉状 TNT 为浅黄色鳞片状物质，其液态密度为 $1.465~g/cm^3$，铸装密度为 $1.55～1.56~g/cm^3$，即熔融时体积约膨胀 12%。吸湿性弱，几乎不溶于水。热安定性好，常温下不分解，遇火能燃烧，密闭条件下燃烧或大量燃烧时，很快转为爆炸。梯恩梯的机械感度较低，但若混入细砂类硬质掺合物，则容易引爆。梯恩梯的做功能力为 285～300 mL，猛度为 19.9 mm，爆速为 6.850 m/s，密度为 $1.595~g/cm^3$。

2. 黑索金（RDX）

黑索金即环三亚甲基三硝胺 $(CH_2)_3(NNO_2)_3$，白色晶体，熔点为 204.5 ℃，爆发点为 230 ℃，不吸湿，几乎不溶于水，热安定性好，其机械感度比 TNT 的高。黑索金的做功能力为 500 mL，猛度为 16 mm，爆速为 8 300 m/s，爆热值为 5 350 kJ/kg。由于其爆炸威力大、爆速大，工业上多用黑索金做雷管的加强药和导爆索芯药等。

3. 太安（PETN）

太安即季戊四醇四硝酸酯 $C(CH_2NO_3)_4$，白色晶体，熔点为 140.5 ℃，爆发点为 225 ℃。太安的做功能力为 500 mL，猛度为 15 mm，爆速为 8 400 m/s。太安的爆炸性能与黑索金的相似，用途也相同。

4. 硝化甘油（NG）

硝化甘油即三硝酸酯丙三醇 $C_3H_3(ONO_2)_3$，是无色或微带黄色的油状液体，不溶于水，在水中不失去爆炸性。其做功能力 500 mL，猛度 23 mm。硝化甘油有毒，应避免皮肤接触。硝化甘油机械感度高，爆发点 200 ℃，在 50 ℃ 时开始挥发，13.2 ℃ 时冻结，此时极为敏感。

3.1.4 混合炸药——铵油炸药

混合炸药是以硝酸铵为主要成分，加上适量的可燃剂、敏化剂及其附加剂的混合物，也称硝铵类混合炸药。最常用的硝铵类混合炸药是铵油炸药和铵梯炸药。

铵梯炸药（AN – TNT containing explosive）的主要成分是硝酸铵和梯恩梯。硝酸铵是氧化剂；梯恩梯是还原剂，又是敏化剂。少量木粉起疏松作用，可以阻止硝酸铵颗粒之间的黏结。铵梯炸药对撞击、摩擦等比较钝感，用火焰和火星不太容易点燃，但当它受到强烈的撞击、摩擦和铁制工具的敲打时，也能引起爆炸。如放在封闭的容器里，遇到火源就很容易由燃烧转为爆炸。铵梯炸药很容易从空气中吸潮，含有食盐时，吸潮性更强。吸潮结块的炸药爆炸时生成的有毒气体量显著增加。梯恩梯的毒性及致癌危害致使其不再适合作为民用炸药原料，近年来，铵梯炸药已被淘汰。

若要提高混合炸药威力，可以采用威力更大的高级炸药（如黑索金）或铝粉等作为敏化剂。前者可增大炸药爆速，后者可提高炸药爆热。也可通过加大炸药密度来增大炸药爆速，达到提高炸药爆炸威力的目的。

1. 铵油炸药成分

铵油炸药（ammonium nitrate and fuel oil mixture，ANFO）是一种无梯炸药。最广泛使用的一种铵油炸药是含粒状硝酸铵94%和轻柴油6%的氧平衡混合物，它是一种可以自由流动的产品。为了减少炸药的结块现象，也可适量加入木粉作为疏松剂。最适合做成炸药的粒状硝酸铵密度为 $1.40 \sim 1.50$ g/cm^3。常使用两个品种的硝酸铵：一种是细粉状结晶的硝酸铵，另一种是多孔粒状硝酸铵。后者表面充满空穴，吸油率较高，松散性和流动性都比较好，不易结块，适用于机械化装药，多用于露天矿深孔爆破；前者则多用于地下矿山。

2. 铵油炸药主要特点

①成分简单，原料来源充足，成本低，制造使用安全，一般矿山均可自己制造，甚至可在露天爆破工地当场拌和。在爆炸威力方面低于铵梯炸药。

②感度低，起爆比较困难。采用轮辗机热加工且加工细致、颗粒较细、拌合均匀的细粉状铵油炸药可由普通雷管直接起爆；采用冷加工且加工粗糙、颗粒较粗、拌合较差的粗粉状铵油炸药，需借助大约10%的普通炸药制成炸药包辅助起爆，雷管不能直接起爆。

③吸潮及固结的趋势更为强烈。吸潮、固结后的爆炸性能严重恶化，故最好不要储存，现做现用。容许的储存期一般为15天（潮湿天气为7天）。

铵油炸药在炮孔中的散装密度取决于混合物中粒状硝酸铵自身的密度和粒度大小，一般为 $0.78 \sim 0.85$ g/cm^3。常用的几种铵油炸药的成分、配比和性能见表 3 – 1。

表 3 – 1　几种铵油炸药的成分、配比和性能

成分与性能		92 – 4 – 4 细粉状铵油炸药	100 – 2 – 7 粗粉状铵油炸药	露天细粉状铵油炸药	露天粗粉状铵油炸药
成分	硝酸铵/%	92	91.7	89.5 ± 1.5	94.2
	柴油/%	4	1.9	2 ± 0.2	5.8
	木粉/%	4	6.4	8.5 ± 5	
性能	爆速/(m · s^{-1})	3 600	3 300	3 100	—
	爆力/mL	$280 \sim 310$	—	$240 \sim 280$	—
	猛度/mm	$9 \sim 13$	$8 \sim 11$	$8 \sim 10$	$\geqslant 7$
	殉爆距离/cm	$4 \sim 7$	$3 \sim 6$	$\geqslant 3$	$\geqslant 2$

3. 铵油炸药加工工艺流程

铵油炸药的性能不仅取决于它的配比，而且也取决于生产工艺。生产铵油炸药应力求做到"干、细、匀"，即炸药的水分含量要低、粒度要细、混合均匀，以保证质量。根据所用原料及加工条件的不同，铵油炸药的生产工艺流程也不同。细粉状铵油炸药生产工艺流程如图 3 - 1 所示。

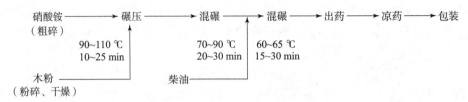

图 3 - 1　铵油炸药生产工艺流程图

在生产铵油炸药过程中，无论采用哪种工艺，都必须特别注意防火。这是因为铵油炸药易燃，并且燃着后不易扑灭。铵油炸药燃烧时产生大量有毒气体，密闭条件下还可转变为爆炸。

铵油炸药的优点虽然非常突出，然而所含硝酸铵易溶于水或从空气中吸潮而失效，因此限制了这两类炸药的使用范围。在研制抗水硝铵类炸药方面，当前国内外主要采取两个不同的途径。其一是用憎水性物质包裹硝酸铵颗粒，其二是用溶于水的胶凝物来制造抗水性强的含水炸药。

3.1.5　含水硝铵类炸药

乳化炸药（emulsion explosive）、浆状炸药（slurry explosive）和水胶炸药（water gel explosive）统称为含水硝铵类炸药。它们的共同特点是：抗水性强，可用于水中爆破。由于将氧化剂溶解成硝酸盐水溶液，当其饱和后，便不再吸收水分，可以起到以水抗水的作用。

1. 浆状炸药和水胶炸药

浆状炸药是以硝酸铵为主体成分的糊糊状含水炸药。其具有抗水性强、密度高、爆炸威力大、制造使用安全、原料来源广和成本低等优点，曾在露天有水深孔爆破中广泛使用。但浆状炸药一般属于非雷管感度，目前我国已经很少生产。

水胶炸药是在浆状炸药的基础上发展起来的含水炸药。它也是由氧化剂（硝酸铵为主）的水溶液、敏化剂（硝酸甲胺、铝粉等）和胶凝剂等基本成分组成的含水炸药。它采用了化学交联技术，故呈凝胶状态。水胶炸药与浆状炸药的主要区别在于用硝酸钾胺这种水溶性的敏化剂取代或部分取代了猛炸药，因而使爆轰感度大为增加，并且有威力高、安全性好、抗水性强、价格低廉等优点，可用于井下小直径（35 mm）炮孔爆破，尤其适用于井下有水并且坚硬岩石中的深孔爆破。非安全型水胶炸药适用于无瓦斯和煤尘爆炸危险的工作面，安全型水胶炸药可用于有瓦斯和煤尘爆炸危险的爆破工作面。

2. 乳化炸药

乳化炸药也称乳胶炸药，是在水胶炸药的基础上发展起来的一种新型抗水炸药。它由氧化剂水溶液、燃料油、乳化剂、稳定剂、敏化发泡剂、高热剂等组成。乳化炸药与浆状炸药及水胶炸药不同，其是油包水型结构，而后两者是水包油型结构。乳化炸药的主要成分如下：

（1）氧化剂水溶液

通常可采用硝酸铵和硝酸钠的过饱和水溶液做氧化剂，它在乳化炸药中所占的质量分数可达 80%～95%。加入硝酸钠的目的主要是降低"析晶"点。试验表明，硝酸钠对硝酸铵的比例以（1:5）～（1:6）为宜；含水率在 8%～16% 范围内制成的乳状液经敏化后都具有炸药的特性。氧化剂水溶液构成"内相（水相）"。

（2）燃料油

使用适当黏度的石油产品与氧化剂配成零氧平衡，可提供较多的爆炸能。选用柴油同石蜡或凡士林的混合物，使其黏度为 3.1 为宜。油蜡质微粒能使炸药具有优良的抗水性。

（3）乳化剂

乳化炸药的基质是油包水型的乳化液。石蜡、柴油构成的极薄油膜覆盖于硝酸盐过饱和水溶液的微滴的外表。在乳化剂作用下，互不相溶的乳化液和水溶液互相紧密吸附，形成具有很高的比表面积的乳状液，并使氧化剂同还原剂的耦合程度增强。油包水型粒子的尺寸非常微细，一般为 2 μm 左右，因而极有利于爆轰反应。具有一定黏性的油蜡物质互相连接，形成"外相（油相）"。

（4）敏化剂

乳化炸药同浆状炸药及水胶炸药一样，是含水炸药。为保证炸药的起爆感度，必须采用较理想的敏化剂。爆炸物成分、金属（铝、镁）粉、发泡剂或空心微珠都可以作为敏化剂。空心玻璃微珠、空心塑料微珠或膨胀珍珠岩粉等密度降低材料能够长久保持微细气泡，故多被用于商用乳化炸药。

表 3-2 列出了部分国产乳化炸药的组分与性能。

表 3-2　部分国产乳化炸药的组分与性能

项目		RL-2	EL-103	RJ-1	MRY-3	CLH
组成部分	硝酸铵/%	65	53～63	50～70	60～65	50～70
	硝酸钠/%	15	10～15	5～15	10～15	15～30
	尿素/%	2.5	1.0～2.5	—	—	—
	水/%	10	9～11	8～15	10～15	4～12
	乳化剂/%	3	0.5～1.3	0.5～1.5	1～2.5	0.5～2.5
	石蜡/%	2	1.8～3.5	2～4	（蜡-油）3～6	（蜡-油）2～8
	燃料油/%	2.5	1～2	1～3	—	—
	铝粉/%	—	3～6	—	3～5	—
	亚硝酸钠/%	—	0.1～0.3	01～0.7	0.1～0.5	—
	甲胺硝酸盐/%	—	—	5～20	—	—
	添加剂/%	—	—	0.1～0.3	4.0～1.0	0～4，3～15
性能	猛度/mm	12～20	16～19	16～19	16～19	15～17
	爆力/mL	302～304	—	301	—	295～330
	爆速/(m·s^{-1})	（φ35）3 600～4 200	4 300～4 600	4 500～5 400	4 500～5 200	4 500～5 500
	殉爆距离/cm	5～23	12	9	8	—

乳化炸药的主要特性如下：

（1）密度可调范围较宽

乳化炸药同其他两类含水硝铵炸药一样，具有较宽的密度可调范围。根据加入含微孔材料数量的多少，炸药密度变化于 0.8~1.45 g/cm³ 之间。这样就使乳化炸药适用范围较宽，从控制爆破用的低密度炸药到水孔爆破的高密度炸药等，可制成多种不同品种。

（2）爆速高

乳化炸药因氧化剂同还原剂耦合良好而具有较高的爆速，一般可达 4 000~5 500 m/s。

（3）起爆敏感度高

乳化炸药的起爆敏感度较高，通常只用一只 8 号雷管即可引爆。

这是因为氧化剂水溶液微滴可通过搅拌加工到微米级的尺寸，加之吸留微气泡充足、均匀，故可制成雷管敏感型炸药。

（4）猛度较高

由于其爆速和密度均较高，故其猛度比 2 号岩石硝铵炸药高约 30%，达到 17~19 mm。然而，乳化炸药的做功能力却并不比铵油炸药的高，故在硬岩中使用的乳化炸药应加入热值较高的物质，如铝粉、硫黄粉等。

（5）抗水性强

乳化炸药的抗水性比浆状炸药或水胶炸药的更强。

3.1.6　现场混装的乳胶基质炸药和重铵油炸药

1. 炸药现场混装技术

炸药现场混装技术是指在爆破工地现场制备、现场装填，或在地面站制备好原材料，装药车到工地现场混合、装药的一种集成方式。炸药现场混装技术具有如下优点：

（1）安全、可靠

混装车在运输过程中，料仓内装载的是生产炸药的原料，并不运送成品炸药，只有在现场装填时才混制成炸药。这样不仅解决了炸药在运输、储存过程中的安全问题，而且在厂区内只存放一些非爆炸性原材料，无须储存和运输成品炸药，大大减少仓储费用和爆炸危险性。

（2）计量准确

混装车上安装有先进的微机计量控制系统，计量准确，误差小于 ±2%。

（3）占地面积小、建筑物简单

与地面式炸药加工厂相比，混装车只需建设原料库房及相应的地面制备站，地面站占地面积小，并且建筑物简单，节省投资。

（4）改善了工作环境

现场混装工业炸药的配方简单，混装过程中没有废水排放，现场不残留炸药，减少了对工作环境的污染，保证了职工的身心健康。

（5）降低成本、改善爆破效果

与包装产品装填炮孔相比，现场混装可以显著提高炮孔装药密度，提高炸药与炮孔壁的耦合系数，扩大爆破的孔网参数，减少钻孔工作量。钻孔成本明显降低，既可使爆破成本保持最低，又可以使爆破效果获得优化。

（6）减轻劳动强度、提高装药效率

炸药现场混装技术可实现机械化装药作业，混装车每分钟可混装药 200~450 kg，也就是 1~2 min 可装填一个炮孔。由于混装车的机械化程度高，装药效率也高，这样可以给工人们减轻工作量，缩短装药时间，提高生产效率。

2. 乳胶基质炸药现场混装生产工艺

乳胶基质（emulsion matrix）炸药现场混装生产工艺流程：将乳化剂、柴油、机油经过计量后配置成油相溶液，将硝酸铵、水、添加剂经过计量后配置成水相溶液；将配置合格的油、水相溶液按工艺配方要求通过计量泵送，经乳化器乳化成符合要求的乳胶基质；乳胶基质可不经冷却系统或通过冷却系统后进入乳胶基质输送泵；最后由乳胶基质输送泵输送至基质储罐或混装车内，将地面站生产的乳胶基质通过混装车运送到爆破现场，通过混装车螺杆泵泵送，经过软管，达到炮孔，进行敏化和装药。乳胶基质炸药现场混装工艺流程如图 3 − 2 所示。

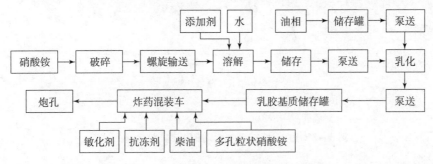

图 3 − 2　乳胶基质炸药现场混装工艺流程图

影响乳胶基质性能的因素很多，其中温度、剪切强度和搅拌时间是其主要的生产工艺参数。

（1）温度

乳化过程中，必须保证水相和油相溶液的温度都略高于各自的溶（熔）点，才能使水相以微小的液滴均匀地分散在油相包覆膜中，形成理想的油包水型乳胶基质。如果温度偏低，水相溶液容易析出硝酸铵晶粒，使乳胶粒子过大，降低炸药的爆轰感度；如温度过高，则油相黏度小，不易形成连续相，乳化包覆效果不好，甚至出现破乳现象。因此，乳化温度要严格控制在一定范围内，并在乳化过程中保持基本不变。

（2）剪切强度和搅拌时间

乳胶基质具有胶团特性和分割特性，其胶团特性取决于表面活性剂降低表面张力的能力、搅拌时间、搅拌强度；分割特性即指乳化过程由粗乳向精乳过渡中，胶滴不断细化、半径减小，从而数量增加。乳化过程中，若搅拌时间或搅拌强度不符合要求，就不能形成性能稳定的乳化炸药。为使分散颗粒尽可能细小，必须使用高剪切搅拌器，油水相混合体在强烈的剪切作用下经 1 ∼ 4.5 s 形成乳胶基质，同时，其黏度瞬间增大数百倍，搅拌速度越高，分散相液滴的粒径越小、越均匀，炸药性能提高越大。此外，要使乳胶基质达到理想的分散粒度，还需要一定的搅拌时间（5 ∼ 10 s），即两相物料在乳化器内的平均停留时间必须大于物料完成乳化的时间。

3. 重铵油炸药

重铵油炸药（heavy ANFO）又称乳化铵油炸药，是乳胶基质与多孔粒状铵油炸药的物理掺合产品。在掺合过程中，高密度的乳胶基质填充多孔粒状硝酸铵颗粒间的空隙并涂覆于硝酸铵颗粒的表面。这样既提高了粒状铵油炸药的相对体积威力，又改善了铵油炸药的抗水性能。乳胶基质在重铵油炸药中的比例可在 0 ∼ 100% 之间变化，炸药的体积威力及抗水能力等性能也随着乳胶质量分数的变化而变化。重铵油炸药的相对体积威力与乳胶质量分数的关系如图 3 - 3 所示。

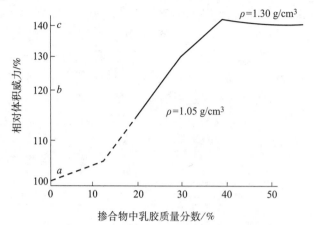

掺合物中乳胶质量分数/%

a—100% 铵油炸药的体积威力；b—含 5% 铝粉的铵油炸药的
相对威力；c—含 10% 铝粉的铵油炸药的相对体积威力。

图 3 - 3　重铵油炸药的体积威力与乳胶含量的关系

重铵油炸药两种组分与性能的关系见表 3 - 3。

表 3 - 3　重铵油炸药的性能与组分质量分数的关系

项目	组分质量分数/%										
乳胶基质	0	10	20	30	40	50	60	70	80	90	100
ANFO	100	90	80	70	60	50	40	30	20	10	0
密度/$(g \cdot cm^{-3})$	0.85	1.0	1.10	1.22	1.31	1.42	1.37	1.35	1.32	1.31	1.30
爆速/$(m \cdot s^{-1})$ 药包直径 127 mm	3 800[①]	3 800	3 800	3 900	4 200	4 500	4 700	5 000	5 200	5 500	5 600
膨胀功/$(4.181\ 9\ J \cdot g^{-1})$	908	897	886	876	862	846	824	804	784	768	752
冲击功/$(4.181\ 9\ J \cdot g^{-1})$						827					750
分子气体/$[g \cdot (100\ g)^{-1}]$	4.38	4.33	4.28	4.23	4.14	4.14	4.09	4.04	3.99	3.94	3.90
相对质量威力	100	99	98	96	95	93	91	89	86	85	83
相对体积威力	100	116	127	138	146	155	147	171	133	131	127
抗水性	无	同一天内可起爆		在无约束包装下，可保持 3 天起爆						无包装保持 3 天	
最小直径/mm	100	100	100	100	100	100	100	100	100	100	100

注：①是实测值，其余为估算值。

重铵油炸药现场混制的基本过程是先分别制备乳胶基质和铵油炸药，然后将二者按设计比例掺合，所制备的乳胶基质可泵送至固定的储罐中存放，也可用专用罐车运至现场，还可在车上直接制备。多孔粒状硝铵与柴油可按 94∶6 的比例在工厂等固定地点混拌，也可在混装车上混制。

3.2　起爆器材

为了利用炸药爆炸的能量，必须采用一定的器材和方法，使炸药按照工程需要，准确而可靠地发生爆轰反应。使炸药获得必要引爆能量所用的器材叫作起爆器材。爆破中使用的起爆器材主要有雷管（detonator）、导爆索（detonating fuse）、导爆管（nonel tube）和起爆药柱（或起爆弹）（primer）等。

3.2.1　雷管

爆破工程通常采用雷管直接引爆炸药。雷管有基础雷管（plain detonator）、电雷管（electric detonator）、导爆管雷管（shock detonator）、电子雷管（electronic detonator）等品种。

3.2.1.1　基础雷管

基础雷管，也称火雷管，是一种最简单、最便宜的起爆器材。基础雷管的起爆过程是通过火焰来引爆雷管中的起爆药，使雷管爆炸，再激起炸药的爆炸。基础雷管由管壳、起爆药、加强药和加强帽组成，如图3-4所示。

（1）管壳

通常用金属（铜、铝、铁）、纸或塑料制成圆管状，使雷管各部分连成一个整体。管壳具有一定的机械强度，可以保护起爆药和加强药不直接受到外部能量的作用，同时又可为起爆药提供良好的封闭条件。金属管壳一端开口供插入导火索，另一端封闭，冲压成聚能穴（图3-4（a）），起定向增加起爆能力的作用。纸管壳则为两端开口，先将加强药一端压制成圆锥形状或半球形凹穴，再在凹穴表面涂上防潮剂（图3-4（b））。

（2）起爆药和加强药

起爆药是基础雷管组成的关键部分，它在火焰作用下发生爆轰。我国目前采用二硝基重氮酚（DDNP）做起爆药。通常的起爆药虽然敏感，但是爆炸威力低，为使雷管爆炸后有足够的爆炸能起爆炸药，雷管中除装起爆药外，还装有加强药，加强雷管的起

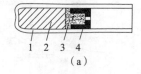

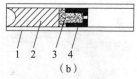

1—管壳；2—加强药；
3—起爆药；4—加强帽。

图3-4　基础雷管构造
（a）金属壳火雷管；
（b）纸壳火雷管

爆能力。加强药一般采用猛炸药装填，我国基础雷管中加强药分两次装填，第一遍药压装钝化黑索金，钝化的目的是降低机械感度和便于成型；第二遍药是未经钝化处理的黑索金，其目的是提高感度，容易被起爆药引爆。

（3）加强帽

它是中心带有直径1.9~2.1 mm小孔的金属（钢或铁镀铜）罩。其中间的小孔为传火孔，导火索产生的火花通过小孔点燃起爆药。加强帽可以起到防止起爆药飞散掉落及阻止爆炸产物飞散，维持爆炸产物压力，加强起爆能力的作用。同时，也能起到防潮作用和提高压药使用时的安全性。

3.2.1.2　电雷管

电雷管即利用电能引爆的一种雷管。其结构主要由一个电点火装置和一个基础雷管组合

而成。常用的电雷管品种有瞬发电雷管（instantaneous electric detonator）、延期电雷管（delay electric detonator）及特殊电雷管等。延时电雷管又分为秒延期电雷管（second delay electric detonator）和毫秒电雷管（又称毫秒延期电雷管，millisecond delay electric detonator）。

1. 瞬发电雷管

瞬发电雷管是在起爆电流足够大的情况下通电即爆的电雷管。它由基础雷管与电点火装置组合而成，如图3-5所示。结构上分药头式和直插式两种。药头式（图3-5（b））的电点火装置包括脚线（国产电雷管采用多股铜线或镀锌铁线用聚氯乙烯绝缘）、桥丝（有康铜丝和镍铬丝）和引火药头；直插式（图3-5（a））的电点火装置没有引火药头，桥丝直接插入起爆药内，并取消加强帽。

电雷管作用原理是，电流经脚线流经桥丝，由电阻产生热能点燃引火药头（药头式）或起爆药（直插式）。一旦引燃后，即使电流中断，也能使起爆药和加强药爆炸。

2. 秒延期电雷管

秒延期电雷管又称迟发雷管，即通电后要经数秒延时后才发生爆炸。其结构（图3-6）特点是，在瞬发电雷管的点火药头与起爆药之间加了一段精制的导火索作为延期药，依靠导火索的长度控制秒量的延迟时间。国产秒延期电雷管分7个延迟时间组成系列。这种延迟时间的系列，称为雷管的段别，即秒延期电雷管分为7段，其规格见表3-4。

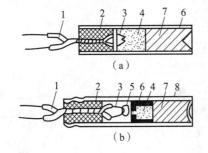

1—脚线；2—密封塞；3—桥丝；4—起爆药；
5—引火药头；6—加强帽；7—加强药；8—管壳。

图3-5　瞬发电雷管

（a）直插式；（b）药头式

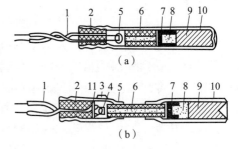

1—脚线；2—密封塞；3—排气孔；4—引火药头；5—点火部分管壳；6—精制导火索；7—加强帽；8—起爆药；9—加强药；10—普通雷管部分管壳；11—纸垫。

图3-6　秒延期电雷管

（a）整体壳式；（b）两段壳式

表3-4　国产秒延期电雷管的延迟时间

雷管段别	1	2	3	4	5	6	7
延迟时间/s	≤0.1	1.0±0.5	2.0±0.6	3.1±0.7	4.3±0.8	5.6±0.9	7±1.0
标志（脚线颜色）	灰蓝	灰白	灰红	灰绿	灰黄	黑蓝	黑白

秒延期电雷管分为整体壳式和两段壳式。整体壳式是由金属管壳将点火装置、延期药和基础雷管装成一体，如图3-6（a）所示；两段壳式的电点火装置和火雷管用金属壳包裹，中间的精制导火索露在外面，三者连成一体，如图3-6（b）所示。包在点火装置外面的金属壳在药头旁开有对称的排气孔，其作用是及时排泄药头燃烧所产生的气体。为了防潮，排气孔用蜡纸密封。

3. 毫秒延期电雷管

毫秒延期电雷管，又称毫秒电雷管，通电后经毫秒量级的间隔时间延迟后爆炸，延期时间短且精度高。毫秒延期电雷管使用氧化剂、可燃剂和缓燃剂的混合物做延时药，并通过调整其配比达到不同的延时间隔。国产毫秒电雷管的结构有装配式（图 3 - 7（a））和直填式（图 3 - 7（b））。

国产毫秒雷管的延期药多用硅铁 FeSi（还原剂）和铅丹 Pb_2O_4（氧化剂）的机械混合物（两者比例为 3:1），并掺入适量（0.5% ~ 4%）的硫化锑 56253（缓燃剂）用于调整药剂的燃速。为便于装药，常用酒精、虫胶等作黏结剂造粒。部分国产毫秒电雷管各段

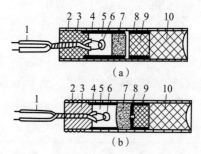

1—脚线；2—管壳；3—塑料塞；4—长内管；
5—气室；6—引火药头；7—压装延期药；
8—加强帽；9—起爆药；10—加强药。

图 3 - 7　毫秒延期电雷管
(a) 装配式；(b) 直填式

别延期时间见表 3 - 5，其中第一系列为精度较高的毫秒电雷管；第二系列是目前生产中应用最广泛的一种；第三、四系列，段间延迟时间分别为 100 ms、300 ms，实际上相当于小秒量秒延期电雷管；第五系列是发展中的一种高精度短间隔毫秒电雷管。

表 3 - 5　部分国产毫秒电雷管的延期时间

段别	第一系列	第二系列	第三系列	第四系列	第五系列
1	< 5	< 13	< 13	< 13	< 14
2	25 ± 5	25 ± 10	100 ± 10	300 ± 20	10 ± 2
3	50 ± 5	50 ± 10	200 ± 20	600 ± 40	20 ± 3
4	75 ± 5	75 ± 1 520	300 ± 20	900 ± 50	30 ± 4
5	100 ± 15	100 ± 15	400 ± 30	1 200 ± 60	45 ± 6
6	125 ± 5	150 ± 20	500 ± 30	1 500 ± 70	60 ± 7
7	150 ± 5	200 ± 2 025	600 ± 40	1 800 ± 80	80 ± 10
8	175 ± 5	250 ± 25	700 ± 40	2 100 ± 90	110 ± 15
9	200 ± 5	310 ± 30	800 ± 40	2 400 ± 100	150 ± 20
10	225 ± 5	380 ± 35	900 ± 40	2 700 ± 100	200 ± 25
11		460 ± 40	1 000 ± 40	3 000 ± 100	
12		550 ± 45	1 100 ± 40	3 300 ± 100	
13		655 ± 50			
14		760 ± 55			
15		880 ± 60			
16		1 020 ± 70			
17		1 200 ± 90			
18		1 400 ± 100			
19		1 700 ± 130			
20		2 000 ± 150			

4. 电雷管主要性能参数

为保证电雷管的安全准爆和进行电爆网路计算，需要确定的主要性能参数有雷管电阻、最大安全电流、最小发火电流、雷管反应时间、发火冲能和雷管的起爆能力等。这些性能参数也是检验电雷管的质量，选择起爆电源和测量仪表的依据。国产部分电雷管的性能参数见表3-6。

表3-6 国产部分电雷管的性能参数

桥丝材料及直径/μm	引火头	桥丝电阻/Ω	最大安全电流/A	最小发火电流/A	额定发火冲能/(A²·ms) 上限	额定发火冲能/(A²·ms) 下限	桥丝熔化冲能/(A²·ms)	传导时间/ms	20发准爆电流/A	制造厂家
康铜50	桥丝直插DDNP	0.76~0.94	0.03	0.35	12	—	37	2.6~5.1	—	抚顺11厂
康铜50	桥丝直插DDNP	0.73~0.98	0.35	0.425	19	9	56	2.1~4.9	—	阜新12厂
镍铬40	桥丝直插DDNP	—	0.125	0.2	3.2	2.2	15.4	2.2~7.2	—	开滦602厂
康铜50	桥丝直插DDNP	0.73~0.85	0.275	0.475	16.3	10.9	68	2.1~3.2	—	大同矿务化工厂
康铜50	桥丝直插DDNP	0.8~1.2	0.35	0.45	15.7	10.9	54.4	2.2~2.4	—	淮南煤矿化工厂
康铜50	桥丝直插DDNP	0.65~0.90	0.35	0.425	16.3	10.9	46.2	2.2~2.5	—	徐州矿务局化工厂
猛白铜50	桥丝直插DDNP	0.79~1.14	0.325	0.425	13.2	8.4	45.6	—	—	淮北矿务局化工厂
康铜50	桥丝直插DDNP	0.69~0.91	0.275	0.45	18.7	9.5	66.6	2.6~5.2	1.8	淄博局525厂
镍铬铜40	桥丝直插DDNP	1.6~3.0	0.15	0.2	2.9	2	10.3	2.4~4.3	0.8	峰峰607厂

（1）电雷管全电阻（resistance）

电雷管全电阻指每发电雷管的桥丝电阻与脚线电阻之和，它是进行电爆网路计算的基本参数。在设计网路的准备工作中，必须对整批电雷管逐个进行电阻测定，在同一网路中选择电阻值相等或近似的同批雷管。

（2）电雷管安全电流（safety current）

电雷管安全电流也称最大安全电流，指给电雷管通以恒定直流电，5 min 内不致引爆雷管的电流最大值。国产电雷管的最大安全电流，康铜桥丝为 0.3~0.55 A，镍铬合金桥丝为 0.125 A。按安全规程规定，取 30 mA 作为设计采用的最大安全电流值，故一切测量电雷管的仪表，其工作电流不得大于此值。爆破环境杂散电流的允许值也不应超过此值。

（3）最小发火电流（firing current）

给电雷管通以恒定的直流电，能准确地引爆雷管的最小电流值，称为电雷管的最小发火电流。普通电雷管的最小发火电流应小于或等于 0.45 A，一般不大于 0.7 A。若通入的电流小于最小发火电流，即使通电时间较长，也不一定能引爆电雷管。

（4）电雷管的反应时间

电雷管从通入最小发火电流开始到引火头点燃的这一时间，称为电雷管的点燃时间 t_B；从引火头点燃开始到雷管爆炸的这一时间，称为传导时间 θ_B。t_B 与 θ_B 之和称为电雷管的反应时间。t_B 取决于电雷管的发火冲能的大小，合理的 θ_B 可为敏感度有差异的电雷管成组起爆提供条件。

（5）发火冲能（firing impulse）

电雷管在点燃 t_B 时间内，每欧姆桥丝所提供的热能，称为发火冲能。在 t_B 内，若通过电雷管的直流电为 I，则发火冲能为

$$K_B = I^2 t_B \qquad (3-1)$$

发火冲能是表示电雷管敏感度的重要特性参数。一般用发火冲能的倒数作为电雷管的敏感度。设电雷管的敏感度为 B，则

$$B = 1/K_B \qquad (3-2)$$

3.2.1.3 导爆管毫秒雷管

导爆管毫秒雷管是用塑料导爆管引爆而延期时间以毫秒数量级计量的雷管。它的结构如图 3-8 所示。它与毫秒延期电雷管的主要区别在于：不用毫秒电雷管中的电点火装置，而用一个与导爆管相连接的塑料连接套，由导爆管的爆轰波来点燃延期药。国产部分导爆管雷管的性能参数见表 3-7。

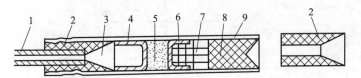

1—塑料导爆管；2—塑料连接套；3—消爆空腔；4—空信帽；
5—延期药；6—加强帽；7—起爆药；8—加强药；9—金属管壳。

图 3-8 导爆管毫秒雷管结构

表 3-7 国产部分导爆管雷管的性能参数

段别	延期时间							
	毫秒导爆管雷管/ms			1/4 秒导爆管雷管/s	半秒导爆管雷管/s		秒导爆管雷管/s	
	第一系列	第二系列	第三系列	第一系列	第一系列	第二系列	第一系列	第二系列
1	0	0	0	0	0	0	0	0
2	25	25	25	0.25	0.50	0.50	2.5	1.0
3	50	50	50	0.50	1.00	1.00	4.0	2.0
4	75	75	75	0.75	1.50	1.50	6.0	3.0

段别	延期时间							
	毫秒导爆管雷管/ms			1/4 秒导爆管雷管/s	半秒导爆管雷管/s		秒导爆管雷管/s	
	第一系列	第二系列	第三系列	第一系列	第一系列	第二系列	第一系列	第二系列
5	110	100	100	1.00	2.00	2.00	8.0	4.0
6	150	125	125	1.25	2.50	2.50	10.0	5.0
7	200	150	150	1.50	3.00	3.00	—	6.0
8	250	175	175	1.75	3.60	3.50	—	7.0
9	310	200	200	2.00	4.50	4.00	—	8.0
10	380	225	225	2.25	5.50	4.50	—	9.0
11	460	250	250	—	—	—	—	—
12	550	275	275	—	—	—	—	—
13	650	300	300	—	—	—	—	—
14	760	325	325	—	—	—	—	—
15	880	350	350	—	—	—	—	—
16	1 020	375	400	—	—	—	—	—
17	1 200	400	450	—	—	—	—	—
18	1 400	425	500	—	—	—	—	—
19	1 700	450	550	—	—	—	—	—
20	2 000	475	600	—	—	—	—	—
21	—	500	650	—	—	—	—	—
22	—	—	700	—	—	—	—	—
23	—	—	750	—	—	—	—	—
24	—	—	800	—	—	—	—	—
25	—	—	850	—	—	—	—	—
26	—	—	950	—	—	—	—	—
27	—	—	1 050	—	—	—	—	—
28	—	—	1 150	—	—	—	—	—
29	—	—	1 250	—	—	—	—	—
30	—	—	1 350	—	—	—	—	—

注：除末段外，任何一段延期导爆管雷管的延期时间上规格限（U）均为该段延期时间与上段延期时间的中值，延期时间的下规格限（L）均为该段延期时间与下段延期时间的中值；瞬发导爆管雷管在与延期导爆管雷管配段使用时，延期时间的下规格限为零；末段延期导爆管雷管的延期时间的上规格限规定为本段延期时间与本段下规格限之差，再加上本段延期时间。

　　高精度导爆管雷管是导爆管雷管的最新高端产品。该雷管采用双层导爆管聚乙烯高强塑料导爆管，具有 ±1 ms 以内误差延期时间精度和良好的抗拉、抗折及耐温耐水性能，可广泛应用于各种爆破工程中。由于可实现逐孔起爆，它的爆破效率得到了提高，爆破效果得到了改善。高精度导爆管雷管及起爆特点在于采取孔外雷管和孔内雷管两种系列，前者用于地表连接，实现精确延时逐孔起爆；后者装入孔内炸药（或起爆体），延期时间长可保证起爆网路安全。目前，高精度导爆管起爆系统基本上是以澳瑞凯（威海）公司生产的 Exel 系列为主导，该系列非电导爆管雷管分毫秒导爆管雷管、长延时导爆管雷管和地表延期导爆管雷管三种。其中，Exel 毫秒导爆管雷管采用粉红色 Exel 导爆管和 8 号加强雷管，如图 3-9 所示。Exel 长延时导爆管雷管采用黄色 Exel 导爆管和 8 号加强雷管。长延时导爆管雷管特别适用于地下井巷（隧道）和矿山开挖爆破。这两种延时雷管各段的标准延期时间见表 3-8。

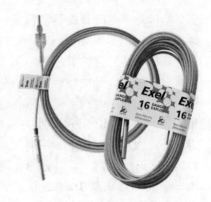

图 3-9　Exel 毫秒导爆管雷管

表 3-8　Exel 延时雷管段别及名义延期时间

段别	延期时间/ms		段别	延期时间/ms	
	Exel 毫秒导爆管雷管	Exel 长延时导爆管雷管		Exel 毫秒导爆管雷管	Exel 长延时导爆管雷管
1	25	25	14	350	1 600
2	50	100	15	375	1 800
3	75	200	16	400	2 100
4	100	300	17	425	2 400
5	125	400	18	450	2 700
6	150	500	19	475	3 000
7	175	600	20	500	3 400
8	200	700	21		3 800
9	225	800	22		4 200
10	250	900	23		4 600
11	275	1 000	24		5 000
12	300	1 200	25		5 500
13	325	1 400			

Exel 地表延时导爆管雷管是一种通过控制爆区地表毫秒延期时间，以实现孔与孔之间按一定顺序起爆的导爆管雷管。它由一定长度的黄色 Exel 导爆管和低威力延时雷管（4号雷管）构成，延时雷管完全被包裹在一个特定颜色的塑料连接块内，延期时间不同的雷管，塑料连接块的颜色也各不相同，如图 3-10 所示。地表延期雷管采用黄色 Exel 导爆管，外拉强度为 45 kg，一端与雷管相连，另一端被封死，并装有 J 形塑料钩，可以方便、快速、可靠地与起爆用的低能导爆索（装药量 3.6~5.0 g/m）相连接。钩上标有段数及秒量，不同段数 J 形钩呈不同的识别颜色。地表延期雷管的标准延期时间和一端 J 形塑料钩的颜色见表 3-9。使用 Exel 地表延期雷管时，通常孔内用相同段别的雷管。

图 3-10　Exel 地表延时导爆管雷管

表 3-9　Exel 地表延时导爆管雷管标准延期时间

延期时间/ms	9	17	25	42	65	100	150	200
颜色	绿色	黄色	红色	白色	蓝色	橘黄色	橘黄色	橘黄色

3.2.1.4　电子雷管

电子雷管（electronic detonator）是一种可随意设定并准确实现延期发火时间的新型电雷管，具有雷管发火时刻控制精度高、延期时间可灵活设定两大技术特点。电子雷管的延期发火时间由其内部的电子芯片控制，延时控制误差远小于传统药物延时。此外，电子雷管的延期时间可在爆破现场临时设定，并可方便地在现场导入爆破设计信息。电子爆破系统延期时间以 1 ms 为单位，可在 0~20 000 ms 范围内为每发雷管任意设定延期时间。

电子雷管是采用电子控制模块对起爆过程进行控制的电雷管。其电子控制模块是指置于电子雷管内部的芯片，具备雷管起爆延期时间控制、起爆能量控制功能，内置雷管身份信息码和起爆密码，能对自身功能、性能及雷管点火元件的电性能进行测试，并能和起爆器及其他外部控制设备进行通信的专用电路模块。

电子雷管由五部分组成：集成电路板（简称模阻）、外壳、装药部分（包括主起爆药和副起爆药）、电缆和电极塞，如图 3-11 所示。电子雷管相当于传统的瞬发电雷管外加一个电路板，电路板包括整流电桥、内储能电容、控制开关、通信管理电路、内部检测电路、延期电路和控制电路等部分。

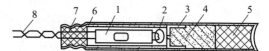

1—集成电路板；2—起爆元件；3—加强帽；4—主起爆药；5—加强药；6—雷管壳；7—电极塞；8—电缆。

图 3-11　电子雷管结构

随着研究的深入和集成程度的提高，电路板的元器件不断减少，电路板尺寸也不断减小。电缆一般用于通信检测，只有在一切准备就绪且检测无误时，才作为充电电极，这就需要相应的转换开关及控制电路来完成。当发出起爆信号要进行爆破时，电缆在最后时刻输入电流给电路板中的电容充电，同时延期电路开始计时，一旦达到预期起爆时刻，启动开关释放出电容中电流，点燃引火头引爆雷管。

电子雷管的起爆能力与 8 号雷管的相同，其外形尺寸与瞬发雷管的一样，只是雷管的长度尺寸是统一的。雷管的段别（延期时间）在其装入炮孔并组成起爆网路后，用注册器自由编程设定，也可在出厂时提前设定。电子雷管与传统延期雷管的根本区别，是管壳内部的延期结构和延期方式。电子雷管内引火头前面的电子延期芯片取代了雷管引火头后面的延期药，彻底摆脱了延期药对雷管延期精度的限制，起爆精度得到提高。电子雷管与现有延期雷管的延期精度对比如图 3 - 12 所示。

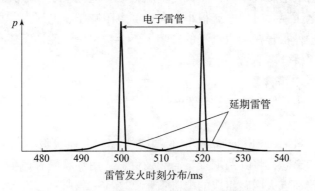

图 3 - 12 电子雷管与现有延期雷管的延期精度对比

电子雷管生产过程中，在线计算机为每发雷管分配一个识别（ID）码，打印在雷管的标签上并存入产品原始电子档案。ID 码是雷管上可以见到的唯一标志，在其投入使用时，注册器对其予以识别。依据 ID 码，电子雷管计算机管理系统可以对每发雷管实施全程管理，直至完成起爆使命。此外，管理系统还记录了每发雷管的全部生产数据，如制造日期、时间、机号、元器件号和购买用户等，有利于在流通过程中示踪管理。

电子雷管技术的研究开发工作始于 20 世纪 80 年代初，1993 年前后，瑞典 Dynamit Nobel 公司、南非 AECL 公司分别公布了他们的第一代电子雷管技术和相应的电子延期起爆系统。之后，除以上公司积极开发电子雷管系统，国际上还出现了 Orica 公司、SaSol 矿用炸药公司、美国奥斯汀及日本旭化成等多家研发生产电子雷管的新公司。进入 21 世纪，电子雷管作为未来主导雷管的发展方向逐渐明确，全球范围内还陆续出现了其他品牌的电子雷管系统，国内相关研发开始起步。我国的北方邦杰、贵州久联、山西壶化、四川雅化、全安密灵和融硅思创等诸多公司均推出了各自的电子雷管产品。由于推广使用电子雷管有利于提高雷管生产、运输和使用的技术安全性，可实现雷管的严格信息化管理，国内电子雷管的研究和生产已呈现爆发式增长。

电子雷管具有下列技术特点：

①电子延时集成芯片取代传统延期药，雷管发火延时精度高，准确可靠，有利于控制爆破效应，改善爆破效果。

②前所未有地提高了雷管生产、储存和使用的技术安全性。

③使用雷管不必担忧段别出错，操作简单、快捷。

④可以实现雷管的国际标准化生产和全球信息化管理。

3.2.1.5 其他雷管

1. 抗杂散电流雷管

因电器设备或导线的漏电或大容量设备产生的感应电流，使地层或金属设备、管道带电，常称其为杂散电流。当爆破地点存在杂散电流时，普通电雷管会有误爆的危险。在这种条件下，应当使用抗杂散电流雷管（anti – stray current detonator）。

抗杂散电流雷管主要有以下几种形式：

（1）无桥丝电雷管

在电雷管的电点火元件中取消桥丝，使脚线直接插在点火药头上，点火药中加入一定的导电成分，当脚线两端电压较小时，点火药电阻很大，电流很小，点火药升温小，不足以引起点火药燃烧；当电压很大时，电流很小，点火药电阻减小，电流大，点火药升温高，被点燃，雷管被引爆。这种雷管在杂散电流的影响下不会被引爆。此外，还有利用电极的高压放电来点燃点火药的无桥丝电雷管。

（2）低阻率桥丝电雷管

这种雷管桥丝电阻较低，增大桥丝直径或长度时，只有提高电流才能引爆雷管。

（3）电磁雷管

电磁雷管（magnetoelectric detonator）的脚线绕在一个环状磁芯上呈闭合回路，放炮时将单根导线穿过环状磁芯，将其两端接至高频发爆器，由环状磁芯产生高频感应电流引爆雷管。由磁芯、接收器和点火回路组成的电磁雷管如图 3 – 13 所示，这种雷管可用于水下遥控爆破。

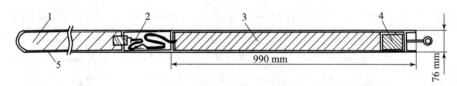

1—炸药；2—电雷管；3—线圈；4—接收电路；5—PVC 壳。

图 3 – 13　电磁雷管的组成

2. 无起爆药雷管

普通的工业雷管均装有对冲击、摩擦和火焰感度都很高的起爆炸药，常常使得雷管在制造、储存、装运和使用过程中产生爆炸事故。国内近年研制成功的无起爆药雷管（non-primary explosive detonator），它的结构与原理和普通工业雷管的一样，只是用一种对冲击和摩擦感度比常用的起爆药低的猛炸药来代替起爆药，大大提高了雷管在制造、储存、装运和使用过程中的安全性，而起爆性能并不低于普通工业雷管。国内目前生产的各种无起爆药雷管如图 3 – 14 所示。

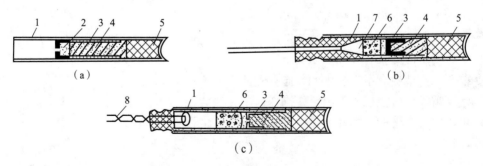

1—雷管壳；2—点火药；3—起爆元件；4—低密度猛炸药；5—加强药；6—延期药；7—气室；8—脚线。

图 3 – 14　无起爆药雷管结构

（a）无起爆药火雷管；（b）无起爆药非电延期雷管；（c）无起爆药电延期雷管

3.2.2 导爆索

导爆索是以黑索金或太安为药芯，以棉线、麻线或人造纤维为被覆材料的传递爆轰波的一种索状起爆器材。导爆索的结构与导火索的相似，后者是以黑火药为药芯，通过传递火焰点燃火雷管的传统引火器材。导爆索以粉状或粒状黑索金为芯药，直径为 2.2 mm 左右。芯药内有 3 根芯线，其作用是保证生产时装药均匀，并保证燃烧速度稳定。芯药外包缠内层线、内层纸、中层线、沥青、外层纸、外层线和涂料层，缠紧成索状（图 3 - 15），外径为5.2 ~ 5.8 mm。包缠物的作用是防止油、水或其他物质侵蚀芯药，影响其爆速。

根据使用条件不同，导爆索分为三类：一类是普通导爆索，一类是安全导爆索，第三类为油井导爆索。普通导爆索是目前生产和使用最多的一种导爆索，它有一定的抗水性，能直接引爆工业炸药；安全导爆索爆轰时，火焰很小，温度较低，不会引爆瓦斯和煤尘；油井导爆索专门用于引爆油井射孔弹，其结构与普通导爆索相似。为了保证在油井内高温、高压条件下的爆轰性能和起爆能力，油井导爆索增强了塑料涂层，并增大了索芯药量和密度。

普通导爆索质量标准是：外表无严重损伤，无油污和断线；索头不散，并罩有金属或塑料防潮帽；外径不大于 6.2 mm；能被工业雷管起爆，一旦被引爆，能完全爆轰；用 2 m 长的导爆索能完全引爆 200 g 的梯恩梯药块；在 0.5 m 深的静水中浸泡 2 h，仍然传爆可靠；在 50 ℃条件下保温 6 h，外观及传爆性能不变；在 -40℃条件下冷冻 2 h，打水手结仍能被工业雷管引爆，爆轰完全。

当导爆索与铵油炸药配合使用时，应对导爆索做耐油试验，浸油时间和方法可视具体的应用条件确定。一般是将导爆索卷解散，铺在铵油炸药上面，然后又铺置铵油炸药在导爆索上，压置 24 h 后，导爆索仍保持良好的传爆性能为合格。

导爆索爆速在 6 500 m/s 以上，单纯的导爆索起爆网路中各药包几乎是齐发起爆。使用继爆管可以实现导爆索网路毫秒延期起爆。

3.2.3 导爆管与导爆管的连通器具

导爆管是 20 世纪 70 年代初由瑞典诺列尔（Nonel）公司首先发明制造的一种新型传爆器材，具有安全可靠、轻便、经济、不受杂散电流干扰和便于操作等优点。它与击发元件、起爆元件和连接元件等部件组合成起爆系统，因为起爆不用电能，故称为非电起爆系统（瑞典又称 Nonel 起爆系统），目前在我国冶金矿山、水电交通和城市拆除等工程中得到广泛的应用。

1. 导爆管的结构

导爆管是高压聚乙烯熔后挤拉出的空心管子，外径为（2.95 ± 0.15）mm，内径为（1.4 ± 0.1）mm，在管的内壁涂有一层很薄而均匀的高能炸药（91% 的奥克托今或黑索金、9% 的铝粉与 0.25% ~ 0.5% 的附加物的混合物），药量为 14 ~ 16 mg/m。工业导爆管结构如图 3 - 15 所示。

2. 导爆管传爆原理

当导爆管被击发后，管内产生冲击波，并进行传播，管壁内表面上薄层炸药随冲击波的传播而产生爆炸，所释放出的能量补偿冲击波在波动过程中能量的消耗，维持冲击波的强度

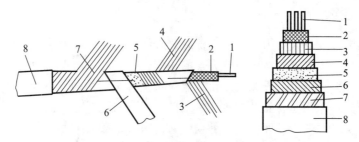

1—芯线；2—索芯；3—内层线；4—中层线；
5—防潮层；6—纸条层；7—外线层；8—涂料层。

图3-15　工业导爆索结构示意图

不衰减。也就是说，导爆管传爆过程是冲击波伴随着少量炸药产生爆炸的传播，并不是炸药的爆轰过程。导爆管中激发的冲击波（导爆管传爆速度）以（1 950±50）m/s的速度稳定传播，发出一道闪电似的白光，声响不大。冲击波传过后，管壁完整无损，对导爆管线通过的地段毫无影响，即使导爆管路铺设中有相互交叉或叠堆，也互不影响。

3. 导爆管的性能

①起爆感度。工业雷管、普通导爆索等一切能够产生冲击波的起爆器材都可以激发塑料导爆管的爆轰。

②传爆速度。国产塑料导爆管的传爆速度一般为（1 950±50）m/s，也有（1 580±30）m/s的。

③传爆性能。国产塑料导爆管传爆性能良好，一根长达数千米的塑料导爆管，中间不要中继雷管接力，或导爆管内的断药长度不超过15 mm时，都可正常传爆。

④耐火性能。火焰不能激发导爆管。用火焰点燃单根或成捆导爆管时，它只像塑料一样缓慢地燃烧。

⑤抗冲击性能。一般的机械冲击不能激发塑料导爆管。

⑥抗水性能。将导爆管与金属雷管组合后，具有很好的抗水性能，在水下80 m深处放置48 h还能正常起爆。若对雷管加以适当的保护措施，还可以在水下135 m深处起爆炸药。

⑦抗电性能。导爆管能抗30 kV以下的直流电。

⑧破坏性能。导爆管传爆时，不会损坏自身的管壁，对周围环境不会造成破坏。

⑨强度性能。国产导爆管具有一定的抗拉强度，在50~70 N拉力作用下，导爆管不会变细，传爆性能不变。

总之，导爆管具有传爆可靠性高、使用方便、安全性好等优点，并且可以作为非危险品运输。

连通器具的功能是实现导爆管到导爆管之间的冲击波传播。我国现用的连通器具多由连接块或多路分路器为主体构成。以连接块为主体构成的连通器具如图3-16所示。将主发导爆管所连接的一只6号传爆雷管插入连接块中，并用连接块上的两块活动的塑料卡子将主发导爆管夹住。这只传爆雷管四周可以紧贴四根被发导爆管。从主发导爆管传播过来的冲击波在连接块内引爆传爆雷管，转而激发这四根被发导爆管。后者可以通到起爆雷管（孔内药包的），也可以通到另一只连接块。

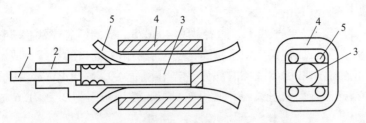

1—主发导爆管；2—连接块上的塑料卡子；3—传爆雷管；
4—接块主体；5—被发导爆管。

图 3 – 16 由连接块构成的连通器具

由多路分路器为主体构成的连通器具如图 3 – 17 所示。它的作用原理跟连接块的不一样。它不是通过传爆雷管，而是利用密闭容器中的空气冲击波来实现对被发导爆管的激发的。通常一根主发导爆管可以通过一只多路分路器激发几根到几十根被发导爆管。塑料四通管连通器具如图 3 – 18 所示。它的实质是用一根塑料四通管将四根导爆管（开口）夹紧，主发导爆管中的空气冲击波到达套管底端，然后反射回来并激发各被发导爆管。

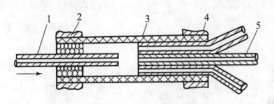

1—主发导爆管；2—塑料塞；3—壳体；
4—金属箍；5—被发导爆管。

图 3 – 17 多路分路器构成的连通器具

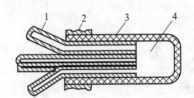

1—导爆管；2—金属箍；3—塑料套管；
4—空气间隙。

图 3 – 18 塑料四通管连通器具

3.3 起 爆 方 法

利用起爆器材（initiation materials），并辅以一定的工艺方法引爆炸药的过程就叫作起爆。起爆所采用的工艺、操作和技术的总和叫作起爆方法。现行的起爆方法主要分成两大类：一类是电起爆法，另一类是非电起爆法。前者指采用电能来起爆工业炸药，如电雷管起爆法（electric initiating circuit）和电子雷管起爆法等；后者指采用非电的能量起爆工业炸药，如导爆索起爆法（detonating cord blasting system）和导爆管起爆法（shock-conducting tube initiation system）等。

工程爆破中选用起爆方法时，要根据环境条件、炸药的品种、爆破规模、经济技术效果、是否安全可靠及作业人员掌握起爆技术的熟练程度来确定。

3.3.1 电雷管起爆法

利用电雷管通电后起爆产生的爆炸能引爆炸药的方法称为电雷管起爆法。它是通过由电雷管、导线、起爆电源和测量仪表四部分组成的起爆网路来实施的。

1. 导线

根据导线在起爆网路中的不同位置，划分为脚线、端线、连接线、区域线（支线）和主线（母线）。

①脚线。雷管出厂就带有长 2 m、直径为 0.4 ~ 0.5 mm 的铜芯或铁芯塑料皮绝缘脚线。

②端线。指用来接长或替换原雷管脚线，使之能引出炮孔口的导线，或用来连接同一串联组，即将炮孔内雷管脚线引出孔外的部分。常用截面为 0.2 ~ 0.4 mm² 多股铜芯塑料皮线。

③连接线。指连接各串联组或各并联组的导线，常用截面为 2.5 ~ 1.6 mm² 的铜芯或铝芯塑料线。

④区域线。指连接连接线至主线之间的导线，常用截面为 6 ~ 35 mm² 的铜芯或铝芯塑料线。

⑤主线。指连接电源与区域线的导线，因它不在崩落范围内，一般用动力电缆或专设的爆破电缆，可多次重复使用。

2. 起爆电源

起爆电源指引爆电雷管所用的电源。直流电、交流电和其他脉冲电源都可做起爆电源，如干电池、蓄电池、照明线、动力线及专用的发爆器等。煤矿常用的是防爆型发爆器和 220 V 或 380 V 交流电源。

①220 V 或 380 V 交流电源。交流电源对于起爆线路长、药包多、起爆网路复杂、准爆电流要求高的起爆是理想电源。设计网路时，除注意电流、电压外，还应保证有足够的功率供给起爆网路。

②起爆器。最常见的是电容式起爆器，通过振荡电路将低压直流电变为高频交流电，经变压器升压后，再由二极管整流变为高压直流电对电容器充电，电压达到规定值时，接通开关向电爆网路放电起爆。因其所提供的电流有限，不足以起爆并联数较多的电爆网路，一般只用来起爆串联网路。部分国产电容式发爆器的性能指标见表 3 – 10。

表 3 – 10 部分国产电容式发爆器性能指标

型号	引爆能力 /发	峰值电压 /V	主电容量 /μF	输出冲能 /(A² · ms)	供电时间 /ms	最大外阻 /Ω	生产厂家
MFB – 80A	80	950	40 × 2	27	4 ~ 6	260	开封煤矿厂
MFB – 100	100	1 800	20 × 4	25	2 ~ 6	320	抚顺煤研所工厂
MFB – 100/200	100	1 800	20 × 4	24	2 ~ 6	340/720	奉化煤矿专用设备厂
MFB – 100	100	1 800	20 × 4	≥18	4 ~ 6	320	渭南煤矿专用设备厂
MFB – 150	150	800 ~ 1 100	40 × 3		3 ~ 6	470	淮南矿务冶金厂
MFB – 100	100	900	40 × 2	25	3 ~ 6	320	渭南专用设备厂
MFB – 100	100	900	40 × 2	>30	3 ~ 6	320	沈阳新兴防爆电器厂
FR$_{82}$ – 150	150	1 800 ~ 1 900	30 × 4	>20	2 ~ 6	470	营口市有线电厂
YJQL – 1000	4 000	3 600	500 × 8	2 347	—	104/600	

3. 电雷管的准爆条件和准爆电流

爆破工程中，经常需要同时引爆许多电雷管，需要将电雷管按一定的连接方式一起引爆。由于每个电雷管的电性能参数存在差异，特别是桥丝电阻、发火冲能和传导时间的差异，电雷管的引爆必须满足一定的条件。

安全规程明确规定，电爆网路流经每个雷管的电流应满足：一般爆破，交流电不小于 2.5 A，直流电不小于 2 A；硐室爆破，交流电不小于 4 A，直流电不小于 2.5 A。

对于串联电路，网路中所有雷管的起爆条件为最敏感的电雷管爆炸之前，最钝感的电雷管必须被点燃。即最敏感的电雷管的爆发时间 τ_{min}，必须大于或等于最钝感电雷管的点燃时间 t_{Bmax}。

$$\tau_{min} = t_{Bmin} + \theta_{min} \geqslant t_{Bmax} \tag{3-3}$$

式中，t_{Bmin}——最敏感电雷管的点燃时间；

θ_{min}——电雷管传导时间差异范围的最小值；

t_{Bmax}——最钝感电雷管的点燃时间。

（1）直流电源起爆

若将以上准爆条件公式两边都乘以电流强度的平方，则有

$$I^2 t_{Bmin} + I^2 \theta_{min} \geqslant I^2 t_{Bmax} \tag{3-4}$$

式中，$I^2 t_{Bmin}$、$I^2 t_{Bmax}$——感度最高和感度最低的电雷管的发火冲能。则准爆条件式可变化为

$$I_{DC} \geqslant \sqrt{\frac{K_{Bmax} - K_{Bmin}}{\theta_{min}}} \tag{3-5}$$

式中，I_{DC}——直流串联准爆电流；

K_{Bmax}——最钝感雷管的标称发火冲能；

K_{Bmin}——最敏感雷管的标称发火冲能；

θ_{min}——电雷管传导时间差异范围的最小值。

（2）交流电源引爆

考虑交流电电流强度波动性，以及当在 $\left(\dfrac{T}{2} - \dfrac{\theta}{2}\right) \sim$

$\left(\dfrac{T}{2} + \dfrac{\theta}{2}\right)$ 期间通电时，电流的有效值最小，如图 3-19 所示，将最不利的情况代入串联准爆条件，得到交流电的串联准爆电流

$$I_{AC} \geqslant \sqrt{\frac{K_{smax} - K_{smin}}{\theta_{min} \pm \dfrac{1}{\omega}\sin\omega \cdot \theta_{min}}} \tag{3-6}$$

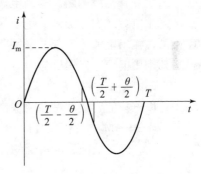

图 3-19　交流电有效值最小时通电相位

式中，I_{AC}——交流串联准爆电流强度，A。此时，I_{AC} 为交流电表所测的值。

4. 电爆网路的连接和计算

电爆网路的连接有串联、并联和混合联三种方式。

（1）串联

串联网路的优点是网路简单，操作方便，易于检查，网路所要求的总电流小。串联网路总电阻为

$$R_0 = R_m + nr \tag{3-7}$$

式中，R_m——导线电阻；

　　r——雷管电阻；

　　n——串联电雷管数目。

串联总电流为

$$I = I_d = \frac{U}{R_m + nr} \geqslant I_准 \tag{3-8}$$

式中，I_d——通过单个电雷管的电流；

　　U——电源电压。

当通过每个电雷管的电流大于串联准爆条件要求的准爆电流时，串联网路中的电雷管将被全部被引爆。

由式（3-8）可以看出，在串联网路中，要进一步提高其起爆能力，应当提高电源电压和减小电雷管的电阻，这样雷管数目可以相应地增大。

（2）并联

并联网路的特点是所需要的电源电压低，而总电流大，常在立井的爆破施工中采用。并联线路总电阻为

$$R_0 = R_m + \frac{r}{m} \tag{3-9}$$

式中，m——并联电雷管数目。

通过每一个电雷管的电流 I_d 为

$$I_d = \frac{I}{m} = \frac{U}{mR_m + r} \geqslant I_准 \tag{3-10}$$

当此电流 I_d 满足准爆条件时，并联线路的电雷管将被全部引爆。

对于并联电爆网路，提高电源电压 U 和减小电阻 R_m 是提高起爆能力的有效措施。

采用电容式发爆器做放炮电源时，很少采用并联网路，因为电容式发爆器的特点是输出电压高，输出电流小，与并联网路的特点要求恰好相反。

如果用电容式发爆器做电源，采用并联网路时，应按下式进行设计计算：

$$K_\chi \geqslant m^2 K_{s\max} \tag{3-11}$$

式中，K_χ——电容式发爆器的输出冲能；

　　m——并联电雷管数目；

　　$K_{s\max}$——最钝感电雷管的标称发火冲能。

即

$$\frac{U^2 C}{2R}\left(1 - e^{\frac{-2t}{RC}}\right) \geqslant m^2 K_{s\max} \tag{3-12}$$

由于是并联线路，不存在串联准爆条件，不需用式（3-4）进行准爆验算，但应满足最钝感电雷管点燃时间小于放电电源降到最小发火电流时的放电时间这个条件。将此条件并联网路等值电流 mI_0 和等值冲能 $mK_{s\max}$ 代入后，为

$$R \leqslant \frac{-K_{s\max} + \sqrt{K_{s\max}^2 + \dfrac{I_0^2 C^2 U^2}{m^2}}}{I_0^2 C} \tag{3-13}$$

（3）混合联

混合联是在一条电爆网路中，由串联和并联组合的混合联方法。它进一步可分为串并联和并串联两类。

串并联是将若干个电雷管串联成组，然后再将若干串联组并联在两根导线上，再与电源连接，如图 3-20 所示。并串联一般是在每个炮孔中装两个电雷管且并联，再将所有炮孔中的并联雷管组又串联，而后通过导线与电源连接，如图 3-21 所示。

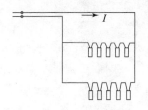

图 3-20　串并联网路

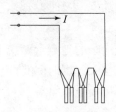

图 3-21　并串联网路

混联电爆网路的基本计算式如下：

网路总电阻：

$$R = R_m + \frac{n'r}{m'} \tag{3-14}$$

网路总电流：

$$I = \frac{U}{R_m + \dfrac{n'r}{m'}} \tag{3-15}$$

每个电雷管所获得的电流：

$$i = \frac{I}{m'} = \frac{U}{m'R_m + n'r} \geq I_{准} \tag{3-16}$$

式中，n'——串并联时，为一组内串联的雷管个数；并串联时，为串联组的组数；

m'——串联时，为一组内并联的雷管个数；串并联时，为并联组的组数。

其他符号意义同前。

在电爆网路中，电雷管的总数 N 是已知的，$N = m'n'$，即 $n' = \dfrac{N}{m'}$，将 n' 值代入式（3-16）得

$$i = \frac{m'U}{m'^2 R_m + N_r} \tag{3-17}$$

为了能在电爆网路中满足每个电雷管均获得最大电流的要求，必须对混联网路中串联或并联进行合理分组。由式（3-17）可知，当 U、N、r 和 R_m 固定不变时，则通过各组或每个电雷管的电流为 n 的函数。为求得最合理的分组组数 m' 值，可将式（3-17）对 m' 进行微分，并令其值等于零，即可求得 m' 的最优值（此时电爆网路中每个电雷管可获得最大电流值），即

$$m' = \sqrt{\frac{Nr}{R_m}} \tag{3-18}$$

计算后应取整数。

混联网路不仅具有串联和并联的优点，还可以起爆大量电雷管。在大规模爆破中，混联网路可以采用多种变形方案，如串并并联、并串并联等方案。

5. 电雷管起爆法的优缺点

电雷管起爆法使用范围十分广泛，无论是露天或井下、小规模或大规模爆破，还是其他工程爆破中，均可使用。它具有其他起爆法所不及的优点：

①在整个施工过程中，从挑选雷管到连接起爆网路等所有工序，都能用仪表进行检查；并能按设计计算数据，及时发现施工和网路连接中的质量和错误，从而保证了爆破的可靠性和准确性。

②能在安全隐蔽的地点远距离起爆药包群，使爆破工作在安全条件下顺利进行。

③能准确地控制起爆时间和药包群之间的爆炸顺序，因而可保证良好的爆破效果。

④可同时起爆大量雷管等。

电雷管起爆法有如下缺点：

①普通电雷管不具备抗杂散电流和抗静电的能力。所以，在有杂散电流的地点或露天爆破遇有雷电时，危险性较大，此时应避免使用普通电雷管。

②电雷管起爆准备工作量大，操作复杂，作业时间较长。

③电爆网路的设计计算、敷设和连接要求较高，操作人员必须要有一定的技术水平。

④需要可靠的电源和必要的仪表设备等。

6. 电雷管起爆法的操作要点

实践证明，接头不紧牢会造成整条网路的电阻变化不定，因而难以判断网路电阻产生误差的原因和位置。为了保证有良好的接线质量，应注意下述几点：

①接线人员开始接线应先擦净手上的泥污，刮净线头的氧化物、绝缘物，露出金属光泽，以保证线头接触良好；作业人员不准穿化纤衣服。

②接头牢固扭紧，线头应有较大接触面积。

③各个裸露接头彼此应相距足够距离，更不允许相互接触，形成短路，为防止接头接触岩石、矿石或落入水中，可应用绝缘胶布缠裹。

整条线路连接好后，应有专人按设计进行复核。

3.3.2　导爆索起爆法

导爆索起爆法是利用导爆索爆炸时产生的能量去引爆炸药的一种方法，但导爆索本身需要先用雷管引爆。由于在爆破作业中，从装药、堵塞到连线等施工程序上都没有雷管，而是在一切准备就绪，实施爆破之前才接上起爆雷管，因此，施工的安全性要比其他方法好。此外，导爆索起爆法还有操作简单、容易掌握、节省雷管、不怕雷电和杂散电流的影响、在炮孔内实施分段装药爆破简单等优点，因而在爆破工程中被广泛采用。

实践证明，经水或油浸渍过久的导爆索，会失去接受和减弱传递爆轰的能力，所以在铵油炸药的药卷中使用导爆索时，必须用塑料布包裹，使其与油源隔离开，避免被炸药中的柴油浸蚀而失去爆轰性能。

导爆索传递爆轰波的能力有一定的方向性，顺传播方向最强。因此，在连接网路时，必须使每一支路的接头迎着传爆方向，夹角应大于90°。

导爆索与导爆索之间的连接，应采用图3－22所示的搭结、水手结和T形结等方式。

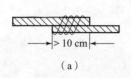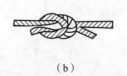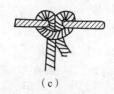

（a）　　　　　　　（b）　　　　　　　（c）

图 3 - 22　导爆索间的连接形式

（a）搭结；（b）水手结；（c）T 形结

因搭接的方法最简单，所以被广泛采用。搭接长度一般为 10～20 cm，不得小于 10 cm。搭接部分用胶布捆扎。有时为了防止线头芯药散失或受潮引起拒爆，可在搭接处增加一根短导爆索。

在复杂网路中，由于导爆索连接头较多，为了防止弄错传爆方向，可以采取三角形连接法。这种方法不论主导爆索的传爆方向如何，都能保证可靠地起爆。

导爆索与雷管的连接方法比较简单，可直接将雷管捆绑在导爆索的起爆端，不过要注意使雷管的聚能穴端与导爆索的传爆方向一致。导爆索与药包的连接则可采用图 3 - 23 所示的方式，将导爆索的端部折叠起来，防止装药时将导爆索扯出。

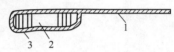

1—导爆索；2—药包；3—胶布。

图 3 - 23　导火索与药包连接

在敷设导爆索起爆网路时必须注意，凡传爆方向相反的两条导爆索平行敷设或交叉通过时，两根导爆索的间距必须大于 40 cm。导爆索的爆速一般为 6 500～7 000 m/s，因此，导爆索网路中，所有炮孔内的装药几乎同时爆炸。若在网路中接入继爆管，可实现毫秒延时爆破，从而提高了导爆索网路的使用范围。

3.3.3　导爆管起爆法

导爆管起爆法具有操作简单轻便，使用安全可靠，能抗杂散电流、静电和雷电，运输安全等优点。但不能用仪表检测网路连接质量，不适用于有瓦斯与矿尘爆炸危险的矿山。

1. 导爆管起爆法网路组成及起爆原理

导爆管起爆法的主体是塑料导爆管。起爆网路由击发元件、传爆元件、连接元件和起爆元件组成。

（1）网路组成

网路中的击发元件是用来击发导爆管的，有击发枪、电容击发器、普通雷管和导爆索等。现场爆破多用后两种。传爆元件由导爆管与基础雷管装配而成。在网路中，传爆元件爆炸后，可击爆更多的支导爆管，传入炮孔实现成组起爆，如图 3 - 24 所示。

起爆元件多用 8 号雷管与导爆管装配而成。根据需要，可用瞬发或延发非电雷管，将它装入药卷，置于炮孔中起爆炮孔内的所有装药。

连接元件有塑料连接块和连通器，用来连接传爆元件与起爆元件。目前，在工程爆破现场应用最广泛的为四通连接。

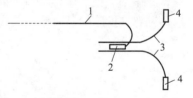

1—主导爆管；2—非电导爆管雷管；
3—支导爆管；4—起爆雷管。

图 3 - 24　传爆元件

（2）起爆原理

主导爆管被击发产生冲击波，引爆传爆雷管，再击发导爆管产生冲击波，最后引爆起爆雷管和起爆炮孔内的装药。

2. 导爆管网路的连接形式

导爆管网路常用的基本连接形式如下。

（1）簇联法

传爆元件的一端连接击发元件，另一端的传爆雷管外表周围簇联各支导爆管（即起爆元件），如图3-25所示。簇联支导爆管与传爆雷管多用工业胶布缠裹。

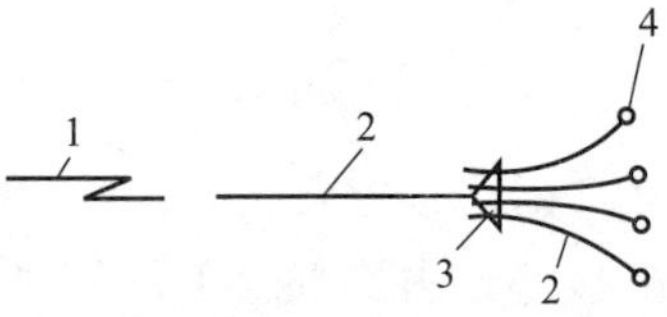

1—击发；2—导爆管；3—分流传爆元件；4—炸药包。

图3-25　导爆管簇联网路

（2）串联法

导爆管的串联网路如图3-26所示，即把各起爆元件依次串联在传爆元件的传爆雷管上，每个传爆雷管的爆炸就完全可以击发与其连接的分支导爆管。

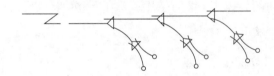

图3-26　导爆管串联网路

（3）并联法

导爆管并联起爆网路的连接如图3-27所示。

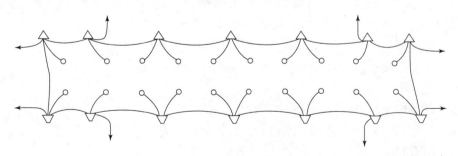

图3-27　导爆管并联网路

（4）闭合环连接法

利用连接帽（或四通连通管等）的四根导爆管能相互传爆的特点，可以使各个导爆管相互相接起来，使每一个炮孔起爆雷管都有两个以上的方向可以传爆，即做到网路四通八达，其中某一根导爆管出问题都不影响整个网路的传爆。因而，该网路的起爆可靠度很高。这种网路在拆除爆破时应用较多。闭合环连接如图3-28所示。

图3-28　闭合起爆网路连接

（5）逐孔起爆网路

逐孔起爆是指爆区内处于同一排的炮孔按照设计好的延期时间从起爆点依次起爆，同时，爆区排间炮孔按另一延期时间依次向后排传爆，从而使爆区内相邻炮孔的起爆时间错开。逐孔起爆技术的特点是：先爆炮孔为后爆炮孔多创造一个自由面；爆炸应力波靠自由面充分反射，岩石加强破碎；相邻孔爆破相互碰撞、挤压，增强岩石二次破碎；同段爆破药量小，可减小爆破振动。逐孔起爆网路连接图如图 3 - 29 所示，其中主控制排放在同一列孔中，按排间延时控制，炮孔按孔间延时逐孔连接。

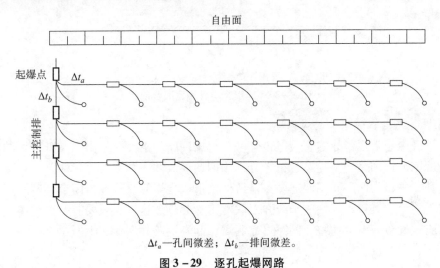

Δt_a—孔间微差；Δt_b—排间微差。

图 3 - 29　逐孔起爆网路

3. 导爆管起爆网路的延时

典型的导爆管网路必须通过使用导爆管毫秒延期雷管才能实现毫秒延时爆破。导爆管起爆的延期网路一般分为孔内延期网路和孔外延期网路。

（1）孔内延期网路

在这种网路中传爆雷管（传爆元件）全用瞬发非电雷管，而装入炮孔内的起爆雷管（起爆元件）是根据实际需要使用不同段别的延期非电雷管。当干线导爆管被击发后，干线上各传爆瞬发非电雷管顺序爆炸，相继引爆各炮孔中的起爆元件，通过孔内各起爆雷管的延期后，实现毫秒延时爆破。

（2）孔外延时网路

孔外延时网路，是指所有孔内装同一段雷管（高位段），孔外用另外单一段位毫米延时雷管（低位段）连接微差网路。严格来说，是孔内外毫秒起爆网路的特定形式。

但必须指出的是，使用典型导爆管延期网路时，不论孔内延时和孔外延时，在配备延期非电雷管时和决定网路长度时，都必须遵照下述原则：网路中，在第一响产生的冲击波到达最后一响的位置之前，最后一响的起爆元件必须被击发，并传入孔内。否则，第一响所产生的冲击波有可能赶上并超前网路的传爆，破坏网路，造成拒爆，这是由冲击波的传播速度大于导爆管的传爆速度造成的。

4. 导爆管与导爆索联合起爆网路

暴露着大量的传爆雷管的导爆管起爆网路，安全性和可靠性较差，存在产生拒爆的可能性。导爆管与导爆索联合起爆网路，广泛地应用于地下矿房深孔落矿爆破和露天台阶深孔爆破中，其网路可靠，可实现毫秒延时起爆，连接简单，并且安全性好。

采用导爆索可以直接引爆导爆管（雷管或网路），导爆管－导爆索联合起爆网路即可利用导爆管雷管实行孔内延时，又可以使孔外的导爆管网路大为简化。导爆管和导爆索应垂直连接，连接形式可采用绕结或T形结。联合网路如图3－30所示。

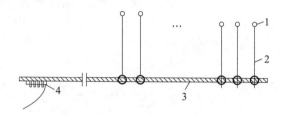

1—炮孔；2—导爆管起爆雷管；3—导爆索；4—雷管。

图3－30　导爆管与导爆索联合网路

5. 导爆管与电雷管联合起爆网路

拆除爆破中经常用到导爆管与电雷管联合起爆网路。下面介绍由电雷管引爆的复式闭合环导爆管网路。该网路中将导爆管雷管分别用四通连成两个独立的分片回路，每个分片连成复式闭合环，平行的两环间用四通多点搭桥连接形成导爆管复式多重闭合环网路；在闭合环网路中留下多个起爆点，采用主干线并串联电雷管起爆。这样，只要有一个起爆点、一根传爆导爆管有效爆轰，就会使整个网路可靠起爆。起爆网路如图3－31所示。

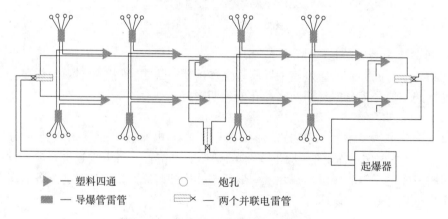

▶ — 塑料四通　　　○ — 炮孔

■ — 导爆管雷管　　▭✕ — 两个并联电雷管

图3－31　导爆管与电雷管联合起爆网路

3.3.4　电子雷管起爆法

1. 电子雷管的起爆系统

电子雷管起爆系统基本上由三部分组成，即雷管、注册器和起爆器。

（1）注册器

注册器的功能是在爆破现场对每发雷管设定所需的延期时间。具体操作方法是，首先将雷管脚线接到注册器上，注册器会立即读出对应该发雷管的ID码，然后爆破技术员按设计要求，用注册器向该发雷管发送并设定所需的延期时间。爆区内每发雷管的对应数据将按一定的格式存储在注册器中。

注册器首先记录雷管在起爆网路中的位置，然后是其 ID 码。在检测雷管 ID 码时，注册器还会对相邻雷管之间的连接、支路与起爆回路的连接、雷管的电子性能、雷管脚线短路或漏电与否等技术情况予以检测。如果雷管本身及其在网路中的连接情况正常，注册器就会提示操作员为该发雷管设定起爆延期时间。

注册器可提供下列三种雷管延期时间设定模式：

①输入绝对延时发火时间。在此模式下，操作员只需简单地按键设定每发雷管所想要的发火时刻。为帮助输入，注册器会显示相邻前一发已设定雷管的发火时刻。

②输入相邻雷管发火延时间隔。按这种输入模式，雷管的发火时刻设定方法与非电雷管地表延期网路相似，所选定的延期间隔加上其前一发雷管的发火时刻，即为该发雷管的发火时刻。注册器操作员可以随意设定几个间隔时间，因此很容易实现在一个炮孔内采用几段延期时间的雷管。

③输入延期段数。延期段数输入模式，注册器操作员只需为每发雷管设定一个号码，在起爆回路中，雷管按其号码顺序发火，相邻号码雷管之间的延期间隔可以按照爆破设计方案随意选择。

（2）起爆器

起爆器控制整个爆破网路编程与触发起爆。起爆器的控制逻辑比注册器高一个级别，即起爆器能够触发注册器，但注册器却不能触发起爆器，起爆网路编程与触发起爆所必需的程序命令设置在起爆器内。

起爆器通过双脚线与注册器连接，注册器放在距爆区较近的位置，爆破员在距爆区安全距离处对起爆器进行编程，然后触发整个爆破网路。起爆器会自动识别所连接的注册器，首先将它们从休眠状态唤醒，然后分别对各个注册器及注册器回路的雷管进行检查。起爆器从注册器上读取整个网路中的雷管数据，再次检查整个起爆网路，起爆器可以检查出每只雷管可能出现的任何错误，如雷管脚线短路、雷管与注册器正确连接与否。起爆器将检测出的网路错误存入文件并打印出来，帮助爆破员找出错误原因和发生错误的位置。

只有当注册器与起爆器组成的系统没有任何错误，且由爆破员按下相应按钮对其确认后，起爆器才能触发整个起爆网路。当出现注册器本身的电量不足时，起爆器会向注册器提供能量。

2. 电子雷管起爆网路

数码电子雷管具有专用的起爆控制系统，数码电子雷管起爆系统的典型结构如图 3 - 32 所示，其起爆由主、从起爆器两种设备构成，主起爆器（控制器）由于对起爆过程的全部流程进行控制，是系统中唯一可以起爆网路的设备；从起爆器（注册器）主要用于对扩展雷管的起爆网路，以及在爆破网路布设时，对接入起爆网路的雷管进行注册，注册器本身不具备起爆雷管的能力，必须借助起爆器才能完成对雷管的起爆控制过程，按照起爆器的指令对所辖雷管起爆过程进行控制。

工业电子雷管的起爆控制系统由于本身负载能力的限制，出于安全性的考虑，根据电子起爆系统中接入雷管的数量的不同，分为小规模起爆和大规模起爆两种不同的起爆系统。小规模起爆系统中，主起爆器可以直接起爆网路中的 200 余发电子雷管，大规模起爆系统则通过主起爆器操纵从起爆器或注册器方式可起爆数千发电子雷管。

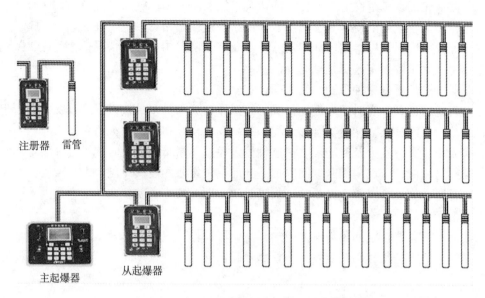

注册器　雷管

主起爆器　　从起爆器

图 3-32　数码电子雷管的起爆系统结构简图

3. 电子雷管及其起爆系统的安全性

电子雷管本身的安全性主要取决于它的发火延时电路。传统延期雷管靠简单的电阻丝通电点燃引火头，而电子雷管的引火头点燃取决于它的发火延时电路，除靠电阻、电容等传统元件外，关键是还有一块控制这些元件工作的电子芯片。电子点火芯片的点火安全度远高于传统电阻丝的点火安全度。

与传统电雷管相比，电子雷管受一个微型控制器的控制，该微型控制器只接受起爆器发送的数字信号。电子雷管及其起爆系统的发火体系是可检测的，并且发火动作由程序完成。其注册器还具备测试与分析功能，可以对雷管和起爆回路的性能进行连续检测，会自动识别线路中的短路情况和对安全发火构成威胁的漏电（断路）情况，自动监测正常雷管和缺陷雷管的 ID 码，并在显示屏上将每个错误告知使用者。电子雷管发火体系是可检测的，在雷管制造过程中，每发雷管的元器件都要经过检验，检验时，施加于每个器件上的检验电压均高于实际应用中注册器的输出电压。此外，还要通过 600 V 交流电、3 000 V 静电和 50 V 直流电检测。

电子雷管起爆系统中的注册器只是用来读取数据，工作电压和电流很小，不会出现导致雷管引火头误发火的电脉冲。此外，注册器的软件不含任何雷管发火的必要命令，这意味着即使注册器出现错误，在炮孔外面的注册器或其他装置也不会使雷管发火。在网路中，注册器还具备测试与分析功能，可以对雷管和起爆回路的性能进行连续检测，会自动识别线路中的短路情况和对安全发火构成威胁的漏电（断路）情况，自动监测正常雷管和缺陷雷管的 ID 码，并在显示屏上将每个错误告知其使用者。在测试中，一旦某只雷管出现差错，注册器会将这只雷管的 ID 码、它在起爆回路中的位置和它的错误类别告诉使用者。只有使用者对错误予以纠正且在注册器上得到确认后，整个起爆回路才可能被触发。

思　考　题

1. 请叙述工业炸药的分类。工程爆破对工业炸药有什么要求？

2. 什么是铵油炸药？铵油炸药品种及用途是什么。

3. 叙述工业雷管的分类及各自的优缺点。

4. 什么是导爆索？它有几种？

5. 什么是导爆管？什么是导爆管非电起爆系统？

6. 简要叙述起爆器材的检验方法。

7. 根据起爆原理和使用器材不同，起爆方法分为几种？

8. 简述电雷管最小准爆电流、安全电流、点燃时间和传导时间的物理含义。

9. 电爆网路有哪几种连接方式？

10. 高精度导爆管雷管及起爆系统的特点是什么？

11. 简述电子雷管的特点，根据其延时精确性和起爆安全性等方面分析其成为主流雷管的可能性。

第4章

岩石爆破机理

Chapter 4　Rock Blasting Mechanism

岩石爆破理论是现代爆破技术的理论基础，也是各种爆破新工艺和新方法发展的理论依据。在公路交通、采矿工程、水利水电及其他土石方工程中，爆破仍是目前应用最为广泛、最为有效的一种破岩手段。为了提高爆破技术水平、优化爆破参数，必须研究岩石在爆破作用下的破碎机理、装药量的计算原理，以及各种相关因素对爆破效果的影响。由于岩石是一种非均质、各向异性的介质，爆炸本身又是一个高温、高压和高速的变化过程，炸药对岩石破坏的整个过程在几十微秒到几十毫秒内就完成了，因此，研究岩石爆破破碎理论是一项非常复杂和艰巨的工作。

爆破理论研究的深入、相关科学技术发展的影响及测试技术的进步，加之各类工程对爆破规模和质量要求的不断提高，极大促进了岩石爆破作用原理的研究；随着一些新的岩石爆破理论体系和学说的建立，出现了很多计算模型和计算公式。尽管这些理论成果还有待完善，但它们基本上反映了岩石爆破作用的基本规律，对爆破工程实践具有一定的指导意义和应用价值。

Rock blasting theory is the foundation of the modern blasting technique, and is also the basis of developing new blasting techniques and methods. In mining, highway and hydropower constructions, and other rock engineering works, blasting is still the most widely used and the most efficient way to break rock. In order to improve blasting technique by optimizing involved parameters, rock fracture mechanism under blast loading is supposed to be investigated, including charge weight, and other important factors influencing blasting results. Rock is a type of heterogeneous and anisotropic medium and explosion is a transient chemical reaction associated with high temperature and high pressure. Rock fractures under blasting usually complete in a range of several microseconds to several milliseconds. Therefore, a study on rock fracture theory in blasting is significantly complicated and different work.

With the development of related technologies, especially testing technology, continuously raising requirements for scale and quality in blasting projects promote further studies on the mechanism of rock blasting. Some new rock blasting theoretical systems are proposed, building calculation models and formulations. Although the rock blasting theory should be improved, to some extent, the existing theory reflects basic laws in rock blasting. More important, it has a guiding significance and is applicable to engineers seeking to optimize blast design in blasting practices.

4.1　岩石的基本性质及其分级

4.1.1　岩石分类及分级

4.1.1.1　岩石分类

岩石是长年地质作用的产物，是一种或几种矿物组成的天然集合体。岩石种类繁多，按其成因，可分为岩浆岩、沉积岩和变质岩三大类。另外，第四纪以来，由于风化、流水等自然现象和各种地质作用，形成各种土壤堆积物，这些堆积物尚未硬结成岩，一般统称松散沉积物。

1. 岩浆岩

岩浆岩也称火成岩，是由埋藏在地壳深处的岩浆（主要成分为硅酸盐）上升冷凝或喷出地表形成的岩石。常见的岩浆岩有花岗岩、闪长岩、辉绿岩、玄武岩、流纹岩、火山角砾岩等。直接在地下凝结形成的岩浆岩称为侵入岩，按其所在地层深度，可分为深成岩和浅成岩；喷出地表形成的岩浆岩叫作火山岩，也称喷出岩。

岩浆岩的特性与其产状和结构构造密切相关。侵入岩的产状多为整体块状，火山岩的整体性较差，常伴有气孔和碎屑。岩浆岩体由结晶的矿物颗粒组成，一般来说，结晶颗粒越细、结构越致密，则其强度越高、坚固性越好。

根据岩浆岩中二氧化硅含量、矿物成分、结构和产状的不同，分成酸性岩、中性岩、基性岩。

2. 沉积岩

沉积岩也称水成岩，是地表母岩经风化剥离或溶解后，再经过搬运和沉积，在常温常压下固结形成的岩石。常见的沉积岩有石灰岩、砂岩、页岩、砾岩等。沉积岩的坚固性除与矿物颗粒成分、粒度和形状有关外，还与胶结成分和颗粒间胶结的强弱有关。从胶结成分看，以硅质成分最为坚固，铁质成分次之，钙质成分和泥质成分最差。从颗粒间胶结强弱来看，组织致密、胶结牢固和孔隙较少的岩石，坚固性最好；而胶结不牢固，存在许多结构弱面和孔隙的岩石，坚固性最差。

按结构和矿物成分的不同，沉积岩又分为碎屑岩、黏土岩、化学岩及生物岩。

3. 变质岩

变质岩是已形成的岩浆岩、沉积岩在高温、高压或其他因素作用下，其矿物成分和排列经某种变质作用而形成的岩石。一般来说，它的变质程度越高、矿物重新结晶越好、结构越紧密，坚固性越好。由岩浆岩形成的变质岩称为正变质岩，常见的有花岗片麻岩；由沉积岩形成的变质岩称为副变质岩，常见的有大理岩、板岩、石英岩、千枚岩等。

4.1.1.2　岩石分级

岩石的分类和分级是两个不同的概念。前者从岩石成因和成分上区分其本质差别，后者则从具体工程特性如可钻性、可爆性和稳定性等方面对其进行等级划分。土石方工程经常需要将一部分岩石开挖掉，而将另一部分岩石保留和加固。对于需要爆破开挖的岩石，松软的易开挖，坚硬的难爆破。对需要保留的岩石，松软的容易遭受破坏而影响安全，坚固的就不易遭受破坏。所以，在工程建设中不但要了解岩石的种类及性质，还要根据岩石的坚固程度对岩石进行分级。我国 1998 年颁布实施的《全国统一城镇控制爆破工程、碉室大爆破工程预算定额》（GYD – 102—98），采用土建中的岩石分级法，按岩石坚固性系数 f 将土壤和岩石进行分类（表 4 – 1）。

表 4 – 1　岩石普氏分级表

项目分类	普氏分类	土壤及岩石名称	天然湿度下平均密度/（kg·m^{-3}）	极限抗压强度/MPa	坚固性系数 f
土壤	Ⅰ、Ⅱ、Ⅲ、Ⅳ	砂、腐殖土、泥炭；轻壤土和黄土类土；黏土、粗砾石、碎石和卵石；重黏土、硬黏土	600 ~ 1 900		0.5 ~ 1.5
松石	Ⅴ	矽藻岩和软白垩岩、胶结力弱的砾岩、各种不坚实的片岩、石膏	2 100 ~ 2 600	小于 20	1.5 ~ 2.0
次坚石	Ⅵ	凝灰岩和浮石、松软多孔和裂隙严重的石灰岩和泥质石灰岩、中等硬度的片岩、中等硬度的泥灰岩	1 100 ~ 2 700	20 ~ 40	2 ~ 4
	Ⅶ	石灰质胶结的带有卵石和沉积岩的砾石、风化的和有大裂缝的黏土质砂岩、坚石的泥板岩、坚石的泥灰岩	2 000 ~ 2 800	40 ~ 60	4 ~ 6
	Ⅷ	花岗石砾岩、泥灰质石灰岩、黏土质砂岩、砂质云母片岩、硬石膏	2 200 ~ 2 900	60 ~ 80	6 ~ 8
普坚石	Ⅸ	严重风化的软弱的花岗岩、片麻岩和正长岩；滑石化的蛇纹岩；致密的石灰岩；含有卵石、沉积岩的硅质胶结的砾岩；砂岩；砂质石灰质片岩；菱镁矿	2 400 ~ 3 000	80 ~ 100	8 ~ 10
	Ⅹ	白云岩、坚固的石灰岩、大理岩、石灰质胶结的致密砾石、坚固的砂质片岩	2 600 ~ 2700	100 ~ 120	10 ~ 12
特坚石	Ⅺ	粗粒花岗岩、非常坚硬的白云岩、蛇纹岩、石灰质胶结的含有火成岩之卵石的砾石、石灰胶结的坚固砂岩、粗粒正长岩	2 600 ~ 2 900	120 ~ 140	12 ~ 14
	Ⅻ	具有风化痕迹的安山岩和玄武岩、片麻岩、非常坚固的石灰岩、硅质胶结的含有火成岩卵石的砾岩、粗面岩	2 600 ~ 2 900	140 ~ 160	14 ~ 16
	ⅩⅢ	中粒花岗岩、坚固的片麻岩、辉绿岩、玢岩、坚固的粗面岩、中粗正长岩	2 500 ~ 3 100	160 ~ 180	16 ~ 18

项目分类	普氏分类	土壤及岩石名称	天然湿度下平均密度/(kg·m⁻³)	极限抗压强度/MPa	坚固性系数 f
特坚石	XIV	非常坚固的细粒花岗岩、花岗片麻岩、闪长岩、高硬度的石灰岩、坚固的玢岩	2 700 ~ 3 300	180 ~ 200	18 ~ 20
	XV	安山岩、玄武岩、坚固的角页岩、高硬度的辉绿岩和闪长岩、坚固的辉长岩和石英岩	2 800 ~ 3 100	200 ~ 250	20 ~ 25
	XVI	拉长玄武岩和橄榄玄武岩、特别坚固的辉长辉绿岩、石英岩和玢岩	3 000 ~ 3 300	大于 250	大于 25

岩石坚固性系数，是苏联学者普洛托季亚可洛夫于 1926 年提出的划分岩石等级的指标。根据普氏"岩石的坚固性在各方面的表现趋于一致"的观点，普氏系数 f 可由下式确定：

$$f = \frac{R}{10} \tag{4 - 1}$$

式中，R——岩石极限抗压强度，MPa。

根据 f 值划分的岩石工程分级，不仅可以确定岩石的开挖方法并判断岩石爆破的难易程度，而且可以作为爆破设计施工合理选择爆破参数的依据。普氏系数虽然具有很大的局限性，但是目前仍是工程中广泛使用的岩石分级依据。

4.1.1.3　岩石可爆性分级

当岩石的坚固性相同，而裂隙性、岩体中大块构体含量不同时，其可爆性也大不相同。显然，这种仅由一个参量确定岩石分级的做法是不能满足实际工程的需要的。目前已出现岩芯完整率和岩石变形能系数分级、岩石弹性波速度分级，以及岩石可爆性分级等多种岩石分级方法。下面简单介绍利用爆破漏斗试验确定的岩石爆破性指数分级方法和综合考虑岩石裂隙发展状况的岩石爆破破碎性分级法。

岩石可爆性是岩石本身物理力学性能、爆破技术及参数的综合反映，它们之间既有其内在联系，又受外部因素的影响，因而岩石的爆破性不是岩石单一的固有属性，而是岩石在爆破过程中诸多因素的综合反映，影响爆破质量的具体效果。岩石爆破性分级以能量平衡为准则，根据标准条件下爆破漏斗体积、大块率、小块率、平均合格率试验数据及岩石波阻抗，由式（4 - 2）得出岩石爆破性指数的统计计算公式，并按其大小将岩石划分为五级：

$$F = \ln\left[\frac{e^{67.22} K_d^{7.42} (\rho c)^{2.03}}{e^{38.44V} K_p^{1.89} K_X^{4.75}}\right] \tag{4 - 2}$$

式中，F——岩石可爆性指数；

V——爆破漏斗体积，m³；

ρ——岩石密度，kg/cm³；

c——岩石声波波速，m/s；

ρc——岩石波阻抗，(kg/cm³)·(m/s)；

K_d——大块率，%；

K_X——小块率，%；

K_p——平均合格率，%。

表 4-2 所示的岩石爆破破碎性分级法，不仅考虑了岩石的基本性质，而且考虑了获取最好的爆破破碎效果，对所采用的炸药品种和单位耗药量做了相应的规定。

表 4-2　岩石可爆性等级表

节理裂隙等级	平均裂隙距/m	岩石坚固性等级	1 m³岩石中自然裂隙的面积/m²	普氏坚固性系数 f	密度 /(g·cm⁻³)	声学阻抗 ρc_0 /(Pa·s·m⁻³)
特别破碎	不超过0.1	不坚固	33	小于8	小于2.5	小于5
强烈破碎	0.1~0.5	中等坚固	33~9	8~12	2.5~2.6	5~8
中等破碎	0.5~1.0	坚固	9~6	12~16	2.6~2.7	8~12
轻微破碎	1~1.5	很坚固	6~2	16~18	2.7~3	12~15
很轻微破碎	大于1.5	极端坚固	2	18 或更大	大于3	大于15

节理裂隙等级	大于以下尺寸的岩块在岩体中的含量/%			单位耗药量/(kg·m⁻³)	岩石可爆性等级
	300 mm	700 mm	1 000 mm		
特别破碎	小于10	接近0	没有	小于0.35	易爆
强烈破碎	不到70	小于30	小于5	0.35~0.45	中等可爆
中等破碎	小于90	小于70	小于40	0.45~0.65	难爆
轻微破碎	100	小于90	小于70	0.65~0.9	很难爆
很轻微破碎			100	0.9 或更大	极端难爆

4.1.2　岩石基本性质

岩石的基本性质从根本上说取决于其生成条件、矿物成分、结构构造状态和后期的地质及气候作用。

4.1.2.1　岩石的主要物理性质

用来定量评价岩石的物理力学性质的参数有很多，与爆破相关的主要参数有岩石的密度、表观密度、孔隙率、风化程度和波阻抗（wave impedance）。

密度 ρ 指岩土的颗粒质量与所占体积之比。一般常见岩石的密度在 1 100~3 000 kg/m³。密度与表观密度相关，密度大的岩石，其表观密度也大。随着表观密度（或密度）的增加，岩石的强度和抵抗爆破作用的能力也增强，破碎岩石和移动岩石所耗费的能量也增加。

岩石中存在数量和特征尺寸不等、成因各异的孔隙和裂隙，是岩石的重要结构特征之一。其对岩石力学性质的影响基本一致，在工程实践中很难将二者分开，因此通称为岩石的孔隙性。岩石的孔隙性常用孔隙率表示。孔隙率指岩土中孔隙体积（气相、液相所占体积）与岩土的总体积之比。常见岩石的孔隙率一般为 0.1%~30%。随着孔隙率的增加，岩石中冲击波和应力波的传播速度降低。岩石中存在的各种裂隙、孔隙为流体和气体的通过提供了通道。度量岩石允许流体和气体通过的特性称为岩石的渗透性。渗透性在岩石工程中有非常重要的影响。例如，岩石的高渗透性可能导致溃坝、溃堤、隧（巷）道透水、涌水等大渗透破坏的产生；而在油气田工程中，低渗透性会降低油气采出率，甚至无法正常生产。

岩石风化程度指岩石在地质内应力和外应力的作用下发生破坏疏松的程度。一般来说，随着风化程度的增大，岩石的孔隙率和变形性增大，其强度和弹性性能降低。所以，同一种岩石常常由于风化程度的不同，其物理力学性质差异很大。岩石的风化程度划分为未风化、轻微风化、中等风化和严重风化。

岩石波阻抗指岩石中纵波波速 C_P 与岩石密度 ρ 的乘积。岩石的这一性质与炸药爆炸后传给岩石的总能量及这一能量传递给岩石的效率有直接关系。通常认为选用的炸药波阻抗若与岩石波阻抗相匹配（接近一致），则能取得较好的爆破效果。

4.1.2.2　岩石的主要力学特性

岩石的力学性质可视为其在一定力场作用下的性态的反映。岩石在外力作用下将发生变形，这种变形因外力的大小、岩石物理力学性质的不同会呈现弹性、塑性、脆性性质。当外力继续增大至某一值时，岩石便开始破坏，岩石开始破坏时的强度称为岩石的极限强度。因受力方式的不同而有抗拉、抗剪、抗压等极限强度。岩石与爆破有关的主要力学特性如下。

1. 岩石的变形特征

岩石受力后发生变形，当外力解除后，既有恢复原状的弹性性能，又有不完全恢复原状而留有一定残余变形的塑性性能。

脆性是坚硬岩石的固有特征，指岩石在外力作用下，不经显著的残余变形就发生破坏的性能。

岩石因其成分、结晶、结构等特殊性，不像一般固体材料那样有明显的屈服点，而是在所谓的弹性范围内呈现弹性和塑性，甚至在弹性变形开始就呈现出塑性变形。

2. 岩石的强度特征

岩石强度是指岩石在受外力作用发生破坏前所能承受的最大应力，是衡量岩石力学性质的主要指标。除了单轴抗压强度和单轴抗拉强度，岩石抗剪强度也是一个重要的强度指标。抗剪强度用发生剪断时剪切面上的极限应力 τ 表示：

$$\tau = \sigma \tan \varphi + c \tag{4-3}$$

式中，σ——岩石试件承受的压应力；

$\quad\quad c$——岩石的内聚力；

$\quad\quad \varphi$——内摩擦角。

矿物的组成、颗粒间连接力、密度及孔隙率是决定岩石强度的内在因素。试验表明，岩石具有较高的抗压强度及较小的抗拉和抗剪强度。一般抗拉强度比抗压强度小一个数量级，抗剪强度比抗拉强度略大。

3. 弹性模量 E

岩石在弹性变形范围内，应力与应变之比称为弹性模量。对于非线性弹性体岩石，可用初始模量、切线模量及割线模量表示。

4. 泊松比 ν

岩石试件单向受压时，横向应变与纵向应变之比称为泊松比。一般岩石在弹性范围内时，$\nu = 0.15 \sim 0.35$。

由于岩石的组织成分和结构构造的复杂性，其具有与一般材料不同的特殊性，如各向异性、不均匀性、非线性变形等。几种常见岩石的物理力学性质参数见表4-3。

表 4 – 3 岩石的物理力学性质

物理力学性质	岩浆岩		沉积岩			变质岩		
	花岗岩	辉绿岩	砂岩	石灰岩	砾岩	大理岩	片麻岩	千枚岩
密度/(kg·m⁻³)	2 630 ~3 300	2 700 ~2 900	1 200 ~3 000	1 700 ~3 100	2 000 ~3 300	2 500 ~3 300	2 500 ~2 800	2 500 ~3 300
抗压强度 /MPa	75 ~200	160 ~250	4.5 ~180	10 ~200	40 ~250	70 ~140	80 ~180	120 ~140
抗拉强度 /MPa	2.1 ~5.7	4.5 ~7.1	0.2 ~5.2	0.6 ~11.8	1.1 ~7.1	2.0 ~4.0	2.2 ~5.1	3.4 ~4.0
抗剪强度 /MPa	5.1 ~13.5	10.8 ~17.0	0.3 ~10.0	0.9 ~16.5	2.7 ~17.1	4.8 ~9.6	5.4 ~12.2	8.1 ~9.5
抗弯强度 /MPa	6.4 ~19.7	13.5 ~21.3	0.5 ~18.2	1.8 ~35.0	4.0 ~21.3	7.0 ~14.0	6.6 ~18.0	10.2 ~12.0
泊松比	0.36 ~0.02	0.16 ~0.02	0.30 ~0.05	0.50 ~0.04	0.36 ~0.05	0.36 ~0.16	0.30 ~0.05	0.16
纵波波速 /(m·s⁻¹)	3 000 ~6 800	5 200 ~6 800	900 ~4 200	2 500 ~6 700	300 ~650	3 000 ~6 500	3 700 ~6 500	3 000 ~6 500
内摩擦角 /(°)	70 ~87	85 ~87	27 ~85	27 ~85	70 ~87	75 ~87	70 ~87	75 ~87
动弹性模量/GPa	50 ~94	86 ~114	5 ~91	10 ~94	33 ~114	50 ~82	50 ~91	71 ~78
静弹性模量/GPa	14.5 ~69	67 ~79	27.9 ~54	21 ~84	30 ~114	10 ~34	15 ~70	22 ~34

4.1.2.3 岩石的动态特性

1. 应力波及其分类

岩石爆破过程的主要力学特点是爆炸应力波（stress wave）及其作用。岩石在受到爆炸或其他冲击载荷作用时，内部质点就会产生扰动现象，其内部的应力也是以波动方式传播的，这就是应力波。

应力波按其传播的途径不同，可分为两大类：一类是在岩体内传播的，叫作体积波；一类是沿着岩体内、外表面传播的，叫作表面波。体积波按照波传播方向与质点扰动方向的关系，又可以分为纵波和横波两种。纵波又称 P 波，其传播方向和质点的运动方向一致，这种波在传播过程中会引起物体产生压缩和拉伸变形。横波又称 S 波，其传播方向和质点的运动方向垂直。在传播过程中，它会引起物体产生剪切变形。

当应力波向岩石界面入射时，如果入射角超过某一临界值，则将不能正常反射，形成反射波，而是形成一种顺表面的能量传递波，这种应力波称为表面波。按照应力波通过时介质质点运动轨迹的不同，表面波可分为瑞利波（Rayleigh wave）和勒夫波（Love wave）两类。瑞利波简称 R 波，其传播方式与纵波的相似，介质质点在沿波传播方向且与界面垂直的平面内做反向（与波前进的方向相反）椭圆运动，会引起物体产生压缩和拉伸变形；勒夫波简称 Q 波，与横波相似，介质质点则在垂直于波传方向且平行于界面的平面内做剪切振动，没有垂直表面的运动分量。表面波的特点是：质点运动幅度值均随远离岩石界面（表面）而呈指数衰减，但它们随远离波源的衰减却低于纵波和横波。

岩石爆破过程中的体积波特别是纵波能使岩石产生压缩和拉伸变形，是爆破时造成岩石破裂的重要原因。表面波特别是瑞利波，携带较大的能量，是造成振动破坏的主要原因。图 4-1 给出应力波传播引起的介质变形立体示意图。

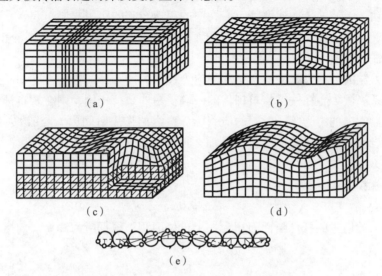

图 4-1 波传播引起的介质变形立体示意图

（a）纵波；（b）横波；（c）勒夫波；（d）瑞利波；（e）瑞利波质点运动方向

2. 冲击荷载特性及应力波的传播

冲击载荷是一种动载荷，它的特点是加载的载荷瞬时就上升到最高值，然后就急剧地下降，其加载的时间通常以毫秒或微秒来计算。概括地说，冲击载荷的特点是加载速度快和作用时间短。爆破是一种强冲击载荷，它不但加载速度快和作用时间短，而且加载的强度高达 10^4 甚至 10^5 个大气压。若将物体受冲击载荷作用下的情况和一般静载荷相比，其主要特征如下：

①在冲击载荷作用下，承受载荷作用的物体的自重非常重要。冲击载荷作用下所产生力的大小、作用的持续时间和力的分布状态等，主要取决于加载体和受载体之间的相互作用。

②在冲击载荷作用下，在承载体中承受的应力是局部性的，也就是说，在冲击载荷作用下，承载物体受载的某一部分的应力、应变状态可以独立存在，因此，在承载体内部具有明显的应力不均匀性。

③在冲击载荷作用下，承载体的反应是动态的。

当炸药在岩体中爆炸时，引起的瞬间巨大压力以极高的速度冲击药包四周的岩石，在岩石中激发出传播速度比声速还大的冲击波。冲击波在岩体内传播时，它的强度随传播距离的增加而减小。波的性质和形状也产生相应的变化。首先形成的是冲击波，随后衰减为非稳态冲击波、弹塑性波、弹性应力波和振动波。根据波的性质、形状和作用性质的不同，可将冲击波的传播过程分为三个作用区。在离爆源 3～7 倍药包半径的近距离内，冲击波的强度极大，波峰压力一般都大大超过岩石的动抗压强度，故使岩石产生塑性变形或粉碎。因而这个区域消耗了大部分的能量，冲击波的参数也发生急剧的衰减。这个距离的范围叫作冲击波作用区。冲击波通过该区以后，由于能量大量消耗，冲击波衰减成不具陡峻波峰的应力波，波阵面上的状态参数变化得比较平缓，波速接近或等于岩石中的声速，岩石的状态变化所需时间大大小于恢复到静止状态所需时间。由于应力波的作用，岩石处于非弹性状态，在岩石中产生变形，可导致岩石的破坏或残余变形。该区称作应力波作用区或压缩应力波作用区，其范围可以达到 120~150 倍药包半径的距离。应力波传过该区后，波的强度进一步衰减，变为弹性波或振动波，波的传播速度等于岩石中的声速，它的作用只能引起岩石质点做弹性振动，而不能使岩石产生破坏，岩石质点离开静止状态的时间等于它恢复到静止状态的时间。故此区称为弹性振动区。

在研究应力波的传播过程中，所引起的应力及应力波本身的传播速度和质点运动速度存在着一定的关系。假如，在一维岩石杆件的一端受爆炸载荷作用，则在岩石杆件任意一点上作用于波的传播方向的力为 F，引起的应力为 σ，力的作用时间为 t，在该力作用下的岩石的质量为 m，岩石质点的运动速度为 v_P，那么根据动量守恒定律可得

$$Ft = mv_P \tag{4-4}$$

将式（4-4）微分，得

$$F\mathrm{d}t = \mathrm{d}mv_P \tag{4-5}$$

若截取应力波通过的杆件断面面积为一个单位面积，根据应力和质量的概念，可推得

$$\sigma \mathrm{d}t = \rho \cdot \mathrm{d}s \cdot v_P \tag{4-6}$$

$$\sigma = \frac{\mathrm{d}s}{\mathrm{d}t} v_P \rho \tag{4-7}$$

$$\frac{\mathrm{d}s}{\mathrm{d}t} = C_P \tag{4-8}$$

式中，C_P——纵波的传播速度，m/s。

将 C_P 代入式（4-7）中，得

$$\sigma = \rho C_P v_P \tag{4-9}$$

同理，可以推出横波所产生的剪应力值为

$$\tau = \rho C_S v_S \tag{4-10}$$

式中，C_S——横波的传播速度，m/s。

v_S——横波中介质质点的运动速度，m/s。

众所周知，纵波和横波在弹性介质中的传播速度取决于该介质的密度和弹性模量，在无限介质的三维传播情况下，其纵波（C_P）和横波（C_S）的传播速度为：

$$C_P = \left[\frac{E(1-\nu)}{\rho(1+\nu)(1-2\nu)} \right]^{\frac{1}{2}} \tag{4-11}$$

$$C_S = \left[\frac{E}{2\rho(1+\nu)} \right]^{\frac{1}{2}} = \left(\frac{G}{\rho} \right)^{\frac{1}{2}} \tag{4-12}$$

式中，E——介质的杨氏弹性模量，Pa；

ν——介质的泊松比；

G——介质的剪切模量，Pa；

岩石中的应力波速度除与岩石密度、弹性模量有关外，还与岩石结构及构造特性有关。

工程上一般通过实测得出岩石的纵波和横波传播速度。

当瑞利波通过时，根据边界条件求解波动方程后，可以得到下式（戴俊，2013）：

$$\zeta^6 - 8\zeta^4 + 8(3 - 2\alpha^2)\zeta^2 + 16(\alpha^2 - 1) = 0 \tag{4 - 13}$$

式中，$\alpha = \sqrt{\dfrac{1 - 2\nu}{2(1 - \nu)}}$；$\zeta = \dfrac{C_R}{C_S}$。

式（4 - 13）为表面波波速与岩石泊松比关系的六次方程，该方程只有实数解才有意义。当泊松比 $\nu = 0.25$ 时，$\alpha = 1/3$，这一条件下方程唯一的有意义实数解是 $\zeta = 0.919$。因此，有：

$$C_R = 0.582\sqrt{\frac{E}{\rho}}$$

瑞利波在研究岩石内裂隙扩展机理时有重要意义。研究指出，裂隙在其间断集中应力作用下，能够扩展的极限速度是瑞利波速。裂隙扩展速度超过瑞利波速时，裂隙的扩展将弯曲或分叉，从而导致速度下降。据此，可以求出爆破岩石的合理炸药单耗。

勒夫波是一种表面波，在层状岩石中沿层面传递能量。勒夫波可以沿岩石的一个内层传播，内层两侧被不同性质的层厚所限制时，勒夫波不会穿过界面。勒夫波在衰减特性、弥散现象方面类似于瑞利波，而传播速度更接近于横波。

设有一厚度 h 的薄层，一侧为有质量的半无限空间，另一侧为无质量的半无限空间，这时产生的表面波为勒夫波，根据勒夫波特性，求解波动方程后，可以得到下式：

$$\tan\left[ah\sqrt{C_Q^2/C_{S1}^2 - 1}\right] = \frac{G_2\sqrt{1 - C_Q^2/C_{S2}^2}}{G_1\sqrt{C_Q^2/C_{S1}^2 - 1}} \tag{4 - 14}$$

式中，$a = \omega/C_R$，这里假设表面波为正弦波；ω 为频率；C_Q 为勒夫波速度；C_{S1} 为夹层中横波速度；C_{S2} 为质量半空间中的横波速度；G_1 和 G_2 为薄层和质量半空间的剪切模量。

除了存在瑞利波和勒夫波以外，沿自由表面存在膨胀波。假设一个平面波沿与自由面平行的方向传播，如图 4 - 2 所示，波阵面从 MN 传播到 AB，质点 A 在自由面上，因此，它有向外被挤压造成自由膨胀的可能性，使 A 点可以向上运动，又可以向波传播方向运动。当波阵面通过时，自由面上的一切点都有同时产生上述两种运动的可能性，即前者称为旁侧运动，后者称为向前运动。在边界上的质点 A，旁侧运动和向前运动的总效果相当于膨胀波倾斜入射到自由面上，反射后便产生了子膨胀波和子剪切波。波沿边界运动而产生的膨胀影响区，可以 M 点为圆心，取 MA 等于纵波波速 C_P，并以 MA 为半径画弧，则在圆弧 AC 与波阵面 AB 之间的区域，其介质质点只有向前运动，不存在旁侧运动，所以没有由于自由面产生

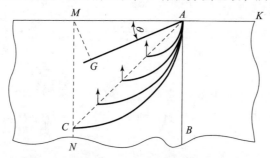

图 4 - 2　膨胀波沿自由边界的传播

的膨胀影响。圆弧 AC 左侧所限定的区域，旁侧与向前两种运动都有。在自由面上，当波通过时，旁侧运动的质点速度最大；而在介质内部，随着到自由边界的距离的增加，其质点的旁侧运动速度迅速降低。因此，最大旁侧质点速度的轨迹为 AC，其斜率为 tan45°。

膨胀影响区可以设想为一个已经包含着无穷数量的子波区域，每一个子波是当母波的波阵面沿自由面边界传播时在表面的每一点产生的。而表面膨胀产生的剪切波是相对强大的，子膨胀波与子剪切波合并的相关波前为 AG，在 $\triangle MAG$ 区域内，只有剪切子波的存在，其相关波前 AG 与自由边界的倾角由下式得出：

$$\sin\theta = \frac{MG}{AM} = \frac{C_S}{C_P} = \sqrt{\frac{1-2\nu}{2-2\nu}} \tag{4-15}$$

因此，θ 为泊松比的函数。剪切波的振幅在平面 MG 左侧基本上为零。这个平面 MG 垂直于剪切波前 AG。

子膨胀波与子剪切波两者都是从母压缩波得到的能量，由于靠近自由边界的母压缩波能量不断地被消耗，其波前强度不断下降，最后靠近表面的这部分波前一起消失，最终演变成瑞利波。

对于压缩波在平板中传播，当波长比板厚度小得多时，其波速等于瑞利波波速；如果波长比板厚度大得多，则波阵面上应力分布均匀。如图 4-3 所示，沿 x 轴方向的波，xy 面与板面平行，z 轴方向为板厚，则可得到波动方程：

$$\frac{\partial^2 u_x}{\partial t^2} = \frac{E}{\rho(1-\nu^2)} \frac{\partial^2 u_x}{\partial t^2} \tag{4-16}$$

于是，得到板中波速度：

$$C_b = \sqrt{\frac{E}{\rho(1-\nu^2)}} = C_S \sqrt{\frac{2}{1-\nu}} = C_P \sqrt{\frac{1-2\nu}{(1-\nu)^2}} \tag{4-17}$$

式中，C_b 为板中波速；C_P 为弹性体中的纵波波速。若取 $\nu = 0.3$，板中的波速比体中的纵波波速小 20%。

当沿板的 x 方向存在压缩或膨胀波时，由于在板的两个自由面的边界上发生复杂的效应，不断地产生大量的剪切波和拉伸波，其内部波形如图 4-3 所示。图中箭头表示各波前的运动方向，压缩或膨胀波前 AB 尾随两个剪切波：BD 与 AC，它们是由表面膨胀产生的。相关波前 BD 和 AC 在自由边界反射成为剪切 DE 和 CF。

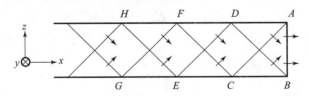

图 4-3　板中的内部波形

在波传播的任何时刻，板中的应力和质点速度分布都是很不均匀的，但具有周期性，其周期性受到板的厚度与弹性波速度的影响。图 4-3 中距离 AD、DF、BC、CE 相等，它们与板的厚度 h 和波速有如下关系：

$$\overline{AD} = h \arctan\theta = D\sqrt{C_P^2/C_S^2 - 1} \tag{4-18}$$

各剪切波反射片段质点速度如图 4 - 4 所示，图中箭头表示质点速度，单元 $DICJ$ 在 DC 方向上受压。这是由于反射片段 BD 和 DE 上各质点速度方向均趋于向下，故 D 点受压。同理，C 点也受压。而单元 $FJEL$ 则在平行于 EF 方向受拉。因此，当板中存在波时，板上的每一点以频率 f 上下振动，其值由下式确定：

$$f = \frac{C_P}{DH} = C_P \frac{\sqrt{1-2\nu}}{2D} \tag{4-19}$$

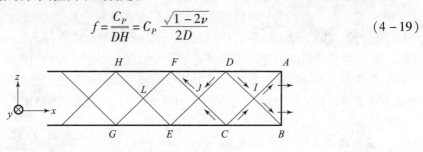

图 4 - 4　各剪切波反射片段质点速度

随着图 4 - 4 中的波前 AB 向前运动，受到剪切波影响的区域加长，单元 $DICJ$ 将产生越来越多的短波。首先，波前 AB 以膨胀波速运动，但当波前传播 2 倍与 3 倍板厚的距离时，波速下降到板中波速，原因与上述的旁侧运动效应类似。

当波在板中前进时，由于尾波向前运动的速度比脉冲的波前 AB 的速度小，波前 AB 与剪切波的最后片段或尾波之间的距离逐渐增加。经过时间 t，波前与波后之间的距离为

$$L = (C_P - C_S \sin\theta)t \tag{4-20}$$

式中，t——波从开始进入平板的时间。

3. 冲击荷载作用下岩石强度特性

岩石在爆炸作用下承受的是一种荷载持续时间极短、加载速率极高的动态冲击型荷载。试验资料表明，在这种情况下岩石的力学性质发生很大变化，它的动力学强度比静力学强度增大很多，变形模量也明显变大，并且变化规律非常复杂。几种岩石在爆破动载作用下强度比较的试验资料见表 4 - 4。

表 4 - 4　几种岩石爆破动载强度和静载强度试验对比

岩石	密度/ (kg·m⁻³)	应力波平均速度/(m·s⁻¹)	抗压强度/MPa		抗拉强度/MPa		动载速率/MPa	荷载持续时间/ms
			静载	动载	静载	动载		
大理岩	2 700	4 500 ~ 6 000	90 ~ 110	120 ~ 200	5 ~ 9	20 ~ 40	$10^7 \sim 10^8$	10 ~ 30
砂岩	2 600	3 700 ~ 4 300	100 ~ 140	120 ~ 200	8 ~ 9	50 ~ 70	$10^7 \sim 10^8$	20 ~ 30
辉绿岩	2 800	5 300 ~ 6 000	320 ~ 350	700 ~ 800	22 ~ 32	50 ~ 60	$10^7 \sim 10^8$	20 ~ 50
石英 - 闪长岩	2 600	3 700 ~ 5 900	240 ~ 330	300 ~ 400	20 ~ 30	20 ~ 30	$10^7 \sim 10^8$	30 ~ 60

4.2　爆破作用下岩石破坏过程分析

4.2.1　关于岩石爆破机理的几种学说

关于岩石爆破破碎的机理有多种理论和学说，比较流行的有爆轰气体压力作用学说、应

力波作用学说及应力波和爆轰气体压力共同作用学说。

1. 爆轰气体压力作用学说（explosion gas failure theory）

这种学说从静力学观点出发，认为岩石的破碎主要是由爆轰气体的膨胀压力引起的。这种学说忽视了岩体中冲击波和应力波的破坏作用，其基本观点如下：

药包爆炸时，产生大量的高温高压气体，这些爆炸气体产物迅速膨胀，并以极高的压力作用于药包周围的岩壁上，形成压应力场。当岩石的抗拉强度低于压应力在切向衍生的拉应力时，将产生径向裂隙。作用于岩壁上的压力引起岩石质点的径向位移，作用力的不等引起径向位移的不等，导致在岩石中形成剪切应力。当这种剪切应力超过岩石的抗剪强度时，岩石就会产生剪切破坏。当爆轰气体的压力足够大时，爆轰气体将推动破碎岩块做径向抛掷运动。

2. 应力波作用学说（shock wave failure theory）

这种学说以爆炸动力学为基础，认为应力波是引起岩石破碎的主要原因。这种学说忽视了爆轰气体的破坏作用，其基本观点如下：

爆轰波冲击和压缩药包周围的岩壁，在岩壁中激发形成冲击波并很快衰减为应力波。此应力波在周围岩体内形成裂隙的同时向前传播，当应力波传到自由面时，产生反射拉应力波（图4-5）。当拉应力波的强度超过自由面处岩石的动态抗拉强度时，从自由面开始向爆源方向产生拉伸片裂破坏，直至拉伸波的强度低于岩石的动态抗拉强度处时停止。

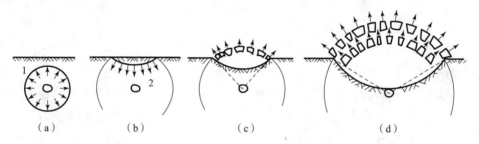

（a） （b） （c） （d）

1—压应力波波头；2—反射拉应力波波头。

图4-5 反射拉应力破坏过程示意图

应力波作用学说只考虑了拉应力波在自由面的反射作用，不仅忽视了爆轰气体的作用，而且也忽视了压应力的作用，对拉应力和压应力的环向作用也未考虑。实际上，爆破漏斗的形成主要是由里向外的爆破作用所致。

3. 应力波和爆生气体综合作用学说

该学说认为爆破破岩是应力波和爆生气体膨胀压力综合作用的结果，两种爆炸载荷在爆破破岩的不同阶段和针对不同类型的岩石起到不同的作用，更切合实际而为大多数研究者所接受。

这一学说的主要观点认为，爆轰波波阵面的压力和传播速度远高于爆生气体产物的压力和传播速度。爆轰波首先作用于药包周围的岩壁上（在耦合装药情况下），在岩石中激发形成固体介质中的冲击波，并很快衰减为应力波，即P波（纵波）。药包附近岩石在冲击波的作用下产生强烈破碎，发生"压碎"现象，同时，一旦炮孔孔壁发生破坏，岩石中就会产生S波（横波）。爆炸产生的压缩应力波首先使岩石产生初始裂纹，剪切应力波和反射应力波使这些裂纹进一步扩展，在压碎区域之外产生径向裂隙。随后，爆生气体产物作用于被冲击波压碎的岩石，同时，爆生气体"楔入"由应力波作用产生的裂隙中，使之继续延伸和进一步扩张、贯通形成岩块。当爆轰气体的压力足够大时，岩石脱离母岩和推动破碎岩块做径向抛掷。爆炸应力波产生的初始裂纹为爆生气体的气楔作用创造了条件。爆炸应力波的重要性与爆破的岩石特性有关，对于高波阻抗的坚硬岩石，爆炸应力波的作用较为重要；对于低波阻抗的软岩，应力波衰减很快，爆生气体起主要作用；对于中等波阻抗及波阻抗为 $(5 \sim 15) \times 10^5 \, g/(cm^2 \cdot s)$ 的中等硬度的岩石，爆炸应力波和爆生气体都起重要作用。因此，通过调整应力波作用的强度，可取得不同的爆破效果。如坚硬岩石要求破碎时，应使用能产生高爆炸应力波峰值的炸药，以增加应力波破岩作用。

在上述三种爆破破岩理论中，爆轰气体压力作用学说和应力波作用学说只强调爆炸荷载某一方面对岩体的破碎作用，而忽略另一方面，因此，这两种学说都具有片面性。应力波和爆生气体综合作用学说同时考虑爆炸气体和应力波破碎作用，较为符合实际情况，因而被大多数人所接受。然而，由于应力波破坏理论或爆生气体破坏理论只考虑应力波的作用或爆生气体的作用，使得用它们分析和处理爆破问题变得简单，因此，它们也常常被用来分析实际爆破问题。应该指出，上述三种经典理论均建立在均质材料的爆炸荷载特点上，而没有考虑实际岩体的特点。事实上，岩体内部存在的节理裂隙会严重影响岩体的破碎形式。从岩体的特点出发，关于爆破破岩理论有如下观点：

（1）岩石爆破弹塑性理论

弹塑性理论认为，岩石是各向同性的、连续的弹塑性介质，岩体在爆炸荷载作用下的破坏是因其内部最大应力超过岩石强度极限而引起的。这种理论基于弹塑性力学，根据实际工程问题，建立力学模型并加以分析计算，十分方便。但是由于这种理论模型并未考虑岩石材料的固有缺陷，以及理论基础与实际情况有一定的差距。

（2）岩石爆破的断裂理论

断裂理论认为，岩石是含有裂纹的脆性非连续介质，岩体在爆炸荷载作用下，这些原生的裂纹扩展并发生断裂破坏是岩石爆破破碎的主要原因。这种理论对于含有宏观裂纹、具有层理的岩体能够给出更符合实际的结果，但断裂理论实际应用十分困难。

（3）岩体爆破的损伤理论

损伤理论认为，岩体内存在着大量随机分布的原生裂纹，它们是潜在的损伤发展源，在爆炸荷载作用下，部分原生裂纹将被激活并发生损伤积累，但只有当岩体损伤积累达到某一临界值时，岩体才产生宏观破坏。

由于实际岩体内部具有较多的节理、裂隙、层理等不连续层面，而这些不连续层面对爆破破碎会产生明显的影响，主要体现在应力集中、应力波反射增强、能量耗散、高压爆炸气体外溢等方面。因此，如何考虑岩体的不连续性对爆破的影响，是当前研究岩体爆破破碎机理的主要问题和发展方向。外国学者 Fourney（2015）使用动光弹试验模拟岩石爆破过程，发现微小裂隙、缺陷会对岩石破坏形式有明显的影响，当裂隙缺陷距炮孔较远时，在 P 波尾部的拉伸效应和 S 波的共同作用下，裂纹依旧会从这些裂隙缺陷开始发育。而这些裂纹将有助于破碎，即，产生环向裂纹，破碎由径向裂纹产生的扇形碎块。

4.2.2　单个药包的爆破作用

为了分析岩体的爆破破碎机理，通常假定岩石是均匀介质，并将装药简化为在一个无限岩体介质中的球形药包。球形药包的爆破作用原理是其他形状药包爆破作用原理的基础。

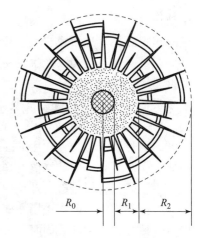

4.2.2.1 爆破的内部作用

当药包在岩体中的埋置深度很大，其爆破作用达不到自由面时，这种情况下的爆破作用即为内部作用。岩石的破坏特征随着其离药包中心距离的变化而发生明显的变化。根据岩石的破坏特征，可将耦合装药下受爆炸影响的岩石分为三个区域（图4-6）。

1. 粉碎压缩区（crushed zone）

当密闭在岩体中的药包爆炸时，爆轰波和高温高压爆生气体迅速膨胀，在数微秒内急剧增高到数万兆帕，并在药包周围的岩石中激发起冲击波，其强度远远超过岩石的动态抗压强度，其抗畸变能力（即剪切强度）可以忽略不

R_0—药包半径；R_1—粉碎压缩区半径；
R_2—裂隙区半径。

图4-6 爆破的内部作用

计，局部岩石被强烈粉碎，对于坚硬岩石，在此范围内受到粉碎性破坏，形成粉碎区；对于松软岩石（如页岩、土壤等），则被压缩形成空腔，空腔表面形成较为坚实的压实层，这种情况下的粉碎区又称为压缩区。

研究表明，对于在岩石中的球形装药，压缩区半径一般是药包半径的1.28~1.75倍；对于柱形装药，压缩区半径一般是药包半径的1.5~3.05倍。虽然压缩区的范围不大，但由于岩石遭到强烈粉碎，能量消耗却很大（Zhang，2016）。

2. 裂隙区（fractured zone）

在粉碎压缩区形成的同时，岩石中的冲击波衰减成压应力波。在应力波的作用下，岩石在径向产生压应力和压缩变形，而切向方向将产生拉应力和拉伸变形。由于岩石的抗拉强度仅为其抗压强度的1/10~1/50，当切向拉应力大于岩石的抗拉强度时，该处岩石被拉断，形成与压缩区贯通的径向裂隙，如图4-7（a）所示。

随着径向裂隙的形成，作用在岩石上的压力迅速下降，药室周围的岩石随即释放出在压缩过程中积蓄的弹性变形能，形成与压应力波作用方向相反的拉应力，使岩石质点产生反方向的径向运动。当径向拉应力大于岩石的抗拉强度时，该处岩石即被拉断，形成环向裂隙，如图4-7（b）所示。

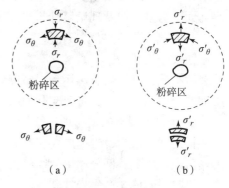

σ_r—径向压力；σ_θ—切向压力；
σ_r'—环向拉应力；σ_θ'—切向压应力。

**图4-7 破裂区径向裂隙和环向裂隙
形成示意图**

（a）径向裂隙；（b）环向裂隙

在径向裂隙和环向裂隙形成的过程中，由于径向应力和切向应力的作用，还可形成与径向成一定角度的剪切裂隙。应力波的作用在岩石中首先形成了初始裂隙，接着爆轰气体的膨胀、挤压和气楔作用使初始裂隙进一步延伸和扩展。当应力波的强度与爆轰气体的压力衰减到一定程度后，岩石中裂隙的扩展趋于停止。在应力波和爆轰气体的共同作用下，随着径向裂隙、环向裂隙的形成、扩展和贯通，在紧靠粉碎区处就形成了一个裂隙发育的区域，称为裂隙区。

3. 振动区（vibration zone）

在破裂区外围的岩体中，应力波和爆轰气体的能量已不足以对岩石造成破坏，应力波的能量只能引起该区域内岩石质点发生弹性振动，这个区域称为振动区。在振动区，由于振动波的作用，有可能引起地面或地下建筑物的破裂、倒塌，或导致路堑边坡滑坡及隧道冒顶、片帮等灾害。

4.2.2.2　爆破的外部破坏

1. 反射拉伸波引起的岩石片落

当压缩应力波传播到自由面时，将形成反射拉伸波，其与压缩波的方波方向相反，由于岩石的拉伸强度远远低于其抗压强度，反射拉伸波更易引起破坏，产生"片落"现象，这种效应叫作层裂。层裂的破碎机理中应力波的合成过程如图 4 - 8 所示。假设一维的三角压缩应力波在岩杆中传播，图 4 - 8（a）中的图（1）表示压缩应力波正好到达自由面的情况，这时的峰值应力为 P_a，未达到岩石的抗压强度，因此岩石并未发生破坏。图 4 - 8（a）中的（2）表示经过一定时间后，假如前面没有自由面存在，则应力波阵面必然会到达 $H_1'F_1'$ 的位置。但是，由于前面有自由面存在，压缩应力波经过反射成为拉伸应力波并返回到 $H_1''F_1''$ 的位置。在 $H_2'H_2$ 平面上，在受到 $F_1''H_1''$ 拉伸应力作用的同时，又受到 $F_1''H_2$ 压缩应力的作用。合成的结果，在这个面上就受到拉伸合应力 $H_2'F_1''$ 的作用。这种拉伸应力容易引起岩石沿 $H_2'H_2$ 平面成片状裂开，片裂的过程如图 4 - 8（b）所示，并且当压缩波应力峰值足够大时（小于岩石抗压强度），自由面会发生多次层裂。

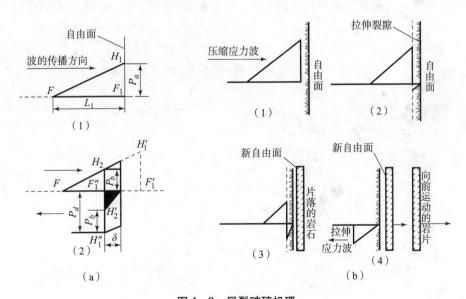

图 4 - 8　层裂破碎机理

（a）应力波合成过程；（b）岩石表面片落过程

过去曾把爆破时岩石的片落当作岩石破碎的主要过程，但近年来的研究表明，片落现象的产生主要同药包的几何形状、药包的大小和入射波的波长有关。对装药量较大的药室爆破，片落现象形成的破碎范围比较大；而对装药量较小的深孔爆破或浅孔爆破，产生片落现象的可能性较小。

2. 反射拉应力波引起的径向裂纹的延伸

当反射拉伸应力波的强度减小到不足以引起片落时，也还能在破碎岩石方面起到一定的作用。如图 4-9 所示，从自由面反射回来的拉伸应力波使原先存在于径向裂隙梢上的应力场得到加强，故裂隙继续向前延伸。当径向裂隙与反射应力波波阵面成 90°角时，反射拉伸效果最好。当交角为 θ 时，存在一个 sinθ 方向的拉伸分量，促使径向裂隙扩展和延伸，或者造成一条分支裂隙。垂直于自由面方向的径向裂隙，则不会因反射拉伸应力波的影响而继续扩展和延伸。

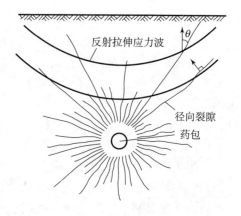

图 4-9　反射拉伸波对径向裂隙的影响

为了进一步理解反射应力波对径向裂纹的作用，下面将详细讨论这个问题（Hustrulid，1999）。

由于爆炸引起应力波在传播过程中的衰减，其强度可能不足以在自由面形成片落。反射拉伸应力波从自由面向岩石内部传播，此时有两种不同的情况需要考虑。第一种情况是，应力在自由面的正入射，如图 4-10 所示。当入射角（入射波方向与自由面的夹角）为 90°时，会改变应力波的传播方向和应力符号。上一节提到，在破裂区，应力波（入射波）环向为拉伸应力，径向为压缩应力。假设裂纹沿着垂直于自由面方向传播，如图 4-11 所示。因为波（纵波）的传播速度约比裂纹的扩展速度快 3 倍，裂纹将立刻落后于应力波前。应力波在自由面反射后向裂纹尖端传播，此时，反射波的切向应力分量为压应力。压应力垂直作用于裂纹面，使裂纹扩展受阻。径向拉伸应力作用于裂纹扩展方向，其不会有助于裂纹扩展。因此，在炮孔正前方的裂纹，其扩展由于反射应力波而受到阻碍。

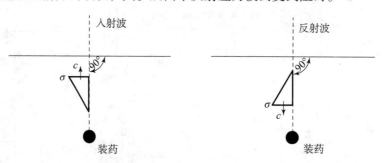

图 4-10　炸药产生的应力波在自由面正入射（只考虑纵波）

图 4-11　正入射和反射波的应力分量及与裂纹扩展的关系

普遍情况如图 4-12 所示。当入射波方向与自由面所成夹角为 θ（非 90°）时，反射情况变得更复杂。当入射波只有纵波时，经过反射，将产生一个横波（剪切波）和一个纵波。

这里只讨论反射纵波的作用。可知：

①根据光学原理，入射角等于反射角，即 $\alpha = \theta$；

②入射压缩波经反射后成为拉伸波，反之亦然。

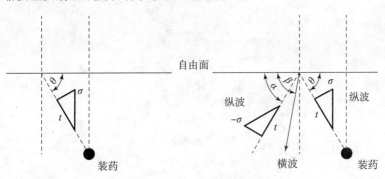

图 4 - 12　纵波斜入射自由面

反射波对于爆破的实际意义如图 4 - 13 所示。首先考虑裂纹在爆炸作用下从炮孔向外传播的情况。由于裂纹扩展速度约为 0.38c（Roberts 和 Wells，1954，c 为纵波波速），所以，在装药正前方的入射波到达自由面时，裂纹扩展了 0.38W（W 为抵抗线）。因此，可以得到

$$\frac{2W - X}{c} = \frac{X}{0.38c} \qquad (4-21)$$

式中，X——裂纹尖端与反射波波阵面相遇时的距离，$X = 0.55W$。如上述，裂纹垂直方向扩展将会停止或受阻。

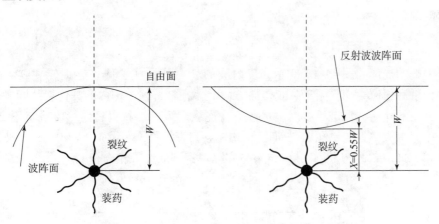

图 4 - 13　球面波与径向裂纹相互作用示意图

当裂纹扩展方向与自由面成夹角 φ 时，反射波也会影响裂纹，如图 4 - 14 所示。如果反射波遇到停止或扩展的裂纹尖端，裂纹将会继续或加速扩展。焦点"e"取决于裂纹方向、裂纹长度和裂纹速度。

由图中几何关系可知

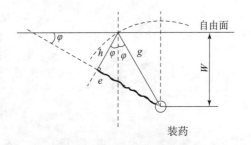

图 4 - 14　有助于裂纹扩展到自由面的几何结构

$$\tan 2\varphi = \frac{e}{h} \tag{4-22}$$

$$\sin 2\varphi = \frac{e}{g} \tag{4-23}$$

因此

$$h = \frac{e}{\tan 2\varphi}; \quad g = \frac{e}{\sin 2\varphi}$$

应力波传播时间与裂纹传播时间相等，则

$$t_{crack} = \frac{e}{V} = \frac{g+h}{c} = t_{wave} \tag{4-24}$$

假设 $V_{crack} = Kc$，K 为常数，则

$$\frac{g+h}{e} = \frac{1}{K} \tag{4-25}$$

将 h 和 g 代入式（4-25），可得

$$\frac{1}{\tan 2\varphi} + \frac{1}{\sin 2\varphi} = \frac{1}{K} \tag{4-26}$$

简化可得，$\tan\varphi = K$ 或 $\varphi = \arctan K$。

如果裂纹速度已知，可以计算得到裂纹方向，例如，$V_{crack} = 0.38c$，最有利裂纹扩张方向为 $\varphi = 20.8°$。

在裂纹未遇到反射波之前，裂纹的传播距离为

$$e = 2W\sin\varphi$$

应力波的传播距离为

$$g + h = \frac{W}{\cos\varphi}(1 + \cos 2\varphi)$$

裂纹尖端的局部如图 4-15 所示，反射波的径向分量（拉伸）会促使裂纹尖端继续扩展。切向分量为压应力，作用于裂纹传播方向上。在抵抗线范围内的其他裂纹同样会受到反射波径向分量的作用，促进扩展。但是在炮孔连线后方的裂纹（图 4-16）将不会被影响。对于距自由面距离较近的单孔爆破而言，如图 4-17 所示，假设 $V_{crack} = 0.38c$，破碎岩石的裂纹角度 $\delta = 180° - 2\varphi = 138.4°$，此结果与实际观察到的结果相吻合。

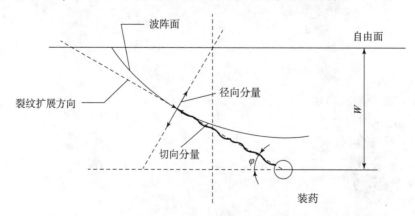

图 4-15 反射波与裂纹尖端相互作用

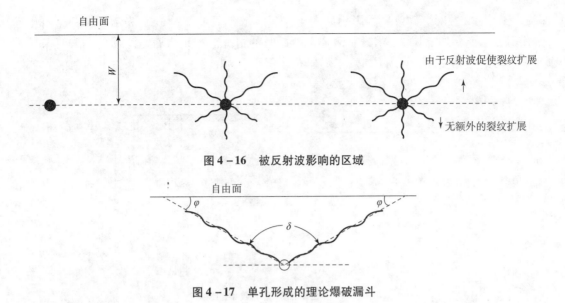

图 4 – 16　被反射波影响的区域

图 4 – 17　单孔形成的理论爆破漏斗

注意，以上讨论基于 P 波引起岩石径向压应力和环向切应力。对于距离炮孔较远处，P 波会使岩石受到双向压缩，即，径向和切向都是压应力，在经自由面反射后，P 波会使岩石在径向和切向同时受到拉伸应力。由于岩石是一种充满各种节理、裂隙等不连续界面的非均匀物质，此受力状态将有助于距离自由面较近的微裂隙发育，并扩展形成裂纹。

研究表明，爆破过程产生的新自由面仅占爆堆岩石碎块表面的 1/3，所以爆破所产生的拉应力波只是将岩石中原有的裂隙进一步扩张。考虑岩石中原有节理、裂隙切割条件的单孔集中药包爆破漏斗形成的模拟结果如图 4 – 18 所示，由此可见，因为岩石的不连续性，较小的反射拉应力就可以将破裂区的裂纹扩张贯通形成碎块。

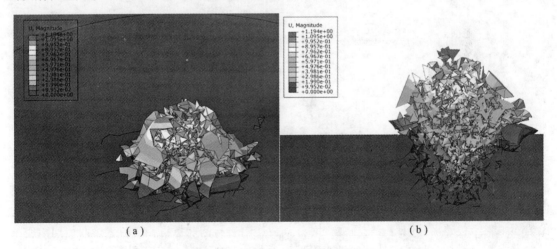

（a）　　　　　　　　　　　　　　　（b）

图 4 – 18　爆破漏斗形成过程的模拟

（a）三维视图；（b）剖面图

3. 两个自由面的爆破破碎

自由面的作用是非常重要的。增加自由面的个数，可以在明显改善爆破效果的同时，显著地降低炸药消耗量。合理地利用地形条件或人为地创造自由面，往往可以达到事半功倍的效果。自由面个数对爆破效果的影响如图4-19所示。图4-19（a）表示只有一个自由面时的情况，图4-19（b）表示具有两个自由面时的情况。如果岩石是均质的，并且条件相同，那么图4-19（b）条件下所爆下的岩石体积几乎为图4-19（a）条件下的两倍。

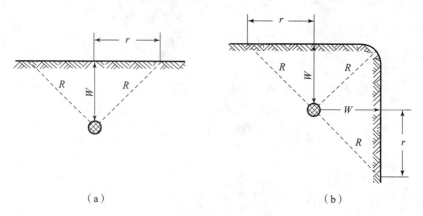

（a）   （b）

图4-19　自由面对爆破效果的影响

目前流行的大孔距小抵抗线爆破，正是充分利用了自由面对爆破效果的影响作用，通过调整孔间起爆顺序，人为地造成每个炮孔享受两个自由面的有利条件，从而明显改善爆破效果。

4.2.3　爆破漏斗理论（Crater）

当单个药包在岩体中的埋置深度不大时，可以观察到自由面上出现了岩体开裂、鼓起或抛掷现象。这种情况下的爆破作用叫作爆破的外部作用，其特点是在自由面上形成了一个倒圆锥形爆坑，称为爆破漏斗，如图4-20所示。

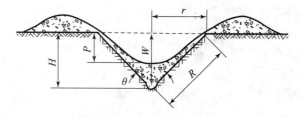

图4-20　爆破漏斗的几何要素

1. 利文斯顿爆破漏斗理论

利文斯顿（C. W. Livingston）根据大量的爆破漏斗试验提出了以能量平衡为准则的爆破漏斗理论。利文斯顿爆破漏斗理论认为，假若炸药在地表深处爆炸时，其绝大部分能量传递给岩石，当药包逐渐移向地表附近爆炸时，其传递给岩石的能量将相对减少，而传递给空气的能量将相对增加；另外，从传给地表附近岩石的爆破能量来看，药包深度不变增加质量，或者药包质量不变而减小埋藏深度，二者的爆破效果是相同的。

利文斯顿据此将爆破范围划分为四个区域：弹性变形区、冲击变形区、破碎区与空爆区。

当药包埋在地表以下足够深时，炸药的能量将消耗在岩石中，在地表处观察不到破坏。

在药包以上的区域称为弹性变形区。如果药包质量增加或埋深减小，则地表岩石就可能发生破坏。使岩石开始发生破坏的埋深称为临界埋深 L_e，而对应于临界埋深的炸药量称为临界药量 Q_e，此条件定为弹性变形的上限。在临界埋深，由于岩石特性不同，表现出三种破坏形式：脆性岩石呈冲击式破坏、塑性岩石呈剪切式破坏、松散无内聚力岩石呈疏松式破坏。

当药量不变，继续减小药包埋深时，药包上方的岩石破坏就变成冲击式破坏，漏斗体积逐渐增大。当爆破漏斗体积 V 达到最大值时，冲击破坏的上限与炸药能量利用率最高点相吻合，也即达到了冲击破裂区的上限。此时药包能量被充分利用，对应的药包埋置深度即为最佳埋深 L_j。与最大岩石破碎量相对应的装药量称为最佳药量 Q_j。

当药包埋深进一步减小时，爆破能量超出达到最佳破坏效应所要求的能量，此时岩石的破坏范围可划分为破碎带与空爆带。

以岩石在药包临界深度破坏为前提的利文斯顿弹性变形方程，其关系式如下：

$$L_e = E_b (Q_e)^{1/3} \tag{4-27}$$

式中，E_b——岩石的弹性变形系数；

　　　L_e——药包临界埋深；

　　　Q_e——临界药量。

定义最佳埋深比 $\Delta_j = L_j / L_e$，则与最大岩石破碎量和冲击式破坏上限相关的最佳药包埋深 L_j 为

$$L_j = \Delta_j E_b (Q_j)^{1/3} \tag{4-28}$$

式中，L_j——药包最佳埋深；

　　　Q_j——最佳药量。

当处于最佳埋深比的条件时，药包爆炸后大部分能量用于岩石破碎过程，只有少量能量消耗于无用功，综合爆破效果也达到最佳值。

利文斯顿建立的爆破漏斗理论为研究与掌握爆破现象创造了一个极其有用的试验研究工具。实际应用时，根据给定的炸药与岩石组合条件，通过一系列爆破漏斗试验可以确定弹性变形系数 E_b 与最佳埋深比 Δ_j，并据此由式（4-28）计算出任何质量药包的最佳埋深 L_j，进而推算出药包中心埋深 L、台阶高度、炮孔孔网参数与装药量等爆破工艺参数。

根据球状药包在质量不变的条件下，埋置深度对岩石破坏程度的影响，得出同种炸药在同一岩石中且处于最佳埋深 L_j 时，小型爆破漏斗试验与大直径深孔爆破两者的爆破漏斗参数与药包质量 Q 满足下列相似关系：

$$\frac{L_{j1}}{L_{j0}} = \sqrt[3]{\frac{Q_1}{Q_2}}; \quad \frac{R_{j1}}{R_{j0}} = \sqrt[3]{\frac{Q_1}{Q_2}}; \quad \frac{V_{j1}}{V_{j0}} = \frac{Q_1}{Q_0} \tag{4-29}$$

式中，L——药包埋深；

　　　R——爆破漏斗半径；

　　　V——爆破漏斗体积。

下标 0、1 分别对应于小型爆破漏斗试验与大直径深孔爆破。

上述关系式说明，通过小型爆破漏斗试验求得最佳爆破漏斗参数后，即可利用利文斯顿爆破漏斗相似理论推出大直径炮孔爆破时的最佳爆破漏斗参数，这也是爆破漏斗试验在工程爆破实践中得到广泛应用的理论基础。C. W. Livingston 的爆破漏斗理论是基于球状集中药包的前提条件，即，药包长径比小于 6。

2. 爆破漏斗的几何要素

①自由面（free face）。自由面是指被爆破的介质与空气接触的面，又叫临空面。

②最小抵抗线（minimum burden）。最小抵抗线是指药包中心距自由面的最短距离。爆破时，最小抵抗线方向的岩石最容易破坏，它是爆破作用和岩石抛掷的主导方向。习惯上用 W 表示最小抵抗线。

③爆破漏斗半径（crater radius）。爆破漏斗半径是指形成倒锥形爆破漏斗的底圆半径。常用 r 表示爆破漏斗半径。

④爆破漏斗破裂半径。爆破漏斗破裂半径又叫破裂半径，是指从药包中心到爆破漏斗底圆圆周上任一点的距离。图 4 - 20 中的 R 表示爆破漏斗破裂半径。

⑤爆破漏斗深度。爆破漏斗深度是指爆破漏斗顶点至自由面的最短距离。图 4 - 20 中的 H 表示爆破漏斗深度。

⑥爆破漏斗可见深度。爆破漏斗可见深度是指爆破漏斗中碴堆表面最低点到自由面的最短距离，如图 4 - 20 中 P 所示。

⑦爆破漏斗张开角。爆破漏斗张开角即爆破漏斗的顶角，如图 4 - 20 中的 θ 所示。

3. 爆破作用指数（Crater index）

爆破漏斗底圆半径与最小抵抗线的比值称为爆破作用指数，即

$$n = \frac{r}{W} \tag{4-30}$$

爆破作用指数 n 在工程爆破中是一个重要参数。爆破作用指数 n 值的变化，直接影响到爆破漏斗的大小、岩石的破碎程度和抛掷效果。

4. 爆破漏斗的分类

根据爆破作用指数 n 值的不同，将爆破漏斗分为以下四种。

（1）标准抛掷爆破漏斗

如图 4 - 21（a）所示，当 $r = W$，即 $n = 1$ 时，爆破漏斗为标准抛掷爆破漏斗，漏斗的张开角 $\theta = 90°$。标准抛掷爆破时，药室至自由面的岩石不但充分破碎，而且有较多的岩块被抛出坑外，这时爆破漏斗体积最大，能够实现最佳的爆破效果，相应的装药最小抵抗线即为最有抵抗线。在实际工程中，比较不同岩石可爆性或炸药爆炸性能时，会采用标准爆破漏斗的体积作为判断依据。

（2）加强抛掷爆破漏斗

如图 4 - 21（b）所示，当 $r > W$，即 $n > 1$ 时，爆破漏斗为加强抛掷爆破漏斗，漏斗的张开角 $\theta > 90°$。加强抛掷爆破炸药能量有很大一部分被消耗在破碎岩石的抛掷动能上。在工程中，爆破作用指数为 $1 < n < 3$。

（3）减弱抛掷爆破漏斗

如图 4 - 21（c）所示，当 $0.75 < n < 1$ 时，爆破漏斗为减弱抛掷爆破漏斗，漏斗的张开角 $\theta < 90°$。减弱抛掷爆破漏斗又叫加强松动爆破漏斗。

（4）松动爆破漏斗

如图 4 - 21（d）所示，当 $0 < n < 0.75$ 时，爆破漏斗为松动爆破漏斗，这时爆破漏斗内的岩石只产生破裂、破碎，形成明显的破碎区，破碎岩石形成明显的鼓包，但没有向外抛掷的现象。松动爆破产生的碎石飞散距离很短。

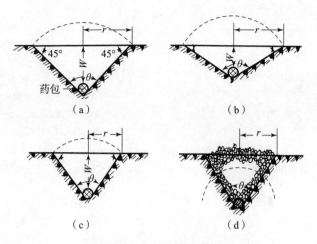

图 4 - 21 各种爆破漏斗
（a）标准抛掷爆破漏斗；（b）加强抛掷爆破漏斗；
（c）减弱抛掷爆破漏斗；（d）松动爆破漏斗

4.2.4 成组药包作用分析

工程中常用多个炮孔的成组药包进行爆破。成组药包爆破是单个药包爆破的组合，通过调整群药包的药包间距和起爆时间顺序，采用诸如光面爆破、预裂爆破、毫秒爆破、挤压爆破等爆破技术，可以充分发挥单个药包的爆破作用，达到单个药包分次起爆所不能达到的爆破效果。研究成组药包的爆破作用机理，对于合理选择爆破参数具有重要指导意义。

4.2.4.1 单排成组药包的齐发爆破

由于对岩石的爆破破坏过程难以进行直接观测，为了了解成组药包爆破时应力波的相互作用情况，有人在光学活性材料如有机玻璃中用微型药包进行了模拟爆破试验，用高速摄影装置将光学材料试块的爆破破坏过程记录下来。高速摄影记录表明，当多个药包齐发爆破时，在最初几微秒时间内，应力波以同心球状从各起爆点向外传播。经过一定时间后，相邻两药包爆轰引起应力波相遇，并产生相互叠加，于是在模拟材料试块中出现复杂的应力变化情况。应力重新分布，沿炮孔连心线的拉力得到加强，而炮孔连心线中段两侧附近则出现应力降低区。

应力波破坏理论认为，在两个药包爆轰波阵面相遇时发生相互叠加，结果沿炮孔连心线的 $\sigma_压$ 加强，而两药包的 $\sigma_拉$ 合成为 $\sigma_合$，如图 4 - 22 所示。如果炮孔相距较近，$\sigma_合$ 的值超过岩石动抗拉强度，则沿炮孔连心线将会产生径向裂隙，将两炮孔连通。

应力波和爆轰气体联合作用爆破理论认为，应力波作用于岩石中的时间虽然极其短暂，然而爆轰气体产物在炮孔中却能较长时间地维持高压状态。在这种准静态压力作用下，炮孔连心线上的各点上均产生很大的切向拉伸应力。最大应力集中在炮孔连心线同炮孔壁相交处，因而拉伸裂隙首先出现在炮孔壁，然后沿炮孔连心线向外延伸，直至贯通两个炮孔，这种解释更具有说服力。生产实际证明，相邻两齐发爆破的炮孔间的拉伸裂隙是从炮孔向外发展，而不是从两炮孔连心线中点向炮孔方向发展的。

至于产生应力降低区的原因则可做如下解释。如图 4 - 23 所示，由于应力波的叠加作用，在辐射状应力波作用线成直角相交处产生应力降低区。先分析左边药包的情况。取某一

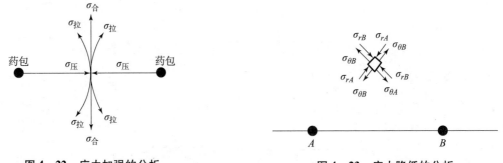

图 4 – 22　应力加强的分析　　　　图 4 – 23　应力降低的分析

点的岩石单元体，单元体沿炮孔的径向方向出现压应力，在法线方向上则出现衍生拉应力 $\sigma_{\theta A}$。同样，右边药包的爆轰也将产生类似结果 $\sigma_{\theta B}$。左右两个炮孔药包的齐发起爆，使所取岩石单元体中由左边炮孔药包爆轰引起的压应力正好与由右边炮孔药包爆轰所引起的拉应力互相抵消，这样就形成了应力降低区。

由此看来，适当增大孔距，并相应地减小最小抵抗线，使应力降低区处处在岩石之外，有利于减少大块的产生。此外，相邻两排炮孔的三角形布置比矩形布置更为合理。

4.2.4.2　多排成组药包

多排成组药包齐发爆破所产生的应力波相互作用的情况比单排时更为复杂。在前后排各两个炮孔所构成的四边形岩石中，从各炮孔药包爆轰传播过来的应力波互相叠加，造成应力极高的状态，因而使岩石破碎效果得到改善。然而多排成组药包齐发爆破时，只有第一排药包的爆破具有两个自由面的优越条件，而后排药包的爆破则因自由面数较少而受到较大的夹制作用，所以爆破效果不好。实际上，在多排成组药包爆破时，前后排药包间采用毫秒爆破技术可以获得良好的爆破效果。

4.3　装药量计算原理

实践表明，量纲分析和相似原理可以提供一个既合理又简单的方法。假设在半无限均匀介质岩体介质中，药包距离自由面深度为 W，药装药量为 Q，在自由面附近形成爆破漏斗的体积为 V。主要目标是确定装药量 Q 和体积 V 之间的关系。根据量纲分析理论，爆破装药量计算的基本公式为

$$Q = k_2 W^2 + k_3 W^3 + k_4 W^4 \tag{4 – 31}$$

式中，第一项（$k_2 W^2$）的物理意义表示克服张力（内聚力），将其破碎，形成断裂面所需要的能量；第二项（$k_3 W^3$）表示介质体积变形所需要的能量，即，岩石破坏临界变形所需要的能量；第三项（$k_4 W^4$）表示岩石碎块移动和抛掷时克服重力所需要的能量。

例如，瑞典学者兰格福尔斯（U. Langefors）在《岩石爆破现代技术》一书中，提出在一般岩石（花岗岩）中采用松动爆破情况下的药量计算公式。其中，装药量单位 kg，抵抗线单位 m。

$$Q = 0.07 W^2 + 0.35 W^3 + 0.004 W^4 \tag{4 – 32}$$

针对式（4 – 32）分析表面：

①当抵抗线较小（$W \leqslant 1.0$ m）时，式中第一项占总需能量 16% 以上，不能忽略。可以

说明，在药包抵抗线小的情况下，单位炸药消耗量高。

②当抵抗线大（$W > 20.0$ m）时，第一项占总能量的比例小于 1%，可以忽略。这时第三项比例上升至 18% 以上，不能忽略。

③当抵抗线 1.0 m $< W \leqslant 20.0$ m 时，可以假设装药量不考虑岩土重力和内聚力的影响，主要用于使介质体积变形所需要的能量，因此，计算公式只采用第二项（$k_3 W^3$）。在实际工程中，最小抵抗线取 $4.0 \sim 12.0$ m 是合理且符合经济效益的。

根据不同的爆破目的，通过形状函数 $f(n)$ 控制装药量，基本计算公式（4-31）改写为

$$Q = f(n)(k_2 W^2 + k_3 W^3 + k_4 W^4) \tag{4-33}$$

对于大抵抗线抛掷爆破，在 15 m $\leqslant W \leqslant 25$ m 的范围之内，需要考虑重力的影响，因此可以简化为

$$Q = f(n)(k_3 W^3 + k_4 W^4) \tag{4-34}$$

对于小抵抗线爆破，在 $W \leqslant 2$ m 的范围之内，需要考虑表面能，即克服岩石内聚力所消耗的能量的比例随着抵抗线减少而增加，因此可以简化为

$$Q = f(n)(k_2 W^2 + k_3 W^3) \tag{4-35}$$

4.3.1 体积公式

目前，在岩土工程爆破中，精确计算装药量（charge quantity）的问题尚未得到十分圆满的解决。工程技术人员更多的是在各种经验公式的基础上，结合实践经验确定装药量。其中，体积公式是装药量计算中最为常用的一种经验公式。

针对不同岩石恰当地确定炸药的装药量，是爆破设计中极为重要的一项工作。它直接关系到爆破效果的好坏和成本的高低，进而影响凿岩爆破甚至铲装运等工作的综合经济技术效果。然而，尽管多少年来已有不少人在这方面做了大量调查研究工作，但是爆破理论还未得到突破，精确计算装药量的问题至今尚未获得十分完满的解决。

1. 体积公式的计算原理

在一定的炸药和岩石条件下，爆落的土石方体积与所用的装药量成正比。这就是体积公式的计算原理。体积公式的形式为

$$Q = qV \tag{4-36}$$

式中，Q——装药量，kg；

q——爆破单位体积岩石的炸药消耗量，kg/m³；

V——被爆落的岩石体积，m³。

2. 集中药包的药量计算

（1）集中药包（Concentrated charge）的标准抛掷爆破

根据体积公式的计算原理，对于采用单个集中药包进行的标准抛掷爆破，其装药量可按照下式来计算：

$$Q_b = q_b V \tag{4-37}$$

式中，Q_b——形成标准抛掷爆破漏斗的装药量，kg；

q_b——形成标准爆破漏斗的单位体积岩石的炸药消耗量，一般称为标准抛掷爆破单位用药量系数，kg/m³；

V——标准抛掷爆破漏斗的体积，m^3，其大小为

$$V = \frac{1}{3}\pi r^2 W \qquad (4-38)$$

其中，r——爆破漏斗底缘半径，m；

$\qquad W$——最小抵抗线，m。

对于标准抛掷爆破漏斗，$n = r/M = 1$，即 $r = W$，所以

$$V = \frac{\pi}{3}W^2 \cdot W = \frac{\pi}{3}W^3 = 1.047W^3 \approx W^3 \qquad (4-39)$$

将式（4-39）代入式（4-37），得

$$Q_b = q_b W^3 \qquad (4-40)$$

式（4-40）即集中药包的标准抛掷爆破装药量计算公式。

（2）集中药包的非标准抛掷爆破

在岩石性质、炸药品种和药包埋置深度都不变动的情况下，改变标准抛掷爆破的装药量，就形成了非标准抛掷爆破。当装药量小于标准抛掷爆破的装药量时，形成的爆破漏斗底圆半径变小，$n < 1$ 为减弱抛掷爆破或松动爆破；当装药量大于标准抛掷爆破的装药量时，形成的爆破漏斗底圆半径变大，$n > 1$ 为加强抛掷爆破。可见非标准抛掷爆破的装药量是爆破作用指数级的函数，因此，可以把不同爆破作用的装药量用下面的计算通式来表示：

$$Q = f(n)q_b W^3 \qquad (4-41)$$

式中，$f(n)$——爆破作用指数函数（漏斗形状函数）。

对于标准抛掷爆破，$f(n) = 1.0$；减弱抛掷爆破或松动爆破，$f(n) < 1$；加强抛掷爆破，$f(n) > 1$。

$f(n)$ 的函数形式有多种，我国工程界应用较为广泛的是苏联学者鲍列斯阔夫提出的经验公式：

$$f(n) = 0.4 + 0.6n^3 \qquad (4-42)$$

鲍列斯阔夫公式适用于抛掷爆破装药量的计算。将式（4-42）代入式（4-41），得到集中药包抛掷爆破装药量的计算通式：

$$Q_p = (0.4 + 0.6n^3)q_b W^3 \qquad (4-43)$$

应用式（4-43）计算加强抛掷爆破的装药量时，结果与实际情况比较接近。

由于集中药包松动爆破的单位用药量约为标准抛掷爆破单位用药量的 $1/3 \sim 1/2$，松动爆破的装药量公式可以表示为

$$Q = (0.33 + 0.5)q_b W^3 \qquad (4-44)$$

3. 柱状药包的药量计算

柱状药包（column charge），也称延长药包（extend charge），是爆破工程中应用最广泛的药包形式。

（1）柱状药包垂直于自由面

柱状药包垂直于自由面的形式是浅孔爆破最常用的形式（图4-24）。这种情况下，炸药爆炸时易受到岩体的夹制作用，虽然仍能形成爆破漏斗，但易残留炮根。计算装药量时，仍可按体积公式来计算。

$$Q = f(n) q_b W^3 \qquad (4-45)$$

式中，Q——装药量，kg。

最小抵抗线

$$W = l_2 + \frac{1}{2} l_1$$

式中，l_1——装药长度，m；

　　　l_2——堵塞长度，m。

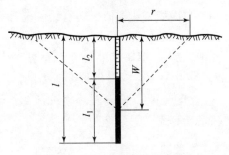

图 4 - 24　柱状装药垂直自由面

在浅孔爆破中，由于凿岩机所钻的孔径较小，炮孔内往往容纳不下由式（4 - 40）计算所得的装药量。在这种情况下，需要多打炮孔以容纳计算的药量。在隧道及井巷爆破设计时，根据掘进断面面积和爆破循环进尺常用式（4 - 36）计算每个掘进循环的总装药量，然后根据各种孔的孔数分别确定单孔装药量。

（2）柱状药包平行于自由面

深孔爆破靠近边坡的炮孔装药属于柱状药包平行于自由面的情况。爆破后形成的爆破漏斗是个 V 形横截面的爆破沟槽。设 V 形沟槽的开口宽度为 $2r$，沟槽深度为 W，当 $r = W$ 时，$n = r/W = 1$，称为标准抛掷爆破沟槽，如图 4 - 25 所示。根据体积公式计算装药量（不考虑端部效应）：

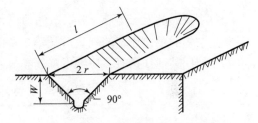

图 4 - 25　柱状药包平行于自由面

$$Q = q_b V = q_b \cdot 1/2 \cdot 2rWl = q_b W^2 l$$

即

$$Q = q_b W^2 l \qquad (4-46)$$

对于形成非标准抛掷爆破沟槽的情况，装药量的计算公式应考虑爆破作用指数级的影响，于是

$$Q = q_b f(n) W^2 l \qquad (4-47)$$

式中，Q——柱状药包的装药量，kg；

　　$f(n)$——与爆破作用指数有关的经验公式；

　　　l——柱状药包的装药长度，m。

4.3.2　面积公式及其他公式

体积公式不适用于只要求爆出一条窄缝，不需将岩石充分破碎的情况，如在使用预裂爆破和切割爆破等技术时，需要使用面积公式或其他公式计算药量。

面积公式以所需爆破切断的面积为依据，根据爆破产生断面与装药量成正比确定装药量 Q：

$$Q = q_m A \qquad (4-48)$$

式中，Q——装药量，kg；

　　A——爆破切断面面积，m^2；

　　q_m——破碎单位面积所需的炸药量，kg/m^2。

爆破切断面积 A 可由装药长度与所切割介质的厚度（单药包）或孔距（多药包）之积确定，q_m 与介质性质、炸药性能和爆破条件等因素有关，其确定方法类似于 q。

与面积公式类似，还有线装药计算式：

$$Q = q_s L \qquad (4-49)$$

式中，L——爆破切断长度，m；

q_s——破碎单位长度所需的炸药量，kg/m。

对于一些既需要破碎岩石，又要形成一定的切割面的特殊爆破，可采取面积–体积综合药量计算式（总装药量）：

$$Q = q_s A + q_b V \qquad (4-50)$$

4.3.3　单位炸药消耗量的确定方法

单位炸药消耗量是指单个集中药包形成标准抛掷爆破漏斗时，爆破每 1 m³ 岩石或土壤所消耗的 2 号岩石炸药的质量，确定的途径主要有以下几个：

1. 查表

对于普通的岩土爆破工程，q_b 的值可由表 4–5 查出。拆除爆破中有关砖混结构、钢筋混凝土结构的单位炸药消耗量可从第 7 章的相关表格中查出。这些表都是对 2 号岩石炸药而言的，使用其他炸药时，应乘以炸药换算系数 e（表 4–6）。

表 4–5　各种岩石的单位用药量系数 q_b 值

岩石名称	岩体特征	f 值	q_b 值
各种土壤	松散的 坚实的	<1.0 1~2	1.0~1.1 1.1~1.2
土夹石	致密的	1~4	1.2~1.4
页岩 千枚岩	风化破碎 完整，风化轻微	2~4 4~6	1.0~1.2 1.2~1.3
板岩 泥灰岩	泥质，薄层，层面张开，较破碎 较完整，层面闭合	3~5 5~8	1.1~1.3 1.2~1.4
砂岩	泥质胶结，中薄层或风化破碎者 钙质胶结，中厚层，中细粒结构，裂隙不甚发育 硅质胶结，石英质砂岩，厚层，裂隙不发育，未风化	4~6 7~8 9~14	1.0~1.2 1.3~1.4 1.4~1.7
砾岩	胶结较差，砾石以砂岩或较不坚硬的岩石为主 胶结好，由较坚硬的砾石组成，未风化	5~8 9~12	1.2~1.4 1.4~1.6
白云岩 大理岩	节理发育，较疏松破碎，裂隙频率大于 4 条/m 完整，坚实的	5~8 9~12	1.2~1.4 1.5~1.6
石灰岩	中薄层，或含泥质的，成竹叶状结构的及裂隙发育的 厚层，完整或含硅质，致密的	6~8 9~15	1.3~1.4 1.4~1.7
花岗岩	风化严重，节理裂隙很发育，多组节理交割，裂隙频率大于 5 条/m 风化较轻，节理裂隙不发育或未风化的伟晶，粗晶结构的 细晶均质结构，未风化，完整致密岩石	4~6 7~12 12~20	1.1~1.3 1.3~1.6 1.6~1.8
流纹岩 粗面岩 蛇纹岩	较破碎的 完整的	6~8 9~12	1.2~1.4 1.5~1.7

岩石名称	岩 体 特 征	f 值	q_b 值
片麻岩	片理或节理裂隙发育的 完整，坚硬的	5 ~ 8 9 ~ 14	1.2 ~ 1.4 1.5 ~ 1.7
正长岩 闪长岩	较风化，整体性较差的 未风化，完整致密的	8 ~ 12 12 ~ 18	1.3 ~ 1.5 1.6 ~ 1.8
石英岩	风化破碎，裂隙频率大于 5 条/m 中等坚硬，较完整的 很坚硬，完整，致密的	5 ~ 7 8 ~ 14 14 ~ 20	1.1 ~ 1.3 1.4 ~ 1.6 1.7 ~ 2.0
安山岩 玄武岩	受节理裂隙切割的 完整，坚硬，致密的	7 ~ 12 12 ~ 20	1.3 ~ 1.5 1.6 ~ 2.0
辉长岩 辉绿岩 橄榄岩	受节理裂隙切割的 很完整，很坚硬，致密的	8 ~ 14 14 ~ 25	1.4 ~ 1.7 1.8 ~ 2.1

表 4 - 6　常用炸药的换算系数 e 值

炸药名称	换算系数 e	炸药名称	换算系数 e
2 号岩石炸药	1.0	1 号岩石水胶炸药	0.75
2 号露天炸药	1.28 ~ 1.5	2 号岩石水胶炸药	1.0 ~ 1.23
2 号煤矿许用炸药	1.20 ~ 1.5	一、二级煤矿许用水胶炸药	1.2 ~ 1.45
4 号抗水岩石炸药	0.85 ~ 0.88	1 号岩石乳化炸药	0.75 ~ 1.0
梯恩梯炸药	0.75 ~ 0.94	2 号岩石乳化炸药	1.0 ~ 1.23
铵油炸药	1.0 ~ 1.33	一、二级煤矿许用乳化炸药	1.2 ~ 1.45
铵松蜡炸药	1 ~ 1.05	胶质硝化甘油炸药	0.8 ~ 0.89

2. 采用工程类比的方法

参照条件相近工程的单位炸药消耗量确定 q_b 值。在工程实际中，经常用工程类比法确定爆破参数，此时设计者的经验尤为重要。

3. 采用标准抛掷爆破漏斗试验

理论上形成标准抛掷爆破漏斗的装药量 Q 与其所爆落的岩体体积之比即为 q_b 的值。由于恰好爆出一个标准抛掷爆破漏斗是不容易的，因此，在试验中常根据式（4 - 43）计算：

$$q_b = \frac{Q}{(0.4 + 0.6n^3)W^3} \tag{4 - 51}$$

试验时，应选择平坦地形，地质条件要与爆区一样，选取的最小抵抗线 W 应大于 1 m。根据最小抵抗线 W、装药量 Q 及爆后实测的爆破漏斗底圆半径 r 计算 n 值，并由式（4 - 51）计算 q_b 值。试验应进行多次，并根据各次的试验结果选取接近标准抛掷爆破漏斗的装药量。

需要指出的是，q_b 只是单个集中药包爆破时装药量与所爆落岩体体积之间的一个关系系数。当群药包共同作用时，单位炸药消耗量可按下式确定：

$$q = \frac{\sum Q}{\sum V} \qquad (4-52)$$

式中，q——单位炸药消耗量，kg/m^3；

$\sum Q$——群药包总装药量，kg；

$\sum V$——群药包一次爆落的岩体总体积，m^3。

当且仅当单个药包爆破形成标准抛掷爆破时，q_b 才与单位炸药消耗量 q 相等。

4.4 影响爆破作用的因素分析

影响爆破效果的因素很多，本节就炸药性能、装药结构、地质条件等爆破工程中影响爆破效果的共性问题进行讨论。对影响爆破效果的其他一些因素，后面的章节中还将进行论述。

4.4.1 炸药性能对爆破效果的影响

炸药的密度、爆热、爆速、做功能力和猛度等性能指标，反映了炸药爆炸时的威力，直接影响炸药的爆炸效果。增大炸药的密度和爆热，可以提高单位体积炸药的能量密度，同时提高炸药的爆速、猛度和爆力。但是品种、型号一定的工业炸药，其各项性能指标均应符合相应的国家标准或行业标准，工业炸药的用户、工程爆破领域的技术人员一般不能变动这些性能指标。即使像铵油炸药、水胶炸药或乳化炸药这些可以在现场混制的炸药，过分提高其爆热，也会造成炸药成本的大幅度提高。另外，工业炸药的密度也不能进行大幅度的变动。例如，当铵油炸药的密度超过其极限值后，就不能稳定爆轰。因此，根据爆破对象的性质，合理选择炸药品种并采取适宜的装药结构，从而提高炸药能量的有效利用率，是改善爆破效果的有效途径。

爆速是炸药本身影响其能量有效利用的一个重要性能指标。不同爆速的炸药，在岩体内爆炸激起的冲击波和应力波的参数不同，从而对岩石爆破作用及其效果有着明显的影响。

炸药与岩石的匹配问题在常规爆破中通常不予重视，但由于炸药与岩石匹配问题确实对爆破效果产生较大影响，在特殊条件下的爆破或要求较高的控制爆破中不得不考虑炸药与岩石匹配。而在光面预裂爆破中，为保护坡面的完整平直，需用低爆速炸药。为提高炸药能量的有效利用率，炸药的波阻抗应尽可能与所爆破岩石的波阻抗相匹配。因此，岩石的波阻抗越高，所选用炸药的密度和爆速应越大。

炸药与岩石的匹配实际是根据波阻抗匹配理论而来的，当炸药的波阻抗值（$\rho_e D$）与岩石的波阻抗值（ρc）相等时，爆炸波能量完全传入岩体内，从而最大限度地破碎岩石。一般用波阻抗匹配系数 k 表示炸药与岩石的匹配条件，k 值由下式计算：

$$k = \frac{\rho_e D}{\rho c} \qquad (4-53)$$

式中，k——波阻抗匹配系数；

ρ_e、D——分别表示炸药密度（kg/m^3）和炸药爆速（m/s）；

ρ、c——分别表示岩石密度（kg/m^3）和岩石纵波波速（m/s）。

注意，当高猛炸药与岩石紧密接触且发生爆轰时，高压力幅值的爆轰波将在岩石中产生冲击波，此时应使用岩石中冲击波波速，而非纵波波速（弹性波波速），即冲击阻抗。在实际工程中，工业炸药很难在岩石中引起冲击波，故通常使用波阻抗速替代冲击阻抗。

在爆破工程中选择炸药类型时，一方面要考虑匹配系数，使匹配系数 k 尽可能接近 1，另一方面还要考虑炸药的价格、性质及其他限制条件。

在工程爆破的设计和施工过程中，为了选择与岩石性质相匹配的炸药，有时需要将一种炸药的用量换算成另外一种炸药的用量。工程上常用炸药换算系数 e（coefficient of explosive）来表示炸药之间的当量换算关系。关于炸药换算系数的确定方法，习惯上以 2 号岩石炸药作为标准炸药，规定 2 号岩石炸药的 $e=1$，并以 2 号岩石炸药的爆容 320 mL 或猛度 12 mm 作为标准，求其与其他炸药品种的爆容或猛度之比求算 e_b 或 e_m 值。也可以根据上述两者的平均值求算 e 值，即 $e=\dfrac{e_b+e_m}{2}$。常用炸药的换算系数 e 值见表 4 - 6。事实上，用炸药做功能力和猛度指标确定炸药的换算系数具有一定的局限性，必要时可以通过比较爆破漏斗试验法确定 e 值。

关于炸药爆轰压力，前面章节已进行了介绍，此节对于涉及炮孔的压力进行简要说明。爆轰压力 p_{cj} 是指在爆轰波波阵面上的 C - J 压力。在耦合装药条件下，爆轰压力作用于孔壁，孔壁所受压力与爆轰波的传播方向有关。

①当爆轰波垂直入射时，壁面所受压力 p_t 为

$$p_t=\frac{2}{k+1}p_{cj} \tag{4-54}$$

式中，k——波阻抗系数。

②当爆轰波斜入射时，壁面所受压力与爆轰波压力及入射角有关，可能会涉及马赫杆，需专门讨论。

③爆轰波传播方向与孔壁平行为实际工程中主要关注的情况，简化计算炮孔压力 p_b：

$$p_b=\frac{1}{2}p_{cj} \tag{4-55}$$

4.4.2　装药结构对爆破效果的影响

钻孔爆破中装药结构对爆破效果的影响很大。根据炮孔内药卷与炮孔、药卷与药卷之间的关系及起爆位置，常见装药结构可以分为以下几种：

①按药卷与炮孔的径向关系，分为耦合装药（coupling charge）和不耦合装药（decoupling charge）。耦合装药药卷与炮孔直径相等（图 4 - 26（a））或采取散装药形式；不耦合装药药卷与炮孔在径向有间隙，间隙内可以是空气或其他缓冲材料，如水或岩粉等，如图 4 - 26（b）所示。

②按药卷与药卷在炮孔轴向的关系，分为连续装药（column charge）和间隔装药（broken charge）。连续装药各药卷在炮孔轴向紧密接触（图 4 - 26（c））；间隔装药药卷（或药卷组）之间在炮孔轴向存在一定长度的空隙，空隙内可以是空气、炮泥、木垫或其他材料（图 4 - 26（d））。

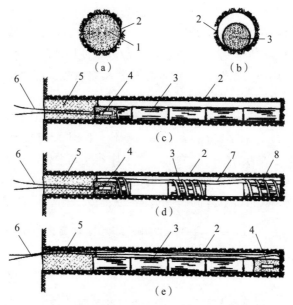

1—炸药；2—炮孔壁；3—药卷；4—雷管；5—炮泥；
6—脚线；7—竹条；8—绑绳。

图4-26 装药结构

（a）耦合装药；（b）不耦合装药；（c）正向连续装药；
（d）正向空气间隔装药；（e）反向连续装药

4.4.2.1 不耦合装药对爆破效果的影响

不耦合装药时，装药直径比炮孔直径小。不耦合程度可以用耦合系数 C_{HE} 表示，定义为装药半径（直径）与炮孔半径之比（直径），$C_{HE} \leqslant 1$；同时，也可以用不耦合系数 D_{HE} 表示，其定义为炮孔半径（直径）与装药半径（直径）之比，$D_{HE} \geqslant 1$。不耦合系数较为常用，由于其量纲为1，会常常用于计算方程中。不耦合装药直接的影响是降低了炮孔压力。散装药或耦合装药时，不耦合系数为1。在一定的岩石和炸药条件下，采用不耦合装药或空气间隔装药可以增加炸药用于破碎或抛掷岩石能量的比例，提高炸药能量的有效利用率；改善岩石破碎的均匀度，降低大块率，提高装岩效率；还能降低炸药消耗量，有效地保护围岩免遭破坏。

这两种装药结构，特别是不耦合装药结构，在光面爆破和预裂爆破中得到了广泛的应用。空气间隔装药的作用原理如下：

①降低了作用在炮孔壁上的冲击压力峰值。若冲击压力过高，在岩体内激起冲击波，产生粉碎区，使炮孔附近岩石过度粉碎，就会消耗大量能量，影响粉碎区以外岩石的破碎效果。

②增加了应力波作用时间。在相同试验条件下，在相似材料模型中测得的连续装药和空气间隔装药的应力波形如图4-27所示。空气间隔装药激起的应力波峰值减小，应力波作用时间增大，应力变化比较平缓。

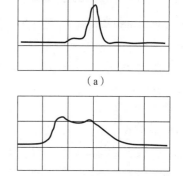

**图4-27 连续装药和空气间隔
装药激起应力波波形的比较**

（a）连续装药；（b）空气柱间隔装药

③增大了应力波传给岩石的冲量，并且使冲量沿炮孔较均匀地分布。

4.4.2.2　堵塞的必要性

堵塞（stemming）是指针对不同的爆破方法采用炮泥或其他堵塞材料，将装药孔填实，隔断炸药与外界的联系。堵塞的目的是保证炸药充分反应，使之产生最大热量，相比于无堵塞情况，堵塞为炸药提供一定的约束，防止炸药不完全爆轰；防止高温高压的爆轰气体过早地从炮孔中逸出，使爆炸产生的能量更多地转换成破碎岩体的机械功，提高炸药能量的利用率。在有瓦斯与煤尘爆炸危险的工作面内，除降低爆轰气体逸出自由面的温度和压力外，堵塞用的炮泥还起着阻止灼热固体颗粒（如雷管壳碎片等）从炮孔中飞出的作用。无堵塞时，药包与空气直接接触，爆生气体通过孔口直接冲入周围空气中，产生强烈的空气冲击波，大直径炮孔中尤为明显。

在有堵塞和无堵塞的炮孔中压力随时间变化的关系如图 4-28 所示。从图中可以看出，在这两种条件下，爆炸作用对炮孔壁的初始冲击压力虽然没有很大的影响，但是堵塞却明显增大了爆轰气体作用在孔壁上的压力（后期压力）和压力作用的时间，从而大大提高了对岩石的破碎和抛掷作用。

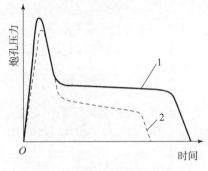

1—有堵塞；2—无堵塞。

图 4-28　堵塞对爆破作用的影响

4.4.2.3　起爆位置的影响

起爆药包的位置决定了药包爆轰波传播方向、应力波及岩石破裂的发展方向。起爆用的雷管或起爆药柱在装药中的位置称为起爆点（Initiation point）。在炮孔爆破法中，根据起爆点在装药中的位置和数目，将起爆方式分为正向起爆（collar firing）、反向起爆（bottom firing）、中间起爆（middle firing）和多点起爆（multipoint firing）。

单点起爆时，如果起爆点位于装药靠近炮孔口的一端，爆轰波传向炮孔底部，称为正向起爆；反之，当起爆点置于装药靠近孔底的一端，爆轰波传至孔口，就称为反向起爆。当起爆点置于炮孔装药中间时，为中间起爆，也叫双向起爆。对于长炮孔而言，炮孔底部附近的岩石约束较强，国外学者还提出了将起爆点置于装药中间位置与炮孔底部之间。当在同一炮孔内设置一个以上的起爆点时，称为多点起爆。沿装药全长敷设导爆索起爆，是多点起爆的一个极端形式。

试验和经验表明，起爆点位置是影响爆破效果的重要因素。在岩石性质、炸药用量和炮孔深度一定的条件下，与正向起爆相比，反向起爆可以提高炮孔的利用率，降低岩石的夹制作用，降低大块率。正向起爆时，起爆点距离炮孔口较近，爆炸应力波到达孔口两个自由面的时间较短，自由面反射拉伸波造成孔口附近的岩石较早破裂，致使爆生气体较早逸散，部分炸药能量被浪费。同时，起爆后，堵塞物立即受到爆炸作用开始运动。在炮孔较深、起爆间隔时间较长及炮孔间距较小的情况下，反向起爆可以消除采用正向起爆时容易出现的起爆药卷被邻近炮孔内的装药爆破"压死（dead press）"或提前炸开的现象。

与正向起爆相比，反向起爆也有其不足之处。例如，需要长脚线雷管，装药比较麻烦；在有水深孔中起爆药包容易受潮；装药操作的危险性增加，机械化装药时，静电效应可能引起早爆（premature explosion）等。

无论是正向起爆还是反向起爆，岩体内的应力分布都是很不均匀的。如果相邻炮孔分别采用正、反向起爆，就能改善这种状况。采用炮孔中间起爆，炸药爆轰完成的时间是正向起爆或反向起爆的一半，较短时间完成爆轰将有助于岩石破碎。采用多点起爆，由于爆轰波发生相互碰撞，可以增大爆炸应力波参数，包括峰值应力、应力波作用时间及其冲量，从而能够提高岩石的破碎度。同时，炮孔周围的岩石内应力分布均匀且更有利于破碎。

在柱状长药包爆破时，传统的方法是把起爆药包布置在孔口药卷处，雷管底部朝向孔底，这样装药比较方便，并且节省导线（或导爆管等起爆材料）。反向爆破则是把起爆药包布置在孔底，并使雷管底部朝向孔口。由于起爆点在孔底，有利于消灭留炮根的现象。

国内外试验研究资料表明，在较长药包中，不论雷管朝向何方，在起爆点前方和后方一定距离内爆破效力最强，距离爆源越远，爆破效果越差。因此，有人建议在较长的长条药包爆破时，为提高爆炸能量利用率，应采用多点起爆。

4.4.3　工程地质条件对爆破作用的影响

爆破工程的实践证明，爆破效果在很大程度上取决于爆区地质条件。国内外爆破专业人员越来越多地认识到爆破与地质结合的重要性，爆破工程地质研究正在朝着形成一个新学科的方向发展。

爆破工程地质着重研究地形地质条件对爆破效果、爆破安全及爆破后岩体稳定性的影响，涉及地形、岩性、地质构造和水文地质诸方面。这里仅举几种典型的不良地质构造对爆破效果的影响进行分析。

4.4.3.1　断层和张开裂隙的影响

1. 断层（Fault）对爆破效果的影响

断层、张开裂隙一般都比较宽，常为土和其他碎屑充填，断层附近多出现断层破碎带。断层和大裂缝对爆破作用相当于一个完整的自由面，可以阻断冲击波的传播，使爆生气体溢出，使爆破效果恶化。但是如果设计恰当，可以利用这些构造，用较少的装药爆出较大石方量。

在药包爆破作用范围内的断层或大裂隙能影响爆破漏斗的大小和形状，从而减少或增加爆破方量，使爆破不能达到预定的抛掷效果，甚至引起爆破安全事故。因此，在布置药包时，应查明爆区断层的性质、产状和分布情况，以便结合工程要求尽可能避免其影响。图 4 - 29 中的药包布置在断层的破碎带中。当断层内的破碎物胶结不好时，爆炸气体将从断层破碎带冲出，造成冲炮并使爆破漏斗变小。图 4 - 30 中的药包位于断层的下面。爆破后，爆区

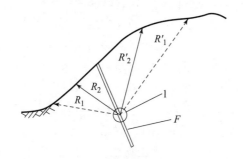

1—药室；F—断层；R_1—设计下破裂线；R_2—实际下破裂线；R_1'—设计上破裂线；R_2'—实际上破裂线。

图 4 - 29　药包布置在断层中

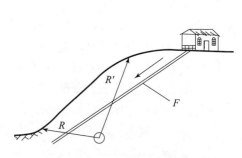

图 4 - 30　药包布置在断层下

上部断层上盘的岩体将失去支撑，在重力的作用下顺断层面下滑，从而使爆破方量增大，甚至造成原设计爆破影响范围之外的建筑物损坏。如断层处于爆破漏斗范围之内，爆后形成反坡，使爆破漏斗变小，还留下安全隐患。

2. 断层岩体爆破处理措施

一般而言，处理上述地质问题的措施有：

①在断层两侧布置药包或把布在断层中的药包改成分集药包。

②避免最小抵抗线与断层平行，最好是互相垂直，可防止弱面突出。

③用多药包齐爆，有时可以减弱断层的影响。

4.4.3.2 层理的影响

1. 层理对爆破漏斗尺寸的影响

①最小抵抗线与层理面垂直，将扩大爆破漏斗，增加方量，并使块度降低，如图 4 – 31 所示，但爆堆抛散距离比一般情况下要小。

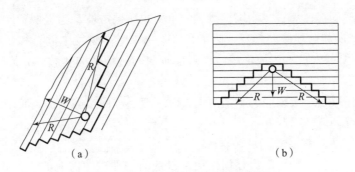

（a） （b）

图 4 – 31 层理面与最小抵抗线垂直

（a）倾斜自由面；（b）水平自由面

②药包最小抵抗线与层理面平行时，将减少爆破方量，如图 4 – 32 所示，岩块抛掷比一般情况下要小，容易留根底，还可能顺层发生冲炮。

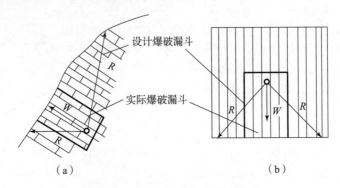

（a） （b）

图 4 – 32 层理面与最小抵抗线平行

（a）倾斜自由面；（b）水平自由面

③最小抵抗线与层理斜交，一般是钝角一侧漏斗会扩大，锐角一侧会缩小，如图 4 – 33 所示，W_2 为爆破后自由面方向，爆堆抛散方向会发生偏移。

当层理走向与边坡走向交角小于 40° 时，层理倾向与边坡倾向相同；当倾角在 15° ~ 50°

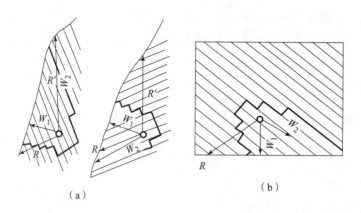

图 4 - 33　层理面与最小抵抗线斜交

（a）倾斜自由面；（b）水平自由面

之间时，可能出现危石、落石、崩塌，严重的可引起顺层滑坡；当岩层走向与边坡走向交角小于20°，岩层倾向与边坡倾向相反，倾角在70°～90°时，易发生危石和崩塌；而当岩层走向与边坡走向大体一致（交角小于15°），岩层倾向与边坡倾向一致时，或倾角大于边坡坡度时，对边坡稳定有利。

　　层理的影响还取决于层理面的黏结情况，对一般层理面接触紧密，胶结较好时，不会出现上述的典型情况。

　　2. 在爆破工程中处理层理构造的措施

　　①群药包齐发爆破，利用应力叠加作用，以抵消层理对冲击波的阻断，削弱层理的影响，达到预期的设计要求。

　　②当岩层走向与线路相交时，尽量利用小群药包或纵向分集药包，视交角大小，适当缩小药包间距。

　　③当最小抵抗线方向与层理面垂直时，可将药包间距加大10%左右。

　　④当最小抵抗线方向与层理一致时，应当在设计中考虑利用小药包或通过改变起爆顺序来改造地形，使主药包有个与层理面近乎正交的最小抵抗线。

　　⑤当岩层向山内倾斜时，集中药包布药高程应适当降低，深孔爆破应增加超钻，才能爆出预期的底板。

　　⑥遇有水平层面时，应减少超钻量。如采取图 4 - 34 所示方式适当下移药包位置，充分利用层理，巧布药包，取得优异的爆破效果。

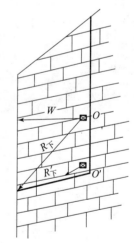

图 4 - 34　适当下移药包位置

4.4.3.3　节理裂隙及片理劈理的影响

　　①岩层均受节理、裂隙、片理、劈理切割，对爆破的影响取决于其发育程度、频率、张开度及组数。一般而言，岩体中的节理裂隙虽然组数较多，但对爆破起主导作用的仅属其中的 1～2 组。

　　②如果一组起主要作用，其影响作用与层理相似；如果节理裂隙很发育，岩层已被切割成碎块，各组节理不能起主导作用，接近于均质岩体。

③当节理裂隙将表层岩体切割成 2 m 以上大块时，这种岩体非常难爆，大块率高并容易产生飞石。

④X 形节理会影响爆破漏斗的形态，从而影响爆破石方量和爆堆形态，如图 4－35 所示。

⑤在台阶爆破中，裂隙发育带容易形成乱膛和卡钻。乱膛如果发生在前排，并采用散装炸药，则会在乱膛处形成局部集中装药，从而造成严重的飞石；与钻孔连通的张开裂隙也往往是"飞石源"。X 形裂隙容易使预裂爆破面凸凹不同，对后冲、根底也有较大的影响，

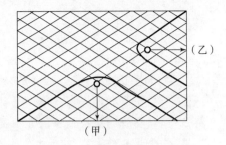

图 4－35　X 形交割节理的爆破作用影响

在施工中应当了解起主要作用的节理、裂隙，在设计超钻量、堵塞量、起爆顺序及最小抵抗线方向时，均应对主要节理裂隙组予以重视。

4.4.3.4　溶洞及其他地质构造的影响

1. 溶洞对爆破效果的影响

在岩溶地区进行爆破作业时，地下溶洞对爆破效果的影响不容忽视。溶洞能改变最小抵抗线的大小和方向，从而影响装药的抛掷方向和抛掷方量（图 4－36）。爆区内小而分散的溶洞和溶蚀沟缝，能吸收爆炸能量或造成爆破漏气，致使爆破不均，产生大块。溶洞还可以诱发冲炮、塌方和陷落，严重时会造成爆破安全事故。对于深孔爆破，地下溶洞会使炮孔容药量突然增大，产生异常抛掷和飞石（图 4－37）。矿山爆破时（尤其是露天转地下爆破），经常遇到采空区和老窿，在石灰岩地区爆破，常遇到岩溶对爆破的影响问题，它们对爆破作用的影响在性质上是相似的。

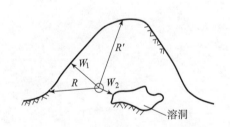

图 4－36　溶洞对抛掷方向和抛掷方量的影响

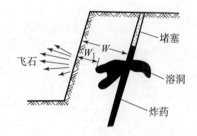

图 4－37　溶洞对深孔爆破的影响

在岩溶地区进行爆破作业时，首先应充分了解清楚溶洞或采空区的方位、大小、稳定情况；在布置药包时，尽量避开溶洞对药包的影响，即在溶洞附近不布置大装药量药包。如果避不开，则应考虑药包向溶洞的能量泄漏，溶洞方向的抵抗线不小于临空面方向的最小抵抗线。

2. 其他地质构造对爆破的影响

褶曲发育的岩层多为页岩、片岩、砂岩、薄层石灰岩，一般都比较破碎，其层理因褶曲作用而变弯曲，其开放性受到弯曲形态的限制，破碎程度和弯曲形态可能会引起能量突然释放、漏斗形态变化、破坏范围不对称等问题。

不同岩层接触面是一个很容易产生滑移的地质构造，尤其是坡积物与原岩的接触面，特别容易引起崩拐和滑移。

思 考 题

1. 关于岩石爆破破碎原因的三种学说中，哪一种更切合实际？试叙述其基本观点。

2. 什么是爆破的内部作用和外部作用？各有什么特点？

3. 试绘图说明爆破漏斗的几何要素及其相互关系。

4. 根据爆破作用指数值的不同，可以把爆破漏斗划分为哪四种？试说明其特点。

5. 试解释下面的概念：

（1）岩石的波阻抗；（2）耦合装药；（3）不耦合装药；（4）不耦合系数；（5）连续装药；（6）空气间隔装药；（7）正向起爆；（8）反向起爆；（9）多点起爆。

6. 什么叫最小抵抗线？最小抵抗线在爆破工程中有什么作用？

7. 试述计算炸药装药量的基本原理。

8. 影响爆破作用的因素有哪些？

第5章

掘进爆破技术

Chapter 5　Development Blasting Technology

岩石爆破广泛应用于矿山生产、水电工程、交通运输和基础设施建设等领域，其中掘进爆破在井巷和隧洞施工中具有举足轻重的作用。掘进爆破的主要特征在于单一自由面条件及优先形成空腔的掏槽布孔形式。掘进爆破设计的主要内容在于工作面的炮孔布置。按用途不同，掘进面的炮孔可分为掏槽孔、崩落孔和周边孔；包括斜孔掏槽和直孔掏槽在内的各种掏槽方法的选择，主要取决于围岩地质条件和掘进断面尺寸；爆破是掘进施工作业工序的重要组成，除布孔、掏槽方式及其参数外，掘进爆破参数还包括单位炸药消耗量、炮孔深度和炮孔数目等。周边孔的作用是控制爆破后的巷道断面形状和尺寸，光面爆破则是在掘进设计断面的轮廓线上布置间距较小的炮孔，采用不耦合装药并同时起爆，使炮孔连线上形成贯穿裂缝，以获得平整光滑的轮廓面。隧洞掘进爆破断面较大，只有在地质条件较好时采用全断面开挖方案，一般根据地质条件采取半断面开挖法、分段开挖法和交叉中隔壁法施工等。在经过不稳定岩层、浅埋地形和临近已有隧道等开挖条件下，隧道掘进对爆破技术提出了更高的要求。

Rock blasting method is widely used in the fields of mine production, hydropower engineering, transportation and infrastructure construction. The main characteristics of driving blasting are single free surface condition and the form of cut hole layout with priority to form cavity. The main content of heading blasting design is the perforation layout of the working face. According to different purposes, the perforation of heading face can be divided into cut hole, caving hole and peripheral hole. The selection of various cutting methods including oblique cut and straight cut mainly depends on the surrounding rock geological conditions and the size of driving section. Blasting is an important part of tunneling operation. In addition to hole layout, cutting method and its parameters, blasting parameters of tunneling also include unit explosive consumption, borehole depth and borehole number. The function of peripheral eyes is to control the shape and size of the roadway section after blasting. Smooth blasting is to arrange small hole spacing on the contour line of the section designed for tunneling, adopt uncoupled charging and start blasting at the same time, so that a penetrating crack can be formed on the line of the hole, and the falling rock can form a smooth contour surface. Tunnel tunneling blasting section is large, only when the geological conditions are good to adopt the full section excavation plan, generally according to the geological conditions to adopt half face excavation method, section excavation method and Cross Diaphragm method. Under the conditions of unstable rock strata, shallow buried partial pressure terrain and adjacent existing tunnels, tunneling requires higher blasting technology.

　　工业炸药的主要消耗在于岩石爆破，迄今为止，爆破仍是矿山生产、水电工程、交通和基础设施建设中岩石开挖的主要手段，而采用钻孔爆破法开挖岩石则是现代爆破技术中应用最广泛、技术发展和装备配套最全面的成熟技术。根据炮孔直径和深度不同，岩石爆破可分为深孔爆破（deep-hole blasting）和浅孔爆破（short-hole blasting），前者适用于大规模石方开挖的露天台阶爆破和地下采场爆破，后者则多用于地下或山体中一个自由面条件下的井巷和隧洞掘进爆破，也常用于大型地下工程开挖或小范围石方爆破。浅孔爆破通常孔径不超过50 mm，孔深不超过5 m。

　　掘进爆破包括地下矿平巷掘进爆破、立井掘进爆破、隧道掘进爆破和硐库开挖爆破等门类，在矿山开采、交通运输、水利水电、大型油库和地下国防工程等生产和工程建设中得到了广泛应用。

　　掘进爆破是井巷和隧洞掘进施工循环作业中的首要工序，爆破效果直接影响着后续工序的施工效率和最终工程质量。最具代表性的掘进爆破门类是平巷爆破。掘进爆破的目标是在不损坏围岩安全条件下，将设计断面内的岩石爆破下来。爆破的岩石破碎块度和爆堆形态，应便于装载机械高效清运。为此，需在工作面上合理布置一定数量的炮孔并装进确定的炸药量，还需要采用合理的装药结构和起爆顺序等。随着施工技术的进步和作业环境的变化，对掘进爆破也提出了更高的要求。

　　概括起来，对掘进爆破工作的技术要求如下：

①开挖断面应满足设计形状规格要求，且周壁平整。

②炮孔利用率高，一般达到85%以上。

③爆破块度适中均匀，爆堆堆积集中，便于清碴。

④施工安全、高效节能。

5.1　掏槽方法及炮孔布置

　　在井巷和隧洞的开挖过程中，通常是掘进工作面中间区域少量炮孔先爆，形成一个空腔，这个空腔通常称为掏槽。为实现掏槽布置的炮孔称为掏槽孔。掏槽孔爆破可以利用的自由面只有一个，破碎岩石的条件非常困难，为应对不同的掘进开挖条件，产生了许多掏槽方法。掏槽的质量直接影响其他炮孔的爆破效果，是井巷和隧洞爆破掘进的关键。因此，必须合理选择掏槽形式和装药量，使岩石完全破碎形成槽腔，达到较高的槽孔利用率。

　　掘进工作面的炮孔布置是爆破设计的主要内容，按用途不同，掘进工作面的炮孔可分为掏槽孔、崩落孔和周边孔3种（图5-1）。掏槽孔的作用就是在工作面上首先造成一个掏槽腔作为第二个自由面，为其他炮孔爆破创造有利条件。崩落孔的作用是扩大和延伸掏槽的范围。周边孔的作用是控制平巷断面规格形状。为了提高其他炮孔的爆破效果，掏槽孔应比其他炮孔加深0.15～0.25 m。

　　①掏槽孔（cut hole）。掏槽孔用于爆出新的自由

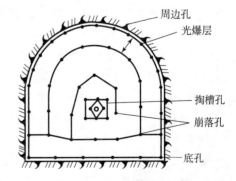

图5-1　平巷掘进炮孔布置图

（图中标注：周边孔、光爆层、掏槽孔、崩落孔、底孔）

面，为其他后爆炮孔创造有利的爆破条件。

②崩落孔（spallation hole）。崩落孔是破碎岩石的主要炮孔。崩落孔利用掏槽孔和辅助孔爆破后创造的平行于炮孔的自由面，改善了爆破条件，故能在该自由面方向上形成较大体积的破碎漏斗。

③周边孔（perimeter hole）。周边孔控制爆破后的巷道断面形状、大小和轮廓，使之符合设计要求。巷道中的周边孔按其所在位置分为顶孔、帮孔和底孔。

掏槽方法可归纳为两大类：斜孔掏槽（angled cut）和直孔掏槽（burn cut）。

5.1.1　斜孔掏槽

斜孔掏槽的特点是掏槽孔与自由面（掘进工作面）倾斜一定角度。斜孔掏槽有多种形式，各种掏槽形式的选择主要取决于围岩地质条件和掘进面大小。常用的主要有以下几种形式：

1. 单向掏槽

由数个炮孔向同一方向倾斜组成。适用于中硬（$f < 4$）以下具有层、节理或软夹层的岩层中。可根据自然弱面赋存条件分别采用顶部、底部和侧部掏槽（图 5 − 2）。掏槽孔的角度可根据岩石的可爆性，取 45°~65°，间距为 30~60 cm。掏槽孔应尽量同时起爆，这样效果更好。

2. 锥形掏槽（pyramid cut）

由数个共同向中心倾斜的炮孔组成（图 5 − 3）。爆破后槽腔呈角锥形。锥形掏槽适用于 $f > 8$ 的坚韧岩石，其掏槽效果较好，但钻孔困难，主要适用于井筒掘进，其他掘进工程很少采用。

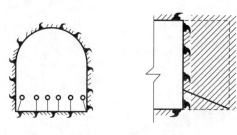

图 5 − 2　单向掏槽

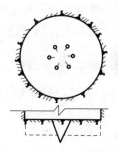

图 5 − 3　竖井掘进的锥形掏槽

3. 楔形掏槽（wedge cut）

楔形掏槽由数对（一般为 2~4 对）对称的相向倾斜的炮孔组成，爆破后形成楔形的槽腔（图 5 − 4）。适用于各种岩层，特别是中硬以上的稳定岩层。这种掏槽方法，爆破作用比较集中，爆破效果较好，槽腔体积较大。掏槽炮孔底部两孔相距 0.2~0.3 m，炮孔与工作面相交角度通常为 60°~75°，掏槽孔间距 0.4~1.0 m，水平楔形打孔比较困难，除非是在岩层的层节理比较发育时才使用。岩石特别坚硬，难爆或孔深超过 2 m 时，可增加 2~3 对初始掏槽孔（图 5 − 4（c）），形成双楔形。

4. 扇形掏槽（fan cut）

扇形掏槽各槽孔的角度和深度不同，主要适用于煤层、半煤岩或有软夹层的岩石中

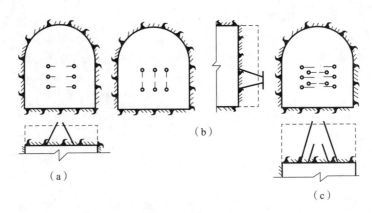

图5-4 楔形掏槽
（a）垂直楔形；（b）水平楔形；（c）双楔形复式掏槽

（图5-5）。此种掏槽需要多段延期雷管顺序起爆各掏槽孔，逐渐加深槽腔。

斜孔掏槽的主要优点是：

①适用于各种岩层并能获得较好的掏槽效果。

②所需掏槽孔数目较少，单位炸药消耗量小。

③槽孔位置和倾角的精确度对掏槽效果的影响较小。

斜孔掏槽具有以下缺点：

①钻孔方向难以掌握，要求钻孔工人有熟练的技术水平。

②炮孔深度受巷道断面的限制，尤其在小断面巷道中更为突出。

③全断面巷道爆破下岩石的抛掷距离较大，爆堆分散，容易损坏设备和支护，尤其是在掏槽孔角度不对称时。

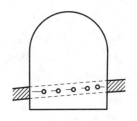
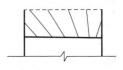

图5-5 扇形掏槽

5.1.2 直孔掏槽

直孔掏槽的特点是所有炮孔都垂直于工作面且相互平行，距离较近。其中有一个或几个不装药的空孔（empty hole）。空孔的作用是给装药孔创造自由面和作为破碎岩石的膨胀空间。

直孔掏槽常用以下几种形式：

1. 缝隙掏槽或龟裂掏槽

掏槽孔布置在一条直线上且相互平行，隔孔装药，中孔先爆，然后上、下两孔同时起爆，如图5-6所示。爆破后，在整个炮孔深度范围内形成一条稍大于炮孔直径的条形槽口，为辅助孔爆破创造临空面。适用于中硬以上或坚硬岩石和小断面巷道。小直径炮孔间距视岩层性质而定，一般取 $(2 \sim 4)d$（d 为空孔直径），装药长度一般为炮孔深度的 70% ~ 90%。在大多数情况下，装药孔与空孔的直径相同。

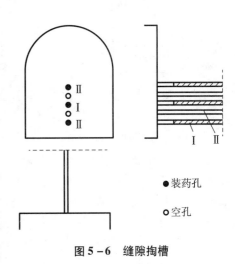

●装药孔
○空孔

图5-6 缝隙掏槽

2. 桶形掏槽

掏槽孔按各种几何形状布置，使形成的槽腔呈角柱体或圆柱体，如图5-7所示。装药孔和空孔数目及其相互位置与间距是根据岩石性质和巷道断面来确定的。空孔直径可以采用等于或大于装药孔的直径。大直径空孔可以形成较大的人工自由面和膨胀空间，掏槽孔的间距可以扩大。

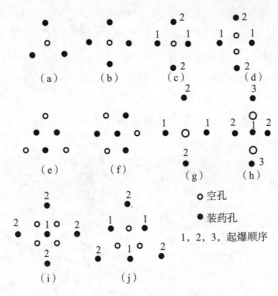

图5-7　桶形掏槽眼的布置形式

(a) 三角柱掏槽；(b) 四角柱掏槽；(c) 单空孔菱形掏槽；(d) 双空孔菱形掏槽；

(e) 多空孔三角柱掏槽；(f) 六角形掏槽；(g) 空眼菱形掏槽；

(h) 双空眼菱形掏槽；(i) 五星掏槽；(j) 复式三角柱掏槽

3. 螺旋掏槽（screw cut）

所有装药孔围绕中心空孔呈螺旋状布置（图5-8），并从距空孔最近的炮孔开始顺序起爆，使槽腔逐步扩大。此种掏槽方法在实践中取得了较好的效果。其优点是可以用较少的炮孔和炸药获得较大体积的槽腔，各后续起爆的装药孔，易于将碎石从腔内抛出。但是，若延期雷管段数不够，就会限制这种掏槽的应用。空孔距各装药孔的距离可依次取空孔直径的1~1.8倍、2~3倍、3~4.5倍、4~4.5倍等。当遇到特别难爆的岩石时，可以增加1~2个空孔。为使槽腔内岩石抛出，有时将空孔加深300~400 mm，在底部装入适量炸药，并使之最后起爆，这样可以将槽腔内的碎石抛出。装药孔的药量约为炮孔深度的90%左右。

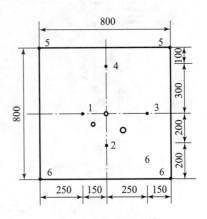

图5-8　螺旋形掏槽

4. 双螺旋掏槽

当需要提高掘进速度时，可采用科罗曼特掏槽方式。装药孔围绕中心大空孔沿相对的两条螺旋线布置。其原理与螺旋掏槽的相同。中心空孔一般采用大直径钻孔，或采用两个相互贯通的小直径空孔（形成"8"字形空孔）。为了保证打孔规格，常采用布孔样板来确定孔位。此种掏槽适用于坚硬、密实，无裂缝和层节理的岩石爆破。

试验表明，直孔掏槽的孔距（包括装药孔到空孔间距和装药孔之间的距离）对掏槽效果影响很大。孔距是影响掏槽效果最敏感的参数，与最优孔距稍有偏离，可能就会出现掏槽失败。孔距过大，爆破后岩石仅产生塑性变形并出现"冲炮"现象。孔距过小，会将邻近炮孔内的炸药"挤死"，使之拒爆。花岗岩爆破时空孔直径与孔距所表示的爆破效果如图 5-9 所示。必须指出，围岩情况不同，装药孔与空孔之间的距离也不同。装药孔直径与空孔直径均为 35~40 mm 时，装药炮孔距空孔为：较软石灰岩、砂岩等，取 150~170 mm；较硬石灰岩、砂岩等，取 25~150 mm；较软花岗岩、火成岩，取 110~140 mm；较硬花岗岩、火成岩，取 80~110 mm；较硬石英岩等，取 90~120 mm。布置平行直孔掏槽炮孔时，除考虑装药孔与空孔的间距外，还应注意起爆次序和装药量。

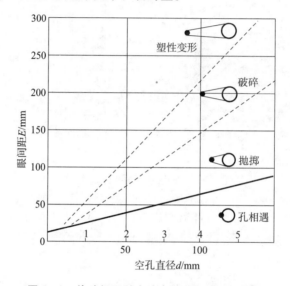

图 5-9　炮孔间距随空孔直径不同的破碎情况

掏槽孔的起爆次序是，距空孔最近的炮孔最先起爆，一段起爆孔数视掏槽方式及空孔直径和个数而定，同时受现有雷管总段数的限制，一般先起爆 1~4 个炮孔。后续掏槽孔同样按上述原则确定其起爆次序及同一段起爆炮孔个数。段间隔时差为 50~100 ms，掏槽效果比较好。

直孔掏槽的装药量，应当保证掏槽范围内的岩石充分破碎并有足够的能量将破碎后的岩石尽可能地抛掷到槽腔以外。实际设计与施工中，装药量和堵塞往往把炮孔基本填满。

掏槽孔装药量应结合孔间距与空孔直径来考虑。兰格福斯提出的掏槽装药集中度计算公式如下：

$$k = 1.5 \times 10^{-3} \left(\frac{A}{\phi} \right)^{3/2} \left(A - \frac{\phi}{2} \right) \qquad (5-1)$$

式中，k——直孔掏槽炮孔装药集中度，kg/m；

　　　A——装药炮孔距空孔的间距，mm；

　　　ϕ——空孔直径，mm。

该式的缺点是未考虑不同类型岩石与炸药的性质，故不能适用于所有条件。在中硬岩及硬岩中，使用硝铵类炸药进行掏槽爆破时，据统计，炸药单耗为 1.4~2.0 kg/m³。直孔掏槽是以空孔作为自由面,并作为破碎岩石的膨胀空间的,因此,空孔直径大小、数量和位置对掏槽效果起着重要作用。

根据以上几方面的条件将上述两大类掏槽的适用条件加以对比,见表 5 - 1。

表 5 - 1　直孔掏槽和斜孔掏槽的适用条件

序号	选用条件	直孔掏槽	斜孔掏槽
1	开挖断面大小	大小断面均可以,小断面更优	大断面较适用
2	地质条件	韧性岩层不适用	各种地质条件均适用
3	炮孔深度	不受断面大小限制,可以较大	受断面大小限制,不宜太深
4	对钻孔要求	钻孔精度影响大	相对来说可稍差些
5	爆破材料消耗	炸药、雷管用量较多	相对较少
6	施工条件	钻孔互相干扰小	钻机互相干扰大
7	爆破效果	爆堆较集中	抛碴远,易损坏设备

直孔掏槽的优点是:

①炮孔垂直于工作面布置,方式简单,易于掌握和实现多台钻机同时作业和钻孔机械化。

②炮孔深度不受巷道断面限制,可以实现中深孔爆破;当炮孔深度改变时,掏槽布置可不变,只需调整装药量。

③有较高的炮孔利用率。

④全断面巷道爆破,岩石的抛掷距离较近,爆堆集中,不易崩坏井筒或巷道内的设备和支架。

直孔掏槽的缺点是:

①需要较多的炮孔数目和较多的炸药。

②炮孔间距和平行度的误差对掏槽效果影响较大,必须具备熟练的钻孔操作技术。

在地下工程的爆破施工过程中,选择在某一施工条件下合理的掏槽形式,应考虑以下几方面的因素:地质条件的适应性、施工技术的可行性、爆破效果的可靠性和经济合理性等,以获得良好的掏槽效果。

5.1.3　炮孔布置

1. 对炮孔布置的要求

除合理选择掏槽方式和爆破参数外,为保证安全,提高爆破效率和质量,还需合理布置工作面上的炮孔。合理的炮孔布置应能保证:

①有较高的炮孔利用率。

②先爆的炮孔不会破坏后爆的炮孔,或影响其内装药爆轰的稳定性。

③爆破块度均匀,大块率低。

④爆堆集中,飞石距离小,不会损坏支架或其他设备。

⑤爆破后断面和轮廓符合设计要求,壁面平整,并能保持井巷围岩本身的强度和稳定性。

2. 炮孔布置的方法和原则

①工作面上各类炮孔布置是"抓两头、带中间"。即首先选择适当的掏槽方式和掏槽位置,其次是布置好周边孔,最后根据断面大小布置崩落孔。

②掏槽孔的位置会影响岩石的抛掷距离和破碎块度，通常布置在断面的中央偏下，并考虑崩落孔的布置较为均匀。

③周边孔一般布置在断面轮廓线上。按光面爆破要求，各炮孔要相互平行，孔底落在同一平面上。底孔的最小抵抗线和炮孔间距通常与崩落孔相同，为保证爆破后在巷道底板不留"根底"，并为铺轨创造条件，底孔孔底要超过底板轮廓线。

④布置好周边孔和掏槽孔后，再布置崩落孔。崩落孔是以掏槽腔为自由面而层层布置的，均匀地分布在被爆岩体上，并根据断面大小和形状调整好最小抵抗线和邻近系数。

崩落孔最小抵抗线可按式（5-2）计算：

$$W = r_c \sqrt{\frac{\pi \varphi \rho_0}{mq\eta}} \qquad (5-2)$$

式中，φ——装药系数；

　　　ρ_0——炸药密度；

　　　m——炮孔邻近系数；

　　　q——单位炸药消耗量；

　　　r_c——装药半径；

　　　η——炮孔利用率（efficiency of bore hole）。

同层内崩落孔间距为

$$E = mW \qquad (5-3)$$

为避免产生大块，一般邻近系数为 0.8~1.0。

平巷的炮孔布置如图 5-1 所示。

立井，也称竖井，是地下矿通向地表的主要通道，肩负着提取矿石、废石，升降人员，运输材料设备及通风、排水等重要功能。在大长隧道掘进和水电工程中，通常也需要掘进竖井增加工作面、改善施工条件。立井工作面炮孔参数选择和布置基本上与平巷相同。在圆形井筒中，最常采用的是圆锥掏槽和筒形掏槽。前者的炮孔利用率高，但岩石的抛掷高度也高，容易损坏井内设备，并且对打孔要求较高，各炮孔的倾斜角度要相同且对称；后者是应用最广泛的掏槽形式。当炮孔深度较大时，可采用二级或三级筒形掏槽，每级逐渐加深，通常后级深度为前级深度的 1.5~1.6 倍。

立井工作面上的炮孔，包括掏槽孔、崩落孔和周边孔，均布置在以井筒中心为圆心的同心圆周上，周边孔爆破参数应按光面爆破设计。

周边孔和掏槽孔之间所需崩落孔圈数和各圈内炮孔的间距，根据崩落孔最小抵抗和邻近系数的关系来调整。

井筒炮孔布置如图 5-10 所示。

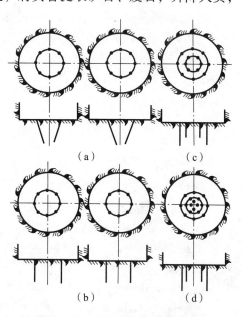

图 5-10　立井掘进的掏槽形式

（a）圆锥掏槽；（b）一级筒形掏槽；

（c）二级筒形掏槽；（d）三级筒形掏槽

5.2　掘进爆破设计

5.2.1　爆破参数的确定

井巷掘进爆破的效果和质量在很大程度上取决于钻孔爆破参数的选择。合理地选择这些爆破参数时，不仅要考虑掘进的条件（岩石地质和井巷断面条件等），还要考虑到这些参数间的相互关系及其对爆破效果和质量的影响（如炮孔利用率、岩石破碎块度、爆堆形状和尺寸等）。

5.2.1.1　单位炸药消耗量

爆破每立方米岩石所消耗的炸药量称为单位炸药消耗量，通常以 q 表示。单位炸药消耗量不仅影响岩石破碎块度、岩块飞散距离和爆堆形状，而且影响炮孔利用率、井巷轮廓质量及围岩的稳定性等。因此，合理确定单位炸药消耗量具有十分重要的意义。

合理确定单位炸药消耗量取决于多种因素，其中主要包括炸药性质（密度、爆力猛度、可塑性）、岩石性质、井巷断面、装药直径和炮孔直径、炮孔深度等。因此，要精确计算单位炸药消耗量 q 是很困难的。在实际施工中，q 值可以根据经验公式或参考国家定额标准来确定，但所得出的 q 值还需在实践中做调整。

①修正的普氏公式，该公式具有下列简单的形式：

$$q = 1.1k_0 \sqrt{f/S} \tag{5-4}$$

式中，f——岩石坚固性系数，或称普氏系数；

S——井巷断面面积，m^2；

k_0——考虑炸药爆力的校正系数，$k_0 = 525/p$，p 为爆力（mL），对 2 号岩石乳化炸药，$p = 260$ mL。

②井巷掘进的单位炸药消耗量定额见表 5 - 2。

表 5 - 2　平巷掘进炸药消耗量定额　　　　　　　　　　　　　　　　kg · m⁻³

掘进断面积/m^2	岩石单轴抗压强度/MPa				
	20 ~ 30	40 ~ 60	60 ~ 100	120 ~ 140	150 ~ 200
4 ~ 6	1.05	1.50	2.15	2.64	2.93
6 ~ 8	0.89	1.28	1.89	2.33	2.59
8 ~ 10	0.78	1.12	1.69	2.04	2.32
10 ~ 12	0.72	1.01	1.51	1.90	2.10
12 ~ 15	0.66	0.92	1.36	1.78	1.97
15 ~ 20	0.64	0.90	1.31	1.67	1.85

确定了单位炸药消耗量后，根据每一掘进循环爆破的岩石体积，按下式计算出每循环所使用的总药量：

$$Q = qV = qSl\eta \tag{5-5}$$

式中，V——每循环爆破岩石体积，m^3；

S——巷道掘进断面面积，m^2；

l——炮孔深度，m；

η——炮孔利用率，一般取 0.8~0.95。

将上式计算出的总药量按炮孔数目和各炮孔所起作用与作用范围加以分配。掏槽孔爆破条件最困难，分配较多，崩落孔分配较少。在周边孔中，底孔分配药量最多，帮孔次之，顶孔最少。

5.2.1.2　炮孔直径

炮孔直径大小直接影响钻孔效率、全断面炮孔数目、炸药的单耗、破碎岩石块度与岩壁平整度。炮孔直径及其相应的装药直径增大时，可以减少全断面的炮孔数目，药包爆炸能量相对集中，爆速和爆轰稳定性有所提高。但过大的炮孔直径将导致凿岩速度显著下降，并影响岩石破碎质量，井巷轮廓平整度变差，甚至影响围岩的稳定性。因此，必须根据井巷断面大小、破碎块度要求，并考虑凿岩设备的能力及炸药性能等，进行综合分析和选择。

在井巷掘进中，主要考虑断面大小、炸药性能（即在选用的直径下能保证爆轰稳定性）和钻孔速度（全断面钻孔工时）来确定炮孔直径。目前我国多用 35~45 mm 的炮孔直径。在具体条件（岩石、井巷断面、炸药、孔深、采用的钻孔设备等）下，存在有最佳炮孔直径，使掘进井巷所需钻孔爆破和装岩的总工时为最少。

5.2.1.3　炮孔深度

炮孔深度是指孔底到工作面的垂直距离。从钻孔爆破综合工作的角度说，炮孔深度在各爆破参数中居重要地位。因为它不仅影响每一个掘进循环中各工序的工作量、完成的时间和掘进速度，而且影响爆破效果和材料消耗。炮孔深度还是决定掘进循环次数的重要因素。我国目前实行浅孔多循环和深孔少循环两种工艺，究竟采用哪种工艺要视具体条件而定。以掘进每米巷道所需劳动量或工时最少、成本最低的炮孔深度称为最优炮孔深度。通常根据任务要求或循环组织来确定炮孔深度。

（1）按任务要求确定炮孔深度

$$l_b = \frac{L}{tn_m n_t n_c \eta} \tag{5-6}$$

式中，l_b——炮孔深度，m；

L——巷道全长，m；

t——规定完成巷道掘进任务的时间，月；

n_m——每月工作日数；

n_t——每日工作班数；

n_c——每班循环数；

η——炮孔利用率。

（2）按循环组织确定炮孔深度

在一个掘进循环中，包括的工序有打孔、装药、连线、放炮、通风、装岩、铺轨和支护等。其中打孔和装岩可以有部分平行作业时间，铺轨和支护在某些条件下也可与某些工序平行进行。所以，可以根据完成一个循环的时间来计算炮孔深度。钻孔所需时间为

$$t_d = \frac{Nl_b}{K_d v_d} \tag{5-7}$$

式中，t_d——钻孔所需时间，h；

K_d——同时工作的凿岩机台数；

v_d——凿岩机的钻孔速度，m/h。

l_b——炮孔深度，m；

N——炮孔数。

装岩所需时间为

$$t_t = \frac{Sl_b\eta\phi}{P_m\eta_m} \tag{5-8}$$

式中，P_m——装岩机生产率，m^3/h；

η_m——装岩机时间利用率；

ϕ——岩石松散系数，一般取 $\phi = 1.1 \sim 1.8$；

S——掘进断面面积，m^2。

考虑钻孔与装岩的平行作业过程，则钻孔与装岩时间为

$$t_s = K_p t_d + t_1 = K_p \frac{Nl_b}{K_d V_d} + \frac{Sl_b\eta\phi}{P_m\eta_m} \tag{5-9}$$

式中，K_p——钻孔与装岩平行作业时间系数，$K_p \leqslant 1$。

假设其他工序的作业时间总和为 t，每循环的时间为 T，则

$$t_s = T - t \tag{5-10}$$

将式（5-11）代入式（5-10），可得

$$l_b = \frac{T - t}{\dfrac{K_p N}{K_d V_d} + \dfrac{S\eta\phi}{P_m\eta_m}} \tag{5-11}$$

目前，在我国所具备的掘进技术和设备条件下，井巷掘进常用炮孔深度在 1.5 ~ 2.5 m，随着新型、高效凿岩机和先进的装运设备的应用，以及爆破器材质量的提高，炮孔深度应向深孔发展。

5.2.1.4　炮孔数目

炮孔数目的多少直接影响凿岩工作量和爆破效果。孔数过少，大块增多，井巷轮廓不平整甚至出现爆不开的情形；孔数过多，将使凿岩工作量增加。炮孔数目的选定主要同井巷断面、岩石性质及炸药性能等因素有关。确定炮孔数目的基本原则是在保证爆破效果的前提下，尽可能地减少炮孔数目。通常可以按下式估算：

$$N = 3.3\sqrt[3]{fS^2} \tag{5-12}$$

式中，N——炮孔数目，个；

f——岩石坚固性系数；

S——井巷掘进断面面积，m^2。

该式没有考虑炸药性质、装药直径、炮孔深度等因素对炮孔数目的影响。炮孔数目也可以根据每循环所需炸药量和每个炮孔装药量来计算：

$$N = \frac{Q}{Q_b} \tag{5-13}$$

式中，Q——每循环所需总药量，kg；

Q_b——每个炮孔装药量，kg；

$$Q_b = \frac{\pi d_c^2}{4} \varphi l_b \rho_0 \tag{5-14}$$

式中，d_c——装药直径；

φ——装药系数，即每米炮孔装药长度，按表 5-3 取值；

l_b——炮孔深度；

ρ_0——炸药密度。

表 5-3 装药系数表

炮孔名称	岩石单轴抗压强度/MPa					
	10~20	30~40	50~60	80	100	150~200
掏槽孔	0.50	0.55	0.60	0.65	0.70	0.80
崩落孔	0.40	0.45	0.50	0.55	0.60	0.70
周边孔	0.40	0.45	0.55	0.60	0.65	0.75

*周边孔的数据未涉及光面爆破，采用光面爆破周边孔装药应做专项设计。

$$Q = qV = qSl_b\eta \tag{5-15}$$

式中，η——炮孔利用率。

所以

$$N = \frac{1.27qS\eta}{\varphi d_c^2 \rho_0} \tag{5-16}$$

在该式中，单位炸药消耗量 q 与岩石坚固性系数、井巷断面、炸药性质、炮孔深度等因素有关。

5.2.1.5 炮孔利用率

炮孔利用率是合理选择钻孔爆破参数的一个重要准则。炮孔利用率区分为个别炮孔利用率和井巷全断面炮孔利用率。通常所说的炮孔利用率是指井巷全断面的炮孔利用率 η。

$$\eta = \frac{l}{l_b} \tag{5-17}$$

式中，l——每循环的工作面进度。

试验表明，单位炸药消耗量、装药直径、炮孔数目、装药系数和炮孔深度等参数都会影响炮孔利用率。井巷掘进的较优炮孔利用率为 0.85~0.95。

5.2.2 装药结构

井巷掘进爆破装药结构有连续装药、间隔装药、耦合装药和不耦合装药。可采取正向起爆装药和反向起爆装药。

在间隔装药中，可以采用炮泥间隔、木垫间隔和空气柱间隔三种方式。试验表明，在较深的炮孔中采用间隔装药可以使炸药在炮孔全长上分布得更均匀，使岩石破碎块度均匀。采用空气柱间隔装药可以增加用于破碎和抛掷岩石的爆炸能量，提高炸药能量的有效利用率，降低炸药消耗量。

当分配到每个炮孔中的装药量过分集中到孔底或炮孔所穿过的岩层为软硬相间时，可采用间隔装药。一般可分为 2~3 段。若空气柱较长，不能保证各段炸药的正常殉爆，要采用导爆索连接起爆。在光面爆破中，若没有专用的光爆炸药时，将空气柱放于装药与炮泥之间，可取得良好的爆破效果。

5.2.2.1　耦合装药与不耦合装药

炮孔耦合装药爆炸时，爆轰波直接作用在炮孔壁，在岩体内一般会激起冲击波，造成粉碎区，从而消耗炸药的大量能量。不耦合装药可以减小对孔壁的冲击压力，减少粉碎区，使应力波在岩体内的作用时间加长，这样就加大了裂隙区的范围，炸药能量利用充分。在光面爆破中，周边孔多采用不耦合装药。

炮孔直径与装药直径之比，称为不耦合值或不耦合系数，即

$$K_d = \frac{d_b}{d_c} \tag{5-18}$$

在矿山井巷掘进中，大多采用粉状硝铵类炸药。炮孔直径一般为 40~45 mm，药卷直径为 32~35 mm，径向间隙量平均为 4~7 mm，最大可达 8~13 mm。大量试验结果表明，对于混合炸药，特别是硝铵类混合炸药，在细长、连续装药时，如果不耦合系数选取不当，就会发生爆轰中断，在炮孔内的装药会有一部分不爆炸，这种现象称为间隙效应，或称管道效应。矿山小直径炮孔（特别是增大炮孔深度时）往往产生"残炮"现象，间隙效应则是主要原因之一。这样不仅降低了爆破效果，而且当在瓦斯矿井内进行爆破时，若炸药发生燃烧，将会有引起事故的危险。

关于炸药传爆过程中的这种间隙效应的机理，有着不同的观点。比较普遍的观点是，装药在一端起爆后，爆轰波开始传播，与此同时，爆炸反应形成的高温高压气体迅速膨胀，使径向间隙中与其相邻的空气受强烈压缩。这样，伴随着爆轰波沿药柱的传播，在径向间隙中便形成空气冲击波。根据冲击波质量守恒定律和理想气体的冲击绝热方程，可以计算出空气冲击波的传播速度大于沿药柱传播的爆轰波的传播速度。图 5-11 表示药卷在超前冲击波压缩下变形的状况。设药卷直径为 d_c、炮孔直径为 d_b，爆轰波自左向右传播，当其前沿冲击波到达 A 点时，径向间隙中沿药卷表面传播的空气冲击波波阵面超前到达 B 点，与爆轰波相比，超前距离为 λ。在 λ 范围内，炸药已被超前通过的空气冲击波所压缩，药卷截面变形，形成一个锥形压缩区，其长度相当于 λ，也可以看成冲击波长度。在 A 点处炸药被压缩最强烈，最大压缩深度为 b。

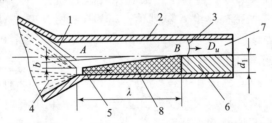

1—产生前沿波阵面；2—管壁；3—空气冲击波波头；4—爆轰产物；
5—爆轰波波头；6—未压缩炸药；7—间隙；8—被压缩的炸药。

图 5-11　间隙效应使药柱发生的变形

径向间隙中空气冲击波超前压缩炸药，减小了药卷直径，降低了爆炸化学反应释放出的能量，爆速相应减小，甚至药卷直径被压缩到小于临界直径时，将导致爆轰中断。另外，炸药受到强烈冲击压缩，密度将增大，当其超过极限密度时，也将导致爆速下降。

炸药的密度越大，其临界直径也越大。所以，炸药在爆轰波到达前受到压缩所引起的对爆轰波传播过程的综合影响，是造成不稳定传爆的主要原因。

间隙效应的产生与炸药性能、不耦合系数值及岩石性质有关。根据试验，2号硝铵炸药在不耦合系数为 1.12~1.76 时，传播长度为 600~800 mm，间隙效应不大。超过此长度的装药易产生拒爆。而水胶炸药就没有明显的间隙效应。在实际爆破中，应避免和消除间隙效应。其方法主要有：采用散装药连续装药，即不耦合系数值为1；在连续装药的全长上，每隔一定距离放上一个由硬纸板做成的挡圈，挡圈外径和炮孔直径相同，以阻止间隙内空气冲击波的传播，削弱其强度；采用临界直径小、爆轰性能好的炸药；减小炮孔直径或增大装药直径，避开产生间隙效应的不耦合系数值范围。

5.2.2.2 正向起爆装药和反向起爆装药

雷管所在位置称为起爆点。起爆点通常是一个，但当装药长度较大时，也可以设置多个起爆点，或沿装药全长敷设导爆索起爆。

试验表明，反向起爆装药优于正向起爆装药，正、反向装药在岩体内激起的应力波及传播情况如图 5-12 所示。

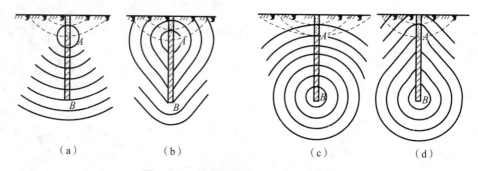

图 5-12 炸药爆轰应力波传播示意图

(a) 正向起爆，$D/C_p \leq 1$；(b) 正向起爆，$D/C_p > 1$；
(c) 反向起爆，$D/C_p \leq 1$；(d) 反向起爆，$D/C_p > 1$

在深孔爆破中，当只有一个起爆点时，由于起爆点置于炮孔的不同位置，雷管被起爆后，以雷管为中心的爆炸应力波在岩体中传播。在岩体中形成的应力场的几何形状取决于爆轰波速度 D 与岩体中应力波传播速度 C_p 的比值。若 $D/C_p > 1$，形成的应力场具有圆锥形状；若 $D/C_p \leq 1$，则应力场为球形。

正向起爆时，在装药爆轰未结束前，由起爆点 A 产生的应力波到达上部自由面后，产生向岩体内部传播的反射波可能越过 A 点。此时反射波产生的裂隙将使炮孔内气体迅速逸出，导致炮孔下部岩石受力降低，破碎范围减小，也将造成炮孔利用率的降低。反向起爆时，爆轰由 B 点向 A 点传播，爆轰产物在炮孔底部存留的时间较长，并且若 $C_p > D$，由炮孔底部产生的应力波超前于爆轰波传播，能加强炮孔上部应力波的作用。因此，反向装药不仅能提高炮孔利用率，还能加强岩石的破碎，降低大块率。无论是正向起爆还是反向起爆，岩体内的应力场分布都是很不均匀的，但若相邻炮孔分别采用正、反向起爆，就能改善这种状况。实践表明，在有瓦斯的工作面进行爆破作业时，采用反向起爆装药比正向起爆装药更安全。

5.2.2.3　炮孔的堵塞

用黏土、砂或土砂混合材料将装好炸药的炮孔严实封闭起来称为堵塞，所用材料称为炮泥。堵塞炮泥的作用是保证炸药充分反应，使之放出最大热量和减少有毒气体的生成量；降低爆炸气体逸出自由面的温度和压力，使炮孔内保持较高的爆轰压力和较长的作用时间。

特别是在有瓦斯与煤尘爆炸危险的工作面上，炮孔必须堵塞，以阻止灼热的固体颗粒从炮孔中飞出。试验表明，爆炸应力波参数与炮泥材料、炮泥堵塞长度及堵塞质量等因素有关。合理的堵塞长度应与装药长度或炮孔直径成一定比例关系。生产中常取堵塞长度相当于35%~50%的装药长度。在有瓦斯的工作面，可以采用水炮泥。即将装有水的聚乙烯塑料袋作为填塞材料封堵在炮孔中，在炮孔的最外部仍用黏土封口。水炮泥可以吸收部分热量，降低喷出气体的温度，有利于安全。

5.2.3　爆破说明书和爆破图表

爆破说明书和爆破图表是井巷施工组织设计中的一个重要组成部分，是指导、检查和总结爆破工作的技术文件。编制爆破说明书和爆破图表时，应根据岩石性质、地质条件、设备能力和施工队伍的技术水平等，合理选择爆破参数，尽量采用先进的爆破技术。

爆破说明书的主要内容包括：

①爆破工程的原始资料。包括井巷名称、用途、位置、断面形状和尺寸，穿过岩层的性质、地质条件及瓦斯情况等。

②选用的钻孔爆破器材。包括凿岩机具的型号和性能，以及炸药、雷管的品种。

③爆破参数的计算。包括掏槽方式和掏槽爆破参数、光面爆破参数、崩落孔的爆破参数。

④爆破网路的计算和设计。

⑤爆破安全措施。

根据爆破说明书绘出爆破图表。在爆破图表中，应有炮孔布置图和装药结构图、炮孔布置参数和装药参数的表格，以及预期的爆破效果和经济指标。

爆破图表的编制见表5-4和表5-5。

表5-4　爆破条件和技术经济指标

项目名称	数量	项目名称	数量
井巷净断面/m²		炸药品种	
井巷掘进断面/m²		每循环雷管消耗量/个	
岩石性质		每循环炸药消耗量/kg	
矿井瓦斯等级		炮孔利用率/%	
凿岩机		单位炸药消耗量/($kg \cdot m^{-3}$)	
每循环炮孔数目/个		每循环进尺/m	
每循环炮孔总长/m		每循环出岩量/m³	
每米井巷炮孔总长/m		每米井巷雷管消耗量/个	
雷管品种		每米井巷炸药消耗量/kg	

注：井巷净断面是从设计实用功能方面来说的断面尺寸，掘进断面是开挖尺寸，两者的差为支撑结构厚度。

表5-5　爆破参数

炮孔编号	炮孔名称	炮孔长度/m	炮孔倾角/(°)		每孔装药量/kg	装药量小计/kg	填塞长度/m	起爆方向	起爆顺序	边线方式
			水平	垂直						
	掏槽孔 崩落孔 帮孔 顶孔 底孔									

5.3　光面爆破技术

5.3.1　概述

光面爆破（smooth blasting）是井巷掘进中的一种新爆破技术，它是一种典型的控制爆破方法，目的是使爆破后留下的井巷围岩形状规整，符合设计要求，具有光滑表面，损伤小，稳定性强。光面爆破只限于断面周边一层岩石（主要是顶部和两帮），所以又称为轮廓爆破或周边爆破。在井巷掘进中应用光面爆破具有以下优点：

①能减少超挖，特别在松软岩层中更能显示其优点。

②爆破后成形规整，提高了井巷轮廓质量。

③爆破后，井巷轮廓外的围岩不产生或产生很少的爆震裂缝，提高了围岩的稳定性和自身的承载能力；不需要或很少需要加强支护，减少了支护工作量和材料消耗。

④能加快井巷掘进速度，降低成本，保证施工安全。

目前，在井巷掘进中，光面爆破已全面推广，并成为配合新奥法井巷开挖支护工艺施工的一种标准的爆破施工方法。

5.3.2　光面爆破原理

光面爆破的实质，是在井巷掘进设计断面的轮廓线上布置间距较小、相互平行的炮孔，控制每个炮孔的装药量，选用低密度和低爆速的炸药，或采用不耦合装药，同时起爆，使炸药的爆炸作用刚好产生炮孔连线上的贯穿裂缝，并沿各炮孔的连线，即井巷轮廓线，将岩石崩落下来。关于裂缝形成的机理，有以下两种观点。

1. 应力波叠加原理

在光学材料模型试验中，当相邻两装药同时爆炸时，应力波在两炮孔中心的连线方向产生叠加，如图5-13所示。两相邻炮孔药包爆炸时，各自产生的应力波沿炮孔连线相向传播，经一定时间后，孔壁处应力达到峰值，其后则由于应力波的相互叠加，装药连线中点处的应力开始增大，达到最大值后，再逐渐减小。当相邻炮孔连线中点上产生的拉应力大于岩石的抗拉强度时，则形成贯穿裂缝。

2. 应力波与爆炸气体共同作用原理

只有在相邻两炮孔几乎同时爆炸的条件下，才有可能发生应力波的叠加。实际上，由于起爆器材存在误差，是难以保证两相邻炮孔同时起爆的，因此也就难以保证上述应力波在连线中点的叠加及其效应。这样，各装药爆炸所激起的应力波先在各炮孔壁上产生初始裂缝，然后在爆炸气体静压作用下使之扩展贯穿，最终形成贯穿裂缝。其发展过程如图 5 – 14 所示。图 5 – 14（a）表示两相邻装药炮孔。图 5 – 14（b）表示两炮孔爆炸后所形成的初始裂纹及向外扩展一定距离。由于岩石中的应力波在两炮孔连线上叠加，则产生的切向应力使初始裂纹延长，即炮孔连线上出现较长裂纹的概率较大，为光面的形成提供了条件。图 5 – 14（c）为其后的爆炸气体的准静压作用，即沿初始裂纹产生气楔作用，使裂纹沿连线进一步扩大贯通，形成贯穿裂缝。

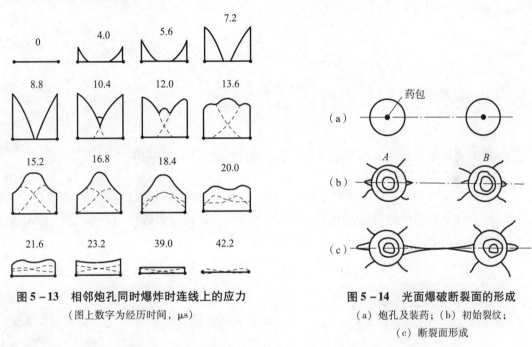

图 5 – 13　相邻炮孔同时爆炸时连线上的应力
（图上数字为经历时间，μs）

图 5 – 14　光面爆破断裂面的形成
（a）炮孔及装药；（b）初始裂纹；
（c）断裂面形成

5.3.3　光面爆破参数

在井巷掘进中采用光面爆破时，全断面炮孔的起爆顺序与普通爆破的相同，但周边孔的爆破参数却有不同的计算原理和方法。

1. 不耦合系数

不耦合系数选取的原则是使作用在孔壁上的压力低于岩石的抗压强度，而高于抗拉强度。

已知在不耦合装药条件下，炮孔壁上产生的冲击压力为

$$p = \frac{\rho_0 D^2}{8}\left(\frac{d_c}{d_b}\right)^6 n \qquad (5-19)$$

令 $p_2 \leqslant K_b \sigma_c$，可求得装药不耦合系数为

$$K_d = \frac{d_b}{d_c} \geqslant \left(\frac{n\rho_0 D^2}{8K_b\sigma_c}\right)^{\frac{1}{6}} \qquad (5-20)$$

式中，ρ_0、D——炸药的密度和爆速；

d_b、d_c——炮孔直径和装药直径；

K_b——体积应力状态下岩石抗压强度增大系数；

n——压力增大倍数；

σ_c——岩石单轴抗压强度。

当采用空气柱装药时，在空气间隙装药条件下，炮孔壁上产生的冲击压力为

$$p_2 = \frac{\rho_0 D^2}{8}\left(\frac{d_c}{d_b}\right)^6\left(\frac{l_c}{l_c + l_a}\right)n \tag{5-21}$$

若忽略炮泥长度（炮泥长度一般为 0.2~0.3 m），则 $l_c + l_a = l_b$，其中 l_b 为炮孔长度。令 $p_2 \leqslant K_b\sigma_c$，由式（5-22）可求得 l_L 为

$$l_L \leqslant \frac{8K_b\sigma_c}{n\rho_0 D^2}\left(\frac{d_b}{d_c}\right)^6 \tag{5-22}$$

式中，l_L——每米炮孔的装药长度，m。

换算为每米装药量为

$$q_L = \frac{\pi d_c^2}{4}l_L\rho_0 \tag{5-23}$$

实践表明，不耦合系数的大小因炸药和岩层性质而不同，一般取 1.5~2.5。

2. 炮孔间距

合适的间距应使炮孔间形成贯穿裂缝。以应力波干涉观点，可以得到合适的炮孔间距是以两孔在连线上叠加的切向应力大于岩石的抗拉强度为原则，设若作用于炮孔壁上的初始应力峰值为 p_2，则在相邻装药连线中点上产生的最大拉应力为

$$\sigma_\theta = \frac{2bp_2}{\bar{r}^\alpha} \tag{5-24}$$

式中，$\bar{r}$——比例距离，$\bar{r} = a/d_b$。

将 $\bar{r} = a/d_b$、$\sigma_\theta = \sigma_t$ 代换后，由式（5-24）可求得炮孔间距为

$$a = \left(\frac{2bp_2}{\sigma_t}\right)^{\frac{1}{\alpha}}d_b \tag{5-25}$$

式中，a——炮孔间距；

p_2——炮孔壁上初始应力峰值；

b——切向应力与径向应力的比值，$b = \left(\frac{2bp_2}{\sigma_2}\right)^{\frac{1}{\alpha}}d_b$；

σ_t——岩石抗拉强度；

α——应力波衰减系数，$\alpha = (2-\nu)/(1-\nu)$，ν 为泊松比。

若以应力波和爆炸气体共同作用理论为基础，则炮孔间距 a 为

$$a = 2R_k + \frac{p}{\sigma_t}d_b \tag{5-26}$$

式中，p——爆炸气体充满炮孔时的静压；

R_k——每个炮孔产生的裂缝长度，$R_k = \left(\frac{bp_2}{\sigma_t}\right)^{\frac{1}{\alpha}}r_b$，$r_b$ 为炮孔半径。

根据凝聚炸药的状态方程，有

$$p = \left(\frac{p_c}{p_k}\right)^{\frac{k}{n}} \left(\frac{V_c}{V_b}\right)^k p_k \tag{5-27}$$

式中，p_k——爆生气体膨胀过程临界压力，$p_k \approx 100$ MPa；

$\quad p_c$——爆轰压；

$\quad k$——凝聚炸药的绝热指数；

$\quad n$——凝聚炸药的等熵指数；

$\quad V_b$、V_c——炮孔体积和装药体积。

3. 周边孔参数

光面爆破的周边孔间距与孔径有关，可按如下经验公式计算：

$$a = (6 \sim 16)d \tag{5-28}$$

确定孔距后，应进一步选取邻近系数值，以表征孔距与最小抵抗线的比值。光面爆破炮孔的最小抵抗线是指周边孔至邻近崩落孔的垂直距离，或称光爆层厚度。最小抵抗线过大，光爆层的岩石将得不到适当破碎；反之，则在反射波作用下，围岩内将产生较多的裂缝，影响围岩稳定。

合理的最小抵抗线是与炮孔密集系数 $m = a/W$ 相关的。实践中多取 $m = 0.8 \sim 1.0$，此时光爆效果最好。所以，合适的抵抗线为孔距的 $1 \sim 1.25$ 倍。

光爆层岩石的崩落类似于露天台阶爆破，可以采用下列经验公式来确定周边孔最小抵抗线 W，即

$$W = Q_b / (qal_b) \tag{5-29}$$

式中，Q_b——炮孔内的装药量；

$\quad l_b$——炮孔长度；

$\quad a$——炮孔间距。

周边孔最小抵抗线 W 也可根据经验公式按孔径确定：

$$W = (10 \sim 12)d \tag{5-30}$$

4. 延期起爆间隔时间

模型试验和实际爆破表明，周边孔同时起爆时，贯穿裂缝平整；毫秒延期起爆次之。同时起爆时，炮孔间的贯穿裂缝形成得较早，一旦裂缝形成，其周围岩体内的应力下降，从而抑制了其他方向裂缝的形成和扩展，爆破形成的壁面就较平整。若周边孔起爆延时超过 100 ms，各炮孔就如同单独起爆一样，炮孔周围将产生较多的裂缝，并形成凹凸不平的壁面。因此，在光面爆破中应尽可能减小周边孔之间的起爆时差。周边孔与其相邻辅助孔的起爆时差对爆破效果的影响也很大。如果起爆时差选择合理，可获得良好的光爆效果。理想的起爆时差应该使前段爆破的岩石应力作用尚未完全消失，并且岩体刚开始断裂移动时，后段爆破起爆。在这种状态下，既为后段爆破创造了自由面，又能造成应力叠加，发挥毫秒延时爆破的优势。实践证明，起爆时差随炮孔深度的不同而变化，炮孔深度增加，起爆时差应适当加大，一般选为 $50 \sim 100$ ms。

5.3.4　光面爆破施工

为保证光面爆破的良好效果，除根据岩层条件、工程要求正确选择光爆参数外，精确的钻孔是极为重要的，是保证光爆质量的前提。

对钻孔的要求是平、直、齐、准。炮孔要按照以下要求施工：

①所有周边孔应彼此平行，并且其深度一般不应比其他炮孔深。

②除掏槽孔和周边孔外，各炮孔均应垂直于工作面。周边孔要保证断面尺寸不可能完全与工作面垂直，需要向外倾斜一个角度，根据炮孔深度，一般此角度取3°~5°。

③如果工作面不齐，应按实际情况调整炮孔深度及装药量，力求所有炮孔底落在同一个横断面上。

④开孔位置要准确，偏差值不大于30 mm。对于周边孔，开孔位置均应位于井巷断面的轮廓线上，不允许有偏向轮廓线里面的误差。

光面爆破掘进巷道时，有两种施工方案，即全断面一次爆破和预留光爆层分次爆破。全断面一次爆破时，按起爆顺序，分别装入多段毫秒延时雷管起爆，起爆顺序为掏槽孔→辅助孔→崩落孔→周边孔，这种方法多用于掘进小断面巷道。

在大断面巷道和大硐室掘进时，可采用预留光爆层的分次爆破法，如图5-15所示。采用超前掘进小断面导硐，然后刷大至全断面。这种爆破方法的优点是可以根据最后留下光爆层的具体情况调整爆破参数，节约爆破材料，提高光爆效果和质量。其缺点是：巷道施工工艺复杂，增加了辅助时间。

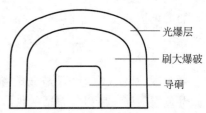

图5-15　预留光爆层，分次爆破

我国光面爆破常用参数见表5-6。

表5-6　光面爆破参数

围岩条件	巷道或硐室开挖跨度/m		周边孔爆破参数				
			炮孔直径/mm	炮孔间距/mm	光爆层厚度/mm	临近系数	线装药密度/(kg·m⁻¹)
整体稳定性好，中硬到坚硬	拱部	<5	35~45	600~700	500~700	1.0~1.1	0.20~0.30
		>5	35~45	700~800	700~900	0.9~1.0	0.20~0.25
	侧墙		35~45	600~700	600~700	0.9~1.0	0.20~0.25
整体稳定性一般或欠佳，中硬到坚硬	拱部	<5	35~45	600~700	600~800	0.9~1.0	0.20~0.25
		>5	35~45	700~800	800~1 000	0.8~0.9	0.15~0.20
	侧墙		35~45	600~700	700~800	0.8~0.9	0.20~0.25
节理、裂隙很发育，有破碎带，岩石松软	拱部	<5	35~45	400~600	700~900	0.6~0.8	0.12~0.18
		>5	35~45	500~700	800~1 000	0.5~0.7	0.12~0.18
	侧墙		35~45	500~700	700~900	0.7~0.8	0.15~0.20

在实际施工中，周边孔装药结构采用几种不同的形式（图5-16）。

图5-16（a）为标准药径（φ32 mm）的空气间隔装药结构；图5-16（b）为小直径药卷间隔装药结构；图5-16（c）为小直径药卷连续装药结构，这是一种典型的光面爆破装药结构形式。

在这三种装药结构形式中，图 5 – 16（a）所示的装药结构施工简便，通用性强，但由于药包直径大，靠近药包孔壁容易产生微小裂纹；图 5 – 16（b）所示的装药结构用于开掘质量较高的巷道，对围岩破坏作用小；图 5 – 16（c）所示的装药结构用于炮孔深度小于 2 m 的情况，爆破效果较好。

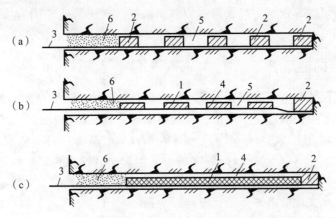

1—$\phi20 \sim \phi25$ mm 药卷；2—$\phi32$ mm 药卷；3—导爆索（或脚线）；
4—径向空气间隔；5—空气间隔；6—堵塞。

图 5 – 16　常用周边眼装药结构
（a）标准药径空气间隔装药；（b）小药卷间隔装药；（c）小药卷连续装药

5.4　隧道掘进爆破技术

5.4.1　概述

我国每年都有大量的交通隧道、水电管涵和地下洞库开挖工程施工项目。这些工程开挖断面大、工程规模及影响可观，并且时常呈现紧邻已有工程、双洞或群库开挖等形式。尽管这些工程可以选择地质条件较好的岩层建造，但是经常也遇到破碎带、断层、流砂层、溶洞及瓦斯等各种复杂的地质条件，加之地表和周围环境影响及特殊要求，无形中增加了掘进爆破的技术难度。总之，与地下矿井巷工程相比，隧道爆破施工具有断面尺寸大、相邻工程距离短、离地表较近、岩体破碎、影响因素多、服务年限长、造价高昂、工程质量要求高等特点。

近年来，国内城市地铁建设呈现突飞猛进势头。由于地铁隧道工程的地质条件及地面环境条件更为复杂，掘进开挖涌现出如下具体困难：

①隧道埋深浅，掘进时必须防止爆破振动引起上方软弱地层的坍塌而危及施工安全，甚至塌至地面影响地面安全。

②由于已有隧道线先于在建隧道线完成，或者是两条隧道线同时在建，并且两条隧道间距较小，必须保证先行开挖隧道支护不受后开挖隧道爆破振动影响而破坏。

③地铁隧道从城区下方穿过，地面有大量的建筑和市政管网设施，必须确保掘进施工对地面及地下构筑物会产生振动影响可控，不会危及这些构筑物及市民生命财产安全。

④工期紧、降振与开挖进度矛盾突出，安全条件下应快速掘进，不留隐患。

针对以上所述，复杂环境条件下的地铁大断面隧道掘进多采用 CRD 法（Cross Diaphragm 的简称，也称交叉中隔壁法施工）。通常采取导坑法先开挖较小断面，然后在保证爆破振动不超标条件下分区开挖，最后利用光面爆破扩大到整个断面。对于特殊断层破碎带、浅埋及地面有需要保护建筑情况，或紧邻及穿越道路、地下管线等施工环境，也可采用高精度延时和预裂爆破等技术，最大可能控制爆破振动，保持隧道围岩稳定，以保证管线、道路和地面建筑物安全。

5.4.2 隧道掘进方法

根据隧道断面尺寸和所处岩层地质条件，隧道掘进方法可分为全断面掘进法、分段掘进法、导坑掘进法和交叉中隔壁法等方法。将隧道围岩分成五级，根据岩石单轴饱和抗压强度判断围岩级别，分别是 I（$R_c > 60$ MPa）、II（$R_c = 60 \sim 30$ MPa）、III（$R_c = 30 \sim 15$ MPa）、IV（$R_c = 15 \sim 5$ MPa）、V（$R_c < 5$ MPa），数字越小的围岩，其性质越好。隧道围岩级别的划分并不单采用岩石单轴饱和抗压强度指标，还要根据岩体的完整程度、岩体结构类型、岩层走向与洞轴线关系及水文地质条件等指标进行综合判断。

5.4.2.1 全断面掘进法

全断面掘进法是在地质条件较好的隧道施工中，沿开挖全断面布孔、钻孔、装药、填塞、连接起爆网路，一次性完成整个断面开挖，并配合装碴和运输机械完成整断面出碴作业的方法。全断面掘进法工序简单，管理方便，仅适合地质条件较好的 I 类岩层和断面较小的 II 类岩层的隧洞掘进工程。全断面掘进法施工工序如图 5-17 所示。

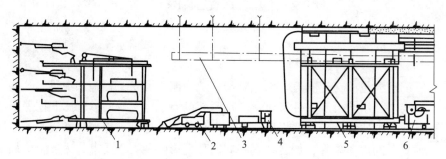

1—钻眼台车；2—装碴机；3—通风管；4—电瓶车；5—模板台车；6—混凝土泵。

图 5-17 全断面掘进法

5.4.2.2 分段掘进法

分段掘进法是根据岩层地质条件，采取半断面开挖和分层开挖的掘进方法。半断面开挖法以上半断面或弧形导坑先行掘进一个或多个循环进度，然后再开挖下半断面，或者用大型机械一次扩大为全断面的开挖方法。半断面和弧形导坑法可以实现快速掘进，从而起到提前探明地质情况、及时处理不利岩层状况等作用；将全断面分为二次爆破，可以达到降低振动影响、创造临空面、减少正洞钻孔数量、改善爆破效果、提高掘进速度等作用。分段掘进法在工期紧、地质条件复杂的岩层隧道施工中得到广泛应用。分段掘进法如图 5-18 所示。

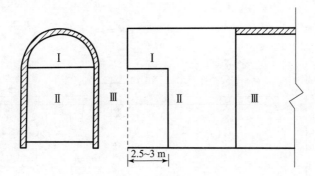

图 5 - 18　分段掘进法

对于Ⅱ级、Ⅲ级围岩条件下断面较大的隧道（如三车道公路隧道，断面面积达 115 ~ 120 m²），掘进爆破通常采用上下台阶法施工。施工过程中，上台阶超前 10 ~ 15 m，上下台阶采用毫秒延期起爆。对于地质条件较差的Ⅳ级围岩隧道，可采用三层台阶法爆破开挖，先开挖上台阶；左、右侧错位开挖中台阶预留核心土；左、右侧错位开挖下台阶。上台阶超前中台阶 5 ~ 10 m，中台阶左、右施工错开 5 ~ 10 m，中台阶超前下台阶 15 ~ 20 m，下台阶左、右施工错开 5 ~ 10 m。Ⅳ级围岩分段隧道施工步骤如图 5 - 19 所示。

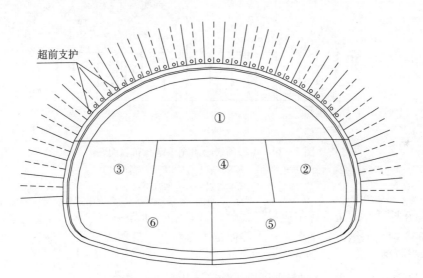

图 5 - 19　Ⅳ级围岩分段隧道施工步骤

分段掘进通常采取楔形掏槽方式，如上台阶循环进尺取 1.2 m，中台阶和下台阶循环进尺则取 2.4 m，炮孔利用率设计为 90%，辅助孔光爆孔深度取 1.3 m，掏槽孔深为 1.5 m，底部炮孔取 1.5 m。为确保开挖质量，周边孔均采用光面爆破，炮孔布置如图 5 - 20 所示。各区炮孔起爆顺序为掏槽孔→辅助孔→周边光爆孔→底孔。

5.4.2.3　导坑掘进法

导坑掘进法是在隧道断面上，先以小型断面进行导坑掘进，然后分多部分，逐步扩大到设计断面数的开挖方法。分部开挖各部的位置、进度顺序及开挖间距需根据围岩情况、机械配备和施工习惯等灵活掌握，如图 5 - 21 所示。导坑掘进法施工原则如下：

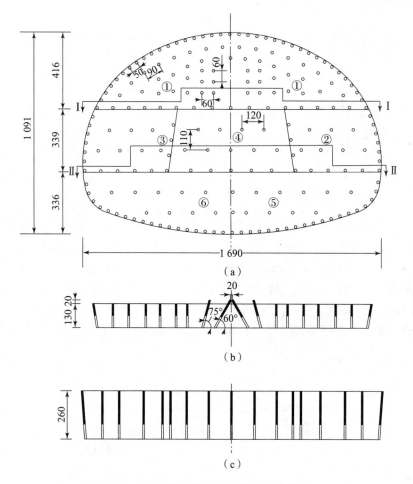

图 5 – 20　Ⅳ级围岩分段掘进炮孔布置图

（a）隧道断面炮孔布置图；（b）隧道上台阶炮孔布置剖面图（Ⅰ—Ⅰ）；
（c）隧道中台阶炮孔布置剖面图（Ⅱ—Ⅱ）

①各部开挖后，周边轮廓都应尽量圆顺，以避免应力集中。

②各部底标高与钢拱架接头一致，以便接支撑腿，一般取 2.5 ~ 3.0 m，开挖比较方便。

③分部开挖时，要保证隧道周边围岩稳定，及时做好临时支护工作。

④各部尺寸大小应能满足风、水、电等管线布设需要。

导坑开挖法由于工序繁多，对围岩多次扰动，开挖面长时间暴露，经常发生隧道塌方现象；加之作业空间狭小，不便发挥机械化作业优势，施工环境差且工效低，目前在隧道施工中已趋于淘汰。

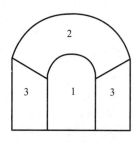

**图 5 – 21　导坑掘进法
爆破开挖示意图**

5.4.2.4　交叉中隔壁法

CRD 法采用控制爆破技术实现降低爆破振动强度，减少对爆破施工区段建筑物的影响，尽可能减轻对围岩的扰动，充分利用围岩自有强度维持隧道的稳定性，有效地控制地表沉降，控制隧道围岩的超欠挖，达到良好的轮廓成型。CRD 法通常用于Ⅴ级围岩条件的隧道爆破开挖，利用圈梁、中间临时支护、临时仰拱及拱墙将开挖面分成四部分，并承担临时支撑和维持围岩稳定性的作用。先开挖左侧上导洞，再开挖左侧下导洞，左侧上导洞超前下导洞 3～5 m；接下来开挖右侧上导洞，再开挖右侧下导洞，右侧上导洞超前下导洞 3～5 m；左侧导洞超前右侧导洞 15～20 m。施工步序如图 5－22 所示。

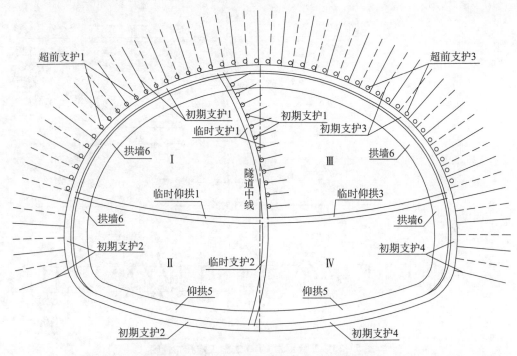

图 5－22　Ⅴ级围岩段隧道 CRD 法施工步骤

　　分区开挖一般采取楔形掏槽方式，循环进尺通常取 1.0 m，辅助孔和光爆孔孔深为 1.1 m，掏槽孔深为 1.3 m，底孔深度为 1.1 m，炮孔直径为 42 mm。围岩稳定性较好时，可适当加大炮孔深度，炮孔布置如图 5－23 所示。各区炮孔起爆顺序为掏槽孔→辅助孔→周边光爆孔→底孔。

5.4.2.5　特殊条件的隧道掘进方法

1. 浅埋隧道爆破

　　在城市市政、交通、水利等设施建设中，经常遇到浅埋隧道施工情况。例如，广州地铁一号线体育中心站—广州东站区间有一段长 310 m 的双线隧道，距地表仅 7 m 左右，暗挖区间有 220 m 通过民房密集区。又如，宜昌市云集浅埋隧道为穿越东山连接老城区与开发区的一条城市隧道，埋深 15.8 m，隧道上方有需要保护的民房。

　　关于浅埋隧道在不良地质条件下实施爆破开挖的成功案例很多，在爆破开挖施工方面积累了许多有益的经验。对浅埋隧道，"短进尺、弱爆破、多循环、强支护"是爆破开挖施工的基本原则，采用轮廓光面爆破和先进的掏槽减振技术是前提；实施毫秒延时爆破是关键；控制爆破规模，即控制单段药量和一次起爆药量是降低爆破振动的保证，还可以采取选用低爆速炸药或小直径炸药、布置减振干扰孔等辅助技术措施。

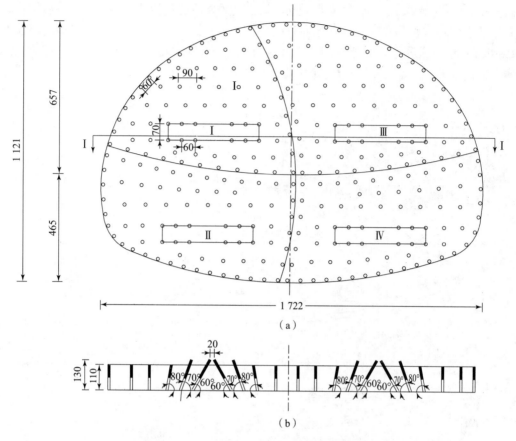

图 5 – 23   Ⅴ 级围岩 CRD 法施工炮孔布置图
（a）隧道断面炮孔布置图；（b）隧道上台阶炮孔布置剖面图（Ⅰ—Ⅰ）

在风景名胜区和对地貌与植被有保护要求的道路工程，经常遇到浅埋偏压条件下的隧道掘进项目。这种隧道围岩埋深在 3～30 m 范围，往往处于隧道两侧埋深差异较大的严重偏压状态。开挖工法可根据围岩条件，采用分台阶法或三台阶法掘进，在距离洞口附近、埋深较浅和偏压较大位置进行爆破作业时，采用微振动控制爆破技术，必要时可使用电子雷管精细分段，实施掏槽孔逐孔起爆，以最大限度地降低爆破振动；隧道掘进施工过程中严格遵循"管超前、严注浆、短开挖、强支护、早封闭、勤量测"的十八字方针，减少隧道施工对围岩和山体的扰动。

2. 小净距隧道爆破

在铁路、公路建设中，经常会出现两条平行隧道并行开挖或者在既有隧道附近新建一条隧道的情况，例如，单线隧道增建二线隧道，或新线隧道一开始就需建平行的双线。我国隧道设计规范规定：在 Ⅱ、Ⅲ 类围岩中，两隧道的净距应大于 (2.0～2.5)B（B 为隧道开挖宽度）；Ⅳ 类围岩中，应大于 (2.5～3.0)B。有时由于隧道布置方向的限制或工程的需要，两条隧道之间的间距较小，若净距缩小，则将影响隧道的稳定性。

双线平行隧道间的距离直接影响隧道的稳定和安全，施工隧道的爆破开挖对既有隧道的安全受爆源、介质和隧道自身三大条件的影响，可能会引起邻近既有隧道围岩的损伤，破坏其稳定。施工中的关键是控制爆破对围岩的破坏，保证爆破施工对中隔墙的稳定性，保持邻近既有隧道的动力稳定。

小间距隧道施工采用分区开挖、循环施工的方案，可减小爆破振动、显著地降低单位炸药消耗量。施工中需要处理好爆破开挖与支护的关系，严格控制钻爆施工工艺，配以现场生产试验和仪器观测，提高施工管理水平，例如采用正台阶分步开挖法和侧壁导坑分部开挖法都可以取得良好的效果。

5.4.3 隧道掘进爆破参数设计案例

南京地铁四号线锁金村站—花园路站区间隧道埋深 14 ~ 20 m，设计采用盾构法施工。在机械开挖施工时，遇到Ⅲ ~ Ⅴ类岩石，因机械破碎困难，并且严重影响施工工期要求，故决定采用松动爆破法掘进。根据围岩条件，决定采用半断面开挖方法，考虑开挖区地表环境复杂，地面上有大量的建筑物和市政设施，对爆破振动效应控制要求较苛刻，故采用严格控制爆破振动为前提的上下台阶分段掘进施工工艺。隧道爆破的施工工艺过程如图 5 - 24 所示。

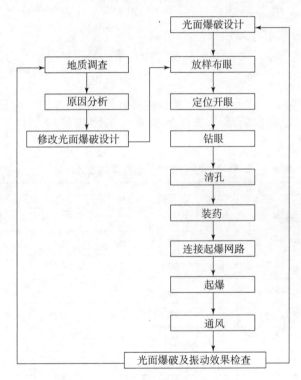

图 5 - 24 隧道爆破的施工工艺过程

1. 炮孔布置及爆破参数
（1）掏槽孔布置方式及参数
掏槽孔采用中心空孔楔形掏槽的布置方式，其形状如图 5 - 25 所示。

为了防止相邻炮孔或相对炮孔之间的殉爆，装药炮孔之间的距离不能小于 20 cm。

掏槽孔的深度比其他孔要深 20 ~ 50 cm，中心空孔比掏槽孔再加深 10 ~ 20 cm。

掏槽孔与工作面的交角通常为 55° ~ 75°，掏槽孔的孔底间距取 10 ~ 30 cm，掏槽孔的药量比其他孔要多 15% ~ 20%。

（2）辅助孔布置方式及参数

辅助孔均匀地布设在掏槽孔与周边孔之间，辅助孔的最小抵抗线（圈距）W 取 $700 \sim 900$ mm，孔间距为

$$a = mW \qquad (5-31)$$

式中，m——炮孔密集系数，一般为 $1.0 \sim 1.2$，紧邻周边孔的一圈辅助孔的 m 宜取 $0.8 \sim 1.0$。

（3）周边孔布置方式及参数

炮孔间距取

$$a = (8-18)d$$

光爆层厚度取

$$W = (10 \sim 12)d$$

不耦合系数

$$K_d = d_b/d_c$$

式中，K_d 可取 $1.25 \sim 2.0$。

线装药密度 q_L 一般为 $0.1 \sim 0.2$ kg/m。

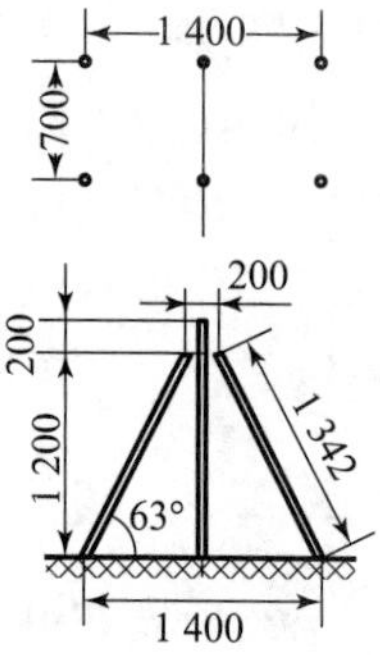

周边炮孔采用 $\phi 32$ mm 小药卷间隔装药，用电工胶布将导爆管、导爆索、竹片与炸药卷绑在一起。

图 5-25 楔形掏槽的布置方式

2. 爆破图表

隧道爆破采用上导洞台阶施工法爆破掘进，实施爆破时，上台阶爆破设计参数见表 5-7。

表 5-7 隧道爆破上台阶爆破设计参数

顺序	炮孔名称	直径/mm	炮孔数/个	深度/m	炮孔间距/cm	炸药单耗/(g·m⁻³)	单孔装药/kg	累计装药/kg	排距 W/cm	雷管段位（ms）
1	掏槽孔	38	4	1.2	140	2 721	0.8	3.2	84	3 段
2	辅助掏槽孔	38	3	1.0	80	750	0.45	1.35	75	5 段
3	辅助孔	38	8	1.0	80	750	0.45	3.6	75	7 段
4	辅助孔	38	11	1.0	80	750	0.45	4.95	75	9~10 段
5	周边孔	38	21	1.0	50	615	0.2	4.2	65	10~11 段
6	底板孔	38	12	1.0	60	1 667	0.65	7.8	65	12~13 段
	合计		59					25.1		
	开挖断面面积/m²		18.69							
	爆破方量/m³		18.69							
	炮孔利用率/%		90							
	炸药单耗/(kg·m⁻³)		1.49							

上台阶爆破清碴后，利用形成的新的临空面对下台阶钻水平炮孔，进行浅孔爆破，同时，隧道轮廓线上布置水平光面爆破孔，以减少对周围围岩的扰动，并形成平整的轮廓。具

体爆破设计参数见表5-8。

表5-8　隧道爆破下台阶爆破设计参数

顺序	炮孔名称	直径/mm	炮孔数/个	深度/m	炮孔间距/cm	炸药单耗/(g·m⁻³)	单孔装药/kg	累计装药/kg	排距 W/cm	雷管段位（ms）
1	掏槽孔	38	6	1.2	110	450	0.535	3.21	90	3 段
2	辅助掏槽孔	38	5	1.2	110	450	0.535	2.68	90	5 段
3	辅助孔	38	5	1.2	110	450	0.535	2.68	90	7 段
4	周边孔	38	10	1.0	50	615	0.2	2	65	9 段
5	底板孔	38	11	1.0	60	1 667	0.65	7.15	65	10～11 段
	合计		37					17.72		

为减小一次齐爆最大药量，降低爆破振动，隧道全程采用上导洞台阶施工，其炮孔布置示意图如图5-26所示。

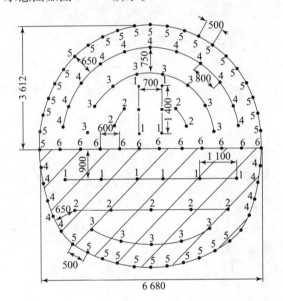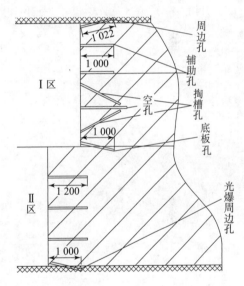

图5-26　分段开挖隧道断面炮孔布置图

隧道爆破采用毫秒延期导爆管雷管分段延时起爆。隧道爆破起爆网路如图5-27所示。

3. 大空孔直孔掏槽

在环境条件比较困难的地段，采用大空孔直孔掏槽模式，可以有效降低掏槽爆破振动达30%左右。大空孔直孔掏槽炮孔布置及起爆网路如图5-28所示。

大空孔直径150 mm，由水平钻机一次钻进30 m以上，位置设在上断面中线偏下。掏槽区围绕大空孔中心布置。预先在大空孔周边布置两圈掏槽爆破孔，采用逐孔起爆方式联网。掏槽区清理后，进行第二次钻孔爆破作业。第二次爆破临空面条件较好，爆破振动会有所降低，与此同时，第二次爆破仍然分多段。雷管排列原则是：外圈孔比内圈孔晚一个跳段；右

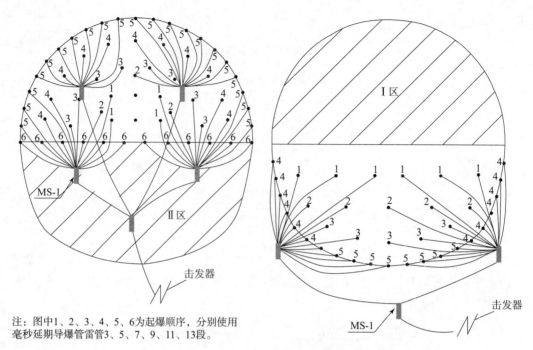

注：图中1、2、3、4、5、6为起爆顺序，分别使用
毫秒延期导爆管雷管3、5、7、9、11、13段。

图 5 – 27　隧道上下台阶起爆网路

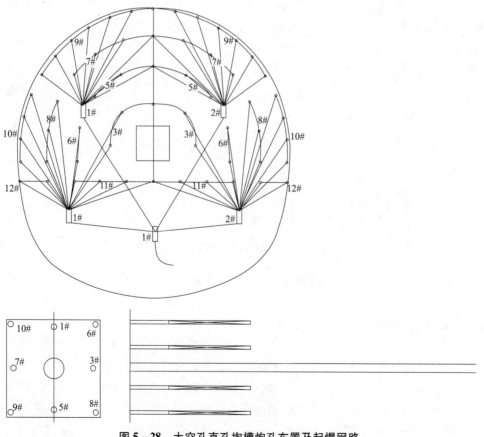

图 5 – 28　大空孔直孔掏槽炮孔布置及起爆网路

侧炮孔比左侧炮孔晚 25 ms 起爆；孔内从 3 段以上排列，孔外用 2 段接力延时，孔外雷管全部起爆后，孔内雷管才开始引爆。

在环境条件允许时，上半断面尽量一次起爆，分 15 个段别，但左、右炮孔分别相差 25 ms 起爆，适当调整掏槽孔的雷管排列，见表 5 - 9。如果环境不允许，可将掏槽部分与其余炮孔分开，分别起爆，以减小爆破振动效应。

表 5 - 9　隧道直孔掏槽爆破上台阶一次爆破设计参数表

顺序	炮孔名称	炮孔直径/mm	炮孔数/个	深度/m	炮孔间距/cm	炸药单耗/(g·m⁻³)	单孔装药/kg	累计装药/kg	雷管段位（ms）
1	掏槽孔	40	2	1.2	25		0.8	1.6	2 段
		40	2	1.2	25		0.8	1.6	4 段
		40	2	1.2	30		0.8	1.6	5 段
		40	2	1.2	30		0.8	1.6	6 段
2	辅助掏槽孔	40	3	1.0	55		0.50	1.5	7 段
		40	2	1.0	55		0.50	1.0	7 + 2 段
3	辅助孔	40	3	1.0	70		0.45	1.35	8 段
		40	2	1.0	70		0.45	0.9	8 + 2 段
		40	2	1.0	75		0.45	0.9	9 段
		40	2	1.0	75		0.45	0.9	9 + 2 段
		40	4	1.0	75		0.40	1.6	10 段
		40	3	1.0	75		0.40	1.2	10 + 2 段
		40	3	1.0	75		0.45	1.35	11 段
		40	3	1.0	75		0.45	1.35	11 + 2 段
4	周边孔	40	7	1.0	50		0.2	1.4	12 段
		40	6	1.0	50		0.2	1.2	12 + 2 段
		40	4	1.0	50		0.3	1.2	13 段
		40	4	1.0	50		0.3	1.2	13 + 2 段
5	底板孔	40	3	1.0	60		0.45	1.35	14 段
		40	3	1.0	60		0.45	1.35	14 + 2 段
		40	3	1.0	60		0.45	1.35	15 段
		40	2	1.0	60		0.45	0.9	15 + 2 段
	合计		67					19.5	
开挖断面面积/m²					23				
爆破方量/m³					23				
炮孔利用率/%					90				
炸药单耗/(kg·m⁻³)					0.85				
单段最大药量/kg					1.6（出现在掏槽区）				

思 考 题

1. 掘进爆破工作面上一般布置有哪些炮孔？各起什么作用？

2. 岩石掘进中有哪些掏槽方式？各自的优缺点和适用条件是什么？

3. 影响直孔掏槽效果的因素有哪些？如何确定？

4. 岩石掘进中常用的钻爆参数有哪些？如何确定？

5. 工作面上炮孔布置的原则和方法有哪些？

6. 什么叫间隙效应（或沟槽效应）？它是如何引起的？实际爆破中应如何避免和消除管道效应？

7. 炮孔中采用间隔装药结构有什么优点？与正向起爆装药相比，反向起爆装药有哪些优点？

8. 炮孔填塞的作用有哪些？

9. 爆破说明书和爆破图表包括哪些内容？

10. 光面爆破有哪些优点？解释光面爆破破岩机理。

11. 光面爆破参数如何确定？对光面爆破施工有哪些要求？光面爆破质量检验标准和方法是什么？

12. 隧道掘进开挖方式都有哪些？

13. 简述复杂环境条件下地铁隧道掘进的困难及对爆破技术的要求。

第6章

台阶爆破技术

Chapter 6　Bench blasting technology

　　台阶爆破技术是露天矿生产和大规模土石方开挖工程的主要方法。由于台阶爆破可与大型钻孔及装运机械匹配生产，开采强度大，自动化水平高，因此可获得较高的生产效率和安全保障。台阶爆破已在各种露天矿开采、铁路和公路路堑工程、水电工程及基坑开挖等工程中得到广泛应用，是爆破先进设备和新技术推广最有成效的现代爆破技术。台阶爆破，也称深孔爆破，在改善破碎质量和提高装运效率等方面也具有极大的优越性。所谓深孔，通常是指孔径大于 75 mm，深度在 5 m 以上，并采用深孔钻机钻成的炮孔。深孔爆破的安全性还表现在对路基和边坡的损害较小，采用预裂爆破技术，不耦合装药的预裂孔先于主爆区起爆，沿设计轮廓线先形成平整的裂缝，有利于采场或道路投入使用后的边坡安全。台阶爆破的爆破参数选取取决于台阶要素钻孔条件及布孔方式，采取毫秒延时爆破技术可以降低爆破振动效应，提高岩石破碎质量。历经逐排起爆、斜线起爆等过程，台阶爆破的起爆网路设计已发展进入高精度延时逐孔起爆技术阶段。

　　Bench blasting is main construction method for open pit mining and large-scaled soil-rock engineering works. As the large drilling, loading and hauling equipment could be easily applied in-situ, bench blasting has a high level of mechanical automation, high-intensive exploitation, high efficiency and safety. The bench blasting method has been widely used in various open pit mining, constructions of railways, highways, and hydropower and foundation put excavation. With popularizing blasting advanced equipment and new techniques, bench blasting becomes the most effective modern blasting technique. Bench blasting, also called deep-hole blasting, has significant superiority in improving fragmentation and efficiency of loading and hauling. The so-called deep-hole is a drilled blasthole with diameter larger than 75 mm and depth larger than 5 m. The safety of deep-hole blasting is reflected by low damage for subgrade and slope. In pre-split blasting, pre-split blastholes with decoupling charges initiate prior to the main blastholes, which creates an even crack along the designed outline. The even crack favors slope safety of usages of mines and roads. Parameters of blast plan in bench blasting are determined by bench essential factors and blasthole arrangements. Millisecond delay blasting technique could reduce ground vibration and improve fragmentation. After row-by-row initiation and oblique initiation techniques, initiation network design in bench blasting has developed into a stage with high precision hole-by-hole initiation control.

6.1 炮孔布置与爆破参数选择

6.1.1 台阶要素及布孔方式

1. 台阶要素

深孔爆破通常是在一个事先修好的台阶上进行钻孔作业，这个台阶也称作梯段。所以台阶深孔爆破也称作梯段深孔爆破。

深孔爆破的台阶要素及布孔形式如图6-1所示。图中 H 为台阶高度，W_1 为前排钻孔底盘抵抗线，h 为超深（或超钻深度），l 为钻孔深度，l_1 为堵塞长度，L_2 为装药长度，a 为钻孔间距，b 为排距，c 为台阶上部边线至前排孔口的距离，α 为台阶坡面角。为达到良好的爆破效果，必须正确确定台阶要素的各项参数。

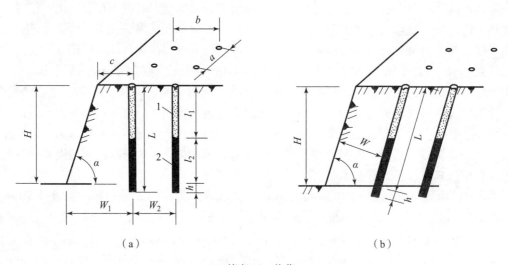

1—堵塞；2—炸药。

图6-1 台阶要素及钻孔形式示意图

（a）垂直钻孔；（b）倾斜钻孔

2. 钻孔形式

钻孔一般分为垂直钻孔和倾斜钻孔两种形式。垂直钻孔和倾斜钻孔的比较见表6-1。从表中可以看出，倾斜钻孔在爆破效果方面较垂直钻孔有较多的优点，但在钻凿过程中的操作比较复杂，在相同台阶高度情况下，倾斜钻孔比垂直钻孔要长，并且装药时易堵孔，给装药工作带来一定的困难。

表6-1 垂直钻孔与倾斜钻孔的比较

钻孔形式	优 点	缺 点
垂直钻孔	①适用于各种地质条件的钻孔爆破； ②钻垂直深孔的操作技术比倾斜孔简单； ③钻孔速度比较快	①爆破后大块率比较高，常留有根底； ②台阶顶部经常发生裂缝，台阶面稳固性较差

续表

钻孔形式	优　点	缺　点
倾斜钻孔	①抵抗线比较小且均匀，爆破破碎的岩石不易产生大块和残根； ②易于控制爆堆的高度和宽度，有利于提高采装效率； ③易于保持台阶坡面角和坡面的平整，减少凸悬部分和裂缝； ④钻孔设备与台阶坡顶线之间的距离较大，人员与设备比较安全	①钻凿倾斜深孔的技术操作比较复杂； ②钻孔长度比垂直孔的长； ③装药过程中容易发生堵孔

3. 布孔方式

布孔方式分为单排布孔（一字形布孔）和多排布孔两种，多排布孔又分为矩形布孔、正方形布孔和三角形布孔（梅花形）三种。

为了便于凿岩，实际生产中常采取矩形布孔或正方形布孔。在相同条件下，与多排孔爆破相比，单排孔爆破能取得较高的技术经济指标。但是，为了增大单次爆破方量，常采用多排毫秒爆破技术，这样不仅可以改善爆破质量，而且可以增大爆破规模，以满足大规模机械化开挖的需要。

6.1.2　爆破参数设计

为了达到良好的深孔爆破效果，必须合理确定台阶高度、孔网参数、装药结构、起爆方法、起爆顺序和炸药的单位消耗量等参数，以达到经济合理、高效、安全的目的。

6.1.2.1　孔径的选择

在钻孔机械确定后，一般钻孔孔径的选择余地不大。采用潜孔钻机时，孔径通常为90～250 mm。采用牙轮钻机或钢绳冲击式钻机时孔径较大，通常为250～310 mm，甚至是420 mm 和 500 mm 的大直径钻孔。目前深孔孔径通常为90～380 mm。从爆破经济效果和装药施工来说，无疑钻头直径越大越好；每米孔爆破方量按钻孔直径增加值的平方增加，孔径越大，装药越方便，越不易发生堵孔现象。而对爆破效果来讲，无疑孔径小，炸药在岩体中分布更均匀，效果更好。所以，在强风化或中风化的岩石及覆盖层剥离时，可采用大钻头（钻头直径为 100～165 mm），而在中硬和坚硬岩石中，钻孔以小钻头（钻头直径为 75～100 mm）为宜。

6.1.2.2　台阶高度的确定

台阶高度是深孔爆破的重要技术参数之一，合理选取台阶高度关系到爆破的效果、碎石装运效率及挖掘机械的安全。因此，确定台阶高度必须满足下列要求：

①给机械设备（挖掘机、自卸车等）创造高效率的工作条件；

②保证辅助工作量最小；

③达到最好的技术经济指标；

④满足安全工作的要求。

在露天矿山，台阶高度根据生产规模，一般取 10～15 m；在铁路施工中，根据施工特点和采用钻机及挖掘机械的技术水平，一般取 8～12 m 较为合适。台阶高度还与钻孔孔径有着密切的联系，不同钻孔孔径有不同的台阶高度适用范围。台阶高度过小，爆落方量少，钻孔成本高；台阶高度过大，不仅钻孔困难，而且爆破后堆积过高，对挖掘机安全作业不利。台阶的坡面角最好为60°~75°。若岩石坚硬，采取单排爆破或多排分段起爆时，坡面角可大一些。如果岩石松软，多炮孔同时起爆，坡面角宜缓一些，如果坡面角太大（$\alpha > 75°$），爆破后容易出现大块；如果坡面角太小，则易留根底。目前，随着钻机等施工机械的发展，国内外已有向高台阶发展的趋势，台阶高度达到30~50 m，爆破效果和经济效益得到大幅度提升。

6.1.2.3　底盘抵抗线的确定

底盘抵抗线（toe burden）是指由第一排装药孔中心连线到台阶根部表面的最短距离。在露天深孔爆破中，为避免残留根底和克服底盘的最大阻力，一般采用底盘抵抗线代替最小抵抗线。底盘抵抗线是影响深孔爆破效果的重要参数。底盘抵抗线过大会造成残留根底多、大块率高、冲击作用大；过小则不仅浪费炸药，增大钻孔工作量，而且岩块易抛散和产生飞石、振动、噪声等有害效应。底盘抵抗线与炸药威力、岩石可爆性、岩石破碎要求、钻孔直径、台阶高度及坡面角等因素有关。这些因素及其相互影响程度的复杂性，很难用一个数学公式表示，需依据具体条件，通过工程类比计算，在实践中不断调整底盘抵抗线，以便达到最佳的爆破效果。

1. 根据钻孔作业安全条件确定

$$W_1 = H\cot\alpha + c \tag{6-1}$$

式中，W_1——底盘抵抗线，m；

　　　H——台阶高度，m；

　　　α——台阶坡面角，一般为60°~75°；

　　　c——从深孔中心到坡顶边线的安全距离，$c \geqslant 2.5 \sim 3$ m。

2. 按照体积公式反推计算

已知炮孔直径、装药密度和炮孔密集系数，根据炸药单耗计算底盘抵抗线：

$$W_1 = d\sqrt{\frac{7.85\Delta\tau L}{mqH}} \tag{6-2}$$

式中，d——炮孔直径，dm；

　　　Δ——装药密度，kg/dm^3；

　　　τ——装药长度系数，当$H < 10$ m时，$\tau = 0.6$；当$H = 10 \sim 15$ m时，$\tau = 0.5$；当$H = 15 \sim 20$ m时，$\tau = 0.4$；当$H > 20$ m时，$\tau = 0.35$；

　　　q——单位炸药量，kg/m^3；

　　　m——炮孔密集系数，一般$m = 1.2 \sim 1.5$；

　　　L——钻孔深度，m。

3. 按钻孔直径确定

$$W_1 = (25 \sim 45)d \tag{6-3}$$

6.1.2.4　孔距与排距

孔距a是指同排的相邻两个炮孔中心线间的距离；排距b是指多排孔爆破时，相邻两排炮孔间的距离。反映布孔情况的还有孔间距与最小抵抗线的比，称作炮孔密集系数m，$m = a/W$。当W和a确定后，则$a = mW$或$a = mb$。在露天台阶深孔爆破中，炮孔密集系数m是一个很重要的参数。一般取 $m = 0.8 \sim 1.4$。

同时，也可以单个炮孔的装药量为依据，计算出每个炮孔所负担的岩石体积，最后得出炮孔间距：

$$a = \frac{\tau q_l L}{q H W_1} \tag{6-4}$$

式中，q_l——线装药密度，kg/m。

当使用等边三角形的布孔方式时，排距与孔距的关系为：

$$b = a \sin 60° \tag{6-5}$$

排距对爆破效果的影响较大，为了提高爆破破碎质量，并且后排孔由于岩石的夹制作用，应适当减小排距，经验公式：

$$b = (0.6 \sim 1.0) W_1 \tag{6-6}$$

6.1.2.5　炮孔超深（Sub – drill）

为了克服底盘岩石的夹制作用，使爆破后不留根底，炮孔往往需要超出台阶高度一段深度。超深过大将造成钻孔和炸药的浪费，破坏下一层台阶顶板，给下次钻孔造成困难；超钻不足将产生根底或抬高底板的标高，并且影响装运工作。

超深值可按下式确定：

$$h = (0.15 \sim 0.35) W_1 \tag{6-7}$$

超深与岩石的坚硬程度、炮孔直径、底盘抵抗线有关。岩石松软、层理发达时取小值；岩石坚硬时则取大值。也可按孔径的 $8 \sim 12$ 倍来确定。

进行多排孔爆破时，第二排以后的超深值还需加大 $0.3 \sim 0.5$ m。对于特别要求保护的底板，可以将超深设置为负值，或在孔底增加附加装置，如复合垫层，来消除炸药爆轰低底板的破坏。

6.1.2.6　单孔装药量

在深孔爆破中，单位耗药量 q 值一般根据岩石的坚固性、炸药种类、施工技术、自由面数量和块度要求等因素综合确定。在两个自由面的边界条件下同时爆破，深孔装药时单位耗药量可按表 6-2 选取。

表 6-2　单位装药量 q 值表

f	$0.8 \sim 2$	$3 \sim 4$	5	6	8	10	12	14	16	20
$q/(\text{kg} \cdot \text{m}^{-3})$	0.40	0.43	0.46	0.50	0.53	0.56	0.60	0.64	0.67	0.70

注：表中数据以 2 号岩石炸药为准。

第一排炮孔的装药量可按下式计算：

$$Q = q a W_1 H \tag{6-8}$$

从第二排起，各排孔的装药量可按下式计算：

$$Q = K q a b H \tag{6-9}$$

式中，K——考虑受前面各排孔的岩碴阻力作用的装药量增加系数，当采用毫秒延期爆破时，一般取 $1.1 \sim 1.2$，最后一排炮孔 K 值取上限。

6.1.2.7　堵塞长度

堵塞长度 L_1 是指装药后炮孔用于充填填塞物的长度。良好的炮孔堵塞对于岩石爆破效果有着重要的作用。在无堵塞条件下，大量的爆生气体从炮孔溢出，而未对岩体进行有效作用。现场测试结果显示，由于未堵塞而造成损失的能量比例最高可达炸药能量的50%。堵塞的作用主要有以下几方面：减少爆生气体从孔口处溢出而造成能量损失；有效降低空气冲击波强度和飞石数量；强化炮孔压力及作用持续时间；提高破岩效率。堵塞材料的选取对堵塞效果有很大影响，堵塞材料的波阻抗应等于或高于炸药冲击阻抗，并且需要确保适当的堵塞长度。堵塞过长会造成台阶上部破碎不理想，以及降低每米的爆破量。常用的经验公式为

$$L_1 \geqslant 0.75W_1 \tag{6-10}$$

或

$$L_1 = (20 \sim 30)d \tag{6-11}$$

6.2　大区毫秒延时爆破技术

在现代土石方爆破工程中，为了发挥先进装运设备的装运能力，提高生产效率，在爆破过程中要求：一方面，对爆破的破碎效果进行控制，以达到快速装运的目的；另一方面，单次爆破的土石方量要大，满足机械化装运的要求，同时要求保护围岩的稳定性，减少爆破对岩石的破坏，减小爆破的有害效应对周围环境的影响。为了满足生产实践的要求，控制爆破技术得到了迅速的发展。控制爆破包括毫秒爆破、挤压爆破、光面爆破和预裂爆破等，在铁道、水利、矿山等部门的土石方工程施工中得到了广泛的应用，并且取得了显著的效果。

毫秒延时爆破（millisecond delay blasting）是指相邻炮孔或药包群之间的起爆时间间隔以毫秒计的延期爆破，过去也称微差爆破。这种爆破的特点是：能降低同时爆破大量深孔所产生的振动效应，破碎块度均匀，大块率低，爆堆比较集中，炸药单位消耗量少，能降低爆破产生的空气冲击波强度和减少碎石飞散。

6.2.1　毫秒延时爆破机理

毫秒延时爆破技术的关键是先爆炮孔为后爆炮孔创造了有利于爆破的自由面，不同段别爆落的岩石相互碰撞，促进岩石进一步破碎。毫秒爆破的应用还降低了爆破产生的振动、飞石、噪声等有害效应，增大了一次爆破的工程量。目前关于毫秒爆破机理有如下几种观点。

1. 形成新的自由面

在深孔逐排起爆的爆破中，当第一排炮孔爆破后，形成爆破漏斗，新形成的爆破漏斗侧边及漏斗体外的细微裂缝成为第二排炮孔的新自由面。新的自由面的产生减小了第二排炮孔的爆破阻力，使得第二排炮孔爆破时岩体向新的自由面方向移动，以后各排炮孔依此类推。

2. 应力波的叠加

先起爆的炮孔在岩体内形成一个应力波作用区，岩石受到压缩、变形和位移，应力波不断向外传播，使第一排炮孔作用范围内的岩体遭受破坏，并且给第一排炮孔与第二排炮孔之间的岩体以预应力。在这种预应力尚未消失时，第二排炮孔起爆，其产生的应力传到与第一排炮孔之间的岩体中，形成应力波的增强与叠加，从而改善了爆破效果。

3. 辅助破碎作用

由于前后两段装药的起爆间隔时间很短，前排爆破的岩石在未落下之时，与后排爆破抛

起的岩石在空中相遇而产生相互碰撞，使已产生微小裂隙的大块矿岩进一步破碎，这样充分利用了炸药的能量，提高了爆破质量，此即为辅助破碎作用。根据南芬露天铁矿高速摄影观测结果，爆后 150 ms 左右岩石破碎，并开始进入弹道抛掷和塌落阶段，初速度为 14.6 ~ 25 m/s，平均速度为 11.3 ~ 12 m/s。对于相邻起爆炮孔，岩石碎块在空中相遇，产生补充破碎。

4. 减振作用

合理的毫秒延期间隔时间使先后起爆产生的振动能量在时间和空间上错开，特别是错开振动波的主振相，从而降低振动效应。大量的观测资料表明，毫秒爆破产生的振动速度比齐发爆破低 1/3 ~ 1/2。

6.2.2　毫秒延期间隔及起爆顺序

1. 毫秒延期间隔的确定

毫秒延期间隔的确定，应从能保证先爆炮孔不破坏后爆炮孔及其网路不遭受破坏、每个孔前面有自由面、后一段爆破成功等方面考虑。毫秒爆破延期间隔时间的选择主要与岩石性质、抵抗线、岩石移动速度及对破碎效果和减振的要求等因素有关，合理的毫秒延期间隔时间应能得到良好的爆破破碎效果，并最大限度地降低爆破振动效应。关于时间间隔的确定，目前国内外的研究结果出入较大，实践中多采用下列经验公式：

（1）考虑岩石性质和抵抗线的经验公式

$$\Delta t = K_p W_1 (24 - f) \tag{6-12}$$

或

$$\Delta t = (30 \sim 40) \sqrt[3]{\frac{a}{f}} \tag{6-13}$$

式中，Δt——毫秒延期间隔时间，ms；

　　　W_1——底盘抵抗线，m；

　　　f——岩石坚固系数；

　　　a——同排中同时爆破孔的孔距，m；

　　　K_p——岩石裂隙系数，裂隙少的岩石，$K_p = 0.5$；中等裂隙岩石，$K_p = 0.75$；裂隙发育的岩石，$K_p = 0.9$。

（2）考虑岩石破裂过程时间累加的经验公式

$$\Delta t = \frac{2W}{v_p} + K_1 \frac{W}{c_p} + \frac{S}{v} \tag{6-14}$$

式中，Δt——毫秒延期间隔时间，ms；

　　　W——最小抵抗线，m；

　　　v_p——岩体中弹性波波速，m/s；

　　　K_1——系数，表示岩体受到高压气体作用后在抵抗线方向裂纹发展的过程，一般为 2 ~ 3；

　　　c_p——裂缝扩展速度，与岩石性质、炸药特性及爆破方式等因素有关，一般中硬岩石为 1 000 ~ 1 500 m/s，坚硬岩石为 2 000 m/s 左右，软岩石为 1 000 m/s 以下；

　　　S——破裂面移动距离，一般取 0.1 ~ 0.3 m；

v——破裂体运动的平均速度，m/s，对于松动爆破，其值为 $10 \sim 20$ m/s。

此外，还可以采用以下方法：后爆炮孔利用先爆炮孔在岩石介质中产生的爆生气体使岩石处于准静态应力下，而建立参与应力场作用来改善破碎效果：

$$\Delta t = \frac{L}{v_c} + KW_1 \qquad (6-15)$$

式中，Δt——毫秒延期间隔时间，ms；

L——补充自由面形成所需的裂隙宽度，m，一般取 0.01 m；

v_c——平均裂隙张开速度，m/ms；

K——与抵抗线、岩石介质性质、炮孔直径等有关的常数，ms/m，一般为 $2 \sim 4$ ms/m，也可通过观测确定；

W_1——底盘抵抗线，m。

（3）考虑形成新自由面所需时间的经验公式

根据大量资料统计，从起爆到岩石破坏的时间是应力波传到自由面所需时间的 $5 \sim 10$ 倍，即岩石的破坏、移动时间与底盘抵抗线（或最小抵抗线）成正比：

$$\Delta t = kW_1 \qquad (6-16)$$

式中，Δt——毫秒延期间隔时间，ms；

k——与岩石性质、结构构造及爆破条件有关的系数，露天台阶爆破条件下，k 为 $2 \sim 5$；

W_1——底盘抵抗线或最小抵抗线，m。

（4）长沙矿山研究院提出的经验公式

$$\Delta t = (20 \sim 40)W_1/f \qquad (6-17)$$

式中，Δt——毫秒延期间隔时间，ms；

f——岩石坚固系数；

W_1——底盘抵抗线，m；

清碴爆破时，W_1 取其实际抵抗线；

压碴爆破时，W_1 取底盘抵抗线和压碴折合抵抗线之和。

目前在工程上主要使用经验公式，根据具体条件不同，延期时间间隔差异较大。例如，针对排间延期，较小延时，如美国有取 $9 \sim 12.5$ ms 的；较大延时，如加拿大有取 $50 \sim 75$ ms 的；国内一般取 $25 \sim 50$ ms。

2. 露天爆破中的逐孔起爆

在露天台阶爆破中，随着工业雷管技术的发展、高精度导爆管雷管的广泛应用及数码电子雷管的推广，逐孔起爆逐渐成为露天台阶爆破中的主要起爆方式，其与逐排起爆有明显差别。逐孔爆破过程中，爆区内每个炮孔都是相对独立的，依靠高精度雷管的准确延时，使炮孔由起爆点按照一定的时间间隔顺序起爆，从而控制每个炮孔负担的岩体充分破碎，达到减小爆破振动和改善爆破效果的目的。与逐排起爆的原理类似，逐孔起爆爆破中的延期时间为岩石裂纹的扩展及破碎提供时间，进而为相邻炮孔作用范围内的岩石提供自由面。逐孔起爆中，先起爆孔为后起爆孔创造自由面，理论上对于每个炮孔负担的岩石区域都有 3 个自由面，应力波在自由面充分反射，加强矿岩破碎，提高炸药的能量利用率。

使用逐孔起爆技术优化爆破效果需要考虑以下几个主要因素：

①应力波波长。若两个炮孔之间的延期时间大于应力波波长，岩石不会受到应力波叠加效应；反之，应力波会发生叠加。

②裂纹传播速度。当岩石破碎时，周边应力场时刻在发生变化。例如，当裂纹传播时，裂纹尖端应力场会有明显变化。

③岩体边界条件。例如，当坡面角较小时，台阶根部的岩石具有较强约束，不易破碎，进而影响延期时间的确定。

④炮孔近场的岩石裂隙。例如，在上一轮爆破后，可能会使炮孔周边岩石发生破碎，从而影响下一轮的爆破。

⑤爆堆移动。例如，当矿石和岩石处于同一爆区时，需要控制爆堆形态，有助于分别获得矿石和废石（岩石），提高出矿率。

⑥爆破振动，需要避免振动波幅值相互叠加。

由于逐孔起爆具有能够充分发挥炸药能量的特点，所以逐孔起爆网路可以扩大孔网参数，减少钻孔工作量。针对不同岩石特性，可以选取不同延期间隔，以控制和减少爆破产生的振动影响。在逐孔起爆网路中，毫秒延期时间由孔间和排间延期时间两部分构成：孔间延时主要影响爆区的破碎块度；排间延时主要影响爆区破碎岩体位移，即爆堆形状与抛掷效果。

为了实现逐孔起爆技术的优势，排间延时和孔间延时雷管的精确度成为关键因素，雷管的延期精度为 1% ~ 2%。数码电子雷管具有较高精度，大部分控制在 ±1 ms 以内，特别是 Orica 公司，其精度控制在 ±0.1 ms 左右。从爆破技术和爆破效果角度出发，数码电子雷管是实现逐孔起爆的最佳起爆器材，但是在现有技术条件下，数码电子雷管生产成本较高，在短时间内难以广泛应用。目前，高精度导爆管雷管依旧是进行逐孔起爆的主要起爆器材，其通过孔内雷管与地表雷管的合理时间组合实现单孔单响逐孔起爆。通常，孔内统一采用 500 ms 导爆管雷管，地表雷管采用不同段别的导爆管雷管搭配来进行延期，因此，当第一个起爆点处孔内雷管起爆引爆炸药时，地表网路至少已经传爆到距离该炮孔 5 倍孔距外的位置，即使爆区形成了飞石，先起爆炮孔也不会对地表传爆网路构成威胁。

根据长沙矿冶研究院的半经验公式：

①孔间延期时间：

$$t = (1 \sim 2)Q^{1/3} + \left(\frac{10.2 r_e D}{r_r C_r} - 1.78 \right) Q^{1/3} + \frac{S}{v} \qquad (6-18)$$

②排间延期时间：

$$t_0 = \frac{\left| -S_0 + \left[\dfrac{S_0^2 + 9(v_2^2 - v_1^2)H_0}{g} \right]^{\frac{1}{2}} \right|}{v_1 + v_2} \qquad (6-19)$$

式中，t、t_0——孔间延期时间和排间延期时间；

　　　Q——炮孔平均装药量，kg；

　　　r_e、r_r——炸药和岩石的体积质量，g/cm^3；

　　　D——炸药爆速，m/s；

　　　C_r——岩石纵波波速，m/s；

　　　S——岩石移动距离，m；

v——岩块平均移动速度，m/s；

S_0——前后排距，m；

H_0——下落高度，m；

v_1——堵塞飞行速度，m/s；

v_2——中部岩块飞行速度，m/s。

在实际工程过程中，确定延期时间主要考虑岩石性质、布控参数、岩石破碎和运动特征等因素，较为复杂。例如，齐大山铁矿在其他爆破影响因素不变的条件下，该矿的孔距变化范围为 6~10 m，抵抗线变化范围为 6~9 m，以取得最佳爆堆形状及破碎块度。孔间延期时间：对于硬岩，由于岩石动态响应时间短，应选取短延期，3 ms/m；对于软岩，其空隙多、间隙大，响应较慢，应选取较长的延期时间，3~8 ms/m。排间延期时间：由于岩性差异，排间延期间隔变化较大。当延期时间低于 8 ms/m 时，排间岩石的移动受到制约，爆堆趋于整体移动，排间延期的确定应受到应力波波速和抵抗线大小的限制，取 8~15 ms/m。中深孔台阶爆破中，一般孔间延期为 17~42 ms/m，排间延期为 42~100 ms/m。

国外学者对于延期间隔有助于爆破破岩做了相关研究。一方面，由 D. Johansson 和 F. Ouchterlony 等人主导，认为应力波（仅考虑 P 波和 S 波）叠加对提高破碎效果的作用有限，其通过短延期爆破模型试验无法直接证明应力波叠加有利于提高破碎效果。另一方面，通过模型试验的研究发现，双孔齐发时块度最大，随着延期时间的增加，块度分布尺寸降低，直到延期时间达到常数 11 ms/m。由此可见，逐孔起爆原理目前仍有待研究，没有完善且系统的理论支撑，故而没有统一的定量结论。定性结论：如果爆破是为了得到适当的岩石块度，需要避免相邻炮孔同时起爆，并且在一定的延期时间范围内破碎块度分布处于一个相对稳定的状态。

3. 布孔方式及起爆顺序

采用多排孔爆破时，孔间多呈三角形和矩形。布孔排列虽然比较简单，但利用常用的起爆顺序对这些炮孔进行组合，就可以获得多种多样的起爆形式，如图 6-2 所示。

①矩形布孔排间毫秒起爆。炮孔呈矩形布置，各排之间毫秒延期间隔起爆，如图 6-2（a）所示（图中数字表示起爆顺序）。此种起爆顺序施工简单，爆堆比较整齐，岩石破碎量较非毫秒起爆有所改善。但振动效应仍然强烈，后冲较大。

②三角形布孔排间毫秒延期间隔起爆。炮孔呈三角形布置，各排之间毫秒延期间隔起爆，如图 6-2（b）所示。

③矩形布孔对角式毫秒延期间隔起爆。炮孔呈矩形布置，按对角线方向分组，各组之间毫秒延期间隔起爆，如图 6-2（c）所示。一般情况下，对角线起爆的孔段数大大超过排间毫秒延期间隔起爆段数。当高段雷管精度高时，其爆破效果较好，减振效果也显著。

④矩形布孔 V 形毫秒延期间隔起爆。如图 6-2（d）所示，两侧对称起爆，加强了岩块的碰撞和挤压，从而获得较好的破碎质量，也可以减小爆堆宽度，降低振动效应。

⑤三角形布孔 V 形毫秒延期间隔起爆。如图 6-2（e）所示，爆堆集中，碰撞挤压效果更好。

⑥三角形布孔对角式毫秒延期间隔起爆，如图 6-2（f）所示。

⑦接力式毫秒延期间隔起爆。利用毫秒延期导爆雷管，在孔外用同段别雷管接力起爆，可连成毫秒延期间隔相等、分段数相当大的起爆网路。对于超大规模爆破，可以实现一次起

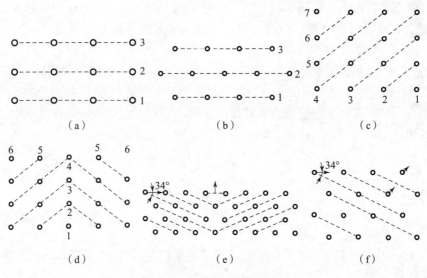

图 6-2 布控方式及起爆顺序

（a）矩形布孔直线起爆；（b）三角形布孔直线起爆；（c）矩形布孔斜线起爆；
（d）矩形布孔 V 形起爆；（e）三角形布孔 V 形起爆；（f）三角形布孔斜线起爆

爆，并能减少振动效应，保证爆破效果。接力式毫秒延期间隔起爆一般要求孔内用高段别雷管，孔外接力用低段别雷管。

除此之外，还有梯形顺序起爆、排间奇偶式顺序起爆、波浪式顺序起爆，以及组合式顺序起爆，可以根据实际工程需求调整起爆顺序。

6.2.3 大孔距小抵抗线爆破

矿山和采石场爆破的目的就是在满足安全的前提下，获得最合适的岩石破碎块度，使凿岩、爆破、铲装、运输相破碎的综合成本降低到最小。实践表明，大孔距小抵抗线毫秒爆破技术在保持孔距与排距乘积 $a \times b$ 不变的条件下，通过增大炮孔密集系数 m，从而显著改善爆破质量。大孔距小抵抗线斜线起爆的优点如下：

①对于正方形、矩形布孔，采取斜线起爆，既便于钻孔、装药、堵塞等机械化作业，又提高了炮孔密集系数。

②由于分段多、每段药量少而又分散，爆破振动强度降低，同时便于控制它的影响。此外，后冲和侧冲均减小，减轻了对岩体直接破坏程度。

③由于炮孔密集系数的提高，岩块在爆破过程中碰撞挤压作用增大，有利于改善爆破质量。同时，爆堆集中，减少了清运工作量，提高了铲装效率。

④起爆形式多、机动灵活。能按各种条件变化采用相应的措施，满足爆破设计的要求。

大孔距爆破的作用机理如下：

①前排爆破为后排爆破创造了凸形临空面，使临空面个数和总面积增加。一般来说，临空面越多，爆破效果越好；临空面面积越大，岩石的夹制力越小，反射波的能量越大，岩石越容易爆破。

②增强自由面应力波反射作用。减小炮孔抵抗线与排距，则使药包更靠近自由面，由于爆轰产生的压应力在自由面反射为拉伸应力，自由面附近的岩石在拉伸应力作用下易于破

坏。当药包更靠近自由面时，则有利于增强反射应力波能。这是因为应力波的入射角随药包抵抗线 W 值的减小而逐渐增大，因而反射应力波能量逐渐增强，折射波能量逐渐减弱。甚至在漏斗边沿部分应力波的折射角达到 90° 左右，造成应力波全反射现象，如图 6 - 3 所示。图中表示 Q_2 和 Q_1 两个装药量药包，其抵抗线 $W_2 < W_1$，两个药包在介质分界面 a 点的入射角 $\alpha_2 > \alpha_1$，因而药包 Q_2 在 a 点的应力波能量的反射率大于药包 Q_1 在 a 点处的反射率。介质界面其他点也同样如此。反射拉应力波能量的增强，有利于介质破碎，并使碎块具有更大的初速度向前运动，增加了介质碰撞破坏机会，从而提高了爆破效果。

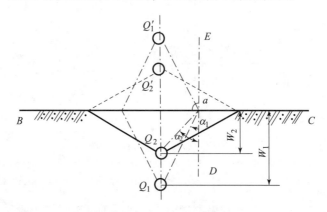

Q—装药量；α—入射角。

图 6 - 3 应力波入射角与抵抗线的关系

③两孔间削除了应力降低区。当 $m > 2$ 时，两孔之间已不存在应力降低区域，每个炮孔的爆破几乎都是独立的，它们的应力波效应没有重叠干扰，不存在由于两炮孔相互影响产生贯通裂缝使应力释放的问题。

④先爆炮孔内侧发展的裂隙为后爆炮孔创造了条件。柱状药包爆炸时，在爆源周围径向压应力会衍生切向拉应力，由于拉应力的作用而产生径向裂隙。裂隙方向垂直于拉应力作用方向，以爆源为中心呈放射状发展。同一排的炮孔同时起爆时，相邻两炮孔之间的介质处于来自两侧炮孔爆炸所激起的应力场中，受到两个炮孔药包爆炸应力波的作用。在两个炮孔中心连线上的任一点受到相反方向的压应力，在其垂直方向产生的拉应力则是增强的合成拉应力，致使该部分岩石易于产生裂隙并受到破坏。有效利用前排炮孔爆破产生的径向破裂面内侧发展的裂隙也是大孔距爆破取得良好爆破效果的原因。

随着岩石爆破研究的不断深入和实践经验的不断丰富，大孔距爆破技术发展迅速，即在孔网面积不变的情况下，适当减小底盘抵抗线或排距而增大孔距，可以显著改善爆破效果。在国内，炮孔密集系数值已增大到 4 ~ 6 或更大；在国外，炮孔密集系数甚至提高到 8 以上。

在使用大孔距小抵抗线爆破技术时，应该注意以下几点：

①对于脆性且均质性较好的介质，$m = 4 ~ 8$ 时，爆破效果好，爆破介质脆性较大时，取大的爆破密集系数；反之，脆性小时，取小的密集系数。实际中该技术多用于石灰石矿、铁矿山等，密集系数多为 2 ~ 4，这是由于矿岩的裂隙对大孔距密集系数有明显影响，即，裂隙增大，使得密集系数减小。

②爆破密集系数为 1 时，大块率相对较高，但对第一排炮孔，应使用密集系数为 1。

③抵抗线不同，会影响最大合理密集系数。抵抗线越大，其最大合理爆破密集系数 m

越小，并且合理的 m 值范围越小。

④大孔距小抵抗线技术可以通过斜线起爆和 V 形起爆方式实现。例如，布控密集系数为 1.0 ~ 1.2 时，大孤山铁矿三角形布孔，斜线起爆，$m = 2 ~ 3$；南芬铁矿三角形布孔，斜线起爆，$m = 2 ~ 4$；金堆城钼矿三角形布孔，V 形或斜线起爆，$m = 3.5 ~ 4.5$；德兴铜矿三角形布孔，V 形或斜线起爆，$m = 2.5 ~ 4$。

⑤只有在既定条件下确定实际抵抗线后，密集系数 m 才具有实际意义。

6.2.4 挤压爆破

挤压爆破是指在露天采场台阶坡面上留有上次爆堆的情况下进行爆破的方法，又叫压碴爆破（tight blasting）。挤压爆破延长了爆炸气体的作用时间，减少了矿岩的抛掷。该技术的应用，改善了爆破质量，提高了开挖强度，解决了爆破与挖运相互干扰的矛盾，提高了生产率。它有如下优点：

①爆堆集中整齐，根底少。

②块度较小，爆破质量好。

③飞石少，且其飞散距离小。

④能储存大量已爆矿岩，有利于均衡生产。

在挤压爆破中，岩石碴堆的存在阻碍了岩石裂隙的扩展，延长了爆破应力作用于岩石的时间，从而提高了炸药爆炸能量的利用率。当岩体裂隙形成后，随即出现岩石的移动，离开岩体的岩块与岩石碴堆猛烈撞击，使岩石在爆炸中获得的动能用于岩石的辅助破碎。松散的堆积岩石受到挤压，从而使岩石进一步破碎，改善了爆破质量，如图 6 - 4 所示。

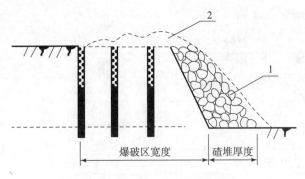

1—爆破前的碴堆；2—爆破后的碴堆。

图 6 - 4 挤压爆破示意图

挤压爆破的作用原理：

①利用碴堆阻力延缓岩体运动和内部裂隙张开的时间，从而维持爆炸气体的静压及其作用时间。但由于碴堆会削弱自由面上反射拉伸波的作用，为补偿起见，需适当增加单位耗药量。

②利用运动岩块与碴堆相互碰撞使动能转化为破碎功，进行辅助破碎。

挤压爆破在对爆破与铲运均衡生产要求较高的露天矿山地生产中应用较多，特别适用于场地紧张的爆破工地。

残留碴堆厚度（B）也称为碴堆厚度或压碴厚度，其计算公式较多，下面仅列出两种。

其一：

$$B = K_c W_1 \left(\frac{\sqrt{2\varepsilon q E E_0}}{\sigma} - 1 \right) \qquad (6-20)$$

式中，B——碴堆厚度，m；

K_c——岩石松散系数；

W_1——底盘抵抗线，m；

ε——爆炸能量利用系数，通常取 $0.04 \sim 0.20$；

q——单位炸药消耗量，kg/m^3；

E——岩体弹性模量，kg/m^2；

E_0——炸药热能，$(kJ \cdot m)/kg$；

σ——岩体挤压强度，kg/m^2。

其二（中国矿业大学推荐公式）：

$$B = \frac{W_1 K_s}{2} \left(1 + \frac{\rho_2 C_2}{\rho_1 C_1} \right) \qquad (6-21)$$

式中，W_1——底盘抵抗线，m；

K_s——爆堆松散系数，$K_s = \rho_1 / \rho_2$；

ρ_1、ρ_2——岩石与碴堆的密度，t/m^3；

C_1、C_2——岩石与碴堆的弹性波速，m/s，$C_2 = 500(3 + d_n)$，d_n 为碴堆中岩块的平均尺寸，m。

通常 $B = 10 \sim 25$ m，对于软岩，$B = 10 \sim 15$ m；硬岩，$B = 20 \sim 25$ m。

碴堆厚度直接影响爆后爆堆前冲的距离，具体值参照表 6-3。

表 6-3 碴堆厚度对爆堆位移的影响   m

岩石坚固系数	单位炸药消耗量/(kg·m⁻³)	碴堆厚度/m						
		10	15	20	25	30	35	40
17~20	0.70~0.95	31	27	20	15	10	5	0
13~17	0.50~0.80	27	21	13	5	0		
8~13	0.30~0.60	15	11	0				

根据一些矿山的实际经验，碴堆松散系数 $K_c > 1.15$ 时，爆破效果良好；$K_c < 1.15$ 时，爆破效果不佳，第一排钻孔容易产生"硬墙"。

在多排孔毫秒延期爆破中，挤压爆破的单位炸药消耗量比相同岩性条件下清碴爆破大 $20\% \sim 30\%$。主要问题是第一排炮孔负担岩体的自由面由于碴堆紧贴，会造成较大透射波损失，并且为第二排炮孔提供膨胀空间，因此，需增大第一排炮孔的装药量，同时，减小约 10% 的抵抗线和排距。最后一排孔为下一次爆破提供碴堆，需增大装药量，强化破碎。

挤压爆破要推压前面碴堆，因为其起爆延期时间间隔要比清碴爆破长些。如果延期过短，未形成有效自由面，推压作用不足，爆破受限；如果延期时间过长，推压出来的空间被碎石填充，不能起到作用。实践表明，多排孔压碴延期时间间隔比常规爆破增大 $30\% \sim 60\%$，我国露天矿通常取 $50 \sim 100$ ms。

6.2.5　露天开采的掘沟爆破

为了保持露天矿山正常、持续地生产，需及时准备新的作业平台。新水平的准备是露天矿基建和生产中的控制性工程，是露天矿延伸和持续生产必须进行的开拓准备工作。掘沟爆破的作用就是为扩帮创造条件，如图 6-5 所示。

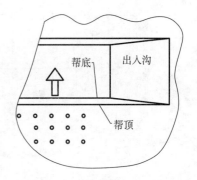

图 6-5　掘沟爆破示意图

随着采掘工作的进行，工作线需要不断前移，新水平掘沟爆破程序如图 6-6 所示。例如：

①当 +162 m 水平的扩帮开挖推进到一定程度后，即可开始挖掘下一水平 +150 m 的出入沟，然后掘进开挖段沟。

②当整个段沟形成后，沿工作帮一侧或两侧的段沟向前推进开挖，可以再为下一个水平 +138 m 挖掘出入沟进行准备。

③当 +150 m 水平扩帮推进一定距离后，使其有足够空间，即可挖掘下一水平 +138 m 的出入沟。依此发展下去。

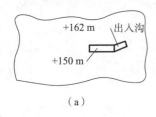
（a）

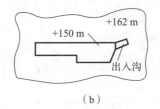
（b）

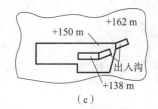
（c）

图 6-6　新水平掘沟爆破程序

1. 掘沟爆破的特点

①掘沟爆破的位置通常在断面狭窄的尽头处，自由面较少，爆破时两帮的夹制作用较强。

②由于工作面狭窄，空间有限，因此运输效率低下。

③为了保证扩帮时爆后岩体不造成堵塞沟，要充分考虑爆堆爆破的前冲距离。

因此，掘沟爆破往往成为露天矿生产的薄弱环节。

2. 掘沟方法分类

按照有无运输环节，可分为：有运输掘沟，其方法多用于凹陷露天矿，并且具有梯形掘进横断面，通常为双壁沟，如图 6-7（a）所示；无运输掘沟，多用于沿山坡地形，并且具有三角形掘进横断面，通常为单壁沟，直接将碎石堆积在沟旁的山坡，如图 6-7（b）所示。

按沟道断面采掘程序，可分为：半断面穿爆法，根据出入沟的设计坡度，按不同的孔深爆破，清碴后，出入沟自然形成，其多用于固定斜坡路堑的掘沟；全断面爆穿法，台阶的全段高穿爆时，根据出入沟的设计坡度和长度进行挖掘和铲装，形成出入沟，沟底留有一半的爆破量，在临时或短期斜坡路堑的掘沟中，该方法一次穿孔量大，克服了半断面穿爆法形成出入沟下部基岩仍需要二次爆破的不足。

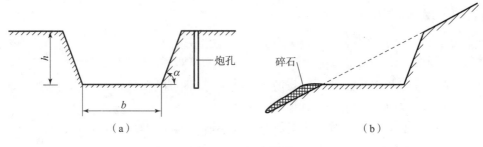

图 6 – 7　掘沟断面

（a）双壁沟；（b）单壁沟

3. 沟的断面形状和几何参数

针对双壁沟的开挖，沟断面多为梯形，主要参数包括沟底宽度、沟深、沟帮坡面角、沟的纵向坡度及沟长度。

①沟底宽度 b，主要取决于运输车辆的技术规格及在沟内的调车方式，同时还要考虑开始扩帮时爆堆不能掩埋运输道路。

②沟深 h，对于双壁沟，因出入沟有纵向坡度，其沟深最小为零，最大为设计台阶高度。

③沟帮坡面角 α，当采用固定抵抗线开挖时，沟帮一侧需要作为露天开采的最终边帮，其沟帮坡面角应为矿山设计的最终帮坡面角，进行扩帮一侧的沟帮坡面角为工作台阶坡面角。

④沟的纵向坡度，出入沟的纵向坡度一般需要按照运输设备的类型、技术性能并需结合生产实际情况来确定。

⑤沟长度，出入沟的长度取决于台阶高度和纵向坡度。开段沟的长度一般和准备水平的采矿长度大致相等。

4. 掘沟爆破设计

掘沟爆破与采剥爆破从生产工艺环节上比较并无大的区别，但是由于掘沟工作具有一定自身特点，设计方法和参数选取上仍存在差异。

（1）爆破方案

通常为多排孔毫秒延期的挤压爆破。多排孔是指一次起爆的排数在 10 排以上，孔深 6 m 以上，孔径一般为 76 ~ 150 mm，前后排时差为 25 ~ 250 ms。多排爆破与 3 ~ 5 排炮孔爆破的不同点在于：一次爆破排数多，方量大；后排孔采用间隔加强装药，形成"挤压"爆破，有利于岩石的破碎，对于 3 ~ 5 排爆破炮孔所负担的岩体，其自由面的作用可以被充分利用，而对于多排孔爆破，当爆破到 7 ~ 8 排时，由于补偿空间受限，爆堆无法及时向前推移，有可能产生"挤死"现象，为此，除每隔 3 ~ 4 排有意增加排间延时间隔外，还可以采取间隔加强装药爆破，即挤压爆破。

（2）单位炸药消耗量

对于双壁沟开挖，只有一个自由面，爆破夹制作用强，爆堆的松散性差，容易产生大块和根底。因此，在确定其所需的炸药单耗时，应该比通常的中深孔爆破的单耗高，至于需要高多少，主要取决于爆区的岩矿性质。例如，攀钢矿业公司朱家包铁矿，中深孔爆破炸药单

耗一般为 $0.4 \sim 0.5\ kg/m^3$，而在掘沟爆破时，炸药单耗为 $0.8 \sim 1.0\ kg/m^3$，即，双壁沟掘进中使用的炸药单耗为深孔爆破的两倍，虽然采用高单耗爆破增加了爆破作用的投入，但是大大提高了爆破质量，减少了大块、根底的产生，提高了铲装效率。

（3）爆破孔网参数

掘沟爆破夹制作用强，只有上表面为爆破岩体提供的一个自由面，在这种条件下，孔网参数要比正常爆破的参数小，朱家包铁矿用轮牙机钻孔，孔径为 250 mm，生产爆破时的孔网参数一般为孔距 10 m、排距 5 m，每个孔负担的面积约为 50 m^2。而掘沟爆破时，孔网参数改为孔距 4 m、排距 5 m，并获得良好的爆破效果。

在靠近非工作帮掘沟时，为保护边坡稳定性，应该进行控制爆破。对于最终边帮平台，宜采用较小的孔网参数和孔径，不超深或少超深，适当减少单孔装药量。

6.3　预　裂　爆　破

预裂爆破（presplit blasting）是在光面爆破基础上发展起来的一项控制爆破技术，同时其也与光面爆破有很大区别，目前已广泛应用于露天矿边坡、水工建筑、交通路堑与船坞码头等基础开挖工程。其特点是沿着设计轮廓线布置一排小孔距预裂孔，采用不耦合装药，在开挖区主爆破炮孔爆破前，首先起爆这些轮廓线上的预裂孔，沿设计轮廓线先形成平整的预裂缝。当根据岩石性质、地质条件选用的孔间距、不耦合系数、线装药密度等预裂爆破参数合适时，预裂缝的宽度可达 $1 \sim 2$ cm。预裂缝形成后，再起爆主爆炮孔组。预裂缝能在一定范围内减小主爆炮孔组的爆破振动效应，提高保留区壁面的稳定性。

预裂缝形成的原因及过程基本上与光面爆破中沿周边孔中心连线产生贯通裂缝形成破裂面的机理相似。不同的是，预裂孔是在最小抵抗线相当大的情况下，在主爆孔之前起爆的。为了确保预裂爆破效果，通常在预裂孔和主爆孔之间打一排缓冲孔。预裂爆破炮孔布置如图 6-8 所示。

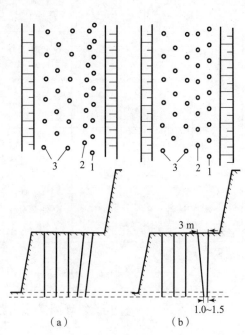

1—预裂孔；2—缓冲孔；3—主爆破炮孔组。

图 6-8　预裂爆破布孔

6.3.1　国内外靠帮控制爆破的现状

国内露天矿靠帮爆破均采取了相应的降振措施，多数矿山采用预裂爆破，少数矿山采用缓冲爆破和光面爆破。按其钻孔方向分类，有垂直孔爆破和倾斜孔爆破。垂直孔爆破采用牙轮钻机或潜孔钻机穿孔，孔径 170 mm；倾斜孔爆破则采用潜孔钻穿孔，孔径多为 150 mm、170 mm，见表 6-4。

表 6 – 4　国内主要金属矿山预裂爆破使用情况

矿山	台阶高度/m	钻机型号	孔径/mm	钻孔角度/(°)	爆破方法	装药结构
首钢水厂铁矿	12	45R 牙轮钻 YZ – 55 牙轮钻	250 310	90	预裂爆破 生产爆破	径向不耦合
本钢南芬露天铁矿	12	45R 牙轮钻 60R 牙轮钻	250 310	90 90	预裂爆破 预裂爆破	
武钢大冶铁矿	12	LY – 310 牙轮钻 φ170 钻机	170	70	预裂爆破	径向不耦合
鞍钢大连石灰石矿	12 ~13	YZ – 55 牙轮钻	250	90		
鞍钢东鞍山铁矿	13	45R 牙轮钻 YL – 55 牙轮钻	250	90	预裂爆破	径向不耦合
鞍钢大孤山铁矿	12	YZ – 35，E – 55， 45R，60R 牙轮钻	250	90	预裂爆破	径向不耦合
马钢南山铁矿	14 ~15	KY – 250 牙轮 KY – 310 牙轮钻	150	56	预裂爆破	径向不耦合
包钢白云鄂博铁矿	12	73 – 200 潜孔钻 45R 牙轮钻	200 250	倾斜	预裂爆破	径向不耦合
攀钢兰尖铁矿	15	73 – 200 潜孔钻 KQ – 200 潜孔钻 YZ – 35 牙轮钻		倾斜 60 垂直	预裂爆破	径向不耦合

　　武汉钢铁公司大冶铁矿是我国大型深凹露天矿之一，东露天采场上盘边帮为闪长岩，下盘边帮为大理岩，$f=8 \sim 14$，个别地段节理发育有断层断碎带。大冶铁矿自 1974 年即开始试验预裂爆破，1978 年于邻近固定边帮处普遍使用预裂爆破，降振率为 19.2% ~42%，在边帮稳定性差的地段采用缓冲爆破，降振率为 18% ~23%，而在岩石整体性差、节理裂隙多且风化程度不一致的条件下，采用光面爆破。

　　本钢南芬露天铁矿是本溪钢铁公司的主要铁矿石原料基地，也是我国生产能力最大、机械化程度最高的露天矿之一，底盘为角闪岩，呈灰色或灰绿色致密块状结构，$f=12 \sim 14$；上盘为片麻状混合岩，灰白色致密块状，$f=8 \sim 12$。本钢南芬露天铁矿于 1984 年进行了预裂线总长度为 470 m 的预裂爆破。预裂炮孔为垂直炮孔，孔径 250 mm，孔间距 $a=2.8$ m。不耦合系数 $K=3.9$；线装药密度 $q=2.7$ kg/m^3；装药结构采用径向不耦合柱状连续装药，预裂孔超前起爆时间为 50 ms 以上。

　　国外露天矿控制爆破主要采用预裂爆破和缓冲爆破。据统计，加拿大 25 个露天矿中，约有 1/2 矿山采用预裂爆破，1/3 矿山采用缓冲爆破。其他国家也有类似情况，见表 6 – 5。

表 6 – 5 国外矿山靠帮控制爆破方法

国别	矿山企业	孔径/mm	钻机型号	钻孔倾角	爆破方法	备　注
美国	共和铁矿	250.8	GD – 120	垂直	缓冲爆破	在上盘和下盘南部
		127		垂直	预裂爆破	在下盘中央部位
	蒂尔登铁矿	114		垂直	预裂爆破	
加拿大	派普镍矿	102	IR Aitruck	倾斜	预裂爆破	
	西来尔卡敏铜矿	251	B – E60R	垂直	缓冲爆破	也称修整爆破
苏联	巴拜露天矿	105		倾斜	预裂爆破	主要方法
		269	Cbw – 250	垂直	缓冲爆破	
	前达巴什花岗岩矿	105		垂直	预裂爆破	孔距 $a = 3.5$ m，线装药密度 $q = 8$ kg/m；孔距 5 m，$q = 32$ kg/m
		215.9		垂直		
	马林露天矿	215.9		垂直	预裂爆破	$a = 3.5$ m，$q = 8$ kg/m
澳大利亚	戈兹维西铁矿	310	B – E60R	垂直	缓冲爆破	
	汤姆·普赖斯铁矿	310 380	B – E60R	垂直	缓冲爆破	

6.3.2　预裂爆破参数设计

爆破参数设计是爆破成功的关键，合理的爆破参数不但能满足工程的实际要求，而且可使爆破达到良好的效果，经济技术指标达到最优。

影响光面爆破和预裂爆破参数选择的因素很多，参数的选择很难用一个公式来完全表达。目前，在参数选择方面，一般采取理论计算、直接试验和经验类比法。在实际应用中多采用工程类比法进行选取，但误差较大，效果不佳。因此，应在全面考虑影响因素的前提下，以理论计算为依据，以工程类比作参考，并在模型试验的基础上综合确定爆破参数。

正确选择预裂爆破参数是取得良好爆破效果的保证，但影响预裂爆破的因素很多，如钻孔直径、钻孔间距、装药量、钻孔直径与药包直径的比值（称为不耦合系数）、装药结构、炸药性能、地质构造与岩石力学强度等。目前，一般根据实践经验，并考虑这些因素中的主要因素和它们之间的相互关系来进行参数的确定。

1. 钻孔直径 d

目前孔径主要是根据台阶高度和钻机性能来决定的。一般工程钻孔直径以 80 ~ 150 mm 为宜；对于质量要求较高的工程，钻孔直径以 32 ~ 100 mm 为宜。最好能按药包直径的 2 ~ 4 倍来选择钻孔直径。

2. 钻孔间距 a

预裂爆破的钻孔间距比光面爆破的要小一些，它与钻孔直径有关。通常一般工程取 $a = (8 ~ 12)d$；质量要求高的工程取 $a = (5 ~ 7)d$。选择 a 时，钻孔直径大于 100 mm 时取小值，小于 60 mm 时取大值；对于软弱破碎的岩石，a 取小值，坚硬的岩石，取大值；对于质量要求高的，a 取小值，要求不高的，取大值。

3. 不耦合系数 n

不耦合系数（decoupling ratio）n 为炮孔直径与药包直径的比值。n 值大时，表示药包与孔壁之间的间隙大，爆破后对孔壁的破坏小；反之，对孔壁的破坏大。一般可取 $n = 2 \sim 4$。实践证明，当 $n \geq 2$ 时，只要药包不与保留的孔壁（指靠保留区一侧的孔壁）紧贴，孔壁就不会受到严重的损害；当 $n < 2$ 时，则孔壁质量难以保证。药包应放在炮孔中间，绝对不能与保留区的孔壁紧贴，否则，n 值再大一些就可能对孔壁造成破坏。

4. 线装药密度 q

装药量合适与否关系到爆破的质量、安全和经济性，因此它是一个很重要的参数。装药密度可用以下经验公式进行计算。

（1）保证不损坏孔壁（除相邻炮间连线方向外）的线装药密度

$$q = 2.75\delta_y^{0.53} r^{0.38} \tag{6-22}$$

式中，δ_y——岩石极限抗压强度，MPa；

r——预裂孔半径，mm；

q——线装药密度，kg/m。

该式适用范围为 $\delta_y = 10 \sim 150$ MPa，$r = 46 \sim 170$ mm。

（2）保证形成贯通相邻炮孔裂缝的线装药密度

$$q = 0.36\delta_y^{0.63} r^{0.67} \tag{6-23}$$

该式适用范围为 $\delta_y = 10 \sim 150$ MPa，$r = 40 \sim 170$ mm，预裂孔间距 $a = 40 \sim 130$ cm。

5. 预裂孔孔深及超深

预裂孔孔深的确定以不留根底和不破坏台阶底部岩体的完整性为原则，因此，应根据具体工程的岩体性质等情况来确定。

与主爆区炮孔类似，预裂孔为了克服底盘岩石的夹制作用，使爆破后不留根底，也需要超深；预裂爆破多使用间隔且不耦合的装药结构，为消除夹制作用的影响，需要增加炮孔底部的装药量，作为底部加强装药段。工程经验表明，如果底部加强装药高度不足，则底部预裂面不能完全分离，并且存在爆后根底；反之，如果底部加强装药高度过大，则会造成下部保留基岩受到破坏。根据工程实例，底部加强装药高度 $0.1L \leq L_2 \leq 0.2L$，其中，L 为孔深，其范围为 $15 \sim 30$ m。

6. 堵塞长度

良好的堵塞不但能充分利用炸药的爆炸能量，而且能减少爆破有害效应的产生。一般情况下，堵塞长度与炮孔直径有关，通常取炮孔直径的 $12 \sim 20$ 倍。

6.3.3 预裂爆破的质量标准及效果评价

一般根据预裂缝的宽度、新壁面的平整程度、孔痕率及减振效果等指标来衡量预裂爆破的效果。对于铁路、矿山、水利等露天石方开挖工程，预裂爆破的质量标准主要有以下几点：

①岩体在预裂面上形成贯通裂缝，其地表裂缝宽度不应小于 1 cm。

②预裂壁面基本光滑、平整，不平整度（相邻钻孔之间的预裂壁面与钻孔轴线平面之间的线误差值）应不大于 15 cm。

③孔痕率在硬岩中不少于80%，在软岩中不少于50%。

④减振效果应达到设计要求的百分率。

预裂爆破参数见表6－6。

表6－6　预裂爆破参数表

孔径/mm	预裂孔距/m	线装药密度/($kg \cdot m^{-1}$)	孔径/mm	预裂孔距/m	线装药密度/($kg \cdot m^{-1}$)
40	0.3～0.5	0.12～0.38	100	1.0～1.8	0.7～1.4
60	0.45～0.6	0.12～0.38	125	1.2～2.1	0.9～1.7
80	0.7～1.5	0.4～1.0	150	1.5～2.5	1.1～2.0

6.3.4　缓冲爆破

缓冲爆破（cushion blasting）是与边帮控制爆破相似的一种方法，其主要目的是减小主爆炮孔的后冲和振动效应。如果主爆炮孔的后冲过大，会直接影响到后续爆破的组织和实施，尤其是后续爆破第一排孔的布置。大量工程实践表明，过大的后冲会使下一轮爆破的第一排底盘抵抗线过大，爆破后容易出现根底和大块。

缓冲爆破的布孔与预裂爆破的相同，其特点是在边坡境界线上钻一排较密的边孔，边孔与主爆孔之间设缓冲孔。装药量逐排递减，并且在其末排缓冲孔采用填塞物或间隔分段装药结构，使药量分布均匀，边孔不装药。采用逐排顺序孔毫秒起爆方案，利用缓冲排小药量分段装药的密集孔的爆炸控制爆区后方的振动。由于减少了装药量，同时也就减小了后冲。大量生产实践表明，缓冲爆破是一种实用、简单，并且十分有效的控制爆破方法。实践证明，台阶靠帮爆破采取缓冲爆破，或结合光面爆破、预裂爆破，充分考虑主炮孔和缓冲孔的作用，可以获得较好的爆破效果。

缓冲爆破施工方法简单，其爆破振动强度较一般的多段毫秒爆破低20%左右，结合光面爆破及预裂爆破，可达到更高的降振率，会有更好的边坡平整度。

与预裂爆破相比，缓冲爆破的优点如下：

①由于十分注重主炮孔和缓冲孔的相互作用，以及边孔的不装药，因此最大限度地减小爆破对边帮的直接破坏，使得边帮坡面平整，超挖量小，为边坡稳定创造了有利条件。

②在大大简化了靠帮爆破工艺的同时，还节省了爆破器材，减轻了工人的劳动强度。

1. 缓冲爆破布孔原则

缓冲爆破布孔遵循以下原则：

①主炮孔与边孔间距略大于或等于主炮孔爆破漏斗开裂半径与主炮孔的后冲距离的和。

②缓冲孔介于主炮孔与边孔之间靠边孔一侧，排间距等于边孔的孔间距。

③边孔不超深。

下面以承德钢铁公司黑山铁矿在东山浅色辉长岩区域爆破为例。采用的参数是缓冲孔与边孔排距等于边孔孔距，缓冲孔孔距等于边孔孔距的2.2～2.5倍，边孔孔距与预裂孔孔距相同，边孔不装药，或在孔底设集中药包，集中药包与空气或水的轴向不耦合系数为10～15，其主要作用是克服根底。根据目前主炮孔布孔参数和主炮孔装药量，在不同的岩石中，单孔爆破的爆破漏斗半径是不一样的，东山围岩漏斗半径为4～4.5 m，磁铁矿纯矿为3.5～4 m，二级品比纯矿略大，对于南邦和西山围岩，一般不大于4 m。因此，对于不同的装药量和孔网参数，应有不同的单孔漏斗半径。单孔漏斗半径数据可通过单孔试验或实际观察炮孔爆破边界获得。

对于在某些部位或边帮区域对边坡台阶坡面有严格要求的情况，例如矿山永久性公路的工作帮等不允许台阶跨落、片帮重要部位，如果边坡岩石自然稳固性较好，节理、裂隙又不十分发育，采用两排缓冲孔爆破，可使台阶坡面所受到的破坏和扰动最小。

2. 岩石缓冲爆破参数选择

不同围岩岩石缓冲爆破参数的选取，主要考虑岩石性质、主炮孔参数、装药量。根据爆破主炮孔的爆破漏斗尺寸及后冲范围来确定缓冲孔、边孔的参数，药量同样按照炸药单耗算得。几种岩石缓冲爆破参数见表6－7，可供设计参考。

表6－7　不同岩石缓冲爆破参数表

岩石名称	普氏系数 f	缓冲孔间距 a/m	主炮孔距缓冲孔排距/m	缓冲孔距边孔排距/m	边孔间距 a/m
斜长岩	12.5	5～6	3～4	2	2
浅色辉长岩	12.6	5.5～6.5	3.5～4.5	2	2
粗粒-伟晶辉长岩	4.2	6～6.5	4～4.5	2～2.5	2
暗色辉长岩	12.0	5.5～6	3.5～4	2	2

6.4　台阶爆破施工技术

1. 台阶的形成

露天矿台阶爆破的前提是矿山开拓工作，经过大量的土石方剥离工作，逐步形成便于采矿设备正常工作的生产台阶。根据露天矿开采形式，台阶可设计成单边台阶（山坡露天矿）和环形台阶（深凹露天矿）。

道路建设大部分是在狭小的条形地带施工，线路绵延于山区和丘陵地区，除个别站场的工程量较大外，一般工程量都比较小。台阶布置形式与露天矿开采不同。根据台阶坡面走向与线路走向之间的关系，可以把深孔爆破的台阶布置为纵向台阶和横向台阶。

纵向台阶布孔法适用于傍山半路堑开挖。对于高边坡的傍山路堑，应分层布孔，按自上而下的顺序进行钻爆施工。施工时，应注意将边坡改造成台阶陡坡形式，以便上层开挖后下层边坡能进行光面或预裂爆破（图6－9）。横向台阶布孔法适用于全断面拉槽形式的路堑和站场开挖。单线的深拉槽路堑开挖，由于线路狭窄，开挖工作面小，爆破容易破坏或影响边坡的稳定性，因此，在采用横向台阶法时，最好分层布孔。为了便于施工和减少岩石的夹制作用，每层的台阶高度不宜过大，以6～8 m为宜。在布置钻孔时，对于上层边孔，可顺着边坡布置倾斜孔进行预裂爆破，而下层因受上部边坡的限制，边孔通常不能顺边坡钻凿倾斜孔。在这种情况下，可布置垂直孔进行松动爆破，但边坡的垂直孔深度不能超过台阶高度（图6－10）。

2. 钻孔

（1）布孔

布孔应从台阶边缘开始，边孔与台阶边缘要保留一定距离，以保证钻机的安全。孔位应

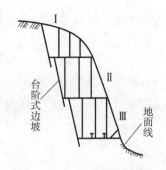

图 6 – 9 傍山高边坡路堑纵向台阶分层
布控（Ⅰ、Ⅱ、Ⅲ为施工顺序）

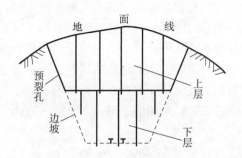

图 6 – 10 横向台阶单线深拉槽路堑开挖

根据设计要求在工地测量确定。遇到孔位处于岩石破碎、节理发育或岩性变化较大的地方，可以调整孔位位置，但应注意最小抵抗线、排距和孔距之间的关系。

布孔时还要注意：

①开挖工作面不平整时，选择工作面的凸坡或缓坡处布孔，以防止在这些地方因抵抗线过大而产生大块。

②底盘抵抗线过大时，要在坡脚布孔，或加大超深，以防产生根底和大块。

③地形复杂时，应注意钻孔整个长度上的抵抗线变化，特别要防止因抵抗线过小而出现飞石现象。

（2）钻孔检查及处理

钻孔检查主要指检查孔深和孔距。孔距一般都能按设计参数控制。孔深的检查可分为三级检查负责制，即打完孔后由钻孔操作人员检查、接班人或班长检查、专职检查人员验收。检查的方法可用软绳（或测绳）系上重锤进行测量，要做好记录。装药前的孔深检查应包括孔内的水深检查和数据记录。

炮孔深度不能满足设计要求的原因有：炮孔壁面掉落石块堵孔；岩碴未排到孔外而回落孔底；孔口封盖不严造成雨水冲垮孔口而引起堵孔等。排除这些原因，或适当加大超深，就可以防止或减少因堵孔而造成的孔深不足的问题。

对发生堵塞的钻孔应进行清孔。可用高压风管吹排，或用钻机重新钻凿。如果堵孔部位在上部，也可用炮棍或钢筋捅开。

在地下水位高、水量大的地方或雨期施工，炮孔中容易积水，应使用抗水炸药，如水胶炸药、乳化炸药等。当采用卷装炸药时，炮孔内的装药密度远小于散装炸药的装药密度，在设计时应对孔网参数进行调整。排水一般用高压风吹出法，这种方法简单有效。使用的高压风管管径与钻孔孔径有关，过细吹不上来，过粗易被孔壁卡住。操作时要小心，防止将孔吹塌或风管飞起伤人。

（3）堵孔的原因及预防

在深孔爆破，尤其是在台阶深孔爆破中，受上一台阶超钻部分炸药爆破作用的影响，钻孔作业常出现钻孔被堵现象。钻孔被堵的原因主要有：岩体破碎导致孔壁在炮孔钻好后塌落；岩粉顺岩体内的贯通裂隙沉积到相邻炮孔内，造成邻孔堵孔；钻孔时造成喇叭形孔口，成孔后孔口塌落堵塞钻孔；成孔后没有及时封盖孔口或封盖无效，造成地面岩粉或石碴掉入孔中；雨水冲积造成孔内泥土淤塞。

钻孔被堵导致一些炮孔深度发生变化，给装药带来很大的困难，甚至造成炮孔报废。若是炮孔被堵部分为孔底，则因装药不够而造成爆后留根，或者由于炮孔被堵深浅不一，造成底盘高低不平；若局部炮孔全堵，将影响整体爆破效果。

可采取以下措施预防堵孔：避免将孔口打成喇叭状；岩石破碎易塌落时，要用泥浆固壁封缝；及时清除孔口岩碴及碎石；加工专用木塞封堵孔口或用木板将孔口封严；雨天用岩碴在孔口做一小围堰，防止雨水灌入孔内。

3. 装药

（1）装药结构

深孔爆破采用的装药结构主要有连续装药结构、间隔装药结构和混合装药结构。

①连续装药结构。炸药从孔底装起，装完设计药量之后再进行堵塞。这种方法施工简单，但由于设计装药量一般不足以填满炮孔的较大部分，易出现炮孔上部不装药段（即堵塞段）较长的现象，使岩体上部出现大块的比例增加。连续装药结构适用于台阶高度较小，上部岩石比较破碎或风化严重，上部抵抗线较小的深孔爆破。

②间隔装药结构。在钻孔中把炸药分成数段，使炸药能量在岩石中比较均匀地分布（图6-11）。间隔装药结构适用于特殊地质条件下的深孔爆破，如所爆破的岩层中含有软弱夹层或溶洞时，通过堵塞物将炸药布置到坚硬岩层中，可以有效地降低大块率。除非安全需要，一般不在均匀岩层中采用间隔装药结构，而是通过扩大孔网参数来调整孔口堵塞长度。这样可以节省钻孔数量，降低钻孔成本。

③混合装药结构。所谓混合装药结构，就是在同一炮孔内装入不同种类的炸药，即在炮孔底部装入高密

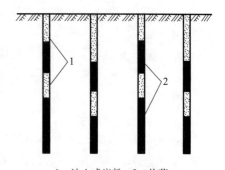

1—沙土或岩粉；2—炸药。

图6-11　孔间交错间隔装药结构

度、高威力炸药，而在炮孔上部装入威力较低的炸药。采用混合装药结构的目的是充分发挥高密度、高威力炸药的作用，解决深孔爆破中底部岩体阻力大、炸不开、易留岩坎的问题，同时又可避免上部岩石过度破碎或产生飞石。

（2）装药

深孔装药方法分为手工操作和机械装药两种。在铁路爆破施工中，手工操作仍是目前主要的装药方法。手工操作主要用炮棍和炮锤装药。炮棍可以使用木头、竹竿或塑料制作，必要时可以在炮棍头上装上铜套或铜制尖端。当炮棍长度不够时，可以采用炮锤捣实孔底装药，炮锤使用耐腐蚀的木料制成。为了加大锤体质量，可以在锤体内注铅。锤体上应加工有连接环，以便套结强度足够的麻绳或尼龙绳。任何情况下都严禁使用铁器制作炮锤、炮棍或炮棍头。

装药机械主要有粉状粒状炸药装药机和含水炸药混装车。其中含水炸药混装车（乳化炸药或浆状炸药混装车）的应用是爆破工程的一项重大技术进步。它集制药、运输、贮存和向炮孔内装填炸药于一体，可以连续进行32 h以上的装药施工，大大提高了爆破效率，减轻了劳动强度。这种装药车已在南芬露天矿、德兴铜矿、平朔露天矿及三峡工地投入使用，取得了显著的经济效益。

装药开始前先核对孔深、水深，再核对每孔的炸药品种、数量，然后清理孔口附近的浮

碴、石块。打开孔口做好装药准备，再次核对雷管段别后，即可进行装药。对深孔而言，炮棍的作用主要是保证炸药能顺利装入孔内，尤其是防止散装炸药中的结块药堵孔，同时，炮棍还可以控制堵塞长度。在用堵塞长度来控制装药量时，应掌握装药孔的大致装药量。当装入相当数量的炸药尚未达到预定的装药部位时，应报告技术人员处理，避免因孔内出现异常情况而造成装药量过多或过集中而引起安全事故。

起爆药包的位置一般安排在离药包顶面或底面 1/3 处。起爆药包的聚能穴应指向主药包方向。装药长度较大时，可安排上、下两个起爆体。在使用电雷管起爆网路时，要注意雷管脚线与孔内连接线接头的绝缘和防水处理。

4. 堵塞

堵塞工作在完成装药工作后进行。堵塞长度与最小抵抗线、钻孔直径及爆区环境有关。当不允许有飞石时，堵塞长度取钻孔直径的 30~35 倍；允许有飞石时，取钻孔直径的 20~25 倍。堵塞材料可用泥土或钻孔时排出的岩粉，但其中不得混有大于 30 mm 的岩块和土块。

堵塞时，不得将雷管的脚线、导爆索或导爆管拉得过紧，以防被堵塞材料损坏。堵塞过程中，要不断检查起爆线路，防止因堵塞损坏起爆线路而产生盲炮。

5. 起爆网路

起爆网路有电爆网路、导爆索网路、导爆管起爆网路、电子雷管起爆网路。其中导爆管起爆网路应用较为广泛。连接网路时，应注意以下安全问题：

①孔内引出的导线或导爆管等要留有一定的富余长度，以防止因炸药下沉而拉断网路，在有水炮孔内装药或使用散装炸药时尤其要注意。

②网路连接工作应在堵塞结束，场地炸药包装袋等杂物清理干净后再进行。接线应由爆破员按操作规程进行。

③网路连接后，要有专人警戒。

对于导爆索、导爆管非电爆破网路，应采用电雷管引爆。多排炮孔时，为取得好的爆破效果，常采用毫秒电雷管进行毫秒爆破。

思 考 题

1. 画图并说明深孔爆破的台阶要素。
2. 什么是超深？说明深孔爆破中超深的作用。超深的大小对爆破效果有何影响？
3. 毫秒爆破和挤压爆破的原理是什么？
4. 画图并说明毫秒延时爆破有哪几种起爆形式和起爆顺序。
5. 垂直钻孔与倾斜钻孔各有何优缺点？
6. 确定深孔台阶爆破的台阶高度必须满足什么要求？
7. 深孔爆破的装药结构主要有哪几种？
8. 预裂爆破的质量标准是什么？
9. 某公路施工需爆破形成路堑。路基宽度 25 m，边坡 1:0.75，挖深 7~9 m。爆区地形平缓，爆破部位的岩体为石灰岩，$f=12$，地表岩石裸露，无地下水，非雨期施工。在爆区 100 m 处有工厂。要求采用深孔爆破方法进行施工，试完成其爆破设计。

第 7 章

建构筑物爆破拆除技术

Chapter 7 Demolition Blasting Techniques for Structures and Buildings

    建构筑物拆除爆破是第二次世界大战后迅速发展起来的一项控制爆破技术，该技术在城市建设、工矿企业改扩建等方面发挥着重要作用。拆除爆破技术目前已可根据工程要求、周围环境和拆除对象等具体条件，达到有效地控制拆除物的倒塌方向、解体状况、破碎程度及飞石、振动和噪声等副作用影响的水平。它不仅使爆破作业可以安全地在城镇闹市区进行，还可以在建筑物内部等各种复杂环境下进行。拆除爆破与其他拆除方法相比，具有拆除速度快、经济效益高、劳动强度低等优势。

    建构筑物拆除爆破具有爆区环境复杂、爆破对象结构及材质多变等特点，对爆破技术的要求非常严格。烟囱水塔类高耸建筑物拆除主要是利用此类建筑物重心高的特点，采取局部设置爆破切口致使失稳倒塌的方法；房屋类建筑物拆除技术则是利用结构失稳倒塌原理，配合预拆除，以实现结构充分解体的技术；各种建构筑物和大型机械设备的基础，包括桥墩、码头、桩基和地坪等实体结构拆除，设计方法类似于石方爆破；对于罐体、容器和箱梁等薄壁结构，采用水压爆破，利用水的不可压缩特性使炸药爆炸产生的压力均匀传递到构筑物壁面使其充分破碎；静态破碎拆除和其他机械拆除是建构筑物拆除工程不可或缺的方法。

    Structures and buildings demolition by blasting refers to a controlled blasting technique, which developed fast after the Second war. This technique plays a significant role in urban construction, reconstruction and extension of mining industries, and so on. So far, demolition blasting techniques reach a level that according to requirements of engineering works, surrounding environment and objects, blasting effectively controls the direction of structure collapsing, disintegration, fragmentation, and other negative effects such as flyrock, ground vibration and noises. Therefore, demolition blasting could not only be safely operated in city center, but also in complex environment, such as inside a building. Compared with other demolition methods, demolition blasting has some advantages: fast operation, high financial benefits and lower labor intensity.

    Demolition blasting has some characteristics: the blasting is conducted in complex environment and objects have a variation of structures and materials, so the requirements of blasting technique should be strictly satisfied. For tall buildings, such as chimney and water tower, demolition blasting method mainly takes advantages of building's high center of gravity. Blasting cutting set in local positions leads to destabilization collapsing of buildings. Demolition blasting of general buildings is mainly based on principles of structural destabilization, combined with pre-demolition to achieve disintegration and collapse. For foundations of structures, buildings and large machinery, including bridge pier, wharf, pile foundation and floor, the demolition blasting plan refers to soil-rock blasting. For thin-wall structures, such as tanks, containers, and box girder bridges, water pressure blasting is suggested to use. As water is incompressible media, high pressures from explosion evenly load on the inner wall of the structures, and crush them effectively. Static fracture demolition and other mechanical demolition methods are indispensable for demolition of structures and buildings.

7.1　烟囱水塔类高耸建筑物拆除技术

在城市改建和厂矿企业的改造过程中，烟囱和水塔的拆除是经常遇见的拆除工程。这类建筑物的结构特点是重心高、支撑面积小和容易失稳。用自上而下的人工机械法拆除，需要高空作业，功效低且不安全。采用爆破拆除技术，不仅施工速度快、功效高，而且可以保证施工安全。对于高度超过 50 m 的钢筋混凝土结构烟囱水塔，爆破拆除是唯一可选的安全施工方案。

工业和民用烟囱的类型主要是圆筒形，个别情况下为正方筒形的。烟囱的横截面从上而下是变截面的，下大上小，呈收缩形。烟囱的结构有砖混结构和钢筋混凝土结构两种，在其内部有一层耐火材料内衬，内衬与烟囱内壁之间留有一定的空隙。水塔是一种高耸的塔状建筑物，按其支撑类型，区分为有桁架式支撑和圆柱式支撑两种，顶部为钢筋混凝土储水罐。桁架式支撑大多数采用钢筋混凝土结构，而圆柱式支撑有砖结构和钢筋混凝土结构两种。

针对这类高耸建筑物的特点，在进行爆破设计和施工时，需要充分考虑如下问题：

①这类建筑物一般离楼房和厂房都比较近，周围的空地较少，确保定向倒塌是拆除爆破成功的关键。

②这类建筑物高度超过一定值后，风流引起的摆动常常会影响倒塌方向，甚至导致爆破的失败。

③若爆破切口的参数选择不当，常常会造成烟囱倒塌时间过长、后坐和偏转等意外发生。

④在爆破前，烟囱上存在有裂缝将影响倒塌方向。为了确保爆破拆除万无一失，在设计和施工时，必须采取相应的技术手段和补救措施。

7.1.1　拆除原理和方案选择

在确定爆破方案时，首先必须到现场进行实地勘察与测量，了解烟囱或水塔周围的环境与场地情况，搜集烟囱和水塔的原始设计和竣工资料，并与实物进行认真核对，查明其构造、材质、强度、筒壁厚度、施工质量、工程的完好程度或风化、破坏情况。在此基础上进行技术、经济和安全等方面的综合比较，最终确定出拆除爆破方案。

爆破法拆除烟囱或水塔的施工方案主要有定向倒塌、折叠式倒塌和原地坍塌等方案，尤以定向倒塌方案应用最为广泛。

1. 定向倒塌

定向倒塌（directional blasting demolition）的设计原理是在筒体倾倒一侧的底部炸开一个大于周长 1/2 的爆破切口，如图 7 - 1 所示，或炸掉一部分支撑，使建筑物失稳倾斜，在本身自重作用下形成倾覆力矩，迫使其按预定的方向倒塌。底部剖面 *A—A* 受力状况如图 7 - 2 所示，α 为爆破切口对应的圆心角，阴影部分为筒体的保留截面。1—1 轴为保留截面的中性轴，2—2 轴为形心轴。切口形成后，中性轴内侧受压，外侧受拉。当筒体外侧边缘的拉应力达到其抗拉强度时，开始出现裂缝，随着筒体倾斜，裂缝加剧并向受压侧延伸，从而使受压面积减小，压应力剧增，直至保留截面被压碎，丧失承载能力。当开口闭合时，建筑物重心投影应偏出支撑面，使其加速倾倒在一定范围之内。

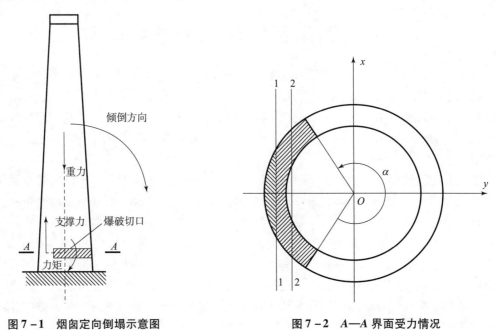

图 7 - 1　烟囱定向倒塌示意图　　　　图 7 - 2　*A—A* 界面受力情况

该方案的适用条件：必须有一定宽度的狭长场地，并且长度不小于其高度的 1.0 ~ 1.2 倍；宽度应大于其最大直径的 2.5 ~ 3.0 倍。

若倒塌方向场地较紧张，但还不至于采用折叠式倒塌方案，可考虑采用提高开口位置的方法缩小倾倒方向塌落范围，实现定向倒塌。

2. 折叠式倒塌

在周围场地狭窄，任何方向都不具备定向倒塌条件的情况下，可采取折叠式倒塌（folded blasting demolition）方案。折叠式倒塌可分为单向和双向折叠倒塌两种方式，其基本原理是根据周围场地的大小，除在底部炸开一个切口外，还要在烟囱、水塔中部的适当部位炸开一个或多个切口，使其从上部开始逐段朝相同或相反方向折叠倒塌，如图 7 - 3 所示。起爆顺序是先爆上部切口，后爆下部切口，当上部倾斜到 20° ~ 30° 时，再起爆下切口，间隔时间约 3 s。

3. 原地坍塌

原地坍塌（vertical blasting demolition）原理主要是在烟囱、水塔等的底部，将其支撑壁整个周长炸开一个足够高的等高切口，然后在其本身自重的作用下借助于重力加速度及在下落地面时的冲击力自行解体，致使烟囱、水塔在原地坍塌破坏。

该方案仅适用于砖结构的烟囱、水塔拆除，且周围应有大于其高度 1/6 的场地。原地坍

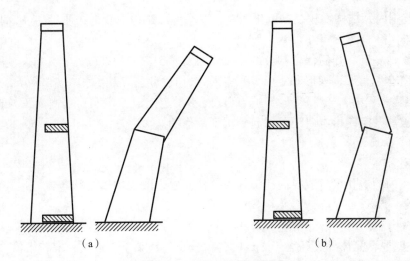

图 7 - 3　折叠倒塌原理图

（a）单向折叠倒塌；（b）双向折叠倒塌

塌方案受筒体的结构及其破损程度影响较大，筒体高度大于 30 m 时，坍塌效果很难控制。

综上所述，在选择爆破方案时，应根据具体条件优先考虑定向倒塌方案，其次是折叠式倒塌方案，最后才是原地坍塌方案。原地倒塌技术难度较大，需慎重选用。

7.1.2　爆破参数设计

1. 爆破切口设计

（1）切口形状

切口质量直接影响高耸结构物倒塌的准确性。目前常用的切口形状有长方形、梯形、倒梯形、斗形、反斗形和反人字形 6 种，其中梯形和长方形应用较多。

（2）切口高度 h

切口高度 h 是保证定向倒塌的一个重要参数。爆破切口高度适当增大有利于提高倾倒的准确性，并且可防止出现偏转。一般情况下，切口高度不宜小于爆破部位壁厚 δ 的 3 倍，通常可取

$$h = (3.0 \sim 5.0)\delta \tag{7-1}$$

式中，δ——筒体底部壁厚。

（3）切口范围（弧长）L

切口弧长 L 的大小也会直接影响倒塌距离和方向。切口过长，则保留的支撑部分过短，倾倒时会过早压垮，发生后坐现象；切口过短也不利于定向倾倒。

对于烟囱，取

$$L = \left(\frac{2}{3} \sim \frac{3}{4}\right)\pi D \tag{7-2}$$

对于水塔，考虑到顶部较重，取

$$L = \left(\frac{1}{2} \sim \frac{2}{3}\right)\pi D \tag{7-3}$$

式中，D——筒体底部直径。

L 取值范围内，结构物较高，风化严重，取小值；结构物较低，质量尚好，取大值。

（4）定向窗

为确保切口宽度、炸后保留部分的支撑能力及倾倒方向的准确性，开口两侧一般设置定向窗。定向窗有三角形、梯形和矩形等基本形式，其高度一般取 $(0.8 \sim 1.0)h$，宽为 $0.5 \sim 1.0 \text{ m}$。在实际工程中，较低的砖结构烟囱可以不设定向窗。定向窗可由人工机械或爆破法开挖，用爆破法开定向窗本身还可以起到试炮的作用。

2. 爆破参数设计

（1）炮孔布置

切口范围内的炮孔可打成径向孔，垂直于柱面，一般采用梅花状布置。炮孔深度 l 按下式确定：

$$l = (0.67 \sim 0.70)\delta \qquad (7-4)$$

式中，δ——壁厚，筒体外直径大于 3 m 时，取较小值，小于 3 m 时，取较大值。

（2）孔距 a 和排距 b

$$a = (0.80 \sim 1.50)l \qquad (7-5)$$

排距 b 一般应小于孔距 a，对于梅花形布孔，可取排距

$$b = (0.85 \sim 1.0)a \qquad (7-6)$$

（3）单孔药量 Q

单孔药量可按体积公式计算：

$$Q = qab\delta \qquad (7-7)$$

式中，q——单位炸药消耗量，g/m^3，q 可按表 7-1 和表 7-2 选取；

a——炮孔孔距，m；

b——炮孔排距，m。

表 7-1 砖结构烟囱或水塔爆破时单位炸药消耗量 q

δ/cm	砖数（厚度）/块	q/(g·m^{-3})	δ/cm	砖数（厚度）/块	q/(g·m^{-3})
37	1.5	2 100~2 500	89	3.5	440~480
49	2.0	1 350~1 450	101	4.0	340~370
62	2.5	880~950	114	4.5	270~300
75	3.0	640~690			

表 7-2 钢筋混凝土烟囱或水塔爆破时单位炸药消耗量 q

δ/cm	钢筋网（层数）	q/(g·m^{-3})	δ/cm	钢筋网（层数）	q/(g·m^{-3})
20	1	1 800~2 200	60	2	660~730
30	1	1 500~1 800	70	2	480~530
40	2	1 000~1 200	80	2	410~450
50	2	900~1 000			

3. 烟囱、水塔爆破的施工注意事项

①选择烟囱、水塔倒塌方向时，尽可能利用门窗、烟道作为爆破切口的一部分。如果它

们位于结构的支撑部位，应砌墙并保证足够的强度，以防烟囱、水塔爆破时出现后坐或偏转。

②烟囱、水塔已经偏斜时，倒塌方向应与偏斜方向一致，否则，应仔细测量倾斜程度，然后通过力学计算确定爆破切口的位置和参数。

③采用折叠方法爆破时，应保证上下爆破切口形成的时间间隔不小于 2 s，即当上半部分已准确定向后，再起爆下部切口。

④水塔爆破前，应拆除内部管道设施，以免附加重量或刚性支撑影响水塔倒塌准确性。

⑤烟囱、水塔的爆破单位耗药量较大，为防止飞石，在爆破切口部位应做必要的防护，防护材料可以用荆笆、胶帘等。

⑥爆破前应准确掌握当时的风向与风速。当风向与倒塌方向不一致且风力很大时，可能影响倒塌的准确性，应推迟爆破时间。

⑦当烟囱很高时，结构本身的自振及外部风荷都会影响倒塌的准确性，因此，应慎重决定爆破方案和爆破参数。

7.1.3　工程实例

1. 工程概况

大唐渭河发电厂因改扩建，需拆除原厂区 1995 年建成的高 100 m 的钢筋混凝土烟囱。该烟囱顶部外径 5.5 m，底部 +0.00 m 处外径 9 m，烟道位于 +11.1 m 处，四周为待拆建筑物，烟囱为钢筋混凝土结构，筒身混凝土总量约 451.67 m^3，砖内衬 211 m^3，约重 1 129 t。烟囱混凝土标号为 C20，筒壁的厚度由下向上逐渐减小，最大 35 cm，最小 16 cm。烟囱整个高度范围内双层布筋，外层纵环向筋网格为 150 mm × 150 mm，内层纵环向筋网格为 300 mm × 300 mm，标高 +0 ~ 20 为 ϕ18 mm 螺纹钢，底部正南侧有 2.5 m × 1.8 m 门洞，烟囱北侧 107 m 为 110 kV 变电设备，南侧土丘上有民房，距离烟囱 100 m，其余均为拆除区域。烟囱东侧场地比较宽阔，采取定向倒塌的爆破拆除方案，倒塌的倾倒方向确定为正东方向。烟囱所处环境如图 7 - 4 所示。

2. 爆破技术设计

切口筒身周长 $C = 28.26$ m，直径 $D = 9$ m，壁厚 $\delta = 0.35$ m。考虑到烟囱材质为钢筋混凝土且高度大，切口高度由式（7 - 1）可得 $h = 4\delta = 1.4$ m，取 2 m；为了方便施工，缺口位于距地面 0.5 m 高处，此处烟囱外周长 28.26 m，切口处最大弧长 $L = 0.6C = 16.956$ m，取 17 m，切口角 216°。不爆破而留作支撑体的筒身长度为 11.26 m。爆破切口平面图如图 7 - 5 所示。

在设计倾倒中心线两侧，对称布置三角形复式定向窗（南侧开窗应充分利用门洞）。三角形定向窗切口夹角 25°，两段三角形切口长度各为 0.5 m，定向窗用人工开凿，定向窗内的钢筋全部采用人工剔除，支撑部分筒壁中心线两侧 0.5 m 范围内的外侧钢筋也需剔除，以充分减小烟囱倾倒时的阻力。为了更好地定位，在倒塌方向中间位置增开定向窗，宽度为 2 m，使之形成均匀的三个预拆除窗口和两个条带状的支撑部分，如图 7 - 6 所示。

爆破参数：钢筋混凝土水塔为薄壁形结构，厚度仅为 40 cm，且钢筋分布较密。孔深 l 取 25 cm，孔距 a 取 30 cm，排距 b 也取 30 cm，炮孔 7 排，各排的孔数为 $n_1 = 57$，$n_2 = 55$，$n_3 = 52$，$n_4 \sim n_7 = 48$，炮孔总数为 356 个。单个布孔区如图 7 - 6 所示。单孔药量按

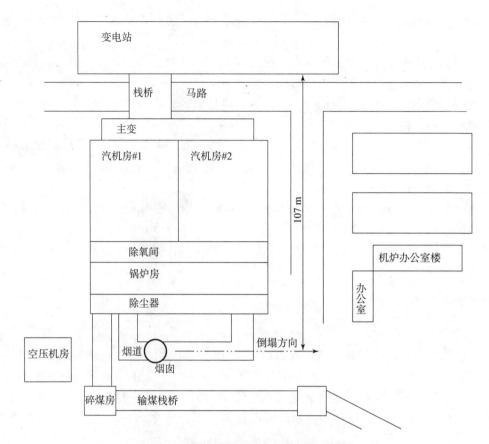

图7-4　钢筋混凝土烟囱爆破拆除环境图

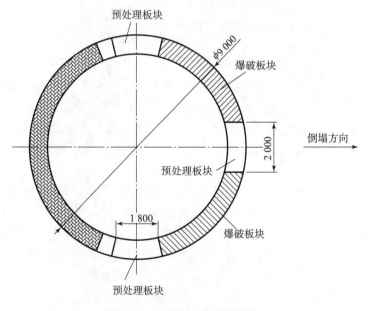

图7-5　烟囱爆破切口平面图

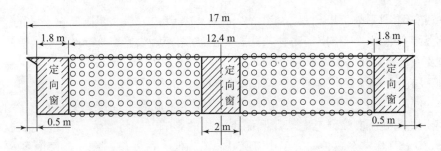

图 7 - 6　烟囱爆破切口布控平面展开图

式 (7 - 7) 计算，其中 q 由表 7 - 2 查得，取 1 200。

$Q_1 = qab\delta = 1\ 200 \times 0.3 \times 0.3 \times 0.4 = 43.2$ （g），取 50 g。

总药量 $Q = Q_1 \times 356 = 50\ g \times 356 = 17\ 800\ g$。

爆破孔内均使用 3 段（5 m 脚线）非电导爆管雷管，为了确保每孔必爆，每孔内装 2 枚雷管，从炮孔内引出的导爆管雷管就近以 20 根为一组，绑扎两发 1 段导爆管雷管，再分别利用四通引入两个独立的分片干线回路；整个爆区划分成多个分片，每个分片连成两个复式闭合环，平行的两环间用四通多点桥接；分片与分片间又用四通多点复式串接，使整个爆区形成平面纵横交错、全方位立体交叉的导爆管复式多重闭合环网路；在闭合环网路中留下多个末级起爆点，采用主干线环绕复式非电雷管起爆技术。其特点为，构成连线独立，而传爆相连；传爆路径路路相通，只要有一个起爆点、一根传爆导爆管有效，就会使整个网路可靠起爆。

3. 爆破安全设计

北面 107 m 处是变电站，南边 100 m 外是民房，应重点防护。对发电厂中心控制设备的安全允许振动速度为 0.5 cm/s，设计民房的允许振动速度为 $v = 2.0$ cm/s，实际装药量远小于在此条件下允许的齐发最大装药量。烟囱爆破中，炸药引起的地面振动是很小的，而烟囱落地对地面产生的振动是主要的危害，应对塌落振动进行防范与控制。为进一步降低本次爆破拆除时的有害效应，可综合采用以下措施，将其不利影响降到最小。

①在烟囱倾倒区域内铺一层厚约 0.5 m 的软土垫层，且在倒塌方向 50 ~ 100 m 范围内，每间隔 5 ~ 10 m 铺一条黄土包隔垫埂，垫埂垂直于倒塌方向轴线，堆高 1 ~ 1.5 m，宽 1.5 ~ 2.0 m，垫埂的作用是缓冲筒体触地速度，既可减轻触地振动，又可防止烟囱落地的碎石飞溅，如图 7 - 7 所示。

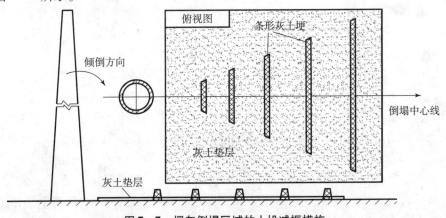

图 7 - 7　烟囱倒塌区域的土垛减振措施

②在烟囱倒塌区域两侧开挖减震沟（2 m 宽×1 m 深），进一步阻断振动波的传播。

③严密堵塞炮泥，严格覆盖防护，减弱冲击波强度，控制飞石飞散距离，使其不会对附近建筑物及人员造成伤害。

④用双层湿草帘及双层荆笆、竹架板对爆破板块进行近体防护。

此外，仍需严格设置警戒，为了确保安全，安全警戒圈半径按预测飞石距离的 10 倍取值，取 65 m。此处需要综合考虑烟囱倒塌飞溅物的影响，应将警戒范围进一步扩大，最小距离应为 200 m，烟囱倒塌正前方不小于 250 m，确保人员安全。在此范围内的各道口派专人看守，严防有人误入警戒圈。

4. 爆破效果

爆破效果很好，周围建筑安然无恙。烟囱沿设计方向准确倾倒，在倒塌中心线方向堆积体最大塌落范围为 110 m 以内，横向塌落范围在 15 m 以内，筒体坍塌后，堆积高度控制在 4 m 以内；筒体破碎充分，飞石控制在设计范围内，没有噪声危害，四周厂房的所有设备安全运转。近距离房屋处的最大振动速度控制在 1 cm/s，变电站的最大振动速度在 0.5 cm/s 以内。

7.1.4　冷却塔拆除技术

在构筑物爆破拆除工程中有一类稳定性很高的近桶形结构构筑物，如双曲冷却塔与联体筒仓。冷却塔爆破拆除具有以下特点：

①冷却塔属于双曲线圆筒薄壁高大构筑物，其直径上部大、中部小、底部较大（30 ～ 70 m），高细比为 1.18 ～ 2.00，中心偏低，结构相对稳定，需要保证冷却塔避免拆而不倒、塌而不碎、塔体坍塌堆积过高等难以处理的结果，因此需采用较大炸高，以获得较大的触底冲量，使其充分破碎。

②冷却塔为钢筋混凝土薄壁结构，爆破过程中筒身发生扭曲，扭曲是其顺利倒塌的重要标志。

③冷却塔爆破钻孔数量多，装药难度大，孔深较浅，爆破时易产生飞石和空气冲击波，必须控制齐发药量，加强对临近建构筑物的飞石保护。

④上部筒体在重力与支座的支撑力形成的力矩作用致使其失稳，发生扭曲、偏转，最终倒塌落得破碎。Mahound 等认为冷却塔结构失稳首先在塔体喉部发生屈服，最终断裂。

因此，在爆破设计时，应该优选爆破方案，其爆破失稳倾倒的机理与烟囱定向拆除爆破的机理基本相同，可参考烟囱拆除爆破的参数和方法，在分析冷却塔失稳倒塌机理的前提下，通过力学计算确定缺口参数，同时需要保证施工质量与安全。

国内采用定向控制爆破技术拆除的冷却塔基本上都是底部打爆破切口，根据切口形状分为正梯形、倒梯形、三角形及复合型，其中三角形爆破切口只在少数冷却塔的爆破拆除中使用。切口形状和大小直接影响冷却塔爆破拆除质量、效果和安全，是爆破设计的核心。切口形状和大小在初始阶段对塔体起到辅助支撑、准确定向、防止折断和后坐，以及使其倾倒平稳等作用。正梯形切口具有使冷却塔倒塌顺利、便于施工、有利于缩小倒塌距离的特点；倒梯形切口有利于扭曲变形失稳，设计参数与正梯形的一致，但上下切口长度相反；复合型切口是指在圈梁以上筒体与底部人字支撑分别设计爆破切口，上部的切口有助于塔体扭曲失稳，而下部人字支撑爆破切口增加了整个爆破切口高度，筒体与人字支撑间的圈梁进行预拆除处理，破坏其稳定性，此种切口有利于塔体倒塌解体。

材料抗弯强度法，其原理是上部筒体自重对预留支撑体偏心引起的倾覆力矩应大于或等于预留支撑体界面的极限抗弯力矩；应力分析检验法，爆破切口形成的瞬间，筒体上部造成支座部分偏心受压，根据结构力学原理计算出切口角度大小与支座部分应力分布关系，从而判断是否可以顺利倒塌；工程上，切口的开口角多采用 210°～240°，切口高度一般为 8～20 m，百米以上的冷却塔不建议使用正梯形切口。

7.2　房屋类建筑物拆除技术

随着城市建设步伐的加快和企业技术改造的深入进行，大量的废旧楼房、厂房，包括高层建筑需要拆除。对于这类高大、坚固的建筑物，采用爆破拆除最能体现出高效、安全、快捷的施工优势。

7.2.1　结构失稳倒塌原理

房屋类建筑物爆破拆除，通常可选择原地坍塌、定向倒塌、折叠式倒塌和向内折叠坍塌等爆破方案。只有在充分了解建筑物结构、环境条件及拆除要求的基础上，才能确定最佳爆破方案。各种方案中不同的结构失稳倒塌原理决定了爆破设计的要点。

1. 原地坍塌

若楼房、厂房四周场地的水平距离均小于 1/2 楼房的高度，楼房为砖混结构，并且每层楼板又为预制板时，便可采用原地坍塌方案。事先将底层阻碍楼房坍塌的隔断层进行必要的预处理，在爆破时，将最下一层或几层的内外承重墙、立柱及楼梯间充分炸毁，炸毁高度相同，便可使整个楼房在自重作用下向下坍塌，其上部未炸毁的各层在下落冲击力的作用下也会自行解体。为了使上部楼体破坏充分，在相关梁柱交接点可设置活动铰。另外，可用毫秒延时起爆使立柱与墙的不同破坏部位逐段破坏，以达到彻底坍塌的目的。单层原地坍塌爆破示意图如图 7－8 所示。

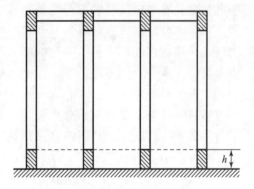

图 7－8　原地坍塌示意图

2. 定向倒塌

若预定倒塌方向有一较为开阔的空地，并且长度尺寸大于或接近楼高，则适合采用定向倒塌方案。该方案以结构失稳原理为设计基础，其实质是在楼房承重结构上设计若干个炸毁位置，利用其空间分布和微差起爆时间间隔，在建筑物中形成倾覆力矩；倾覆过程中利用时间差使构件扭曲、折断、拉开、压碎；在着地时，获得 10 m/s 左右的瞬间速度，借触地撞击将建筑物进一步破碎解体。实现定向倒塌的手段为：①沿倾倒方向的承重墙、柱上设置不同炸高，如图 7－9 所示，$h_1 > h_2 > h_3 > h_4$，即"爆高差"；②沿倾倒方向的各承重墙、柱严格按先后顺序微差间隔起爆，起爆顺序为 1—2—3—4，即"时间差"；③两种方法并用。采取何种倒塌手段取决于建筑物的结构及其坚固程度，对于建筑物高宽比较小且十分坚固的现浇钢筋混凝土结构和框架结构，必须采用爆高差与时间差并用的方法。为了使楼体在倾倒过程

中充分破坏，在炸高上层的相关梁柱交接点也
要设置活动铰。

爆破设计的目的主要是为失稳创造条件。
为了减少爆破工作量，在不影响结构安全前提
下，可对部分承重墙和影响倒塌的非承重结构
进行预处理，以便使楼体彻底破碎解体、利于
清运。炸高设计一般只需安排在底部一层或几
层的内承重墙、柱及倒塌方向左右两侧一定高
度的外承重墙和立柱上；为了给结构变形留出
足够的时间，各段的微差时间至少取半秒以上。

框架结构定向倾倒时，需通过爆破方法使
结构设计倾倒方向一侧的承重立柱失稳，而在
另一侧立柱上形成转动铰链，结构在重力倾覆
力矩的作用下即可实现定向倾倒。

3. 折叠爆破

定向倒塌场地条件不够时，可以考虑折叠
爆破。

折叠爆破方案的实质是把楼房分成若干段，然后
各段分别采用定向倒塌的方法设计，从上而下分段顺
序起爆，即上一段向下倒塌，折叠到一定角度再起爆
下一段，以减少塌落长度。根据折叠方式，高层楼房
折叠爆破又有单向折叠和双向交替折叠之分。单向折
叠倒塌各个分段切口方向一致，倒塌时每个分段的重
力转矩作用方向相同，呈单向连续折叠倒塌趋势。该
方案设计方法与定向倒塌的相同，要求建筑物周围有
$(1/2 \sim 2/3)H$ 倒塌场地。

1998年上海长征医院病房大楼（16层，高68 m）
的拆除爆破，就是首次在国内高层建筑拆除爆破中采
用了单向折叠（单向四折）。由于当时倾倒前方只有
40 m空地，而周边民居、高架桥、美术馆对振动要求
又特别高，因此采用了单向四折定向倾倒的爆破拆除
方式。爆破后，大楼不仅解体充分，而且碴堆在40 m
以内，周边所测振动均小于3 cm/s，完全达到了设计
目的，取得了圆满成功。上海长征医院16层病房大楼
爆破拆除折叠设计情况如图7－10所示。

双向折叠倒塌，就是自上而下相邻分段切口方向
相反，各个分段左右交替折叠的倒塌方案。该方案适
用于高层建筑四周空地更为狭窄的情况，可将爆堆塌
落范围进一步缩小。

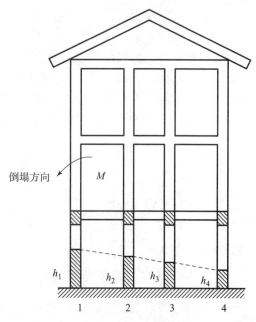

$h_1 \sim h_4$—炸高；1～4—起爆顺序。

图7－9　定向倒塌方案示意图

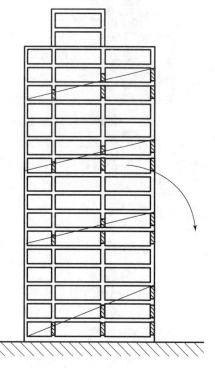

**图7－10　上海长征医院16层
病房大楼折叠爆破示意图**

4. 向内折叠坍塌

向内折叠坍塌方案类似于原地坍塌，区别在于自上而下对建筑物的每层内承重构件予以充分破碎，从而在重力作用下形成向内重力扭矩，如图7-11的 M、M' 所示，图中阴影部分为炸毁部位；当自上而下顺序延时起爆时，在成对重力扭矩作用下，导致上部构件和外承重墙、立柱逐层向内折叠坍塌。如果外承重墙较厚或有钢筋混凝土立柱，也应设置部分炸高，以形成活动铰，从而确保向内折叠。此种方法的优缺点与双向折叠倒塌的相似，不同的是，倒塌范围更小，楼房四周水平距离只要满足 $1/2 \sim 1/3$ 楼房高度即可。

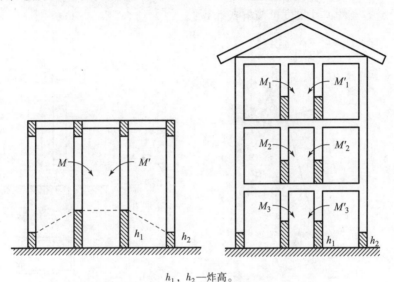

h_1，h_2—炸高。

图7-11　向中间倒塌方案

7.2.2　爆破参数设计

1. 切口高度及立柱失稳条件

切口高度，即炸高，应当满足使建筑物失稳倾覆，并使楼体塌落部分落地时获得一定的撞地瞬间速度，以达到上下楼层相互挤压以致解体的目的。

为了保证主体部分结构彻底失稳倾覆，根据刚性结构爆破后结构重心偏离底部支撑位置则结构失稳倾覆的原则如图7-12所示，可按下式设计切口倒塌方向一侧的炸高 h。

$$h \geqslant \frac{H_0}{2}\left[1 - \sqrt{1 - 2\left(\frac{D}{H_0}\right)^2}\right] \qquad (7-8)$$

式中，D——倒塌方向的底边长，m；

$\quad\quad H_0$——楼房重心高度，m。

或

$$\frac{H_c - \sqrt{H_c^2 - 2L^2}}{2} \leqslant h \leqslant \frac{H_c}{2} \qquad (7-9)$$

式中，L——两外承重柱(墙)之间的跨度或爆破切口的平均长度，m；

$\quad\quad H_c$——上部结构的重心，m。

用以上公式计算切口高度，假设建筑物为刚性结构且倒塌过程中不发生空中解体现象，实际工程中往往采取预拆除和设置活动铰等方法破坏结构的整体性，所以用此公式是偏安全的。

对于钢筋混凝土框架结构，主要承重立柱的失稳是整体框架倒塌的关键。用爆破方法将立柱基础以上一定高度范围内的混凝土充分破碎，使之脱离钢筋骨架，并使箍筋拉断，则孤立的纵向钢筋便不能组成整体抗弯截面；当破坏范围达到一定高度时，暴露出的钢筋将会失稳屈服，导致承重立柱失去承重能力。图 7-13 所示为立柱失稳的计算简图。p 为单根立柱承受的压力，设 n 为立柱中纵向钢筋的数量，计算失稳高度时，把立柱中单根纵筋视为一端自由、一端固定的压杆，其柔度可按下式计算：

$$\lambda = \frac{8h}{d} \tag{7-10}$$

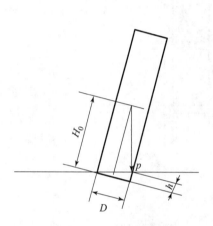

图 7-12　失稳倾覆条件

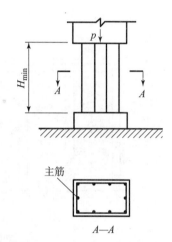

图 7-13　立柱失稳破坏高度

根据《钢筋混凝土结构设计规范》可知，框架结构承重立柱纵向受力钢筋的直径一般不超过 40 mm。而对于失稳立柱的破坏高度，在实际爆破时，一般均大于 500 mm。假设立柱内钢筋的直径为 40 mm，破坏高度取 500 mm，根据式（7-10）可以求得其柔度 $\lambda \geqslant 100$。由此可以说明，在框架结构拆除爆破中，立柱内钢筋的破坏属于细长压杆失稳问题。对于普通钢筋细长压杆（$\lambda \geqslant 100$），可用欧拉公式计算临界载荷，即

$$p_m = \frac{\pi^2 EJ}{4h^2} \tag{7-11}$$

式中，J——钢筋横截面惯性矩，对于直径为 d 的圆形钢筋，$J = \pi d^2/64$，m^4；

E——钢筋的弹性模量，GN/m^2。

若 $p_m \leqslant p/n$，即临界载荷小于或等于实际作用在各个纵筋上的载荷，承重立柱必然失稳倒塌，此时，取最小破坏高度 $H_{min} = 12.5d$ 即可。若 $p > p/n$，即临界载荷大于或等于实际作用在各个主筋上的载荷时，可令 $p_m = p/n$，反求压杆长度，即最小破坏高度：

$$H_{min} = \frac{\pi}{2}\sqrt{\frac{EJn}{P}} \tag{7-12}$$

实际工程中，为确保结构顺利倒塌，立柱爆破高度 H 可按下列经验公式确定：

$$H = K(B + H_{min}) \tag{7-13}$$

式中，B——立柱截面边长，m；

　　　H——承重立柱底部最小破坏高度，m；

　　　K——经验系数，$K = 1.5 \sim 2.0$。

立柱节点形成铰链的爆破高度一般取

$$H' = (1 \sim 1.5)B \tag{7-14}$$

2. 爆破参数

（1）炮孔布置

承重墙上爆破切口的炮孔布置与烟囱水塔的相同，一般采取垂直炮孔、梅花布孔，炮孔参数由式（7-4）～式（7-6）确定。通常采用预拆除方法减少打孔工作量，在满足安全条件下，预先拆除部分墙体或化墙为柱。

钢筋混凝土承重立柱上的炮孔，可根据立柱截面大小、形状和配筋情况布置。在小截面钢筋混凝土立柱上，可布置单排炮孔；在大截面钢筋混凝土立柱中，可布置两排或多排炮孔。对于偏心受压立柱，若立柱正面（短边方向）纵筋较密，难以钻孔，可在柱子的侧面（长边方向）布置炮孔。炮孔布置如图7-14所示。在钢筋混凝土立柱的爆破中，装药的最小抵抗线 $W = 20 \sim 30$ cm，炮孔邻近系数不宜过大，一般可取

$$m = (1.20 \sim 1.25)W \tag{7-15}$$

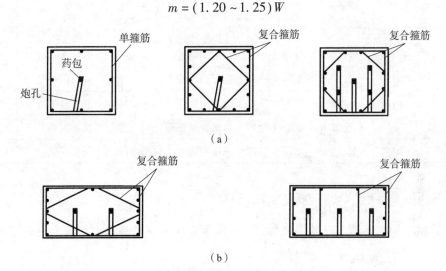

图 7-14　框架结构立柱爆破炮孔布置

（a）轴心受压立柱；（b）偏心受压立柱

（2）装药量计算

房屋类建筑物爆破装药量计算，可针对不同结构对象分别考虑。以剪力墙为承重结构的切口位置炮孔，装药量计算参见式（7-7），根据表7-3确定单位炸药消耗量。

同样，钢筋混凝土框架结构承重立柱的单孔装药量可按体积公式计算。在拆除爆破中，单位炸药消耗量随最小抵抗线的减小而增大，随配筋的增加而增大。计算时，可根据最小抵抗线大小和配筋多少从表7-3中选取。单箍筋按普通配筋选取单位炸药消耗量；复合箍筋按配筋较密选择单位炸药消耗量。表7-3中，Ⅰ级防护为三层草袋、一层胶帘加一层麻袋布，或两层草袋、一层筋笆加一层铁丝网，适用于粉碎性破碎；Ⅱ级防护为两层草袋、一层胶帘加二层麻袋布，或一层草袋加两层筋笆覆盖，适用于加强疏松破碎。

表7-3　钢筋混凝土梁、柱单位炸药消耗量 q

W/cm	$q/(\text{g} \cdot \text{cm}^{-3})$	布筋情况	爆破效果	防护等级
10	1 150~1 300	正常布筋	混凝土破碎、疏松，与钢筋分离，部分碎块逸出钢筋笼	II
	1 400~1 500	单箍筋	混凝土粉碎、脱离钢筋笼、箍筋拉断、主筋膨胀	I
15	500~560	正常布筋	混凝土破碎、疏松，与钢筋分离，部分碎块逸出钢筋笼	II
	560~740	单箍筋	混凝土粉碎、脱离钢筋笼、箍筋拉断、主筋膨胀	I
20	380~420	正常布筋	混凝土破碎、疏松，与钢筋分离，部分碎块逸出钢筋笼	II
	420~460	单箍筋	混凝土粉碎、脱离钢筋笼、箍筋拉断、主筋膨胀	I
30	300~340	正常布筋	混凝土破碎、疏松，与钢筋分离，部分碎块逸出钢筋笼	II
	350~380	单箍筋	混凝土粉碎、脱离钢筋笼、箍筋拉断、主筋膨胀	I
	380~400	布筋较密	混凝土破碎、疏松，与钢筋分离，部分碎块逸出钢筋笼	II
	460~480	双箍筋	混凝土粉碎、脱离钢筋笼、箍筋拉断、主筋膨胀	I
40	260~280	正常布筋	混凝土破碎、疏松，与钢筋分离，部分碎块逸出钢筋笼	II
	290~320	单箍筋	混凝土粉碎、脱离钢筋笼、箍筋拉断、主筋膨胀	I
	350~370	布筋较密	混凝土破碎、疏松，与钢筋分离，部分碎块逸出钢筋笼	II
	420~440	双箍筋	混凝土粉碎、脱离钢筋笼、箍筋拉断、主筋膨胀	I
50	220~240	正常布筋	混凝土破碎、疏松，与钢筋分离，部分碎块逸出钢筋笼	II
	250~280	单箍筋	混凝土粉碎、脱离钢筋笼、箍筋拉断、主筋膨胀	I
	320~340	布筋较密	混凝土破碎、疏松，与钢筋分离，部分碎块逸出钢筋笼	II
	380~400	双箍筋	混凝土粉碎、脱离钢筋笼、箍筋拉断、主筋膨胀	I

7.2.3　典型房屋类爆破拆除建筑分类

根据房屋结构的不同，对其爆破拆除方案需要做出相应调整，本节对常见典型的房屋结构爆破拆除进行介绍。

砖混结构的楼房是指由砖和混凝土搭建而成的建筑物，主要承重物既有砖墙，也有混凝土柱，一般都是七层以下的早期建筑物。采用定向倒塌时，需要注意砖墙柱有足够的支撑，避免出现严重的后坐现象。

对于框架结构拆除，主要承重构件是钢筋混凝土立柱，连接梁与其构成框架，在爆破拆除时，必须将立柱的一段高度充分破碎，使钢筋与混凝土脱离，立柱以上部分在重力和弯矩的作用下失去支撑，也可以同时或延期将后排立柱根部起爆，使其松动，建筑物即以其支撑点转动塌落。

框架结构的拆除，对于10层以上的建筑，一般会存在剪力墙，以增加其抗振性能。剪力墙既强化结构的坚固度，也增加了拆除难度。需要对剪切墙进行预处理工作，然后进行钻孔爆破作业。剪切强厚度一般为20~25 cm，属于薄板结构，当剪切墙厚度达到30~40 cm时，需要采用钻爆法处理。

对于框筒结构拆除，由于其核心筒自成一体，整体性较好，爆破后易出现不充分解体；此外其重量大，若仅以后部框架作为支点，容易发生后坐，应注意预留筒体后墙作为支撑点。同时，需要进行较好的缓冲防护，避免产生较大的触地振动。

全剪力墙结构的承重结构全部由钢筋混凝土剪力墙组成，爆破面积较大，钻孔量大，爆破切口位置相对较高，必须采取相应的防护措施，一般体量较大，如采用倾倒方式拆除，需要注意其触地振动问题，做好缓冲防护工作。

7.3　基础拆除爆破

基础拆除，包括各种机械设备基础，各种建构筑物的基础，桥墩、码头、桩基和各种混凝土路面、地坪等大型钢筋混凝土块体构筑物的破碎拆除，一般采用浅孔爆破，在环境条件允许时，也可以采用深孔爆破，在不允许爆破的特殊环境下，还可采取静态破碎方法拆除。

7.3.1　爆破参数选择

1. 最小抵抗线

最小抵抗线 W 应根据拆除物的材质、几何形状及尺寸，以及要求的爆破块度等因素综合确定。在拆除爆破中，当基础为大型钢筋混凝土块体，并采用人工清碴时，破碎块度不宜过大，最小抵抗线可取下值：

混凝土或钢筋混凝土块体，$W = 35 \sim 70$ cm；

浆砌片石、料石块体，$W = 50 \sim 80$ cm。

混凝土爆破后，一般碎块的尺寸略大于 W，如果爆破后采用人工清理，应选取较小的 W。机械清运时，可选用较大的最小抵抗线。

2. 炮孔布置

炮孔可设计成垂直孔、水平孔和倾斜孔。只要施工条件允许，应尽量采用垂直孔，因为其钻孔、装药和堵塞都方便。相邻各排炮孔，可布置成矩形或梅花形。梅花形布孔有利于炮孔间介质的充分破碎。炮孔的间距 a 和排距 b 选择是否合理，直接影响着爆破的效果。如果 a 和 b 过大，则相邻药包的共同作用减弱，爆破后会出现大块，给清理工作造成困难，有时还需进行二次爆破；若 a 和 b 过小，不仅增加了钻孔工作量和雷管消耗，还减慢了施工进度，而且过分破碎也不便于清理。

一般情况下，a、b 及分层装药时药包之间的距离不宜小于 20 cm，对不同建筑材料和结构物，炮孔的孔距 a 可按下式选取：

对于混凝土或钢筋混凝土：

$$a = (1.0 \sim 1.3)W \tag{7-16}$$

对于浆砌片石或料石基础：

$$a = (1.0 \sim 1.5)W \tag{7-17}$$

上述 a 值的上下限应根据拆除物的具体情况而定。当拆除物强度较高、建筑质量较好时，a 可取小值；反之，取大值。

多排炮孔一次起爆时，排距 b 应小于孔距 a。根据材质情况和对爆破块度的要求，可取

$$b = (0.6 \sim 0.9)a \tag{7-18}$$

3. 炮孔直径和炮孔深度

在拆除爆破中，一般选择直径为 38 ~ 42 mm 的钻头钻凿炮孔。当炮孔较深，须分层装药时，钻凿大直径炮孔有利于装药作业；当炮孔较浅时，可钻凿小直径炮孔。

合理的炮孔深度可避免出现冲炮和坐底现象，使炸药能量得到充分利用。一般情况下，应使炮孔深度大于最小抵抗线 W。加大炮孔深度，不但可以缩短每延米炮孔的平均钻孔时间，而且可以增加爆破方量，从而加快施工进度，节省爆破费用。

对于不同边界条件的拆除物，在保证孔深 $l > W$ 的前提下，炮孔深度可按下述方法确定：

当拆除物底部是临空面时，取

$$l \leqslant H - W \tag{7-19}$$

当设计爆裂面位于基础中间时，取

$$l = k_1 H \tag{7-20}$$

当设计破裂面位于断裂面、伸缩缝或施工缝等部位时，取 $k_1 = 0.7 \sim 0.8$；当设计破裂面位于变截面部位时，取 $k_1 = 0.9 \sim 1.0$；当设计破裂面位于匀质、等截面的拆除物内部时时，取 $k_1 = 1.0$。

当拆除物为板式结构时，取

$$l = k_2 \delta \tag{7-21}$$

上、下均有临空面时，$k_2 = 0.6 \sim 0.65$；仅一侧有临空面时，$k_2 = 0.7 \sim 0.75$。

以上各式中，H 为拆除物的高度或设计爆破部分的高度，δ 为板体厚度。

4. 单位炸药消耗量

单位炸药消耗量 q 与拆除物的材质、强度、构造及抵抗线的大小等因素有关。在基础爆破时，可参照表 7-4 确定单位炸药消耗量。

表 7-4　单位炸药消耗量 q

爆破对象及材质		W/cm	$q/(\text{g} \cdot \text{cm}^{-3})$
混凝土圬工强度较低		35 ~ 50	150 ~ 180
混凝土圬工强度较高		35 ~ 50	180 ~ 220
混凝土桥墩及桥台		40 ~ 60	250 ~ 300
混凝土公路路面			300 ~ 360
钢筋混凝土桥墩台帽		35 ~ 40	400 ~ 500
钢筋混凝土铁路桥板梁		30 ~ 40	
浆砌片石及料石		50 ~ 70	400 ~ 500
桩头	$\phi 1.0$ m	50	80 ~ 90
	$\phi 0.8$ m	40	90 ~ 110
	$\phi 0.6$ m	30	160 ~ 180
浆砌砖墙	厚 37 cm	18.5	1 200 ~ 1 400
	厚 50 cm	25	950 ~ 1 100
	厚 63 cm	31.5	700 ~ 800
	厚 75 cm	37.5	500 ~ 600
混凝土 大块 二次爆破	$BaH = 0.08 \sim 0.15$ m³		180 ~ 250
	$BaH = 0.16 \sim 0.40$ m³		120 ~ 150
	$BaH > 0.40$ m³		80 ~ 100

在实际爆破工作中，拆除物的技术资料往往不全，或者拆除物已经过加固或改造。在这种情况下，需要运用建筑结构知识分析其构造和配筋状况，并结合试爆以确定合适的单位炸药消耗量 q。

5. 分层装药（deck charge）

在较深的炮孔中，采用分层装药能避免能量过分集中，防止飞石或减少大块率，降低爆破振动。当炮孔深度 $l > 1.5W$ 时，应分层装药。各层药包间距应满足 $20\ \mathrm{cm} < a_1 \leqslant W$（或 a、b）。

装药层数和药量的分配可根据炮孔深度与最小抵抗线的关系，按表 7-5 确定。为了便于装药、堵塞和联线，分层装药不宜超过四层，因此，确定炮孔深度 l 时，应考虑这一因素的影响。另外，在混凝土基础底部有钢筋网时，可在单孔药量不变的情况下适当增加底层药包的重量。

表 7-5　分层装药与药量分配

孔深	装药层数与药量分配			
	上层药包	第二层药包	第三层药包	第四层药包
$l = (1.5 \sim 2.5)W$	$0.4Q$	$0.6Q$		
$l = (2.6 \sim 3.7)W$	$0.25Q$	$0.35Q$	$0.4Q$	
$l > 3.7W$	$0.15Q$	$0.25Q$	$0.25Q$	$0.35Q$
注：Q 为单孔装药量。				

7.3.2　基础拆除爆破单孔装药量计算

在拆除爆破中，目前主要采用炮孔深度小于 2 m、最小抵抗线小于 1 m 的浅孔爆破。在拟破碎范围内通过合理布置群药包来达到拆除爆破的预期效果。单孔装药量是拆除爆破中最主要的参数之一，它直接影响着爆破效果。若药量过小，则破碎不足，影响基础破碎坍塌；相反，在拆除爆破中装药量过大，就会造成大量飞石和振动效应。因此，必须慎重确定装药量。目前在进行拆除爆破设计时，大都采用经验公式来计算单孔装药量。

计算各种不同条件下单孔装药量的公式如下：

$$Q = qWaH \tag{7-22}$$

$$Q = qabH \tag{7-23}$$

$$Q = qBaH \tag{7-24}$$

$$Q = q\pi W^2 l \tag{7-25}$$

式中，Q——单孔装药量，g；

　　　W——最小抵抗线，m；

　　　a——孔距，m；

　　　b——排距，m；

　　　l——炮孔深度，m；

　　　H——拆除物的拆除高度，m；

　　　B——拆除物的宽度或厚度，$B = 2W$，m；

　　　q——单位炸药消耗量，g/m³。

以上装药量计算公式中，乘积 WaH、abH、BaH 和 $\pi W^2 l$ 为每个炮孔所担负的爆落介质的体积。式（7-22）是光面切割爆破或多排布孔中最外一排炮孔的装药量计算公式；式（7-23）是多排布孔、内部各排炮孔的装药量计算公式，这些炮孔只有一个临空面；式（7-24）是拆除物较薄、只在中间布置一排炮孔时的装药量计算公式；式（7-25）用于钻孔桩爆破，且只在桩头中心钻一个垂直炮孔时的装药量计算公式，其中 W 等于桩头半径。

计算拆除爆破装药量时，一般可参照表7-4选择单位炸药消耗量 q。对于重要的爆破工程，特别是在对拆除物的材质、配筋不了解的情况下，q 值可通过试爆确定。

在按表7-4选择单位炸药消耗量 q 时，应注意以下适用条件：

①表中的单位炸药消耗量 q 除具有多临空面的桩头和需二次爆破的混凝土大块外，是对只有一个临空面的炮孔而言的。当炮孔周围的临空面增加时，单孔装药量应按每增加一个临空面，装药量减少15%～20%计算。

②单位炸药消耗量 q 适用于2号岩石炸药，使用其他品种炸药时，药量要进行换算。

③浆砌砖墙的 q 值是对承重墙体（包括墙体自重）而言的，无压重时，应将 q 乘以0.8。此外，表中的 q 值适用于水泥砂浆砌筑的砖墙，若为石灰砂浆砌筑，应将 k 乘以0.8。对于63 cm 或75 cm 厚墙体，应取 $a = 1.2W$；对于37 cm 或50 cm 墙体，取 $a = 1.5W$；炮孔排距均取 $(0.8～0.9)a$。

④采用分层装药时，若以导爆索串联引爆各药包，单孔装药量应减少10%～15%。

7.3.3　基础拆除爆破中的安全技术措施

①在基础周围开挖侧沟，为爆破创造临空面。一般情况下，房屋基础和机器基础位于地面之下。因此，爆破前，在拆除物周围开挖侧沟，可以减小爆破振动，改善爆破效果。

②采取有效的防护措施。实践证明，在基础上面和侧面压盖或堆码两层土袋或砂袋，再用荆笆或其他柔性材料覆盖的防护方法，可以有效地控制飞石。防护工作中，应避免直接用刚性材料覆盖炮口，防止空气冲击波将覆盖体抛出，损坏周围设备。

③药量控制与防护工作并重。在拆除爆破中，若装药量达到了抛掷爆破的量级，则一般的防护措施是不能阻止飞石的。只有把装药量控制在松动爆破范围内，防护措施才能发挥有效作用。

7.4　水压爆破技术

对于罐体、水池、容器、管道、碉堡等相对封闭的薄壁型构筑物，采用水压爆破（water pressure blasting）可以轻而易举地将其拆除。爆破时，在容器状构筑物中注满水，将药包置于水中适当位置，利用水的不可压缩特性把炸药爆炸时产生的压力传递到构筑物上，使构筑物均匀受力而充分破碎。水压爆破适用于能够蓄水的构筑物。这类构筑物一般具有壁薄、面积大、内部配筋较密等特点，如采用普通的钻孔爆破方法拆除，难度较大，也不安全。采用水压爆破，避免了大量钻凿炮孔工作量，药包数量少，节省作业费用和作业时间，爆破网路简单，炸药能量利用率高，并且介质破碎均匀。只要设计合理，爆破时可避免产生飞石、冲击振动和噪声，是一种经济、安全、快速的拆除爆破方法。

7.4.1 水压爆破原理

1. 水压爆破原理

炸药在蓄水构筑物中爆炸后，由于水的不可压缩性，构筑物的内壁首先受到由水传递的冲击波作用，强度达到几十至几百兆帕，并且发生反射。构筑物的内壁在强载荷作用下发生变形和位移。当变形达到容器壁材料的极限抗拉强度时，构筑物产生破裂。随后，在爆炸高压气团作用下，水球迅速向外膨胀，并将能量传递给构筑物四壁，形成一次突跃的加载，加剧构筑物的破坏。此后，具有残压的水流从裂缝中向外溢出，并可裹携少量碎块形成飞石。由此可知，水压爆破时，构筑物主要受到两种载荷的作用：一是水中冲击波的作用；二是高压气团的膨胀压力及其所形成的高速水流作用。只要水压爆破的用药量恰当，便能有效地控制爆破飞石等危害作用。计算表明，以上两者共占全部爆炸能量的 80%，其余 20% 的能量则消耗于所产生的光和热能之中，而具体的能量耗散比例则取决于炸药的种类和密度。

2. 药量计算

国内外的学者根据理论研究和工程实践经验，从不同的角度提出了多种水压爆破的药量计算公式，下面简单介绍建立在冲量准则基础上的药量计算公式。

（1）圆筒形结构物

该公式将水压爆破产生的水中冲击波对圆筒的破坏看成是冲量作用的结果，以圆筒材料的极限抗拉强度作为破坏的强度判据，并运用结构在等效静载作用下产生的位移与冲量作用下产生的位移一样的原理建立药量计算公式，经过简化后得

$$Q = K_0 (K_1 K_2 \delta)^{1.6} R^{1.4} \tag{7-26}$$

式中，Q——密度为 1.5 g/mL 的梯恩梯药包质量，kg，若选用其他炸药，需乘以换算系数；

δ——圆筒形结构物的壁厚，m；

R——圆筒形结构物的内半径，m；

K_0——与结构材质及受力特点有关的系数，见表 7-6；

K_1——结构物壁厚修正系数，与壁厚和内半径的比值有关，见表 7-7；

K_2——与破碎程度有关的系数，混凝土完全破碎，取 18~22，龟裂松动，取 4~7。

表 7-6 结构材质系数

混凝土标号	150	200	250	300	350	400
K_0	0.122 5	0.159 3	0.195 2	0.228 2	0.304 5	0.361 0

表 7-7 壁厚修正系数

δ/R	0.1	0.2	0.4	0.6	0.8	1.0
K_1	1.00	1.109	1.233	1.369	1.514	1.667

（2）非圆筒形结构物

当结构物为非圆筒形时，可用等效内半径 $\hat{R}$ 和等效壁厚 $\hat{\delta}$ 取代式（7-6）中的 R 和 δ 进行装药量计算，等效内半径 $\hat{R}$ 和等效壁厚 $\hat{\delta}$ 可按下列公式确定：

$$\hat{R} = \sqrt{\frac{S_R}{\pi}} \tag{7-27}$$

$$\hat{\delta} = \hat{R}\left(\sqrt{1 + \frac{S_\delta}{S_R}} - 1\right) \tag{7-28}$$

式中，S_R——通过药包中心的结构物内部的水平截面面积，m^2；

$\quad\quad S_\delta$——通过药包中心的结构物外壁的水平截面面积，m^2。

其余符号意义同前。

考虑注水体积和材料强度的药量计算公式：

单个药包：
$$Q = K_a \sigma \delta V^{2/3} \tag{7-29}$$

多个药包：
$$Q = K_a \sigma \delta V^{2/3}\left(1 + \frac{n-1}{6}\right) \tag{7-30}$$

式中，Q——总装药量，kg；

$\quad\quad V$——注水体积，m^3；

$\quad\quad \sigma$——构筑物结构材料的抗拉强度，MPa；

$\quad\quad \delta$——容器形构筑物壁厚，m；

$\quad\quad K_a$——装药系数，当使用 2 号岩石炸药时，敞口式爆破，$K_a = 1$，封口式爆破，$K_a = 0.8$。

考虑截面面积的药量计算公式：

（1）钢筋混凝土水槽

$$Q = fS \tag{7-31}$$

式中，Q——装药量，kg；

$\quad\quad S$——通过装药中心平面的槽壁截面面积，m^2；

$\quad\quad f$——爆破系数，即单位面积炸药消耗量，kg/m^2，混凝土，$f = 0.25 \sim 0.3$，钢筋混凝土，$f = 0.3 \sim 0.35$。

（2）截面较大的结构物

$$Q = K_c K_e S \tag{7-32}$$

式中，K_c——单位爆破面积药量，kg/m^2，混凝土，$K_c = 0.2 \sim 0.25$，钢筋混凝土，$K_c = 0.3 \sim 0.35$，砖，$K_c = 0.18 \sim 0.24$；

$\quad\quad K_e$——炸药换算系数，铵油炸药为 1.15；

$\quad\quad S$——通过药包中心的结构物周壁的水平截面面积，m^2。

（3）截面较小的结构物（如管子）

$$Q = C\pi D\delta \tag{7-33}$$

式中，D——管子的外径，cm；

$\quad\quad \delta$——管壁厚度，cm；

$\quad\quad C$——装药系数，敞口式，$C = 0.044 \sim 0.05 \ g/cm^2$；封口式，$C = 0.022 \sim 0.03 \ g/cm^2$。

（4）考虑结构物形状尺寸的计算公式

①短圆筒形。

$$Q = K_b K_c K_e \delta B^2 \tag{7-34}$$

式中，K_b——与爆破方式有关系数，封闭式，$K_b = 0.7 \sim 1.0$，敞口式，$K_b = 0.9 \sim 1.2$；

$\quad\quad K_c$——与材质有关的装药系数，爆破每立方米结构物所需药量，砖结构，$K_c = 0.15 \sim 0.25$，混凝土结构，$K_c = 0.2 \sim 0.4$，钢筋混凝土结构，$K_c = 0.5 \sim 1.0$，取下限

时，碎块飞散可控制在 10 m 以内，取上限时，可达 20 m 左右。

K_e——炸药换算系数，铵油炸药为 1.15；

δ——结构物的壁厚，m；

B——结构物的内径或边长，m，若界面为矩形，则为短边长度，适用范围：$\delta < B/2$，$B \le 3$ m。

②长筒形结构物。

$$Q = K_b K_c K_d K_e \delta BL \qquad (7-35)$$

式中，K_d——结构调整系数，对矩形截面，$K_d = 0.85 \sim 1.0$，圆形和正方形截面，$K_d = 1.0$；

L——结构物的高度，m；

B——结构物的内径或短边长，m，适用范围：$\delta < B/2$，$B \ge 1$ m。

③不等壁非圆形容器。

$$Q = K_b K_c K_e V \qquad (7-36)$$

式中，V——被爆结构的体积，m^3。

3. 水压爆破的装药布置

装药布置是否合理，是直接影响水压爆破效果的重要因素。当水中的药包爆炸时，结构物内壁上所承受的载荷分布是不均匀的。如图 7-15 所示，最大载荷位于药包中心同一水平面上的各点。随着距药包水平距离的增加，周壁上受到的爆炸载荷逐渐降低，水面处载荷为零。载荷的变化规律呈曲线形，在接近结构物底部时，载荷出现回升，但其值仍然小于最大载荷值。

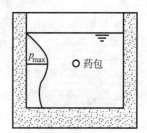

图 7-15 水压爆破荷载分布

结构物在承受爆炸载荷后，顶部抵抗变形的阻力最小，随着深度的增加，抵抗变形的阻力也增大，到达结构物底板时，抵抗变形的阻力最大。

根据爆炸载荷的分布和结构的变形特点，布置药包时，可遵循如下原则：

（1）药包在结构物横截面中的位置

对于截面形状规则（如圆形或方形）、壁厚相等的短筒形结构物，如果采用单药包，药包应布置在结构物内水平截面的几何中心处。同一容器两侧壁厚不同时，应布置偏炸药包，使药包靠近厚壁一侧，药包偏离中心距离为 x：

$$x = \frac{R(\delta_1^{1.143} - \delta_2^{1.143})}{\delta_1^{1.143} + \delta_2^{1.143}} \approx \frac{R(\delta_1 - \delta_2)}{\delta_1 + \delta_2} \qquad (7-37)$$

式中，x——偏置距离，m；

R——容器中心至侧壁的距离，m；

δ_1、δ_2——容器两侧的壁厚，m。

如果直径大于高度，可以采用多个对称布置的集中药包的爆破方案；对于长宽比或高宽比大于 1.2 的结构物，可设置两个或多个药包，促使容器四壁在长度方向上受到均匀的破坏作用，药包间距可通过下式计算：

$$a \le (1.3 \sim 1.4)R \qquad (7-38)$$

式中，a——药包间距，m；

R——药包中心至容器壁的最短距离，m。

（2）药包入水深度

药包入水深度是指药包中心至水面的垂直距离。当拆除物容器充满水时，药包一般放置在水面以下相当于水深的2/3处。容器不能充满水时，应保证药包入水深度不小于容器中心至容器壁的距离，并相应降低药包在水中的位置，直至放置在容器底部，这时与容器底面相连的基础也将受到一定程度的破坏。实践表明，针对圆柱形容器，当药包入水深度h达到临界值时，增大h对爆破效果影响很小。通常药包入水深度：

$$h = (0.6 \sim 0.7)H \tag{7-39}$$

式中，H——注水深度，注水深度不应低于结构净高的90%。

药包入水深度的最小值$h_{\min}$：

$$h_{\min} \geqslant 3\sqrt{Q} \tag{7-40}$$

或

$$h_{\min} \geqslant (0.35 \sim 0.5)B \tag{7-41}$$

式中，Q——单个药包质量，kg；

B——容器直径或内短边长度，m；当$h_{\min}$计算值小于0.4 m时，一律取0.4 m。

7.4.2　箱梁桥拆除水压爆破技术

桥梁形式很多，根据其受力情况，通常分为梁桥、拱桥、钢架桥、悬索桥、组合体系桥。考虑到爆破工艺，按照桥的结构材料，分为木桥、圬工桥（石桥、混凝土桥）、钢筋混凝土桥、预应力混凝土桥、钢桥，以及结合梁桥。桥梁拆除爆破的原则是：根据桥梁结构的受力情况及环境条件，确定拆除爆破的总体方案，并根据结构材料确定施工工艺。

针对拱桥拆除爆破，拱桥的受力特点是在竖直载荷作用下，拱的两端不仅有竖直支撑力，还有水平反力，设计合理的拱轴主要承受压力，弯矩和剪力均较小，爆破拆除的重点是破坏拱轴，解除支撑。桥梁爆破拆除时，其构件自由面较多，不易防护，平均炸药单耗应比其他爆破小，见表7-8。

表7-8　拱桥拆除爆破单耗q选取范围参考表

部位	拱圈		拱座大墙（柱）		桥墩（水上部分）	
材质	钢筋混凝土	条石	钢筋混凝土	条石	钢筋混凝土	条石
$q/(\text{g}\cdot\text{m}^{-3})$	1 000 ~ 1 500	800 ~ 1 000	800 ~ 1 200	600 ~ 800	800 ~ 1 000	600 ~ 700
备注	钢筋混凝土箱形拱桥采用水压爆破		选用深孔爆破时，炸药单耗可降低20%		选用深孔爆破时，炸药单耗可降低20% ~ 25%	

针对梁桥爆破拆除，通常梁桥在竖向载荷作用下只产生支撑力，因此，只需将桥墩采取拆除爆破，桥体则可以进行爆破解体或机械破碎。对于梁与墩刚性连接的钢构桥，应该根据具体结构与环境对梁和墩同时进行拆除爆破。其要点是：以完全破坏桥墩支撑结构为主，以梁体破坏为辅。梁桥拆除爆破单耗见表7-9。

斜拉桥和悬索桥的结构特点是依靠索塔的拉索或主缆支撑梁跨，梁体近似多跨弹性支撑梁，梁内弯矩和梁跨度基本无关，而与拉索或吊索间距有关，索塔通常为高耸构筑物，因此，拆除爆破要点是：以定向爆破索塔为主，桥体粉碎性破坏为辅。斜拉桥与悬索桥拆除爆破炸药单耗见表7-10。

表 7 – 9　梁桥拆除爆破单耗 q 选取范围参考表

部位	预应力 T 形梁	箱形梁	连续刚构梁	桥墩（水上部分）
材质	加密钢筋混凝土	加密钢筋混凝土	加密钢筋混凝土	钢筋混凝土
$q/(\mathrm{g \cdot m^{-3}})$	2 000 ~ 3 000	2 000 ~ 3 000	2 000 ~ 3 000	800 ~ 1 200
备注	浅孔爆破腹板	浅孔或水压爆破	浅孔或水压爆破	深孔爆破时，炸药单耗可降低 20%

表 7 – 10　斜拉桥与悬索桥拆除爆破单耗 q 选取范围参考表

部位	预应力挂梁	箱形梁	索塔	桥墩（水上部分）
材质	加密钢筋混凝土	加密钢筋混凝土	加密钢筋混凝土	钢筋混凝土
$q/(\mathrm{g \cdot m^{-3}})$	2 000 ~ 3 000	1 200 ~ 1 500	2 000 ~ 3 000	1 000 ~ 1 200
备注	浅孔爆破	浅孔或水压爆破	深孔爆破时，炸药单耗可降低 20%	

　　桥梁拆除爆破中，对于箱形梁结构和薄壁空腔桥墩，可以采用水压爆破的方式进行拆除。爆破设计参数可以参照 7.3.1 节中的公式进行估算。同时，数值计算可以作为有效的预测手段，在实际爆破前对设计方案进行模拟，以得到最佳方案。

　　在某城市高架桥拆除中，对相邻墩柱间的箱形梁结构使用水压爆破技术，桥宽 18 m，两端帽梁各 1 m，爆破宽度为 16 m，左、右两侧共 6 个注水空腔，水压爆破区的剖面图如图 7 – 16 所示。通过式（7 – 35）进行计算，其中参数取值：$K_b = 1.0$，$K_c = 1.0$，$K_d = 1.0$，$K_e = 1.0$，可得单个空腔总药量约为 1.6 kg，等分成 6 个药包，每个药包取 0.3 kg，总装药量约为 10.8 kg。

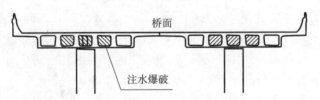

图 7 – 16　水压爆破剖面图

　　相同条件下，采用水压爆破得到的效果与未采用水压爆破差别明显，如图 7 – 17 与图 7 – 18 所示。前者箱形梁桥路面发生破碎，而后者路面基本保持完整，从而增加了机械拆除的工作量。

图 7 – 17　采用水压爆破的桥面

图 7 – 18　未采用水压爆破的桥面

7.5 静态破碎及其他拆除方法

静态破碎作为一种破碎（或切割）岩石和混凝土的新方法，亦称静力破碎技术，是近年来发展起来的岩石和混凝土破碎的新技术。20 世纪 70 年代日本就开始研究静态破碎剂，1979 年首先将其作为正式产品推出。1985 年，捷克黏结剂科学研究所研制出静态破碎剂（silent crusher），是一种黏结剂与化学缓和剂的非爆炸混合物；1986 年，苏联有几家单位研制出各自的静态破碎剂，苏联建筑材料研究所还研制出专门配合静态破碎剂施工使用的楔形孔孔钻孔工艺，以改善破碎效果，控制开裂方向；美国、加拿大、法国、瑞典等国家随后也开始应用静态破碎剂。

国内研究静态破碎剂始于 80 年代初。目前国内已有各种定型产品和不断扩大的应用群体。这种破碎拆除技术在国内主要应用于混凝土构筑物安全拆除、基岩开挖、石材成型切割、孤石破碎及其他环境复杂不便爆破的建筑物拆除工程。

静态破碎剂主要由氧化钙（CaO）和无机盐化合物组成，并加少量有机复合添加剂，以控制水化反应速度。其特点是利用装在炮孔中的静态破碎剂的水化反应，使晶体变形，产生体积膨胀，从而缓慢地将膨胀压力施加给孔壁，经过一段时间后达到最大值，将介质破碎。

静态破碎技术与控制爆破拆除方法类似，同样需要钻孔，以装填膨胀剂。它的使用成本较控制爆破高，但也有许多优点。当然，静态破碎法的使用范围也有很大的局限性，这是因为与爆破法相比，它的破碎效果和经济效益等方面都有一定的差距，故目前主要用于石材切割和城市拆除工程中。

随着国民经济的迅速发展，大量工业设施、基础需要重建和改造。而这类工程往往在人口稠密、建筑物集中区域，要求在施工过程中无噪声、无振动、无粉尘、无飞石等公害，静态破碎剂弥补了工业炸药在控制爆破方面的某些不足，解决了在特殊条件下工业炸药难以实现的破碎和拆除问题，并且静态破碎剂操作简单、运输和保管安全，是一种具有广阔应用前景的破碎各种岩石、混凝土等材料的有效手段。

静力破碎与机械人工相结合的综合拆除技术，以钢筋混凝土结构配筋原理为基础，采用刻槽割筋等方法进行预处理，即可提高工程效益，充分发挥破碎剂的膨胀作用，解决了静态破碎方法拆除密集钢筋混凝土结构的难题。

7.5.1 静态破碎机理

静态破碎剂是以特殊硅酸岩、氧化钙为主要原料，配有其他有机、无机氧化剂而制成粉状物。静态破碎剂的主要膨胀源为氧化钙。它与适量的水掺合后，产生的化学反应如下：

$$CaO + H_2O = Ca(OH)_2 + 65 \text{ kJ}$$

据测定，氧化钙的密度为 3.35 g/cm^3，氢氧化钙的密度为 2.24 g/cm^3，其比容分别为 0.299 cm^3/g 和 0.447 cm^3/g，氧化钙变为氢氧化钙时，晶体由立方体转变为复三方偏三角面体，在一定条件下，质量体积增加 49.5%，比表面面积由一千或几千 cm^2/g 增加到 10 万或几十万 cm^2/g，即几乎增加 100 倍。同时，每克分子还释放出 65 kJ 的热量。因此，在化学反应后，静态破碎剂的体积膨胀，压力升高，温度上升，由此产生对被破碎体的做功能力。试验表明，脆性材料的抗拉强度仅占抗压强度的 1/8 ~ 1/15。如混凝土的抗拉强度一般小于

1.5~3.0 MPa（抗压强度达10.0~60.0 MPa）。破碎剂产生的膨胀压力在被破碎介质中沿径向产生压应力，在切向产生拉应力，由于脆性介质的抗拉强度较低，孔壁压力增加到某一数值时，就会由于拉应力作用产生径向裂缝而发生破坏。静态破碎剂产生的膨胀压力一般可达40~60 MPa，可以满足混凝土和各类岩石解体工程的需要。影响静态破碎剂膨胀压力的因素主要有装药时间、环境温度、炮孔直径和水灰比。一般来说，破碎剂加水后24 h内膨胀压力增长较快，之后增长平缓；环境温度在一定范围内，温度增高，膨胀压力加大。对水灰比而言，试验表明，水灰比为20%时，膨胀压力最大；但水灰比小时，由于破碎剂流动性差，不利于装药。故一般取水灰比为25%~32%。

静态破碎技术有许多优点：

①静态破碎剂不属于危险品，因而在购买、运输、保管和使用上不像使用炸药那样受到严格限制，尤其是在城市中使用更为方便。

②破碎过程安全，不存在爆破振动、空气冲击波、飞石、噪声、有毒气体和粉尘等的危害。

③施工简单，破碎剂用水拌和后注入炮孔后即可，无须堵塞，不需要防护和警戒工作。

④可按要求设计适当的孔径、孔距及钻孔角度，以达到有效地破碎、胀裂、切割岩石和混凝土的目的。

国内已研制成功的普通型静态破碎剂有JC-1系列和SCA系列等。它们的适用温度见表7-11。

表7-11　静态破碎剂种类及其适用温度

种类	JC-1系列				SCA系列			
	Ⅰ	Ⅱ	Ⅲ	Ⅳ	Ⅰ	Ⅱ	Ⅲ	Ⅳ
使用温度/℃	>25	10~25	0~10	<0	20~35	10~25	5~15	-5~8
适用孔径/mm	15~50，常用为38~42				30~50			

目前，静态破碎剂的性能有了很大改善。产品类型已由季节型（因环境温度不同，分为夏、冬和春秋三种类型）发展为通用型（四季通用）；破碎时间由12~24 h缩短为1~3 h；膨胀压力可达50 MPa，有的甚至更高。因此，只要合理设计抵抗线、孔径、孔距等破碎参数，就能够满足各种岩石和混凝土拆除工程的需要。

7.5.2　静态破碎剂的性能与施工工艺参数

1. 性能

静态破碎剂主要是由于其自身膨胀而对炮孔施加压力，从而达到破碎的作用。膨胀压力的测试是应用厚壁圆筒的原理，在钢管或钢管中注入破碎剂，通过测试圆筒的应变推得破碎剂的压力。

（1）膨胀压力与时间的关系

破碎剂被注入炮孔中，经过10~30 min开始膨胀，对孔壁施加压力。随着时间变化，作用力逐渐增大，初期膨胀压力增长速度较快，在2~10 h内，被破碎介质中出现裂隙。以后增长速度递减，直至达到最大作用力为止，耗时10~24 h，使被破碎介质中裂隙宽度达到最大值。

（2）膨胀压力与孔径的关系

破碎剂对孔壁作用的膨胀压力 p 随炮孔直径 d 的增大而增大，当 d 不超过一定范围时，存在如下关系：

$$p = Kdn \quad (\text{kg/cm}^2) \tag{7-42}$$

式中，n——与破碎剂类型有关的指数，数值由公式确定；

　　　　K——与破碎剂介质和几何尺寸有关的常数。

（3）膨胀压力与掺水量的关系

破碎剂加水量一般为其质量的 28% ~ 30%，随着加水量的增加，膨胀压力减小；加水量过少时，会引起水化不完全和装药操作困难。

（4）膨胀压力与温度的关系

工作环境和被破碎介质的温度对破碎剂的膨胀压力有很大影响。在环境温度改变时，膨胀压力达到最大值的时间大大缩短。温度为 35 ℃ 左右时，一般破碎剂需 0.5 ~ 2 h 就完成膨胀压力快速增长阶段；而对快速破碎剂，一般只需 10 ~ 30 min 即达到最大膨胀压力。

（5）膨胀压力与添加剂的关系

不同类型的添加剂对膨胀压力有较大影响，通过优选添加剂的品种和剂量，可以调节所需膨胀压力的数值。

2. 施工工艺参数

（1）钻孔与充填

钻孔一般采用手提式凿岩机（ϕ38 ~ 42 mm）。对于破碎剂的充填，往向下的炮孔充填搅拌好的黏糊状破碎剂（浆料）很容易，而充填水平孔时，必须采取相应措施。如把浆料装在塑料套内填入孔中，或用软管插入孔底，以及边注浆边向上提软管等方法。

（2）孔间距与孔径

一般孔间距 L 与孔径 d 有如下关系：

$$L = Kd \tag{7-43}$$

式中，K——破碎系数，见表 7-12。

表 7-12　破碎系数 K 值

材料名称	含筋率/(kg·m^{-3})	标准 K 值
无筋、少筋混凝土	0 ~ 30	10 ~ 18
钢筋混凝土	30 ~ 60 60 ~ 100 >100	8 ~ 10 6 ~ 8 5 ~ 7

孔径越大，产生的膨胀压力就越大，然而孔径大不仅增加了静态破碎剂的用量，还容易发生"喷孔"现象，即料浆喷出口外。因此，一般限定药量使用、温度及最大孔径 d。

（3）炮孔布置

根据被破碎体的种类和破碎目标，一般选用梅花形炮孔布置。破碎或解体钢筋混凝土时，应先将钢筋混凝土预处理，一般先用风镐破坏混凝土保护层，然后把暴露钢筋切断，即剥皮割筋，再用破碎剂将内部的混凝土或钢筋混凝土破碎。

（4）施工注意事项

①往炮孔中灌注浆体时，必须充填密实。对于垂直孔，可直接倾倒；对于水平孔或斜孔，应设法把浆体压入孔内，然后用塞子堵口。充填时，面部避免直接对准孔口。

②夏季充填完浆体后，孔口应适当覆盖，避免冲孔。冬季气温过低时，应采取保温或加温措施。

③施工时，为确保安全，应戴防护眼镜。破碎剂有一定的腐蚀性，粘到皮肤上后，要立即用水冲洗。

7.5.3　机械拆除的发展和展望

传统的机械拆除法按照操作方式可以分为机械破碎法、机械吊拆法、重锤撞击法及综合拆除法。一般机械拆除法的基本原则是先支撑后拆除，即，先拆除非承重部分，再拆除承重结构。但是也有特例，例如预应力拆除法就是在承重结构上施加外载荷使其破损，从而引发整体或者局部结构发生定向、快速的倒塌。这里介绍一种典型的机械拆除框架结构的方法：先使用液压剪剔除倾倒方向和两侧的混凝土保护层，使用割炬切断主要钢筋，再使用挖掘机破坏框架柱。

在机械拆除配合方面，使用较高频率的各种千斤顶系统，通过传感器和电磁阀的换向功能，基本已无须人工现场进行数据跟踪，特别是应用在混凝土结构的换托工程中。在拆除过程中，可以读取内部沉降数值、应变数值、倾斜数值，从而实时掌握结构的位移、速度、承重部位的压力等信息，以确保拆除过程中的安全性。

机械拆除安全性相对较好且施工速度稳定，可有效保证工期。但其受到设备工况和垂直运输条件的限制，在拆除高层建筑时面临的难度较大。机械拆除在城市中已逐步发展为主要的拆除方法，同时，与其他方法配合使用不仅可以提高作业效率，也可以进一步满足对不同建筑拆除的环境要求。

智能拆除技术理念应运而生，其结合应用信息技术、机器人技术对建筑材料、构件及结构进行解构或破碎。如瑞典 UME 设计院在概念层面上设计了拆除机器人，其工作原理是使用高压水枪喷射瓦解混凝土，达到拆除混凝土而保留钢筋的目的。可以在强辐射、高温或有毒等无法人工作业的特定条件下作业。智能拆除技术目前还处于发展阶段，距离非特定环境的广泛应用还需要很长时间。

除此之外，二氧化碳爆破也是一种新兴的爆破技术手段，其机理为液态二氧化碳瞬间发生相变形成气态 CO_2，释放能量，对周围介质做功。此过程作为爆破的能量源，相比于传统炸药爆破，其主要优点在于安全性、便捷性、稳定性、环保性，特别是对地下爆破作业，二氧化碳爆破会明显减少粉尘与炮烟量。

思 考 题

1. 拆除爆破有哪些特点？简述拆除爆破设计原理。
2. 简要叙述单位炸药消耗量与最小抵抗线的关系。

3. 基础拆除爆破采用分层装药结构时，药量如何分配？装药深度如何确定？

4. 高耸构筑物爆破拆除有几种方法？适用条件如何？

5. 房屋类建筑物定向拆除爆破的设计要点是什么？如何确定切口高度？

6. 简述拆除爆破中采取安全防护措施的意义和方法。

7. 简述水压爆破原理。

8. 说明静态破碎法的优缺点及适用条件。

第 8 章

特种爆破技术

Chapter 8   Special Blasting Techniques

特种爆破是相对于普通爆破而言的一种爆破方法，通常是特定的条件和环境下进行。其特殊性表现为：爆破介质和对象比较特殊；爆破方法或者采用的药包结构比较特殊；爆破后需要形成一种特殊形状的构筑物或零部件，对爆破方法有特殊要求。其中应用范围较广、比较成熟的特种爆破技术有聚能爆破、爆炸加工、爆炸合成新材料，油气井爆破等。

聚能爆破是利用炸药爆炸聚能效应的一种爆破方法，主要应用在聚能穿孔和切割方面。爆炸加工是以炸药为能源，利用其爆炸瞬间产生的高温高压对金属材料进行加工的一种方法，包括爆炸成形、爆炸复合和爆炸硬化等。爆炸合成新材料是利用爆炸冲击波作用时短时间内产生高压和温升，使由活性物质组成的混合物产生化学反应或发生相变的一种方法。这方面研究最多和最成功的是一些超硬材料如金刚石、致密相氮化硼、纳米 $\gamma - Fe_2O_3$ 和其他一些碳材料的爆炸合成。油气井爆破技术是利用炸药的爆炸能量，在井中通过特定装置实施的井下爆破作业技术。其他特种爆破技术包括地震勘探爆破、爆炸消除残余应力和爆破抢险救灾等。

Special blasting is a blasting method compared to ordinary blasting, which is usually carried out under specific conditions and environments. Its particularity shows as follows: the blasting medium and object are relatively special, the blasting method or the structure of the charge used is relatively special, and it needs to form a special shape structure or component after blasting, which has special requirements for the blasting method. The widely used and mature special blasting technologies include cumulative blasting, explosion working, explosive synthesis of new materials and blasting for oil-gas well, etc.

Cumulative blasting is a kind of blasting method which uses the effect of explosive shaped charge. It is mainly used in jet perforation and cutting. Explosion working is a method of processing metal materials by using the high temperature and high pressure generated at the moment of explosion with explosives as the energy source, including explosive forming, explosive cladding and explosive hardening. Explosive synthesis of new materials is a method that uses the explosive shock wave to generate high pressure and temperature rise in a short period of time to cause a mixture of active materials to produce a chemical reaction or phase change. In this aspect, the most successful and most studied are the explosive synthesis of some super hard materials such as diamond, dense phase boron nitride, nano $\gamma - Fe_2O_3$ and other carbon materials. The blasting technique of oil-gas well is a underground blasting technique which uses the explosive energy and carries out in the well through a specific device. Other special blasting techniques include seismic blasting, explosion relieving residual stress and blasting rescue etc.

8.1　聚　能　爆　破

炸药爆炸的聚能现象早在 18 世纪就已经被发现了。聚能爆破（cumulative blasting）首先在军事上得到应用，用于制造穿甲弹、火箭弹、枪榴弹及各种用途的导弹。随后，聚能爆破也开始用于民用爆破。1945 年，美国制成了在钢筋混凝土中穿凿炮眼的聚能药包，用一个 380 g 的 80% 吉里那特硝化甘油聚能药包，实现了在钢筋混凝土中穿凿出直径 25 mm，深度 1.0 m 的炮眼。此后，聚能爆破在民用爆破中正得到越来越广泛的应用。比如，在石油开采中，广泛采用聚能射孔弹来穿裂井壁，以增加油路和流量；在沉船打捞时，用于切割船体；以及采用聚能切割型药包拆除钢结构建（构）筑物等。

8.1.1　聚能爆破原理

聚能效应和聚能现象可以通过图 8-1 所示的一组试验结果进行说明。试验中所用药包的几何尺寸一样，但装药结构不一样，将所有的药包装置在厚度相同的同一种材质的钢板上。爆破后可以看出：药包（a）在板上仅炸出一个很浅的凹坑；药包（b）虽然装药质量比药包（a）的少，但由于在下端有一个锥形孔穴，爆炸后在板上炸出了一个深几毫米的坑；药包（c）是在锥形孔穴表面嵌装一个金属锥形衬套（药型罩），这种药包爆炸后，在钢板上炸出一个深达几十毫米的孔；当聚能药包（d）放置在一个合适的炸高时，可以提高穿孔深度。这种利用药包一端的孔穴来提高局部破坏作用的效应称为聚能效应，这种现象叫作聚能现象。

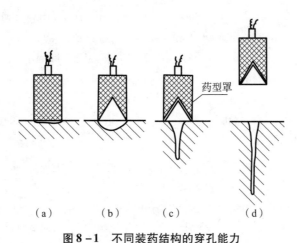

图 8-1　不同装药结构的穿孔能力
（a）普通装药；（b）聚能装药；（c）加药型罩的聚能装药；
（d）设置炸高的加药型罩的聚能装药

图 8-2 所示为不同装药结构的药包引爆后，爆炸产物的飞散过程示意图。一个完整的圆柱形药包爆炸后，爆炸产物沿近似垂直于药柱表面的方向向四周飞散。作用在钢板表面上的仅仅是从药柱一端飞散出的爆炸产物，它的作用面积等于药柱一端的端面面积，如图 8-

1（a）和图 8-2（a）所示。但是，一端带有锥形孔穴的圆柱形药包则不同，它爆炸后，锥形孔穴部分的爆炸产物飞散时，先向药包轴线集中，汇聚成一股速度和压力都很高的气流，称为聚能气流，如图 8-2（b）所示。

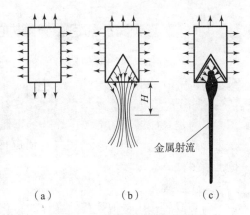

图 8-2　聚能气流及金属射流

(a) 无聚能；(b) 有聚能气流；(c) 有金属射流

爆炸产物的能量集中在较小面积上，大大提高了聚能效应。聚能射流不能无限地集中，而在离药柱端面某一距离 H 处达到最大的集中，以后又迅速飞散开了。如果设法把能量尽可能转换成动能形式，就能大大提高能量的集中程度。提高动能的办法是在锥形孔穴的表面嵌装一个形状相同的金属药型罩（图 8-2（c）），这样爆炸产物在推动罩壁向轴线运动过程中将能量传递给药型罩。由于金属的可压缩性很小，因此内能增加很少，能量的极大部分表现为动能形式，这样就可避免由高压膨胀引起的能量分散而使能量更加集中，形成一股速度和动能比气体射流更高的金属射流，从而产生极大的穿透能力。

根据用脉冲 X 光照相技术对聚能药包爆炸过程的照片分析，可以用图 8-3 来说明聚能药包爆轰时聚能射流（shaped charge jet）的形成过程。将聚能药包的药型罩分成 1、2、3、4 四个微元部分（图 8-3（a））。炸药爆轰后，爆轰产物依次作用在药型罩的各段微元上，迫使微元做轴对称运动。图 8-3（b）表示爆轰波波阵面到达药型罩微元 2 的末端，它正在向轴线做闭合运动，微元 3 有一部分正在轴线处碰撞，微元 4 则已经在轴线处碰撞完毕。微元 4 碰撞后，分成射流和杆体两部分，由于两部分的运动速度相差很大，很快就分离开来，但此时微元 3 正好接踵而来，填补了微元 4 空出来的位置，并且在那里发生进一步碰撞，从而形成了药型罩的不断闭合、不断碰撞、不断形成射流和杆体的连续过程。图 8-3（c）表示药型罩的变形过程已经完成。这时药型罩变成射流和杆体的两大部分，对于各微元排列的次序，就杆体来说，和爆炸前罩微元的排列次序是一致的；对射流而言，次序则倒过来了。最终形成了穿透能力极大的高速金属射流。

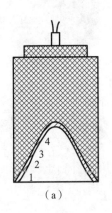

爆轰产物的飞散界面
未爆轰的炸药

（a）　　　（b）　　　（c）

图 8-3　聚能射流形成过程

8.1.2 影响聚能药包爆破威力的因素

聚能药包由炸药、药型罩、隔板、壳体、引信和支架等部分组成，其作用及对聚能药包威力的影响分述如下。

1. 炸药

炸药是聚能爆破的能源，炸药的爆压越大，聚能弹威力越大。为了得到高爆压，需要高爆速、高密度的炸药。常用炸药有梯恩梯、黑索金、8321 炸药等，装药方法有熔铸、塑装和压装多种。

2. 药型罩

药型罩的作用是把炸药的爆炸能转化成罩体材料的射流动能，从而提高其穿透和切割能力。药型罩的材料必须满足四点要求，即可压缩性小、密度高、塑性和延展性好，以及在形成射流中不气化。大量试验证明，用紫铜制作药型罩效果最好，其次为铸铁、钢和陶瓷。

药型罩的形状多种多样，主要有轴对称型（图 8 - 4（a）），如圆锥形、半球形、抛物线形和喇叭形等；面对称型（图 8 - 4（b）），常见的有用于切割金属板材的直线形和用于切割管材的环形聚能罩两种；中心对称型（图 8 - 4（c）），这种球形聚能药包，中心有球形空腔和球形罩，球形罩外敷设炸药，若能在瞬间同时起爆，可在空腔中心点获得极大的能量集中。在工程中常用的是轴对称型和面对称型两类药型罩。

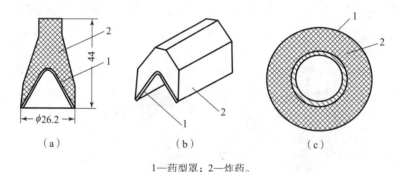

（a）　　　　　　　（b）　　　　　　　（c）

1—药型罩；2—炸药。

图 8 - 4　各种形状的药型罩

（a）轴对称型；（b）面对称型；（c）中心对称型

3. 隔板

隔板的作用是改变爆轰波的形状，提高射流头部的速度。设计合理的隔板，可使射流头部速度提高 25%，穿孔深度提高 15% ~ 30%。

隔板材料一般用塑料和木料等惰性材料，也有用低爆速炸药当作隔板的，直径不小于药包最大直径的一半，其位置、厚薄、大小均可按爆轰波理论进行计算，选出最优值。

4. 壳体

壳体会影响爆轰波的波阵面形态，可以减弱稀疏波的作用，有利于能量的有效利用，但控制不好会造成"反向射流"现象，反而减弱了射流强度，所以聚能弹也有一些不用外壳的。

5. 支架

支架的作用是保证最佳炸高。炸高的定义是聚能药包底面（即药型罩底线）到穿孔目标的最短距离。最佳炸高根据聚能弹设计决定，一般是药型罩底部直径的1~3倍。

8.1.3 聚能爆破的应用

8.1.3.1 聚能穿孔

高炉出铁和平炉出钢，一般都是采用人工、机械或氧气喷枪的方法，冲开和烧开出铁口中的砌体。这种施工方法既费时费工，又有灼伤工人的危险，同时也影响铁（钢）水的成分和质量。国内外采用聚能药包开孔，获得了良好的效果。它与常规方法相比，具有以下一些优点：①出铁（钢）水时，远距离操作，非常安全；②能在所要求的时间内精确地放出一炉铁（钢）水，确保冶炼质量；③全速出铁（钢），减少出铁（钢）时间，并可避免铁（钢）包结瘤；④减少出铁（钢）口的维修。

图8-5所示为美国杜邦公司生产的一种爆破穿孔弹，其直径为58 mm，高为111 mm，装药量为50 g，用一种耐高温的电雷管起爆，雷管的脚线包裹有双层具有韧性、耐高温的白色尼龙绝缘层，药包装在绝缘弹壳内。组装时，将这个聚能弹装在一根长2.4 m的中空装药杆的一端，电线从装药杆中穿出。使用时，将装有聚能弹的装药杆插入出铁（钢）口内，一直到弹的端面触到砌面为止，如图8-6所示，然后在安全地点连线起爆。出钢（铁）时，砌面处的温度高达1 000 ℃，聚能弹插入出钢孔中4 min，弹壳的温度就上升到120 ℃，5 min上升到150 ℃，为保证安全，必须在4 min以内起爆。

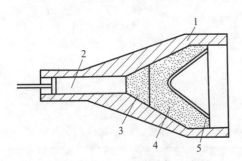

1—穿孔弹外壳；2—电雷管；3—传爆炸药；
4—主爆炸药；5—药型罩。

图8-5 爆破穿孔弹

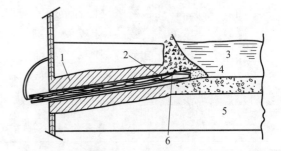

1—耐火材料；2—装药杆；3—钢水；
4—出钢口砌体；5—耐火砖；6—穿孔弹。

图8-6 平炉出钢爆破穿孔示意图

8.1.3.2 聚能切割

金属板材、管材和其他坚硬材料均可采用聚能药包进行爆破切割（explosive cutting）。平面对称长条线形聚能药包如图8-7所示，它主要用于切割金属板材。圆环形聚能药包主要用于切割金属管材，这种药包可分为内圆环和外圆环两种，内切是把环形聚能药包放在管内的切割处起爆，外切则将药包套在管外切割处起爆（图8-8）。

爆炸切割与常规方法相比，具有施工速度快和成本低的特点。20世纪80年代末至90年代初，我国沿海有关部门和单位多次采用聚能药包切割法打捞沉船、拆除进口退役的邮轮，取得了相当成功的经验和显著的效益。

聚能切割爆破用于钢和钢筋混凝土结构的爆破拆除在国内外已有许多成功实例。2002年5月，原南京工程兵工程学院采用线形聚能爆破技术成功地拆除了宝钢一公司第二冶炼车间建筑面积为3.9万平方米的大型钢结构排架厂房。切割钢板的聚能药包参数见表8-1。

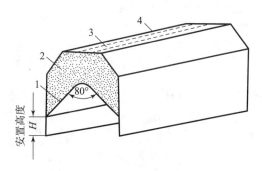

1—药型罩；2—炸药；3—导爆索；4—外壳。

图8-7 切割钢板的聚能药包

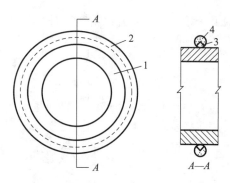

1—钢管；2—聚能药包；3—聚能穴；4—炸药。

图8-8 切割管材的聚能药包

1995年在成都污水处理厂采用了如图8-9所示的聚能切割，成功地拆除了4节钢筋混凝土污水管。圆环形聚能药包装药量500 g/m，药芯为高能炸药，外壳为铅锑合金，有专用连接器可将药包任意延长。

聚能爆破还可用于石料的开采。图8-9所示是我国根据聚能效应原理研制成功的一种PZY光爆劈裂管。劈裂管的两侧装有PZY材料，插入炮孔中对应于预分离的两个面。中间条形药包两端设计有聚能结构，内装黑梯炸药。爆破时，PZY能有效地保护分离切割的岩石界面。在

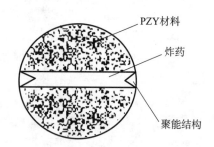

**图8-9 PZY光爆劈裂管
结构示意图**

聚能作用方向，炮孔间能顺利劈裂、贯通。这种方法适用于大理石、花岗石和玉石等石材的开采。与传统的石材成型爆破中采用的低速炸药爆破法和不耦合装药爆破法相比，聚能爆破法可以显著减少炮孔壁周围产生的径向裂纹，保持岩石的完整性，提高成材率。

表8-1 切割钢板的聚能药包参数

钢板厚度 /mm	每1 cm药包装药量 /(g·cm⁻¹)	药包尺寸/mm			
		宽度	高度	药型罩厚度	装置高度
15.87	3.5	19.8	10.6	0.84	10.6
19.05	5.1	23.8	12.7	0.99	12.7
25.40	9.1	31.8	17.0	1.32	17.0
38.10	20.5	47.7	25.4	1.98	25.4
50.86	36.5	63.5	33.8	2.64	33.8

8.1.3.3 聚能预裂（光面）爆破

聚能预裂（光面）爆破是将聚能爆破应用于预裂（光面）爆破的一种新技术。利用聚能效应可在预裂（光面）炮孔连线方向造成裂缝，其爆破孔距可比一般的预裂（光面）爆破孔距要大，从而减少了钻孔数量，降低了炸药单耗，节约了更多的成本，同时也更好地保护了边坡的质量安全。

中国水利水电第八工程局、国防科大、长江科学院研发的椭圆双极线性聚能药包如图8-

10 所示。椭圆双极线性聚能药柱是聚氯乙烯为主要原料加热后，利用特制模具注塑拉伸形成的双聚能槽管，管内采用耦合、连续装药形成椭圆双极线性聚能药柱。双聚能槽管标准长度为 3 m，采用连接套管接长。其工作原理是从上往下起爆，在炮孔连线方向形成聚能射流气刃，贯穿炮孔连线方向，从而形成预裂工作面。其优点是爆破成形好，孔痕率高。曾在溪洛渡电站 15 m 台阶强卸荷带强风化玄武岩边坡预裂爆破及小湾水电站微风化花岗岩 15 m 段水平预裂爆破工程中成功应用，均取得了良好的预裂效果。

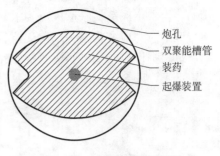

图 8 - 10　双向聚能预裂爆破药包结构

8.2　爆　炸　加　工

爆炸加工（explosion working）是以炸药为能源，利用其爆炸瞬间产生的高温高压对金属材料进行加工的一种方法。它与传统的机械加工方法相比，具有以下特点：

①爆炸产生的压力高，加载速率高，是一种高效率的金属加工方法。

②能加工常规方法难以加工（或焊接）的金属材料和部件。

③爆炸加工所需的设备少，工序少，加工工艺简单。

④加工质量高，只要模具的形状、精度和粗糙度高，那么爆炸加工的工件质量也高。

8.2.1　爆炸成形

爆炸成形（explosive forming）是利用炸药爆炸的冲击荷载，通过传压介质作用到金属毛料上，使其加工成的零部件符合设计要求的一种加工方法。按工艺过程分，爆炸成形有自由成形和模具成形两种，后者又分自然排气成形和模腔抽空成形。

8.2.1.1　爆炸拉深

爆炸拉深（explosive stretching）是通过传压介质将爆炸能量加载到一定形状平板坯料上，使之被加工成各类凸凹形、碟形、球冠形、椭球形等开口状空心零件的爆炸加工方法。爆炸拉深毛坯尺寸的确定可按照拉深前后毛坯与工件的表面积不变的原则进行计算。爆炸拉深可分为自由爆炸拉深和有模爆炸拉深两种。自由爆炸拉深不需要整体式模具，仅用金属拉深环及药包形状和大小来控制工件变形程度和拉深形状。这种拉深成形工艺完全依靠工艺参数的调整来获得所要求拉深零件的形状和尺寸，容易受到偶然因素的影响，因此这种自由爆炸拉深方法仅适用于拉深形状简单且精度要求不高的零件。有模爆炸拉深是通过坯料与凹模的贴合来保证工件成形精度，所以模腔的形状和尺寸精度决定着拉深件外表面的形状和尺寸的精度。由于模具可以有效保证拉深件的质量，所以有模爆炸拉深适用于批量较大、精度较高和相对厚度 t/D 较小的拉深件。在有模爆炸拉深前，需将模具型腔内抽成真空，防止爆炸拉深时压缩空气阻碍金属坯料与模具贴合，影响成形精度。图 8 - 11 所示是爆炸成形装置及爆炸成型产品的实例。

8.2.1.2　爆炸胀形

爆炸胀形（explosive expansion forming）是利用炸药爆炸冲击波和高压爆生气体共同作

用，将筒状金属坯料胀形成所要求的各类复杂管状曲面零件的加工方法。爆炸胀形时，金属变形区的应力应变状态为双向受拉状态，金属材料许用延伸率的大小决定着工件的极限胀形程度。根据模腔与毛坯间空气的排除方法，爆炸胀形可分为有模自由排气胀形和抽真空爆炸胀形两种。图8－12所示是爆炸胀形的示意图，采取有模抽真空的胀形方式。

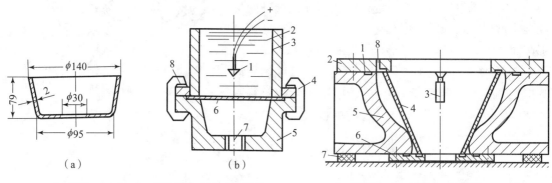

（a）

（b）

1—药包；2—水；3—套筒；4—卡具；5—模具；
6—成形毛料；7—排气孔；8—斜楔。

图8－11　爆炸拉深成形装置

（a）成形产品；（b）成形装置

1—密封圈；2—上压板；3—药包；4—毛坯；
5—爆炸模；6—下压板；7—垫土；8—抽气孔。

图8－12　模抽真空爆炸胀形示意图

8.2.2　爆炸复合

爆炸复合（explosive clad）是指以炸药为能源，在所选择的金属板材或管材的表面包覆一层不同性能的金属材料的加工方法。

爆炸复合有两种基本形式：一种是爆炸焊接（explosive welding），这种复合工艺要求两种金属材料的结合部位有一般的熔化现象，在两种材料的界面上能观察到细微的波浪状结构，由于两种金属彼此渗入各自的组织中，焊接后的强度很大；另一种工艺是爆炸压接（explosive crimping），它与爆炸焊接的区别是，结合部位两种金属组织没有发生熔化焊接现象，仅仅是依靠很高的爆炸压力把两者压合、包裹而牢牢地复合在一起。

8.2.2.1　爆炸焊接

爆炸焊接中应用最广泛的是平板的爆炸焊接。按基板和覆板的安装方式，可分为角度法和平行法。平行法要求基板和复板之间保持严格的平行，角度法要求基板和复板的间隙随位置的逐渐变化而变化。图8－13所示是角度法平板爆炸焊接的示意图。它由炸药1、雷管2、缓冲层3、复板4、基板5和基座6组成。爆炸焊接的基板为普通的金属材料，复板选用耐蚀性或耐热性较好的具有特殊性能的板材。缓冲层的主要作用是保护复板，避免复板

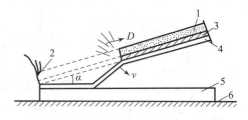

1—炸药；2—雷管；3—缓冲层；4—复板；
5—基板；6—基座。

图8－13　爆炸焊接示意图

表面受炸药爆炸灼伤，常用的缓冲材料有橡皮、沥青和油毡等。基座通常用砂或泥，在特殊情况下也可用厚钢板作基础。

爆炸焊接的过程大致如下：炸药爆轰后，以爆速 D 向前传播，在高压爆炸载荷作用下，

复板被加速，从起爆端开始依次与基板碰撞，当两板以一定角度相碰时，将产生很大压力，远远超过金属的动态屈服极限，因而碰撞区产生了高速的塑性变形，同时伴随着剧烈的热效应。此时，在碰撞处金属板的物理性质类似于流体，其内表面将形成两股运动方向相反的金属射流。一股是在碰撞点前的自由射流向尚未焊接的空间高速喷出，冲刷金属的内表面，使其露出有活性的新鲜面，为两种金属板的焊接创造条件；另一股是往碰撞点后运动的射流，称为凝固射流，它被凝固在两板之间，形成了两种金属的冶金结合。

除平板的焊接外，还有其他形式的爆炸焊接，如：①管焊接，可分为内爆炸（图8－14）和外爆炸两种形式；②搭结焊（图8－15）；③缝焊和点焊，在结构和部件的局部长度或面积上采用爆炸的方法进行缝焊和点焊。

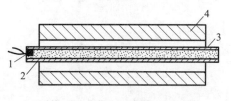

1—雷管；2—炸药；3—复管；4—基管。

图8－14　管的爆炸焊接

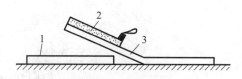

1—基板；2—炸药；3—复板。

图8－15　搭接爆炸焊接

爆炸焊接时，复板和基板的复合表面应做很好的清理。试验表明，初始表面的粗糙度越小、越新鲜，连接性能就越好。

常用的表面清理方法有以下几种：①砂轮打磨，主要用于钢的表面清理；②喷砂、喷丸，用于要求不高的钢表面处理；③酸洗，常用于铜及其合金的表面清理；④碱洗，主要用于铝及其合金的表面清理；⑤砂布或钢丝刷打磨，主要用于不锈钢和钛合金的表面清理；⑥车、刨、铣、磨，用于要求较高的厚钢板及异形零件的表面清理。

爆炸焊接与常规的金属连接方法相比，具有如下一些特点：

①爆炸焊接适用于广泛的材料组合，如熔点差别很大的金属（如铅和钽）、热膨胀系数差别很大的金属（如钛和不锈钢）及硬度差别很大的金属（如铅和钢）等，都可以用爆炸焊接的方法得到性质优良的复合板。

②爆炸焊接金属板的尺寸和规格不受设备条件的限制，复板的厚度范围为0.025～25 mm，基板的厚度可以从0.05 mm到任意厚度。

③焊接质量和再加工性能好。爆炸焊接产品不但具有较高的结合强度和优良的应用性能，而且有良好的再加工性能。

在生产和科学技术中，常常需要多层金属复合材料，如三层和多层装甲材料、三层复合钎料、多层纤维复合材料等。这些复合材料具有单层金属和双层复合材料所不具有的物理、力学和化学性能，是一类新型的金属复合结构材料。对于物理和化学性质相差很大的基材和层数很多的多层复合材料，爆炸焊接也许是唯一可行的方法。

一般金属爆炸复合板的生产过程都需要十几道工序，如图8－16所示。爆炸复合板的主要工序可分为四个部分，即前处理工序、爆炸焊接工序、热处理工序和后处理工序。

目前，多层复合板有一次、二次和多次的爆炸焊接法，也可用对称和非对称碰撞的方法进行爆炸焊接。采用一次爆炸复合的工艺，选择参数时，要使界面的情况都符合技术要求。组装多层板时，要特别小心，保证间隙准确，间隙物的位置不要重叠。图8－17～图8－20所示分别为一次、多次、对称和成堆的焊接示意图。

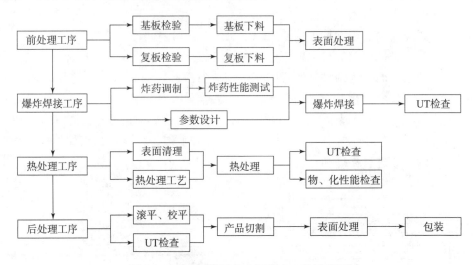

图 8 - 16　金属爆炸复合板生产工艺示意图

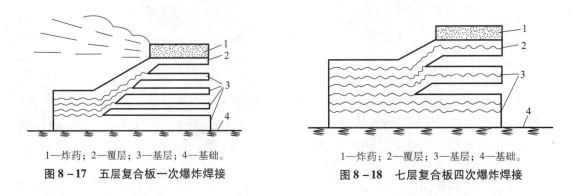

1—炸药；2—覆层；3—基层；4—基础。

图 8 - 17　五层复合板一次爆炸焊接

1—炸药；2—覆层；3—基层；4—基础。

图 8 - 18　七层复合板四次爆炸焊接

　　随着化工、电力等行业装备的大型化，其对大面积结合质量高的不同金属复合板的需求不断增加，其中爆炸焊接的方法是一种有效方法。如宝钛集团有限公司通过分段布药工艺成功制备了面积大于 20 m² 的界面无分层、夹杂等缺陷，力学性能符合 ASTM B898—2005 标准，能够满足装备使用需求的大板幅钛/钢复合板。西安天力金属复合材料有限公司成功制备了面积大于 15 m² 的大板幅铜/钢复合板，在小板试验的基础上，成功制备了大板幅钽/锆/钛/钢四层复合板。

　　为了探索真空条件下金属复合爆破的机理，太钢复合材料厂先后制作了 2 m³、50 m³ 和 270 m³ 的试验容器，分别进行真空条件金属复合爆破试验。表 8 - 2 为 270 m³ 容器内真空试验结果。根据爆炸后复合情况，复合效果良好，真空情况下可以降低药量 20% ~ 30%。真空爆炸打破了基复比必须大于 3∶1 的定例，可以爆炸复合基复比为 1∶1 的复合板。

　　爆炸复合板有以下优点：

　　①界面结合强度高。炸药爆炸的能量使复板高速撞击基板，产生高温高压，使两种材料的界面实现固相焊接。如不锈钢和碳钢的爆炸复合，理想状态下，界面的剪切强度可以达到 400 MPa。

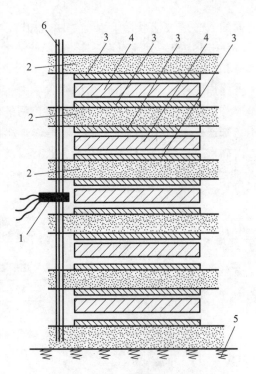

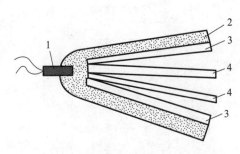

1—雷管；2—炸药；3—覆层；4—基层。

**图 8 - 19　四层复合板的对称碰撞
爆炸焊接**

1—雷管；2—炸药；3—覆层；4—基层；
5—基础；6—导爆管或导爆索。

图 8 - 20　四层复合板的成堆碰撞爆炸焊接

表 8 - 2　真空爆炸复合试验结果

试验次数序号	1	2	3	4	5
试验板材质	304 + 304	Q235B + Q235B	Q235B + Q235B	Q235B + Q235B	Q235B + Q235B
试验板厚度/mm	(3 + 6)	(10 + 10)	(4 + 4)	(6 + 6)	(4 + 4)
试验板面积/m²	1.4	1.0	4.75	4.75	7.5
理论平方米药量/(kg·m⁻²)	21	42	24	31	24
实际平方米药量/(kg·m⁻²)	17.9	50.0	16.9	21.0	14.7
理论总药量/kg	29.4	42.0	114.0	147.0	180.0
实际总药量/kg	25	50	80	100	110
实际占装药理论百分比/%	85	119	70	68	61
复合率/%	100	100	100	100	91

②实现多种金属复合。由于爆炸复合是冷加工，因此，它可以产生除不锈钢复合板以外的很多种金属复合板，如钛、铜、铝等。

③复合板厚度范围大。爆炸复合可以生产总厚度达到几百毫米的不锈钢复合板，如一些大型底座和管板等。如超大面幅超薄铜铝爆炸复合板，包括端面抵接且位于复层的铝板和位于基层的铜板，所述铝板的厚度为 6~10 mm，铜板厚度为 6~10 mm，铝板与铜板之间的复

合面的截面呈波浪状冶金结合，并且铝板与铜板爆炸加轧制形成的复合板厚度最小可达$(0.3+0.3)$mm，板幅为$45 \sim 55$ m^2。

8.2.2.2 爆炸压接

爆炸压接是利用爆炸产生的强大压力将两种金属材料压合、包裹在一起。机械压缩过程是爆炸压接的基本形式。爆炸压接最典型的例子是电力工业部门在野外架设高压输电线时，用它来连接电力线。图8-21所示是爆炸压接钢绞线的原理图。将两根电力线的线头从相反方向插入压接管中。线头的连接方式有对接、搭接和插接等。在压接管外周敷设两层炸药，爆炸后即可完成压接。

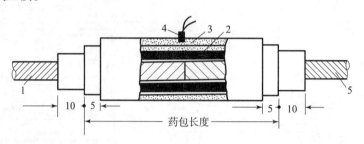

1，5—钢绞线（对接）；2—压接管；3—二层炸药；4—雷管。

图8-21 爆炸压接原理图（尺寸单位：mm）

爆炸压接架空电力线的工艺过程是：按压接需要切割一定长度的压接管，用汽油或10%的碱水清洗管、线，在压接管的外表面与炸药接触的部位包缠保护层，如橡皮、塑料袋等，根据压接长度和压接管的直径进行装药计算并在压接位置上敷设药包，把需要压接的电力线的一端穿进压接管中。爆破和爆后对压接部位进行处理。爆炸压接前表面所需要的清理工作与爆炸焊接的类似。

我国供电部门在采用搭接式爆炸压接时所采用的管线规格、泰乳炸药装药结构和参数见表8-3。

表8-3 搭接式爆炸压接的管、线规格和装药参数

钢芯铝绞线		压接管			装药参数			
型号	导线外径/mm	型号	长度/mm		导线基准药包		引线基准药包	
			导线	引流线	长度×药厚/(mm×mm)	装药量/g	长度×药厚/(mm×mm)	装药量/g
LGJ-35	8.4	BYD-35	170		150×5	45		
LGJ-50	9.6	BYD-50	210		190×5	70		
LGJ-70	11.4	BYD-70	250		230×5	85		
LGJ-95	13.7	BYD-95	230	115	210×5	95	85×5	40
LGJ-120	15.2	BYD-120	270	130	250×5	125	85×5	40
LGJ-150	17.0	BYD-150	300	135	280×5	160	110×5	55
LGJ-185	19.0	BYD-185	340	150	320×5	185	115×5	75
LGJ-240	21.6	BYD-240	370		350×5	240	130×5	80

8.2.3　爆炸硬化

爆炸硬化（explosive hardening）是利用敷设在金属表面的一层板状炸药爆炸产生的冲击波使金属表层硬化的方法。金属爆炸硬化过程如图 8-22 所示。目前，爆炸硬化工艺主要用于高锰钢铸件，例如铁道道岔、挖掘机斗齿、颚式破碎机的牙板等。经爆炸硬化的金属表层，一般硬度将提高 2~3 倍，抗拉强度提高 2 倍，屈服点可提高 4 倍左右。对爆炸硬化的高锰钢切片的显微观察表明，高锰钢表层在复杂的爆炸应力作用下，晶粒产生了高密度的位错、增殖和滑移。塑性变形和强化的结果表现为硬度的提高，这就是高锰钢在爆炸载荷作用下硬度提高的原因。

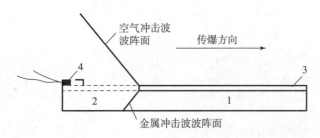

1—待硬化金属；2—已硬化金属；3—炸药；4—雷管。

图 8-22　爆炸硬化过程示意图

爆炸硬化工艺以使用板状炸药操作最为简便。先根据零件要硬化的部位，将其展开面积做成样板，按样板把板状炸药裁切成一定形状，然后把药片直接贴在零件需要硬化的部分，用雷管引爆。

炸药是影响爆炸硬化效果的主要因素，通常用于爆炸硬化的炸药要求满足：①炸药的密度大，爆速和猛度高，传爆性能稳定，临界厚度小；②具有良好的柔软性和可塑性，便于裁剪和敷贴。目前国内已经研制成功的板状炸药均以黑索金炸药为主要成分，单位面积装药量为 $0.3 \sim 0.5 \ g/cm^2$。

使用同样的炸药，波阻抗越大的金属，其产生的冲击波压力峰值越高，硬化效果也越好，高锰钢爆炸硬化以后，表面硬度提高，相当于提高了表层金属的波阻抗。因此，采用小药量分次爆炸硬化的方法比大药量单次爆炸效果显著。加大药量虽然也可以加大硬化层深度，但却不能使表面硬度有很大提高，如图 8-23 所示。

试验资料表明，同样药量分两次爆炸时，与单次爆炸效果比较，无论是表面硬度还是硬化层深度，都有明显改进。一次爆炸与二次爆炸硬化效果的比较如图 8-24 所示。当爆炸硬化的炸药厚度为 4 mm 时，重复爆炸两次效果最好。对于性质相同，编号为 204 和 206 的高锰钢铸件试件，试件 204 爆炸硬化一次，表面硬度可达 RC 35~38，硬度在 RC 32 以上的硬化深度为 3~6 mm；试件 206 爆炸硬化两次后，表面硬度可达 RC 40~43，硬度在 RC 38 以上的硬化层深度为 3.5~4.0 mm，RC 32 以上的硬化层深度则约为 16 mm。

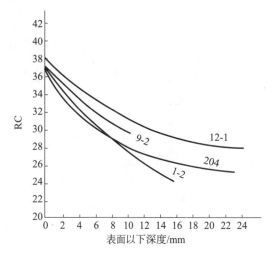

1 - 2—炸药厚度 3 mm，炸药硬化次数 1 次；204—炸药厚度 4 mm，爆炸硬化次数 1 次；9 - 2—炸药厚度 5 mm，爆炸硬化次数 1 次；12 - 1—炸药厚度 6 mm，炸药硬化次数 1 次。

图 8 - 23　药片厚度与硬化效果关系

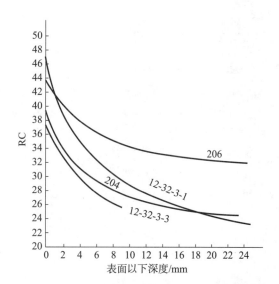

204 号试件，爆炸一次；206 号试件，爆炸两次；
12 - 32 - 3 - 3 试件，爆炸一次；
12 - 32 - 3 - 1 试件，爆炸两次。

图 8 - 24　药厚 4.0 mm 时，一次爆炸与
二次爆炸硬化效果的比较

8.3　爆炸合成新材料

8.3.1　概述

爆炸冲击波作用时，产生高压和温升，其作用时间很短，在材料中产生很高的应变率，这样就会使由活性物质组成的混合物产生化学反应，也可能使纯物质发生相变。通过爆炸的方法合成新材料一直是一个前沿的热门研究课题，这方面研究最多和最成功的是一些超硬材料如金刚石和致密相氮化硼的爆炸合成（explosive synthesis）。

最早通过爆炸冲击波合成的化学合成物是锌 - 铁素体。其后不久，在具有理想配合比的钛碳混合粉末的爆炸烧结中观察到碳化钛的形成。随后发现，当用三硝基苯甲硝胺对乙炔碳黑和钨或铝粉等的混合物进行爆炸压制后，生成了碳化钨或碳化铝等金属碳化物。形成碳化钨所用的炸药与粉末质量比 E/M 约为 5，碳化钨（$\alpha - W_2C$ 和 WC）的得率为 90%，形成 Al_4C_3 所用的 E/M 值为 16，Al_4C_3 的得率为 42.5%。

钛酸钡是广泛用来制造压力传感器的材料，对氧化钛（TiO_2）和碳酸钡（$BaCO_3$）的混合物进行爆炸冲击可以合成钛酸钡。通过爆炸冲击作用于相应组分还可以用来合成超导化合物，如 Nb_3Sn 和 Nb_3Si 等，其合成所需的压力高达 100 GPa 左右。已有研究表明，爆炸合成的超导合金的转变温度比用普通方法制成的合金要低，并且爆炸合成的超导材料的转变范围也要大一些。氮化硅是用于高温的一种非常重要的材料，它可以用来制造燃气轮机的涡轮叶片和轮盘等。在对氮化硅进行爆炸冲击时，也会发生相变。当冲击压力达到 40 GPa 时，$\alpha - Si_3N_4$ 会转变为 $\beta - Si_3N_4$。

同用普通方法制成的材料相比，爆炸合成的材料具有独特的性质。比如，爆炸合成的粒度约 1 mm 的碳化钨颗粒的硬度为 HV 3 500 左右，而用普通方法制成的碳化钨为 HV 2 000。由 $CuBr_2$ 和 Cu 的混合物爆炸合成的 CuBr，其晶格常数为 $a = 5 643$ Å，一般值为 5 690 Å。爆炸合成的 CuBr 的密度及介电特性较强，CuBr 的闪锌矿向纤锌矿转变温度较低，只有 375 ℃，而一般的转变温度为 396 ℃。将爆炸合成的 CuBr 在 400 ℃ 下热处理 0.5 h，其性质与普通 CuBr 制品类似。此外，爆炸合成的 BN、CaF_2，CdF_2 也有与由常规方法得到的材料所不同的晶格常数。但退火处理后，这些物质的物理常数与由常规方法得到的材料相同。

8.3.2　爆炸合成金刚石

由石墨高压相变合成金刚石已有多年的历史，主要包括静压法和爆炸冲击波动态加压法。

8.3.2.1　冲击波法

冲击波法是指将冲击波作用于试样，使试样在冲击波产生的瞬间高温高压下相变成金刚石。试样包括石墨、灰口铸铁及其他碳材料。利用冲击波爆炸合成金刚石的方法有多种，一是平面飞片法，即利用飞片积储能量，然后高速拍打石墨试样来获取高温和高压；二是收缩爆炸法，利用收缩爆轰波使大量爆炸能量集中于收缩中心区，造成很大的超压和高温，来提供石墨相变所需的条件。图 8-25 所示为平面飞片法爆炸装置示意图。经平面波发生器及主装药产生的冲击波驱动金属飞片，高速驱动的飞片拍打试样，在试样中产生高温高压，使碳材料相变成金刚石。为了便于回收，也可以不用砧体而在沙坑中直接爆炸。

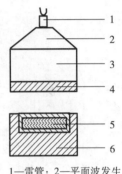

1—雷管；2—平面波发生器；3—主装药；4—飞片；5—试样；6—砧体。

图 8-25　平面飞片加载装置示意图

目前大多采用收缩爆炸法。产生典型的柱面收缩方法有多种手段，如柱面收缩的炸药透镜法、对数螺旋面法、金属箔瞬时爆炸引爆法等。但这种方法的装置或是辅助用药量较多，或者引爆技术比较复杂，或者附属设备投资较大，不适用于规模化生产。图 8-26（a）所示为一种柱面收缩爆炸装置。引爆头被激发后，爆轰波通过传爆药层使药柱上侧四周同时激发，形成一个向心和向下的准柱面收缩波。如果将这种装置和飞片法结合起来，就形成了如图 8-26（b）所示的综合爆炸装置。由于从两个角度利用爆炸的能量，因而同样药量下金刚石的产量大致可以提高一倍。

在用冲击波法合成金刚石过程中，为了提高转化率，防止逆向石墨化相变发生，通常在样品中混入金属粉，如 Fe、Ni、Co、Sn 合金粉等，以降低样品温度，提高冲击压力和石墨样品的冷却速度。此外，也可以采用水下冲击的方法，来提高石墨样品的冷却速度。

一般认为，冲击波条件下石墨向金刚石转变是非扩散直接相变。冲击波合成的金刚石是颗粒度在 0.1 μm 至几十微米之间的多晶微粉，含有大量的微观晶格缺陷，具有较高的烧结活性，多为立方晶型、纯度高、质量好、强度、硬度和绝缘性能明显比静压合成的金刚石好。

解决冲击波合成大颗粒金刚石是当今国内外需要攻克的难题。冲击波压力、温度及作用时间是影响金刚石粒度和装化率的重要因素。其中温度的作用更为明显，提高温度可以促进金刚石的成核和生长，但如果冷却措施不力，卸载后温度仍然很高，会使合成的金刚石发生石墨化。对于作用时间，尚有不同的认识，有些学者认为冲击压力的持续时间是金刚石成核

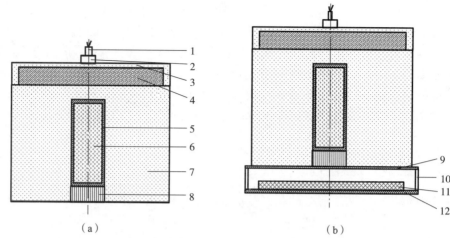

1—雷管；2—引爆头；3—引爆层；4—隔爆板；5—试样管；6—试样；7—主药包；
8—圆铁块；9—飞片；10—支架；11—石墨试样；12—底板。

图 8 - 26　收缩爆炸法

（a）准柱面收缩装置；（b）综合装置法

和生长的有效时间，但也有人认为真正起作用的是冲击波上升前沿这段时间。为增大金刚石粒度，可以采用多次冲击的方法合成聚晶金刚石，使金刚石聚晶粒度达 100 μm 以上。但随着冲击次数的增加，金刚石聚晶变脆。

8.3.2.2　爆轰波法

1982 年，苏联首先提出采用爆轰波法合成金刚石，这种方法是指将可相变的石墨与高能炸药直接混合，起爆后利用炸药爆轰产生的高温高压直接作用于石墨，利用爆轰波的高温高压直接作用合成金刚石，爆轰波过后，产物飞散而快速冷却得到金刚石。这种方法中，作用于石墨的不是一般的冲击波，而是带化学反应的爆轰波。爆轰波法与冲击波法比较相似。这两种条件下都是非扩散直接相变。

8.3.2.3　爆轰产物法

利用炸药爆轰的方法合成纳米金刚石被誉为金刚石合成技术的第三次飞跃。爆轰合成超微金刚石（Ultrafine Diamond，UFD）与冲击波法和爆轰波法不同，它是利用负氧平衡炸药爆轰后，炸药中过剩的没有被氧化的碳原子在爆轰产生的高温高压下重新排列、聚集、晶化而成纳米金刚石的技术，所以又称为爆轰产物法。由于爆轰过程的瞬时性决定了 UFD 的纳米小尺寸，目前仅在陨石中发现有和 UFD 相似的物质。

UFD 的制备过程较为简单，其爆炸合成装置如图 8 - 27 所示。负氧平衡的混合炸药在高强度的密闭容器中爆炸，为了减少爆炸过程中伴生物石墨和无定形碳等的生成，同时防止 UFD 发生氧化和石墨化，爆炸前在容器中充惰性保护气或（和）在药柱外包裹具有保压和吸热作用的水、冰或热分解盐类等保护介质。爆炸后，收集固相爆轰产物（爆轰灰），先过筛去除杂物，然后用氧化剂

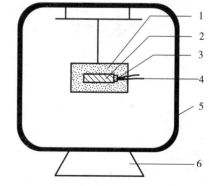

1—保护介质；2—炸药；3—传爆药；
4—雷管；5—爆炸罐；6—底座。

图 8 - 27　爆炸合成装置示意图

进行提纯处理，除去其中的石墨、无定形碳等非金刚石碳相及金属杂质等，经蒸馏水洗涤并烘干即可得到较纯净的 UFD。

虽然只用 TNT 可以生成游离碳，但由于 TNT 的爆轰压力不高，因而还不能生成金刚石。用 TNT 与 RDX 的混合物就可以生成金刚石。试验结果表明，TNT 含量在 50% ~ 70% 时，金刚石的产率较高。爆炸需要在密闭的容器中进行，容器中要充填惰性介质，以保护生成的金刚石不被氧化。作为惰性介质，开始时是采用一些气体。试验结果表明，用 CO_2 的结果优于其他几种气体，而采用惰性气体（如氦、氩）时，几乎不生成金刚石。由此可以认识到，所用的惰性介质除起到保护生成的金刚石不被氧化的作用外，还起到冷却爆炸产物的作用，因而其比热越大越好，可以使爆炸产物迅速冷却，使其中的金刚石粉不会发生石墨化。基于此，试验中采用了不同的保护介质，包括水、冰及热分解盐（如 $NaHCO_3$ 和 NH_4HCO_3）等。试验结果表明，采用水做保护介质时，金刚石的得率最高，并且操作工艺最简单，因而在实际生产中经常采用水做保护介质，国内外甚至发展了水下连续爆炸的方法。

如上所述，在合成金刚石的过程中，TNT 之类的负氧平衡炸药主要提供碳源。按化学反应式计算，当使用 TNT/RDX（50/50）混合炸药时，游离碳的生成量最多，为 14%，也就是说，即使全部游离碳都转化为金刚石（这实际上是不可能的），其收率也只能是炸药用量的 14%。为了探索提高金刚石收率的可能性，研究者们尝试向炸药中添加有机物的方法。曾试探过多种有机物，其中有一些可以使含金刚石黑粉的收率有所提高，因而金刚石收率也略有增加，但并不明显。有人认为，添加有机物后爆轰产物中游离碳的含量增加还有保护金刚石的作用。金刚石收率提高不明显的原因是，添加惰性有机物后，炸药的爆轰压力下降，这对金刚石的生成是不利的。

人们还试探了用不同炸药合成金刚石，例如用爆轰压力更高的奥克托今 HMX 代替 RDX，但是金刚石收率并没有明显提高。其原因是，只要压力达到必要的水平，就可以使炸药中多余的碳全部解离成游离碳，再提高压力并不能进一步增加金刚石的收率。当使用爆轰产物温度更高的无氧炸药如 BTF 时，产物中金刚石的颗粒尺寸有显著增加。其原因是，当爆轰产物温度更高时，部分游离碳会熔化生成碳的液滴，然后晶化生成颗粒尺寸较大的金刚石粉末。还有人试过用爆炸性能与 TNT 相似而分子中没有 C—C 键的炸药 CH_3—$N(NO_2)$—CH_2—$N(NO_2)$—CH_3 代替 TNT 作为原料，这时金刚石的收率明显下降，其原因是在使用一般炸药时，爆轰产物的游离碳中含有 C_2、C_3 或更大的碳团簇，它们更容易转化为金刚石，而没有 C—C 键的炸药就不能生成这类团簇，使金刚石收率下降。爆轰法合成纳米金刚石的得率较高，以炸药用量计可达 8% ~ 10%。不同装药条件下爆轰灰及 UFD 的得率见表 8 - 4，不同保护条件下爆轰灰及 UFD 的得率见表 8 - 5。

表 8 - 4 不同装药条件下爆轰灰及 UFD 的得率

项目	TNT	RDX	TNT/RDX (70/30)	TNT/RDX (50/50)	TNT/RDX (50/50)	NQ/RDX (50/50)	NM/RDX (40/60)
装药形式	注装	压装	注装	注装	压装	注装	注装
保护介质	N_2	N_2	N_2	H_2O	N_2	H_2O	H_2O
爆轰灰/%	27.2	8.0	21.0	21.9	18.0	8.7	24.1
UFD/%	2.8	1.1	7.5	9.1	3.5	0.4	0.3

表 8 – 5　不同保护条件下爆轰灰及 UFD 的得率

项目	N_2	水	冰	NH_4HCO_3
爆轰灰	19.0	21.0	22.0	NA
UFD	4.5	9.1	8.7	6.0

爆轰合成纳米金刚石属于纳米级微粉，只有立方金刚石，没有六方金刚石，UFD 大都呈规整的球形，粒径范围为 1 ~ 20 nm，平均粒径为 4 ~ 8 nm，颗粒之间由于严重的硬团聚，通常形成微米和亚微米尺寸的团聚体。其晶格常数比宏观尺寸金刚石的大，具有较大的微应力。UFD 比表面积大，一般为 300 ~ 400 m^2/g，最大可达 450 m^2/g；其化学活性高，具有很强的吸附能力，表面吸附有大量的羟基、羰基、羧基、醚基、酯基及一些含氮的基团，形成了相对疏松的表面结构。元素分析表明，其元素组成为碳约 85%、氢约 1%、氮约 2%、氧约 10%。不同合成条件对 UFD 的晶粒尺寸、结构及性质都有影响，可以根据不同的要求选择合适的合成条件。也可以通过表面处理对其进行物理、化学改性，以满足不同的应用要求。

纳米金刚石用途很广泛。例如，用作玻璃、半导体、金属和合金表面超精细加工抛光粉的添加剂；作为磁柔性合金成分制备磁盘和磁头；用作生长大颗粒金刚石的籽晶；用作强电流接触电极表面合金成分；制备半导体器件和集成电路元件（金刚石和类金刚石薄膜异向外延、金刚石半导体晶体管、可见和紫外波段发光二极管、蓝光和紫外光发光材料、集成电路的高热导率散热层）及用于军事隐身材料等。

8.3.3　爆炸合成致密相氮化硼

致密相氮化硼是另一类重要的超硬材料。氮化硼的分子结构与碳的一样，低密度相是与石墨一样的六方层状结构的石墨相氮化硼（GBN）；致密相分为立方结构的闪锌矿型氮化硼（CBN）和六方结构的纤锌矿型氮化硼（WBN）。立方氮化硼和六方氮化硼的硬度约低于金刚石，但其热稳定性及对铁基金属安定性优于金刚石。在机械加工中，氮化硼超硬材料有着特殊的用途，其用量逐年增加。

合成致密相氮化硼的方法包括上面提到的冲击波法和爆轰法。其工艺与用石墨合成金刚石类似。冲击波法合成的致密相氮化硼通常只含有纤锌矿型氮化硼，而在爆轰波法中，由于 GBN 发生相变的相变温度较高，所形成的致密相中除纤锌矿型氮化硼外，还有比较稳定的立方氮化硼。一般认为，GBN 向 WBN 的相变是通过沿 C 轴方向的压缩，使硼原子与氮原子发生微小位移，形成六方密排堆积结构，是一种非扩散、非热的马氏体转变机制。GBN 向高密相氮化硼的转化率强烈依赖于原始 GBN 的结晶特性，结晶度越好，转化率越高。用国产的结晶度为 5.0 的 GBN，最高转化率可以超过 50%。在爆轰波法中，炸药的爆轰参数对氮化硼的相变过程有直接影响。爆压越高，转化率越高。装药的形状也影响产物中致密相氮化硼的得率，这是由于炸药形状影响了压力卸载过程，卸载过程中也会发生与金刚石类似的石墨化现象，即产物中的致密相氮化硼向低密度相氮化硼的逆转变。卸载越慢，石墨化过程越长，产物中的致密相越少。

与爆炸合成金刚石类似，爆炸合成的致密相氮化硼是颗粒度在 0.1 μm 至几十微米之间的多晶微粉，含有大量的微观晶格缺陷。爆炸法合成的纤锌矿型氮化硼 WBN，具有很高的韧性和烧结活性。它相当容易转变为 CBN，又易于和 CBN 共同烧结成强度和硬度达到 CBN 水平的新型超硬材料。用它制造的切削刀具和磨削刀具，由于具有独特的高韧性，在抗冲击、抗断裂、抗挠曲强度等方面都要超过 CBN，是目前开发新型抗冲击多晶超硬材料最重要的基本材料。

8.3.4 爆炸合成球形纳米 $\gamma - Fe_2O_3$

纳米氧化铁是一种重要的无机非金属材料，其中 $\gamma - Fe_2O_3$ 广泛用作磁性记录材料的原料、软磁铁氧体的原料、抛光剂和氧化铁系颜料，尤其是用作氧化铁系颜料时，应用范围更广。爆轰法是制备纳米氧化铁的良好方法。

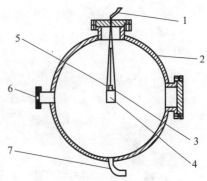

为了合成球形纳米 $\gamma - Fe_2O_3$，材料选用硝酸铁（$Fe(NO_3)_3 \cdot 9H_2O$）50 g、脲 75 g、黑索金 210 g。首先将硝酸铁水浴加热熔化成溶液，加入脲继续水浴加热并搅拌，使二者反应生成液体三硝酸六尿素合铁，其反应方程为：$Fe(NO_3)_3 \cdot 9H_2O + 6CO(NH_2)_2 \rightarrow Fe(CO(NH_2)_2)_6(NO_3)_3 + 9H_2O$。反应产物呈现液态，此时产物表现出较弱的氧化性，然后迅速将该溶液与黑索金粉末混合，形成均匀的炸药混合物。最后将炸药混合物放置在直径为 3 m、壁厚为 40 mm 的球形密闭爆炸容器内（图 8 - 28）爆炸。爆轰后，直接从排气口 6 进行收集成品。

1—导线；2—爆炸罐体；3—雷管；4—炸药混合体；5—吊绳；6—排气孔；7—排碴管。

图 8 - 28 爆炸容器示意图

试验发现，试验中将配制的试剂经过均匀混合后进行爆轰，加入脲合成尿素铁，以使铁离子与炸药充分混合，从而利用炸药爆轰产生的热量分解六尿素合铁，达到制备 Fe_2O_3 的目的。在爆轰时的高温高压下，尿素铁可以充分分解，生成液态的 Fe 并产生大量气体，使得该状态下的液态 Fe 不能聚集，从而更好地进行二次反应。反应过程中，在气液分界面处，液体分子受到指向液体内部的拉力，分子倾向于钻入液体内部，液体的表面积有缩小的倾向，导致表面张力增大，从而提高了 Fe_2O_3 的圆整度，达到制取圆整度较高的纳米 $\gamma - Fe_2O_3$ 的目的。

8.3.5 爆炸合成碳基纳米材料

石墨烯是碳原子紧密堆积成二维蜂窝状晶格结构的新型碳材料。石墨烯的应用范围很广，其重要的应用是在纳米电子器件方面，其他潜在的应用方面还包括超硬材料、储氢和储锂材料、超级电容器、生物燃料电池等。合成石墨烯的方法包括冲击法和爆轰法。美国杜邦公司将爆轰合成金刚石的技术成功实现了工业化的生产，说明爆炸技术在碳纳米材料合成领域有一定的适用性。

合成石墨烯的方法包括冲击法和爆轰法。试验时，以冰作为碳源，氢化钙（CaH_2）作为还原剂，硝酸铵作为氮掺杂源。加入硝酸铵作为氮掺杂源，硝酸铵在冲击波作用下，发生分解反应，放出大量的热，给二氧化碳冲击还原反应提供额外的能量，降低二氧化碳还原反应的冲击阈值，并成功合成氮掺杂含量约为 4% 的 2~8 层石墨烯，氮掺杂石墨烯具有良好的催化氧气还原活性，而未掺杂石墨烯基本没有。另外，还有碳酸钙作为碳源，选取金属镁粉作为还原剂，硝酸铵和尿素作为掺杂氮源，采用冲击法进行石墨烯的合成。高压和相对低的温度有助于合成高质量且层数少的石墨烯。随着冲击压力的增加，石墨型氮掺杂峰强度逐渐增强并成为主要的掺杂形式；氮掺杂含量主要受到冲击温度的影响，随着冲击温度的增加而增加；随着氮掺杂量的增加，氮掺杂石墨烯的催化氧气还原活性增强。石墨烯的生长速率须与碳原子的生产速率适配，才有利于生成石墨烯。冲击压力和温度是合成石墨烯的重要条件，通过调整压力和温度可以控制碳原子的生成速度，这可能是生成单层或少层石墨烯的关键。

碳包覆金属纳米颗粒（carbon-encapsulated metal nanoparticles）是一种新型的金属 – 碳复合纳米材料，是由单层或者多层石墨包覆（壳）的纳米金属颗粒（核）。碳包覆纳米金属材料具有奇特的电学、光学和磁学性质，广泛应用于催化剂、高密度磁记录、铁磁流体、吸波材料、光电子辐射领域。采用炸药和含铁化学物混合爆炸的方法来合成碳包覆纳米磁性粒子。

炸药选用黑索金（$C_3H_6N_6O_6$），含铁化合物选用硬脂酸铁（$C_{18}H_{35}FeO_2$）。将炸药和添加剂按一定比例均匀混合后，在 200 t 油压机上采用冷压成型方法制备出直径 20 mm 的密实圆柱形药柱，平均密度为 $1.2 \sim 1.50 \ g/cm^3$，压制压力控制在 100 MPa 左右。将药柱放入不锈钢高压反应釜（100 mL），如图 8 – 29 所示。将反应釜抽真空，依据实际情况充入氮气等惰性气体，以一定的加热速率将药柱加热到爆炸。爆炸后停止加热，反应釜自然冷却到室温，打开排气阀释放气体，回收反应釜中的样品。

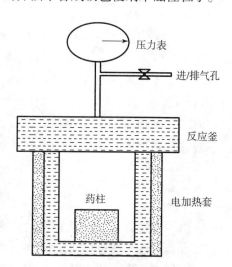

图 8 – 29　高压反应釜示意图

在爆轰合成碳包覆铁基纳米颗粒试验中，黑索金与硬脂酸铁的质量比是合成碳包覆结构的重要因素，可以通过改变质量比合成高纯的碳包覆结构。当质量比为 1∶2 和 4∶1 时，没有形成碳包覆结构。当质量比为（1∶1）～（3∶1）时，合成了碳包覆结构。核结构主要是铁和 Fe_3C，还有大量的碳纳米管存在。随着黑索金含量的增加，碳包覆层数和包覆颗粒尺寸都将减少，单质铁的含量也将增加。合成的碳包覆结构能够有效地保护金属核不被酸破坏。

8.4　油气井爆破

8.4.1　概述

油气井爆破（blasting for oil – gas well）技术是利用炸药的爆炸能量，在井中通过特定装置实施的井下爆破作业技术。油气井爆破技术很好地促进了钻井和采油工艺的发展。1926 年，在石油钻探和开采中首先发明了子弹射孔方法；40 年代聚能射孔试验成功；50 年代提出无桥体药型罩，并于 60 年代后期开始装备试用；80 年代套损井爆炸修复技术等得到了广泛的应用。

我国在石油钻探和开采中采用这一技术起步较晚，但发展迅速。1985 年，四川省石油管理局属下工厂研制成功 5 种射孔弹定型产品，近 20 年来，中国工程物理研究院和中国兵器工业204研究所等单位分别在油气井特种爆破技术的研究和新产品的开发方面做出了很大贡献。目前我国已开发了一系列油气井工程专用的爆破器材、燃烧器材及起爆和传爆器材。

油气井爆破与一般爆破工程不同，它是在油气井内特定环境中实施的爆破作业。爆破施工一般在套管内指定的油气层位中进行，如射孔、取芯、压裂、整形、切割等作业。我国陆地油田绝大部分井身采用 φ139.7 mm 的套管，壁厚分别有 6.2 mm、6.98 mm、7.72 mm、9.17 mm 和 10.54 mm 等多种，井内充满了井液。因此，在这种特定的条件下进行爆破作业，首先要求爆破器材及爆破装置能满足油气井施工的要求，同时，要确保作业过程中的安全。

油气井爆破有以下主要特点：

①外部环境复杂，作业安全性要求高。对于陆上油井井场，有高压电网、各种施工设备和机械，常伴有感应电和杂散电流等不安全因素。对于海上油田，爆破作业是在固定式、自升式或半潜式钻井平台上进行的，外部环境更为恶劣。

②对爆破器材的耐温耐压性能要求很高。我国油田的油层，大部分在 1 000～4 000 m 井深处，超深井井深可达 6 000～8 000 m，这些部位井温高达 250 ℃，泥浆压力可达 140 MPa。爆破器材必须满足耐高温、高压的要求，并在一定时间内其发火感度、爆炸威力、热稳定等性能均应保持稳定。

③爆破装置应有良好的密封性能。油气井内充满了井液，并且压力很高，为保证爆破效果，装置应有良好的密封性能。

④起爆技术必须安全可靠。除常规的电起爆、导爆索起爆方法外，目前已开发有安全电雷管、撞击起爆、压差起爆、定时起爆等新技术，以满足油气井作业的特殊要求。

8.4.2　射孔技术

所谓油井射孔（well shooting），就是根据勘探和开发需要，应用聚能射孔装置在油气层部位射孔，使井下套管和水泥环形成穿孔，沟通井眼与油气层，以便有效地开采原油、天然气或实施井下注水作业。

聚能射孔装置的主体是射孔弹。图 8-30 所示是典型的油井聚能射孔弹结构示意图，弹体高 44 mm、直径 26.2 mm、药柱采用 G 炸药（质量 15 g），药型罩用紫铜制作，60°锥角、厚 0.7 mm，爆炸后，可穿透套管侧壁，在岩层中炸出一个深 80～104 mm、直径 8 mm 的小孔。双侧聚能射孔装置如图 8-31 所示，在钢壳中同时包着两个顶角相对的聚能药包，它既

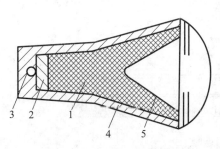

1—药柱；2—引爆药饼；3—导爆索孔；
4—外壳；5—金属药型罩。
图 8-30　油井聚能射孔弹

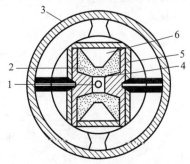

1—导爆索孔；2—炸药；3—枪壳；
4—钢壳；5—铝壳；6—聚能穴。
图 8-31　双侧聚能射孔装置

能增大穿透力、提高射孔密度，又简化了枪体结构。中国工程物理研究院研制生产的 C379 型系列石油射孔弹的规格和性能见表 8-6。

表 8-6　C379 型系列石油射孔弹的规格和性能

型号	规格/(mm×mm) 直径×高度	装药量 /g	耐温 48 h/℃	45 号钢靶 穿深/mm	45 号钢靶 孔径/mm	混凝土靶 穿深/mm	混凝土靶 孔径/mm
C379-89-1	46×46.5	24	170	150	13	450	14
C379-89-2	46×51	25	170	150	11	460	11
C379-89-3	46×51	25	170	145	10	550	10
C379-89-4	46×51	25	205	150	11	600	12
C379-127-1	58×64.5	39	170	160	14	750	16
C379-127-2	58×64.5	40	205	160	15	750	16

通常射孔弹都安装在专用的耐高温和高压的爆破装置——射孔器（枪）中。例如国内常用的 57-103 型射孔器，由电缆帽、枪身主体、发火机构和配重等组成。数个射孔弹按不同方向和高低位置同时装在枪身的筒架上，并与其射孔窗对正，用起吊装置把射孔器吊入井中油层需要射孔的部位，然后在地面通过特种导爆索引爆射孔弹。

8.4.3　聚能切割技术

在油田施工作业中，聚能切割器（jet cutter）的切割对象主要是井下油管、套管、钻杆和钻铤，以及海洋油田平台的报废桩腿和导管架等。切割弹大多采用面对称环形装药结构，分为环形内切割和外切割两种弹体。前者放在管子内部，从管子内部向外切割管壁，采取中心起爆方式；后者套在管子外部，从外向内进行切割，采用侧向起爆方式。采用 X 光和高速摄影对 $\phi 50$ mm 内切割弹爆炸后金属射流形态的观察表明，其环状射流头部速度在 3 137 ~ 3 276 m/s，可以满足切割要求。目前我国已开发出系列油井聚能切割弹，按用途主要可以分为四大类，即油管切割弹、钻杆切割弹、套管切割弹和钻铤切割弹。

SBG 型爆炸切割弹的结构如图 8-32 所示，其主要参数见表 8-7。使用这种切割弹能可靠地切断钻铤和钢管，切口平整、断头无膨胀及喇叭口现象，安全性能好，使用方便。目前在中原油田已广泛用来切割钻铤、分离钻头，并作为排除油气井及地质勘探中井下作业故障的有效工具。

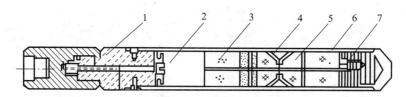

1—连接件；2—同步引爆器；3—炸药；4—聚能罩；5—异形炸药；
6—壳体；7—扩爆管。

图 8-32　SBG 型爆炸切割弹结构示意图

表 8-7 **SBG 型爆炸切割弹的类型及主要参数**

型号	装药密度 /(g·cm⁻³)	装药长度 /mm	弹长/mm	外径/mm	装药量/g	切断钻铤 规格/in①
SBG-Ⅰ	1.84	440	785	50	1 116	7
SBG-Ⅱ	1.74	620	860	50	1 526	6
SBG-Ⅲ	1.84	440	785	60	1 448	8

8.4.4 套管爆炸整形与焊接技术

油气井套管变形（一般为凹陷变形）是套损井最常见的一种损坏变形。套管的爆炸整形与焊接技术是针对套管变形、轻微错断（横向位移不超过 30 mm）而发展起来的一种综合修复工艺技术，也称为爆炸修井技术。

套管损坏类型主要包括如下三种：

①径向凹陷变形。由于套管本身局部质量差、强度不够，或在固井质量不高及长期采注压差作用下，套管局部会发生缩径现象，如图 8-33 所示。

②弯曲变形。泥岩、页岩长期水浸后，岩体会发生膨胀，产生巨大的应力。岩层相对滑移剪切套管，使套管沿水平方向弯曲，并在径向出现变形或严重变形（图 8-34）。

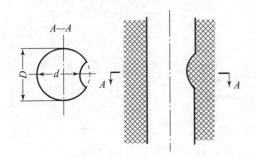

图 8-33 径向凹陷变形示意图

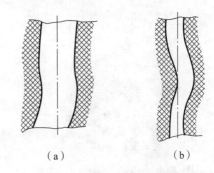

图 8-34 弯曲变形示意图
（a）一般变形；（b）严重变形

③套管错断。油水井的泥岩、页岩层由于长期注水形成浸水域，导致岩体膨胀产生滑移。当地壳升降、滑移速度超过 30 mm/年时，套管将被剪断且发生横向错位。这时，因套管在固井时受拉及钢材自身的收缩力的作用，错位的上、下套管会产生轴向收缩，最后被拉断，如图 8-35 所示。

1. 爆炸整形

利用水的不可压缩性和爆炸近点作用原理，可以对套管的凹陷、弯曲和错断等变形进行爆炸整形。实践表明，只有当装药药柱接近向内凸起的一侧时发生接触爆炸，才会使整形复位扩径效果最佳。爆炸整形主要选用综合性能良好的炸药（如 TNT、RDX 和 2 号岩石炸药），并将其装入一定形状的壳体中，形成一个扩径工具，且使用时能顺利、准确地输送到

---

① 1 in≈2.54 cm。

待整形的井下段位。

对于变形或错断通径小于 $\phi 90$ mm 的井况，采用常规的机械方法已很难实现整形。而对于爆炸整形法，只要是通径大于 $\phi 60$ mm，能允许炸药药柱及装药结构通过的套损井，均能实施爆炸整形。

爆炸整形的过程如下：将整形弹用管柱或电缆输送到井下需整形复位（扩径）的井段，经校对深度无误后，投入撞击棒或电缆车接通电源，引爆雷管和药包。炸药爆炸产生的高温高压气体及强大的冲击波通过套管中的井液传播，作用到套损部位套管的内表面时使其向外扩张，从而达到整形复位的目的。

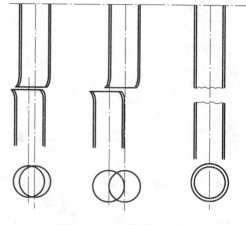

图 8 – 35　套管错断示意图

2. 爆炸焊接

爆炸焊接作业由焊接弹在井下完成，焊接弹的基本结构如图 8 – 36 所示。

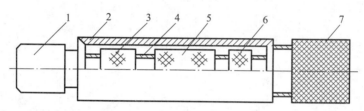

1—松扣装药；2—焊管；3—环焊套管；4—连接管；5—扩径装药；
6—环焊装药及引爆装置；7—排液发动机。

图 8 – 36　焊接弹结构示意图

爆炸整形扩径复位后，用油管或钻杆将焊接弹送至加固井段。焊接弹主要由焊管及焊接装药系统、排液系统和点火引爆控制系统组成。三大系统通过小直径管节连接，入井到位后，引爆雷管，点燃火药，排液发动机中的固体燃烧剂燃烧并产生高温高压气体。燃烧室达到一定压力后，使喷嘴打开喷射气流，排开焊管与套管中的井液，在其局部区域内形成气体堵塞。然后两端的环焊炸药和中间扩径炸药爆炸，推动焊管完成两端的环形焊接与中间的扩径作用，从而完成全部爆炸焊接过程。

8.5　其他特种爆破技术

8.5.1　地震勘探爆破（seismic blasting）

地震勘探是地球物理勘探的一种方法，它依据的是岩石的弹性。地震勘探采用人工的方法（用炸药或其他能源）在岩体中激发弹性波（地震波），沿测线的不同位置用地震勘探仪器检测大地的振动；把检测数据以数字形式记录在磁带上，通过计算机处理来提取有意义的信息；最终以地质解释的形式显示其勘探的结果。由于地震波在介质中传播时，其路径、振动强度和波形将随所通过介质的弹性性质及几何形态的不同而变化，掌握这些变化规律，并根据接收到的波的时程和速度资料，便可推断波的传播路径和介质的结构；而根据波的振幅、频率及地层速度等参数，则有可能推断岩石的性质，从而达到查明地质构造和普查探矿的目的。地震勘探任务主要包括布置测线、激震和进行地震波的检测。

8.5.1.1　地震测线布置

地震测线是指沿着地面进行野外地震勘探测试的路线。测线布置的基本原则如下。

①测线位置、长度和密度应根据地质构造来考虑，以确保完成所要求的地质勘探任务。

②测线应尽量布置成直线，以便得到地下构造的真实形态。

③主测线应垂直构造走向，以利于测到反射层的真深度和真倾角，为构造解释提供方便。地震勘探测线分为主测线和联络测线两种，用来查明地下地质构造的测线叫作主测线；连接主测线的测线叫作联络测线。联络测线垂直于主测线并和主测线构成测线网。

④测线应尽量通过井位，便于做好连井工作，以利于对比地震层位。

8.5.1.2　炸药爆破激震方式

人工激震在岩层中产生地震波是地震勘探的前提，其震源分为炸药震源和非炸药震源两类。炸药在岩体中爆破，在破碎带及塑性带以外形成岩石的弹性变形带，此时爆炸冲击波衰减成弹性波，以地震波的形式向四周传播。地震波入射到两种不同波阻抗的岩层界面时，又将产生反射波、折射波、透射波，并伴有滑行波。目前在地震勘探中主要是利用反射纵波，习惯上将其称为有效波。相对而言，妨碍记录有效波的其他波都称为干涉波。根据波动原理，描述地震波的特征量有时程、波速、振幅、频谱和能量，也即地震勘探检测和分析的对象与基础资料。实践表明，地震波的脉冲形状和上述特征量与炸药的物理性质、炸药量、激震方式、传波介质的性质及传播路径等有关。

地震勘探爆破常用的炸药是硝铵类炸药、聚能弹和爆炸索。通常采用的爆破激震方式如下：

（1）空中爆炸

空中爆炸一般在不宜进行钻凿炮井的地区（如流砂、沼泽地）实施。可采用单点或多点组合爆炸。它的优点是爆破作业简便，最大的缺点是爆炸时会产生很强的声波和面波等干扰波。

（2）坑中爆破（又称土坑炮）

坑中爆破在表层地震地质条件复杂地区，如沙漠、黄土沟和砾石覆盖区钻井困难、潜水面很深时采用，多用于我国西北地区。坑中激发一般采用多坑组合爆破。坑数、组合形式可通过试验决定，爆破后以各坑点的破坏圈互不相切为宜，一般坑距在 10 ~ 20 m。爆坑要选择在激发岩性较好的地点。药包应放在坑底的横洞内，竖坑中填土。

（3）井中爆破

井中爆破是地震勘探中最常用的一种激发方式。优点是：能降低面波的强度，消除声波对有效波检测记录时的干扰；能形成很宽的频谱；可大大减少炸药用量。井中爆破时，宜选取潮湿的可塑性岩层作为激发岩性。激发深度按反射波的要求，应在潜水面以下 3 ~ 5 m 处。若能在离开地面一个面波波长的深度激发，则可以较好地抑制面波。

激发药量的选择，应根据岩性、勘探深度、震源与接收点之间的距离、检波器的灵敏度等因素确定。在上述因素不变的情况下，适当增加炸药量可以提高有效波的振幅。

如属远距离接收，并且检波器的灵敏度已达到最大值，此时为有好的检测效果，并且单个药包炸药量已受到限制时，也可将炸药分散成多个药包按一定方式排列成组合药包，然后同时起爆。生产实践表明，组合药包爆炸激震的效果较好，在爆炸组合参数选择中，合理确定井距（即药包间距）$R(\mathrm{m})$ 十分重要，一般可按经验公式 $R=3.0Q^{1/3}$ 计算。式中，Q 为炸药量，单位为 kg。应注意的是，当药量一定时，药包个数也不宜太多，否则，会因药量过于分散而使激震接收效果减弱。

（4）水中爆破

水中爆破主要用于海洋、湖泊或河流中进行地震勘探，在水网地区也可因地制宜采用。实践表明，水深小于 2 m 时，地震记录效果较差，所以，当药量较大，水深不够时，可采用组合爆破。

在浅水中爆炸时，应注意炸药包接触的岩性，避免在淤泥中激发。水深时，由于气泡脉动的多次重复冲击，将使记录受到严重干扰。有试验认为，为使气泡逸出水面不形成振荡的最大水深为 $H=0.77Q^{1/2}$，单位为 m。由水面反射的能量与直接由震源发出的能量同相叠加，使有效波能量达到最大的最佳爆炸水深应等于有效波波长的 1/4，即 10~12 m。

（5）聚能弹爆破激震

采用聚能弹激震可减少炸药用量，并且操作简便。在聚能穴作用方向，爆炸能量加强，有利于提高地震波的有效能。此法在地震勘探中已得到推广应用。

（6）爆炸索激震

地震勘探中的爆炸索，其标准外径为 5 mm、长度为 300~700 m、每 100 m 索装炸药 1.05 kg。使用时，需将爆炸索埋在用犁沟机犁出的浅沟中，沟深 $d=0.6~1.0$ m。将沟槽埋实是为了压制干扰及与地层更好地耦合。爆炸索因长度 L 大而具有良好的组合爆炸作用。爆炸索的爆速约 7 000 m/s，大于地震波的波速，一端起爆时，爆炸产生的脉冲具有方向性。所以向下传播的能量大大高于水平方向，从而能增强激发产生的有效波，减弱干扰波。

8.5.1.3　激发条件对激震效果的影响

理想的震源信号应满足以下条件：①有足够的能量；②持续时间要短，可以分辨很近的两个界面；③可重复性，每次激发后的波形及其频谱差别很小；④产生的噪声不影响反射波的检测。事实上，地表条件往往十分复杂，上述条件很难同时达到。实际工作中必须根据特定的勘探任务和近地表条件，适当调节激发参数，以获得最佳勘探效果。

衡量某种激发方式效果好坏的依据，主要包括三个方面：能量、主频及频宽、地震波传播的方向性。能量越高，地震波主频越高、频带越宽，则激发效果越好。地震波传播的方向性是由于炸药激发的方向性或周围介质的不均匀性所引起的，当组合基距或长药柱的爆速适当时，这种方向性不会对地震记录产生明显影响。但如果激发参数选取不当或激发条件不好，则会对浅中层的大倾角反射波产生明显影响，破坏地震记录的一致性。这里着重分析岩性、药包埋深、激发药量和药包形状对井中爆破激发效果的影响。

（1）激发岩性

爆炸时波的频谱，很大程度上取决于岩石的物理性质。在干燥岩层（如砂层）或在软弱岩层（如淤泥）中爆炸，则频率很低，并且爆炸的能量大部分被岩层所吸收。在坚硬的岩石中爆炸，则产生极高的频率，但随着地震波的传播，高频成分很快被吸收，并且爆炸能量大部分消耗在破坏井壁周围的岩石上。因此，激发岩性应选取潮湿的可塑性岩层。这类岩性可使大量的爆炸能量转化为弹性振动能量，并且地震波具有显著的振动特性。

（2）药包埋深

对反射波来说，药包宜设置在潜水面以下，因为潜水面是一个很强的波阻抗面，爆炸所激发的能量由于潜水面的强烈反射作用而大部分向下传播，从而增强了有效波的能量。如果药包埋深较浅，激发的直接下行波与经过地表反射的次生下行波时差较小，并且药包上方大都为非均匀介质，结果使接收到的地震波的频率特性曲线变得相当复杂。

最佳药包深度可根据虚反射滤波特性初步确定，并按微测井物探法的现场实测结果，根据波的频谱平稳性及其宽度来选取最佳激发深度。

（3）激发药量

理论表明，在理想情况下（介质均匀、完全弹性，药包为球形），炸药爆炸产生的地震波振幅和能量与药包直径近似成正比关系，而频率与药包直径近似成反比关系。在离开药包的距离超过其直径的几倍时，上述情况则与比例距离近似呈线性关系。针对某一地区的具体条件，在地震勘探之前也可以通过爆破试验确定。

但实践表明，在常规地震勘探爆破中，激发药量的增大对于地震波能量和振幅的增长影响是缓慢的，并且还以牺牲主频和频宽为代价，不利于提高地震反射波信号的分辨率。当由于勘探范围较大、测线较长等因素必须增大药量时，可采用组合爆破法。

（4）药包形状

药包形状的不规则性，将影响到激震荷载的均布和地震波传播的方向性，所以理想的药包为球形。但在实际地震勘探爆破中，往往采用近似具有集中药包特性的短柱药包。此外，爆炸能量与岩石之间存在着几何耦合和阻抗耦合两种耦合关系。几何耦合即药包直径与炮井直径相等，耦合系数为 1.0；阻抗耦合则要求炸药与岩石介质的特征阻抗近似一致；此时激发的地震波能量最大。

8.5.1.4　地震波的检测

现代地震勘探数据检测系统主要由地震检波器、放大器、记录器和监视显示装置等部件组成。根据地震勘探本身的特点，对检测系统有如下要求：

①人工激发的地震波在地面引起的振动位移非常微小，只有 10^{-10} m 的量级；来自浅层和深层的地震波能量相差悬殊，可达 100 dB。因此，系统要有高灵敏度、大于 100 dB 的动态范围和自动增益控制部件。

②在地震波的传播过程中，除有效波外，常伴有许多外来或次生的规则干扰波（如面波、声波、浅层折射波等）和无规则干扰波（如风吹草动、建筑物和地面的微震、机械混响等）。因此，检测系统应具有对有效波在其频率范围内无畸变、对无用的干扰波有频率滤波选择的性能。

③为提高检测效率，系统应有多道接收装置。常见的有 24 道和 48 道，目前已发展到 500 道甚至 1 000 道。各记录道应具有良好的一致性。

④地下不同界面的地震波可能接踵而来，为区分两相邻界面的波，仪器的固有振动延续时间 τ 应小于相邻界面地震脉冲的到达时间差 Δt。

8.5.2　爆炸消除残余应力

爆炸消除残余应力（explosion relieving residual stress）是近 20 年来发展起来的新技术。它是采用适当的炸药以适当的方式在焊接区引爆，利用爆炸冲击波的能量，使残余应力区的金属产生塑性形变，从而达到消除或降低残余应力的一种工艺。

常规的熔化焊接，在焊接过程中由于局部加热和随后的不均匀冷却，不可避免地产生焊接残余应力，这是导致焊接结构多从焊接区域发生破坏的主要原因。目前工程上广泛使用的消除焊接残余应力的方法是退火消除应力法，但是它很难满足大型焊接构件生产的要求。这一尖锐矛盾，迫使人们努力研究消除残余应力的新方法。

20 世纪 80 年代，苏联的巴顿电焊研究所采用爆炸消除焊接残余应力方法处理的焊缝达 150 km，爆炸处理的管子接头有 2 万多个。南斯拉夫的 Bupau 工厂，在建设中几乎全部采用了爆炸法来消除焊接残余应力，共处理各种容器焊缝达 80 km，接头 8 000 余个。

爆炸消除焊接残余应力的布药有三种基本形式：①线状装药，有 1～3 条三种形式，药条平行焊缝布置；②平面装药，在焊接区均匀布置一层炸药，厚度和宽度根据具体情况而变化；③蛇形布药，包括单蛇和双蛇两种形式，布药宽度一般为 80～100 mm，蛇形两拐点距离为 75～120 mm。管子接头焊缝是采用爆炸消除残余应力较多的一种结构，通常在管子外表面进行爆炸处理。在焊缝两侧布药，爆炸处理后，可在焊接接头内表面造成双轴残余压应力状态，这对避免应力腐蚀开裂有益，特别适用于接触腐蚀性介质的管道，这是用局部加热消除应力处理法不可能实现的。

80 年代我国也开始这方面的应用研究，沈阳炮兵学院等单位采用爆炸焊接消除残余应力的焊接构件已有百余件，焊接材料有 16MnR 钢、A_3 钢和 SM58Q 高强度钢；处理的对象有水电站压力钢管、各类压力容器、石油化工反应塔、氧化铝厂碱槽、汽车吊臂等，构件的壁厚（板厚）在 6～46 mm。

8.5.3 爆破抢险救灾

1. 爆炸法灭火

用爆炸法扑灭油田或森林大火，主要采用（FAE）燃料空气炸药（一种特殊的混合炸药）。

最近，FAE 已发展到第三代，形成云雾后可自动爆轰。FAE 的爆速一般不超过 300 m/s，虽然较猛炸药低得多，但可散布成较大的云雾区，产生很大的爆热（通常为梯恩梯当量的 5.42 倍）及较高的峰值超压（可达数 MPa），作用时间也长，能形成更大的有效作用面积。

FAE 有如下特点：燃料在使用时被抛散成云雾，密度大于空气，能自动向低处流动；炸药呈面分布爆炸，扑灭大面积火灾时特别有效。它与一般固体炸药不同，本身不含氧，故爆炸时能燃尽爆区内的氧，有使火焰窒息的作用；同时，其爆轰产物的高速气流和冲击波又可破坏火焰的燃烧条件，扑灭火焰。

用于灭火的 FAE 通常做成子母弹形式，母弹射入火区一定高度后，向四面八方抛散出若干子弹，子弹解体释放出燃料，经与大气中的氧混合构成燃料空气炸药，适时引爆即可完成灭火作用。

2. 分洪爆破

分洪爆破有两大类：一类是水利工程按防洪规划设计非常溢洪道或分洪堤，布置预埋药室，当洪水水位达到分洪标准时，进行装药爆破分洪；另一类是遇紧急情况采用非常规爆破法分洪，如地震、滑坡产生的堰塞湖爆破。

分洪爆破是在紧急情况下实施的，设计方案应安全可靠、便于施工，并确保在分洪破坝（堤）命令下达后，在规定的时间内迅速完成所有破坝工序。同时，要求破坝（堤）时不得对周围需保护的对象产生破坏影响，确保爆区邻近重要设施的安全。

3. 堰塞坝抢险爆破

堰塞湖是由火山熔岩流、冰渍物、地震活动、暴雨等原因引起山崩滑坡，堵塞河道后蓄水而形成的湖泊。与爆破有关的处理方式有钻孔爆破、裸露药包爆破、小药室爆破和岩塞爆破。当堰塞坝体稳定、溃坝风险小且地形地质条件较好时，经专门的水工设计，开挖导流洞，并对堰塞坝进行加固处理后，可将堰塞湖改造成天然水库。

如果抢险为破堰分流，爆破破堰点应尽量选择在较破碎的堆积体部位。破口深度取决于堰塞坝堤身堆积体的可冲刷性，堆积体的可冲刷性与其材料性质及粒径大小有关。对于粒径为 20 ~ 40 mm 的石块，其启动流速为 1.3 ~ 1.5 m/s，只需 1 m 水头。实际情况只要水流漫过堰顶，细小的颗粒首先被水流带走，水深逐渐加大，水流速度随之增大，可冲刷的颗粒粒径也变大。当达到一定水深时，则形成快速冲刷，因而很快就能达到要求的过流断面。

4. 危岩体爆破治理

危岩体是指陡峭边坡上被多组结构面切割，在重力、风化营力、地应力、地震、水体等作用下与母岩逐渐分离，稳定性较差的岩体。这类岩体随着时间的推移，在水体、地震、风化营力等进一步作用下，在不确定时间将产生滑坡等地质灾害。危岩体的爆破治理，有开挖排水洞加固处理及爆破卸荷两种方法。

大型的滑坡体主要采用开挖排水洞等工程措施进行加固处理。如水布垭大雁塔滑坡治理、三峡库区秭归县县城滑坡治理。排水洞尺寸类似于城门，通常采用爆破法开挖。为控制开挖爆破对危岩体的不利影响，一般钻孔深度为 1 m 左右，严格控制单段起爆药量。

采用爆破卸荷处理的危岩体主要分为以下两种情况：

①水库库区的危岩体。水库蓄水前，边坡是稳定的，但在蓄水后降低了边坡的力学参数，存着滑坡的可能。国内外均有水库库区内危岩体产生滑坡、引起巨浪、发生溃坝的灾害事例。因此，需要在枯水期或大坝建设期采用卸荷方式处理危岩体。

②公路边坡附近的危岩体。公路边坡经开挖后，由于雨水等作用，形成危岩体，无法预计何时产生滑坡，也可采用爆破方式进行卸荷处理。

思　考　题

1. 简述聚能爆破的原理，列举出影响聚能药包爆破威力的主要因素。
2. 什么是爆炸加工？列举出常见的爆炸加工技术。
3. 简述爆炸焊接和爆炸压接的原理及特点，举例说明其应用。
4. 爆炸合成金刚石主要有哪几种方法？不同方法得到的金刚石性质有何不同？
5. 简述主要的油气井爆破技术。

第 9 章

爆破安全技术

Chapter 9　Blasting Safety Techniques

爆破安全技术包括两个方面：一个是爆破施工过程本身的安全问题，另一个是爆破引起的有害效应及防护减灾技术。爆破作业具有高危险性，所以在施工中涉及爆破器材使用，能够准确无误地安全起爆是保证安全的头等大事。起爆安全包括早爆、熄爆和盲炮等，对于不同的起爆方式，安全及防护的侧重点不同。爆破有害效应，包括地震、空气冲击波、飞石、粉尘、有害气体和噪声污染等，随着爆破器材在工业及城市建筑拆除等行业的广泛使用，爆破公害的有效预防和安全距离已成为爆破设计与施工的必要部分。

爆破造成的各种有害效应直接威胁着爆区周围环境和人民生命财产安全，必须引起足够重视。爆破公害效应的控制程度也是衡量爆破是否成功的重要标志。确定爆破安全距离的目的是限制爆破有害效应对周围环境的影响，确保人员和建构筑物及其他保护对象的安全。《爆破安全规程》是爆破安全设计的法律依据，该规程贯彻了国家的安全生产方针，是在我国从事民用爆破作业必须遵守的国家标准。

Blasting safety technique includes two aspects, one is the safety of the blasting construction process itself, the other is the adverse effects caused by blasting and the technique of protection and mitigation. Blasting operations are highly dangerous, so in the process of using blasting equipment, safe and accurate initiation is the first priority to ensure safety. The safety of initiation includes premature explosion, incomplete detonation and misfire, the focus of safety and protection is different for different methods of initiation. The adverse effects of blasting include blasting seism, air shock wave, flying rock, dust, explosion gas and noise pollution. With the widespread use of blasting equipment in industries such as industrial and urban building demolition, the effective prevention of adverse effects of blasting and safe distance have become an essential part of blasting design and construction.

Various adverse effects caused by blasting directly threaten the environment around the blasting zone and the safety of people's life and property, which must be paid enough attention to. The control degree of the adverse effects of blasting is also an important indicator of the success of the blasting. The purpose of determining the safety distance of blasting is to restrict the influence of the adverse effects of blasting on the surrounding environment, and ensure the safety of personnel, buildings and other protected objects. 《Safety regulations for blasting》 is the legal basis of blasting safety design, and the regulation has implemented the national safety production policy and is the national standard that must be abided by in the civil blasting operation in our country.

9.1 起爆安全及盲炮处理

安全可靠地起爆及盲炮处理是爆破施工中不可回避的主要安全问题，无论采取何种爆破网路，都必须切实做好按照规程进行。早爆（premature explosion）是指炸药比预期时间提前发生爆炸的现象。高压电、雷击、射频电、杂散电流和静电，由于其可在电爆网路中产生电流，故可能引起早爆事故。熄爆（incomplete detonation）和盲炮（misfire）也是爆破工程中经常遇到的问题，是危及人员安全的一个重要因素，如果处理不当，将会引起严重伤亡事故。

9.1.1 起爆网路安全

1. 电力起爆网路

同一起爆网路，应使用同厂、同批、同型号的电雷管；电雷管的电阻值差不得大于产品说明书的规定，电爆网路的连接线不应使用裸露导线，不得利用照明线、铁轨、钢管、钢丝作爆破线路，电爆网路与电源开关之间应设置中间开关。电爆网路的所有导线接头均应按电工接线法连接，并确保其对外绝缘。在潮湿有水的地区，应避免导线接头接触地面或浸泡在水中。起爆电源能量应能保证全部电雷管准爆；用变压器、发电机作起爆电源时，流经每个普通电雷管的电流应满足：一般爆破，交流电不小于 2.5 A，直流电不小于 2 A；硐室爆破，交流电不小于 4 A，直流电不小于 2.5 A。用起爆器起爆电爆网路时，应按起爆器说明书的要求连接网路。电爆网路的导通和电阻值检查应使用专用导通器和爆破电桥，导通器和爆破电桥应每月检查一次，其工作电流应小于 30 mA。

2. 导爆管起爆网路

导爆管网路应严格按设计要求进行连接，导爆管网路中不应有死结，炮孔内不应有接头，孔外相邻传爆雷管之间应留有足够的距离。用雷管起爆导爆管网路时，应遵守下列规定：①起爆导爆管的雷管与导爆管捆扎端端头的距离应不小于 15 cm；②应有防止雷管聚能射流切断导爆管的措施和防止延时雷管的气孔烧坏导爆管的措施；③导爆管应均匀地分布在雷管周围并用胶布等捆扎牢固。使用导爆管连通器时，应夹紧或绑牢。采用地表延时网路时，地表雷管与相邻导爆管之间应留有足够的安全距离，孔内应采用高段别雷管，确保地表未起爆雷管与已起爆药包之间的水平间距大于 20 m。

3. 导爆索起爆网路

起爆导爆索的雷管与导爆索捆扎端端头的距离应不小于 15 cm，雷管的聚能穴应朝向导爆索的传爆方向。导爆索起爆网路应采用搭接、水手结等方法连接；搭接时，两根导爆索搭接长度不应小于 15 cm，中间不得夹有异物或炸药，捆扎应牢固，支线与主线传爆方向的夹角应小于 90°。连接导爆索中间不应出现打结或打圈；交叉敷设时，应在两根交叉导爆索之间设置厚度不小于 10 cm 的木质垫块或土袋。

4. 电子雷管起爆网路

电子雷管网路应使用专用起爆器起爆，专用起爆器使用前应进行全面检查。装药前应使用专用仪器检测电子雷管，并进行注册和编号。应按说明书要求连接子网路，雷管数量应小于子起爆器规定数量；子网路连接后，应使用专用设备进行检测；应按说明书要求将全部子网路连接成主网路，并使用专用设备检测主网路。

9.1.2 早爆及预防

1. 高压电引起的早爆与预防

高压电在其输电线路、变压器和电器开关的附近存在着一定强度的电磁场，如果在高压线路附近实施电爆，就可能在起爆网路中产生感应电流，当感应电流超过一定数值后，就可引起电雷管爆炸，造成早爆事故。爆区距离高压线路的最小安全距离见表 9 - 1。

表 9 - 1　爆区距离高压线路的安全距离

高压电网电压/kV	安全距离/m
3 ~ 6	20
20	50
20 ~ 25	100

为防止感应电流造成早爆事故，可采取以下措施：

①尽量采用非电起爆系统。

②当电爆网路平行于输电线路时，两者的距离应尽可能加大。

③两条母线、连接线等，应尽量靠近，以减小形成回路的面积。

④人员撤离爆区前，不要闭合网路及电雷管。

2. 静电引起的早爆与预防

机械运输、化纤织物或绝缘物相互摩擦，压气装药，压气输料等，都会产生静电。当静电积累到一定程度时，就可能引爆电雷管，造成早爆事故。试验证明，炮孔中爆破线、炸药及施工人员穿的化纤衣服上都能积累静电，特别是使用装药器装药时，静电可达 20 ~ 30 kV。静电的积累还受喷药速度、空气相对湿度、岩石的导电性、装药器对地电阻、输药管材质等因素的影响。

减少静电产生的主要技术措施有以下几个方面：

①用装药器装药时，在压气装药系统中要采用半导体输药管，并对装药工艺系统采用良好的接地装置。

②易产生静电的机械、设备等应与大地相接通，以疏导静电。

③在炮孔中采用导电套管或导线，通过孔壁将静电导入大地，然后再装入雷管。

④采用抗静电雷管。

⑤施工人员穿不产生静电的工作服。

3. 射频电引起的早爆与预防

由广播电台、电视台、中继台、无线电通信台、转播台、雷达等发射的强大射频能，可在电爆网路中产生感应电流。移动通信设备的迅速普及，也构成了在城市和人口密集区域使用电爆网路的潜在安全隐患。当感应电流超过某一数值时，同样会引起早爆事故。在城市控制爆破中，采用电爆网路起爆时更应加以重视。应了解爆区附近有无射频能源，如有，应了解各种发射机的功率和频率，并用射频电流表或检测灯进行检测。为了防止由于射频电引起早爆，可以采取以下技术措施：

①调查爆区附近有无广播、电视、微波中继站等电磁发射源，有无高压线路或射频电

源。必要时，在爆区用电引火头代替电雷管，做实爆网路模拟试验，检测射频电对电爆网路的影响。在危险范围内，应采用非电爆破。

②爆破现场进行联络的无线电话机，宜选用超高频的发射频率。因频率越高，在爆破回路中的衰减也越大，因此，应禁止流动射频源进入作业现场。已进入且不能撤离的射频源，装药开始前应暂停工作。

4. 杂散电流引起的早爆与预防

所谓杂散电流（stray current），是指由于泄漏或感应等原因流散在绝缘的导体系统外的电流。杂散电流一般是由于输电线路、电器设备绝缘不好或接地不良而在大地及地面的一些管网中形成的。在杂散电流中，井下由直流电力车牵引网路引起的直流杂散电流较大，在机车起动瞬间可达数十安培，风水管与钢轨间的杂散电流也可达到几安培。因此，在上述场合施工时，应对杂散电流进行检测。当杂散电流大于 30 mA 时，应查明引起杂散电流的原因，采取相应的技术措施，否则不允许施爆。

对杂散电流的预防可采用以下措施：一是减少杂散电流的来源，如对动力线加强绝缘，防止漏电，一切机电设备和金属管道应接地良好，采用绝缘道碴、焊接钢轨、疏干积水及增设回馈线等；二是采用抗杂散电雷管，或采用非电起爆系统等。

5. 雷电危害及其预防

雷电是日常生活中最常见的电暴现象。由于雷电具有极高的能量，并且在闪电的一瞬间产生极强的电磁场，如果电爆网路遭到直接雷击或遭到雷电的高强磁场的强烈感应，就极有可能发生早爆事故。雷电引起的早爆事故有直接雷击、电磁场感应和静电感应三种形式。

对雷电引起的早爆事故，可尽量采用非电起爆，或采用以下技术措施：

①注意天气预报，雷雨季节尽量缩短爆破作业时间。

②在爆区设置避雷或预报系统。

③装药、连线过程中遇有雷电来临征兆或预报时，应立即拆开电爆网路的主线与支线，裸露芯线用胶布捆扎，并对地绝缘，爆区内一切人员迅速撤离危险区。

6. 化学电危害

当不同的金属浸入电解质（如潮湿的地层或导电的炸药）内时，可以产生化学电。地震勘探爆破中使用铝质炮棍装药曾发生的意外早爆事故表明，铝在钢套管和碱性钻孔泥浆形成的电池效应中产生了化学电。所以安全规程规定，金属炮棍、套管和任何导电的物体都不能进入装有电雷管的炮孔中。

9.1.3　盲炮的预防及处理

炸药、雷管或其他火工品没有如期引爆的现象称为盲炮。盲炮又称为瞎炮，出现的原因是多方面的，既有爆破器材质量原因，也有爆破网路设计和操作的问题，所以处理盲炮事故是爆破技术人员几乎不可避免的艰难工作。

9.1.3.1　盲炮产生的原因及预防

1. 电爆网路

①电雷管的桥丝与脚线焊接不好、引火头与桥丝脱离、延期导火索未引燃起爆药等。

②雷管受潮或在网路中采用了不同批号的雷管，或者网路电阻配置不平衡，雷管电阻差致使电流不平衡，获得较大起爆电能的雷管首先起爆而炸断电路，造成其他雷管不能起爆。

③电爆网路短路、断路、漏接、接地或连接错误。

④起爆电源起爆能力不足，通过雷管的电流小于准爆电流；在水孔中，特别是溶有铵梯类炸药的水中，线路接头绝缘不良造成电流分流或短路。

2. 导爆索起爆

①导爆索因质量问题或受潮变质，起爆能力不足。

②导爆索药芯渗入油类物质。

③导爆索连接时，搭接长度不够，传爆方向接反，联成锐角，或敷设中使导爆索受损；延期起爆时，先爆的药包炸断起爆网路。

3. 导爆管起爆系统

①导爆管内药中有杂质，断药长度较大（断药 15 cm 以上）。

②导爆管与传爆管或毫秒雷管连接处卡口不严，异物（如水、泥砂、岩屑）进入导爆管。管壁破损，管径拉细，导爆管打结、对折等。

③采用雷管或导爆索起爆导爆管时捆扎不牢，四通连接件内有水，防护覆盖的网路被破坏，或雷管聚能穴朝着导爆管的传爆方向。

④延期起爆时，首段爆破产生的飞石使延期传爆的部分网路损坏。

4. 预防盲炮的措施

要预防盲炮，必须严格执行爆破安全规程的具体规定，规范操作，坚决做到如下几点：

①爆破器材要妥善保管，严格检验，禁止使用技术性能不符合要求的爆破器材。

②同一串联支路上使用的电雷管，其电阻差不应大于 0.8 Ω，重要工程不超过 0.3 Ω。

③提高爆破设计质量。设计内容包括炮孔布置、起爆方式、延期时间、网路敷设、起爆电流、网路检测等。对于重要的爆破，必要时须进行网路模拟试验。

④改善爆破操作技术，保证施工质量。电雷管起爆要防止漏接、错接和脚线折断，并要经常检查开关和线路接头是否处于良好状态。

⑤在有水的工作面或水下爆破时，应采取可靠的防水措施，避免爆破器材受潮。必要时应对起爆器材进行水下防水试验，并在连接部位采取绝缘措施。

9.1.3.2 盲炮的处理方法

1. 一般规定

①处理盲炮前应由爆破技术负责人定出警戒范围，并在该区域边界设置警戒，处理盲炮时，无关人员不许进入警戒区。

②应派有经验的爆破员处理盲炮，硐室爆破的盲炮处理应由爆破工程技术人员提出方案并经单位技术负责人批准。

③电力起爆网路发生盲炮时，应立即切断电源，及时将盲炮电路短路。

④导爆索和导爆管起爆网路发生盲炮时，应首先检查导爆索和导爆管是否有破损或断裂，发现有破损或断裂的，可修复后重新起爆。

⑤严禁强行拉出炮孔中的起爆药包和雷管。

⑥盲炮处理后，应再次仔细检查爆堆，将残余的爆破器材收集起来统一销毁；在不能确认爆堆无残留的爆破器材之前，应采取预防措施并派专人监督爆堆挖运作业。

⑦盲炮处理后，应由处理者填写登记卡片或提交报告，说明产生盲炮的原因，处理的方法、效果，预防措施。

2. 裸露爆破的盲炮处理

①处理裸露爆破的盲炮，可安置新的起爆药包（或雷管）重新起爆或将未爆药包回收销毁。

②发现未爆炸药受潮变质时，则应将变质炸药取出销毁，重新敷药起爆。

3. 浅孔爆破的盲炮处理

①经检查确认炮孔的起爆线路完好时，可重新起爆。

②打平行孔装药爆破，平行孔距盲炮孔口不得小于 0.3 m。

③用木制、竹制或其他不发生火星的材料制成的工具，轻轻地将炮孔内大部分填塞物掏出，用药包诱爆。

④在安全距离外用远距离操纵的风水管吹出盲炮填塞物及炸药，但必须采取措施，回收雷管。

⑤处理非抗水类炸药的盲炮时，可将填塞物掏出，再向孔内注水，使其失效，但应回收雷管。

⑥盲炮应在当班处理。当班不能处理或未处理完毕，应将盲炮情况（盲炮数目、炮孔方向、装药数量和起爆药包位置、处理方法和处理意见）在现场交接清楚，由下一班继续处理。

4. 拆除爆破盲炮处理

①严禁从盲炮中拉出导爆管。

②采取措施消除由于爆破条件变化而出现的不安全因素，在所有人员撤至安全区域后，方可按常规起爆要求进行第二次起爆。

③从盲炮中收集的未爆药和残留雷管，应在爆破工作领导人同意后及时处理销毁，将每个盲炮的位置、药量及当时的状况逐一记录、存档。

5. 深孔爆破盲炮处理

①爆破网路未受破坏且最小抵抗线无变化者，可重新连线起爆；最小抵抗线有变化者，应验算安全距离，并加大警戒范围后连线起爆。

②在距盲炮孔口不小于 10 倍炮孔直径处另打平行孔装药起爆。爆破参数由爆破工程技术人员确定并经爆破技术负责人批准。

③所用炸药为非抗水炸药且孔壁完好者，可取出部分填塞物，向孔内灌水使之失效，然后做进一步的处理，但应回收雷管。

9.2　爆破振动效应及减振措施

炸药爆炸时释放出的巨大能量以应力波形式向外传播，随着传播距离的增加，逐渐衰减为爆破振动波。振动波引起的介质质点的强烈振动，能使爆区周围的建筑物损伤甚至倒塌，民用及工业构筑物出现裂缝、露天边坡滑动及地下巷道冒落，形成严重的爆破公害。尤其是在房屋密集的闹市区进行爆破作业时，对爆破振动危害的控制和预防更为重要。

9.2.1　爆破振动效应

爆破振动效应（effect of blasting vibration）是炸药在土岩、建筑物及其基础中爆炸时，引起的爆区附近的地层振动现象。爆破振动与自然地震的不同之处在于：①自然地震震源深、释放的能量大，而爆破振动药包一般埋在地表浅层或地表以上，并且释放的能量有限；②自然地震频率一般在 2~5 Hz（与建筑物的自振频率比较接近），爆破振动频率一般在 10~30 Hz；③自然地震的振幅大、衰减慢，影响范围和破坏力也大，爆破振动则振幅小、衰减快；④自然地震持续时间长，一般为 10~40 s，而爆破振动一般仅能维持 0.1~2 s。

我国《爆破安全规程》（GB 6722—2014）采用保护对象所在地质点峰值振动速度（peak particle velocity）和主振频率（main vibration frequency）作为爆破振动判据的主要物理量指标，使用萨道夫斯基经验公式计算爆破振动速度值。

$$v = K \left(\frac{\sqrt[3]{Q}}{R} \right)^a \tag{9-1}$$

式中，v——介质质点振动速度，cm/s；

Q——药量，齐发爆破时取总药量，延迟爆破时取最大一段的药量，kg；

R——爆源中心到观测点距离，m；

K，a——与爆破条件、岩石介质特性等有关的系数，取值见表 9-2。

表 9-2　爆区不同岩性的 K、a 值

岩性	K	a
坚硬岩石	50~150	1.3~1.5
中硬岩石	150~250	1.5~1.8
软岩石	250~350	1.8~2.0

对于钻孔爆破和药量非常分散的拆除爆破，其计算式偏大。可以酌情取 $a = 1.36~1.93$，$K' = (0.25~1)K$。

在大多数钻孔爆破过程中，常分作一系列小药包做毫秒延迟起爆，各药包爆炸时间和振动波传播路径不同，导致不同振动波类型波阵面相互重叠。然而，很多研究报告和测振资料表明，正是远距离上不同类型的振动波开始分离，使得远距离和近距离的爆破振动衰减系数（K、a 值）不同。实际上爆破振动波在土或岩石介质中传播衰减受到多种因素的影响，如介质的地形与地质条件及物理力学参数、爆破的种类和方法、爆源的大小和形式等。对爆破振动波在各种介质中的传播特征及规律，目前主要通过试验和现场测试进行研究。通过对实测数据进行归整和合理剔除后，采用各种理论方法对幅值、时域和频率进行分析处理数据，得到振动波在介质中传播的特性和基本规律，同时，根据实测数据回归拟合出用于指导工程设计的经验计算公式。

爆破振动信号有很大的随机性，它是一种复杂的振动信号，包括很多频率成分，其中有一个或几个频率的振动波为主要成分。不同频率成分的振动波对结构或设备的振动影响是很不相同的，有时差别非常显著。如在实际爆破工程中，同一条件下，相邻建筑物的反应可能极不相同，有的建筑物振动强烈（共振），而有的反应不大，其中一个重要原因就是爆破振动波中包含很多频率成分。当其中主要频率等于或接近某一建筑物的固有频率时，该建筑物就振动强烈，否则，振动影响就弱。因此，在爆破振动分析中很有必要了解爆破振动信号的频率成分及建筑物结构的固有频率特性。早在 20 世纪 80 年代国内外学者就将反应谱理论应

用到爆破振动频谱特性研究中，利用频谱分析可求得爆破振动信号的各种频率成分和它们的幅值（或能量）及相位，这对研究爆破振动波的特性及结构的动力反应是很有意义的。

随着对爆破振动波分析的深入研究，近年来又开展了小波基变换分析法进行爆破振动波频谱特性研究。因为小波基变换分析法对平稳信号具有较好的效果和精度，而爆破振动波为非平稳信号，小波基变换可满足信号高频部分需较高时间分辨率，而低频部分需较高频率分辨率的要求，有效地应用于非平稳爆破振动信号的分析处理中。

9.2.2　爆破振动安全允许标准

评估爆破对不同类型建筑物、设施设备和其他保护对象的振动影响，应采用不同的安全判据和允许标准。根据《爆破安全规程》（GB 6722—2014），地面建筑物、电站（厂）中心控制室设备、隧道与巷道、岩石高边坡和新浇大体积混凝土的爆破振动安全标准（safety threshold of blasting vibration）见表 9 – 3。

表 9 – 3　爆破振动安全允许标准

序号	保护对象类型	安全允许质点振动速度 $v/(\text{cm} \cdot \text{s}^{-1})$		
		$f \leqslant 10 \text{ Hz}$	$10 \text{ Hz} < f \leqslant 50 \text{ Hz}$	$f > 50 \text{ Hz}$
1	土窑洞、土坯房、毛石房屋[1]	0.15 ~ 0.45	0.45 ~ 0.9	0.9 ~ 1.5
2	一般民用建筑物	1.5 ~ 2.0	2.0 ~ 2.5	2.5 ~ 3.0
3	工业和商业建筑物	2.5 ~ 3.5	3.5 ~ 4.5	4.2 ~ 5.0
4	一般古建筑与古迹[2]	0.1 ~ 0.2	0.2 ~ 0.3	0.3 ~ 0.5
5	运行中的水电站及发电厂中心控制室设备	0.5 ~ 0.6	0.6 ~ 0.7	0.7 ~ 0.9
6	水工隧洞	7 ~ 8	8 ~ 10	10 ~ 15
7	交通隧道	10 ~ 12	12 ~ 15	15 ~ 20
8	矿山巷道	15 ~ 18	18 ~ 25	20 ~ 30
9	永久性岩石高边坡	5 ~ 9	8 ~ 12	10 ~ 15
10	新浇大体积混凝土（C20）： 龄期：初凝 ~ 3 天 龄期：3 ~ 7 天 龄期：7 ~ 28 天	1.5 ~ 2.0 3.0 ~ 4.0 7.0 ~ 8.0	2.0 ~ 2.5 4.0 ~ 5.0 8.0 ~ 10.0	2.5 ~ 3.0 5.0 ~ 7.0 10.0 ~ 12.0

爆破振动监测应同时测定质点振动相互垂直的三个分量。
[1]表中质点振动速度为三个分量中的最大值，振动频率为主振频率。
[2]频率范围根据现场实测波形确定或按如下数据选取：硐室爆破，$f < 20 \text{ Hz}$；露天深孔爆破，f 为 10 ~ 60 Hz；露天浅孔爆破，f 为 40 ~ 100 Hz；地下深孔爆破，f 为 30 ~ 100 Hz；地下浅孔爆破，f 为 60 ~ 300 Hz。

从爆源到被保护物的距离应保证被保护物不受到爆破振动作用的破坏，这段距离称为爆破振动安全距离。在需要保护对象的安全振动速度已知的条件下，可推导出计算爆破振动安全距离（safety distance against blasting vibration）的公式：

$$R = \left(\frac{K}{v}\right)^{\frac{1}{a}} Q^{\frac{1}{3}} \tag{9 – 2}$$

式中，与爆破点地形、地质等条件有关的系数和衰减指数 K、a 可按表9-2选取，或由试验确定。

关于爆破振动安全允许距离，仅考虑速度振幅影响是不够的，因为对于不同自振频率的各种结构，爆破振动损坏程度差异很大。

选取建筑物安全允许振速时，应综合考虑建筑物的重要性、建筑质量、新旧程度、自振频率、地基条件等因素。对于省级以上（含省级）重点保护古建筑与古迹的安全允许振速，应经专家论证后选取。隧道、巷道等选取安全允许振速时，应综合考虑构筑物的重要性、围岩分类、支护状况、开挖跨度、深埋大小、爆源方向、周边环境等因素。对于永久性岩石高边坡，应综合考虑边坡的重要性、边坡的初始稳定性、支护状况、开挖高度等因素。对于非挡水用新浇大体积混凝土的安全允许振速，可按表9-3给出的上限值选取。

工程实际中，更多的情况是爆源与需要保护的建筑物之间的距离 R 一定，要求在爆破振动速度不超过建筑物的地震安全速度的前提下，求算齐发爆破允许的最大装药量或延期爆破药量最大一段的允许装药量。此时式（9-2）可以表示为

$$Q_{\max} = R^3 \left(\frac{v}{K} \right)^{\frac{3}{a}} \tag{9-3}$$

需要指出的是，式（9-1）是用来求算埋置在地下的药包爆炸时，距爆源 R 处地面的振动速度，如图9-1所示。对于建筑物拆除爆破（图9-2），由于药包往往布置在建筑物上，药包小而分散，并且总装药量都比较少，爆破时产生的地震波是通过建筑物及其基础向大地传播的。当地震波传向大地时，强度已大大衰减，因而引起距爆源 R 处地面质点的振动速度远小于式（9-1）的计算值。另外，爆破振动与天然地震相比，具有振动频率高、持续时间短和震源浅等特点，因此，不能用天然地震烈度来比照爆破振动效应的破坏情况。

图9-1 埋置在地下的药包爆破时
振动波的传播及其对建筑物的影响

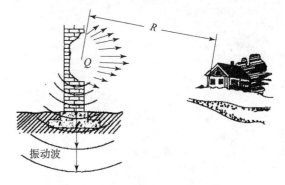

图9-2 拆除爆破振动波的传播及其
对建筑物的影响

9.2.3 爆破振动预防措施

为了确保爆区周围人员和建筑物的安全，必须将爆破振动的危害严格控制在允许范围之内。目前行之有效的减振措施有如下几种。

①限制一次爆破的最大用药量。

②选用低威力、低爆速的炸药，实践证明，炸药的波阻抗越大，则爆破振动强度也越大。若将炸药的爆速从3 200 m/s 降到1 800 m/s，则振动效应可降低40% ~60%。

③改变装药结构。装药越分散，地震效应越小。采取如下装药结构可以不同程度地降低爆破振动：不耦合装药、峒室条形药包、空气间隔装药、孔底留空气垫层。

④采用毫秒延时爆破技术，限制延期爆破药量最大一段的装药量。在总装药量和其他爆破条件相同的情况下，毫秒延时爆破的振速比齐发爆破可降低 40% ~ 60%。在保证不跳段前提下采取较短时差毫秒延时间隔，可以实现干扰减振或削弱地震波低频部分，以达到进一步降低爆破振动破坏效应目的。

⑤采取预裂爆破技术，或在爆源与需要保护的建筑物之间开挖减振沟槽。单排或多排的密集空孔也可以起到一定的减振作用。

⑥采用适当的爆破类型。爆破振动的强度随爆破作用指数 n 的增大而减小。抛掷爆破与松动爆破相比，振速可降低 4% ~ 22%；而在最小抵抗线方向振动最小，反向最大，两侧居中。如采取大孔距小抵抗线爆破，可降低爆破振动效应。

⑦充分利用地形地质条件。如河流、深沟、渠道、断层等，都有显著的隔振减振作用。

除上述减振措施外，还应注意不同建筑物的动力响应也不同，建筑结构对其抗振性能影响很大。一般低矮建筑物的抗振性能比高大、细长的高耸建筑物要好得多。

9.3　爆炸空气冲击波及其防护

炸药爆炸所形成空气冲击波（air blast wave）是一种在空气中传播的压缩波。由于空气冲击波以压缩区（波阵面）和稀疏区（波后）双层球面波的形式向外传播，压缩区内空气得到的压力远超过大气压力，所以也称为超压。而空气受到压缩向外流动所产生的冲击压力称为动压。由于空气冲击波具有较高的压力和较大的速度，不仅可以引起爆区附近一定范围内建筑物的破坏，还会造成人类器官的损伤和心理反应，严重的将导致死亡。

9.3.1　爆破冲击波的形成和超压计算

药包在空气中爆炸时，迅速释放出大量的能量，致使爆炸气体生成物的压力和温度上升。高压气体生成物在迅速膨胀时，急剧冲击和压缩周围的空气，形成压力陡峭上升的空气冲击波。随着爆炸气体生成物的继续膨胀，波阵面后面的压力急剧下降，由气体膨胀的惯性效应引起的过度膨胀会产生压力低于大气压的稀疏波，从波阵面向爆炸中心传播。空气冲击波压力变化情况如图 9 – 3 所示。随着传播距离增加，空气冲击波的波强逐渐下降，变成噪声和次声波。空气冲击波与噪声和次声波的区别在于超压（overpressure）和频率。

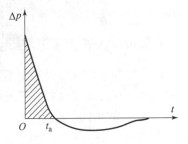

图 9 – 3　爆炸空气冲击波波阵面后压力变化

一般认为，超压大于 7×10^3 Pa 的为空气冲击波，超压低于此值的为噪声和次声波；按频率划分，噪声的频率为 20 ~ 20 000 Hz，低于 20 Hz 的为次声波。当空气冲击波传播时，随着距离的增加，高频成分的能量比低频成分的能量衰减得要快。

由图 9 – 3 可知，爆炸空气冲击波是由压缩相和稀疏相两部分组成的。在大多数情况下，冲击波的破坏作用是由压缩相引起的。确定压缩相破坏作用的特征参数是冲击波波阵面上的超压值 Δp：

$$\Delta p = p - p_0 \tag{9-4}$$

式中，p——冲击波波阵面上的峰值压力，Pa；

p_0——空气中的初始压力，Pa。

炸药在岩石中爆炸时，空气冲击波的强度取决于一次爆破的装药量、传播距离、起爆方法和堵塞质量。冲击波峰值压力可按下式计算：

$$p = H \left(\frac{Q^{1/3}}{R} \right)^{\beta} \tag{9-5}$$

式中，H——与爆破场地条件有关的系数，参见表9-4；

β——空气冲击波衰减指数，参见表9-4；

Q——药量，齐发爆破时取总药量，分段起爆时取最大一段的药量，kg；

R——爆源中心到观测点距离，m。

表9-4 不同起爆方法的 H、β 值

爆破条件	H		β	
	毫秒起爆	齐发起爆	毫秒起爆	齐发起爆
炮孔爆破	1.43		1.55	
钻孔爆破破碎大块		0.67		1.31
裸露药包破碎大块	10.70	1.35	1.81	1.18

冲击波引起的破坏作用主要来自超压和冲量作用的结果。冲击波超压大于2.0 kPa，建筑物上门窗玻璃将全部破坏，人员轻微挫伤；冲击波超压大于50 kPa，轻型结构被严重破坏，砖结构房屋掀顶、土墙倒塌，人员内脏受到严重挫伤；冲击波超压大于100 kPa，则砖结构房屋全部破坏，钢结构建筑物严重破坏，大部分人死亡。冲量引起的冲击风流更为严重。当动压峰值为10 kPa时，空气流速可达100 m/s，相当于12级飓风的两倍；当动压为100 kPa时，空气流速为300 m/s，此时人和建筑物都是无法经受住的。

9.3.2 爆破冲击波安全距离

露天进行裸露爆破或用爆炸法销毁爆破器材时，炸药能量转化为空气冲击波的比例比较高，并且有害效应的影响范围也较大。因此，《爆破安全规程》规定：对于露天地表爆破，当一次爆破的炸药量不超过25 kg时，应按下式确定空气冲击波对在掩体内避炮作业人员的安全距离：

$$R = 25 \sqrt[3]{Q} \tag{9-6}$$

式中，R——空气冲击波对掩体内人员的最小允许距离，m；

Q——一次爆破的炸药量，kg。秒延期爆破时，Q 按各延期段中最大药量计算；毫秒延期爆破时，Q 按一次爆破的总炸药量计算。

与裸露爆破相比，药包埋入介质中爆破所产生的空气冲击波超压，压力上升速率和冲量都显著减少，对人员和建筑物的危害远小于个别飞散物和爆破振动形成的危害。

空气冲击波沿隧道、井巷传播时，比沿地面半无限空间的传播衰减要慢，故要求的安全距离也更大，具体的安全距离由施工单位所属的上级部门统一规定。对于地下大爆破的空气

冲击波安全距离，应邀请专家研究确定，并经单位领导批准。

空气冲击波超压的安全允许标准：对不设防的非作业人员为 0.02×10^5 Pa，掩体中的作业人员为 0.02×10^5 Pa；建筑物的破坏程度与超压的关系见表 9-5。空气冲击波的安全距离（safety distance of air blast）可按相应的爆破类型（空中、地面、水下或井巷内等）和被保护对象允许的冲击波超压值计算。

表 9-5　建筑物的破坏程度与超压关系

破坏等级		1	2	3	4	5	6	7
破坏等级名称		基本无破坏	次轻度破坏	轻度破坏	中等破坏	次严重破坏	严重破坏	完全破坏
超压 Δp /10^5Pa		<0.02	0.02~0.09	0.09~0.25	0.25~0.40	0.40~0.55	0.55~0.76	>0.76
建筑物破坏程度	玻璃	偶然破坏	少部分破碎呈大块，大部分呈小块	大部分破碎呈小块到粉碎	粉碎	—		
	木门窗	无损坏	窗扇少量破坏	窗扇大量破坏，门扇、窗框破坏	窗扇掉落、内倒，窗框、门扇大量破坏	门、窗扇摧毁，窗框掉落	—	—
	砖外墙	无损坏	无损坏	出现小裂缝，宽度小于5 mm，稍有倾斜	出现较大裂缝，缝宽5~50 mm，明显倾斜，砖踩出现小裂缝	出现大于50 mm的大裂缝，严重倾斜，砖踩出现较大裂缝	部分倒塌	大部分或全部倒塌
	木屋盖	无损坏	无损坏	木屋面板变形，偶见折裂	木屋面板、木檩条折裂，木屋架支座松动	木檩条折断，木屋架杆件偶见折断，支座错位	部分倒塌	全部倒塌
	瓦屋面	无损坏	少量移动	大量移动	大量移动到全部掀动	—	—	—
	钢筋混凝土屋盖	无损坏	无损坏	无损坏	出现小于1 mm的小裂缝	出现1~2 mm宽的裂缝，修复后可继续使用	出现大于2 mm的裂缝	承重砖墙全部倒塌，钢筋混凝土承重柱严重破坏
	顶棚	无损坏	抹灰少量掉落	抹灰大量掉落	木龙骨部分破坏，出现下垂缝	塌落	—	—

续表

破坏等级	1	2	3	4	5	6	7
破坏等级名称	基本无破坏	次轻度破坏	轻度破坏	中等破坏	次严重破坏	严重破坏	完全破坏
超压 Δp /10^5Pa	<0.02	0.02~0.09	0.09~0.25	0.25~0.40	0.40~0.55	0.55~0.76	>0.76
建筑物破坏程度　内墙	无损坏	板条墙抹灰少量掉落	板条墙抹灰大量掉落	砖内墙出现小裂缝	砖内墙出现大裂缝	砖内墙出现严重裂缝至部分倒塌	砖内墙大部分倒塌
建筑物破坏程度　钢筋混凝土柱	无损坏	无损坏	无损坏	无损坏	无破坏	有倾斜	有较大倾斜

在钻孔和裸露药包爆破条件下，对于建筑物的安全距离可用下式确定：

$$R = K\sqrt{Q} \tag{9-7}$$

式中，R——最小安全距离，m；

K——系数，可按表9-6选取。

表9-6　安全距离 K 值

建筑物破坏程度	爆破作用指数		
	3	2	1
完全无破坏	5~10	2~5	1~2
玻璃偶尔破坏	2~5	1~2	
玻璃破碎、门窗部分破坏、抹灰脱落	1~2	0.5~1	

9.3.3　爆破噪声及其破坏效应

爆破噪声（noise of blasting）是爆破空气冲击波的继续，是冲击波引起气流急剧变化的结果。爆炸空气冲击波在传播过程中，能量逐渐耗损，波强逐渐下降而变成噪声。噪声的超压较低，一般用声压级别分贝表示，即

$$dBL = 20\lg\frac{\Delta p}{p_0} \tag{9-8}$$

式中，dB——级差，dB；

L——线性频率相应。

实践证明，在进行露天工程爆破时，在爆源近区形成空气冲击波，远区形成的声波即爆破噪声。随着爆破技术的不断推广，特别是在人口稠密的城市进行控制爆破时，爆破噪声对周围环境影响越来越引起了人们的重视。《爆破安全规程》（GB 6722—2014）规定对爆破噪声的判据，采用保护对象所在地最大声级，其噪声控制标准见表9-7。对爆破噪声的预防和爆破空气冲击波的预防措施基本相似，此外，加强堵塞、反向起爆等也可起到一定作用。

表9-7 爆破噪声控制标准

声环境功能区类别	对应区域	不同时段控制标准/dB（A）	
		昼间	夜间
0类	康复疗养区、有重病号的医疗卫生区或生活区、进入冬眠期的动物养殖区	65	55
1类	居民住宅及一般医疗卫生、文化教育、科研设计、行政办公为主要功能，需要保持安静的区域	90	70
2类	以商业金融、集市贸易为主要功能，或者居住、商业、工业混杂，需要维护住宅安静的区域；噪声敏感动物集中养殖区，如养鸡场等	100	80
3类	以工业生产、仓储物流为主要功能，需要防止工业噪声对周围环境产生严重影响的区域	110	85
4类	人员警戒边界，非噪声敏感动物集中养殖区，如养猪场等	120	90
施工作业区	矿山、水利、交通、铁道、基建工程和爆炸加工的施工场区内	125	110

9.3.4 空气冲击波的防护

爆破作业时，为了确保人员和建筑设施等的安全，必须对空气冲击波加以控制，使之低于允许的超压值。如果作业条件不能满足爆破药量和安全距离的要求，可在爆源或保护对象附近构筑障碍物，以削弱空气冲击波的强度。常用的空气冲击波防护措施有如下几种：

①水力阻波墙。这种阻波墙多用于井下保护通风构筑物、翻笼井、人行天井等工业设施。用充满水的水包与巷道四周紧密连接，为防止飞石破坏水墙，其前面可设置一些坚固材料做成的挡板。这种阻波墙可减弱冲击波3/4以上，此外，还有利于降低粉尘和毒气含量。

②沙袋阻波墙。沙袋阻波墙是用沙袋、土袋等垛成的结构，在地面爆破和井下爆破中均可使用。对于较强的冲击波，可用铁丝网或铁索覆盖在表面并与地面和巷道壁牢固地连接起来。

③防波排柱和木垛阻波墙。在巷道内布置棋盘式分布的圆木排柱群或堆集木垛。

④防护排架。在城市控制爆破中，还可采用木柱或脚手架作支架，覆盖草帘、荆笆构成的防护排架，由于它对冲击波具有反射、导向和缓冲等作用，因此可以有效地起到防护作用。一般单排就可降低冲击波强度30%~50%。

除上述空气冲击波防护措施外，还可在爆源上加盖装有砂或土的草袋、胶皮帘、废轮胎帘等覆盖物。对于周围建筑物，可打开窗户或摘掉窗户。若要保护室内设备，可用厚木板或砂袋等密封门窗。

另外，从爆破技术上也可采取以下措施：避免使用裸露药包爆破；保证堵塞长度和堵塞质量，避免出现冲炮；当装药量较大时，可采用分次起爆或秒延期起爆。

9.4　爆破飞石及预防

爆破飞石（blasting flying rock）是指爆破时被爆物体中脱离主爆堆而飞散较远的个别碎块。因为这些个别碎石飞得较远，并且飞行方向及距离难以准确预测，给爆区附近人员、建筑物和设备等的安全造成严重的威胁。特别是露天大爆破和二次破碎爆破造成的飞石事故更多，因此应加以严格控制和防范。在闹市和居民区进行爆破作业时，飞石安全问题更加重要。爆破飞石是爆破工程中最重要的潜在事故因素之一，必须引起足够的重视。

爆破产生个别飞石的距离与爆破参数、堵塞质量、地形、地质构造、气象（风向和风速）等因素有关。产生个别飞石的原因如下：

①单位炸药消耗量过大，致使在破碎预定范围的介质后，爆破产生的多余爆生气体能量作用于个别碎石上，使其获得较大的动能而飞散；爆破指数选择过大也会造成飞石。

②炮孔位置布置不当。由于对介质内部的断层、裂隙、软弱夹层或原结构的工程质量、构造和布筋情况等了解不够，而将炮孔或药室布置在这些薄弱部位，高压气体从这些薄弱位置冲击，则使其中所夹杂的个别碎块获得很大的初速度。被爆介质不均匀，如有软弱面、混凝土浇筑结合面、石砌体砂浆结合面或地质构造面时，会在这些软弱部位产生飞石。

③最小抵抗线由于设计或施工的误差导致其实际值变小或方向改变等，也会产生飞石。

④施工质量太差。如钻孔过深过浅，或偏离设计位置太多，致使最小抵抗线变小；又如，堵塞不实、堵塞长度不足或误装药等，也会引起飞石。堵塞长度小于最小抵抗线，或堵塞质量不好，堵塞物沿堵塞通道飞出，形成飞石。

⑤起爆顺序不合理和延期时间过长，炮孔附近的碎石未清理或覆盖质量不合格，都可能产生飞石。

9.4.1　爆破飞石安全距离

一般工程爆破时，个别飞散物对人员的安全距离不得小于表9-8的规定。对设备或建筑物的安全距离，应由设计确定。

抛掷爆破时，个别飞散物对人员、设备和建筑物的安全允许距离（safety distance of fly rock）应由设计确定。

表9-8　爆破个别飞散物对人员的安全允许距离

爆破类型和方法		个别飞散物的最小安全允许距离/m
露天岩石爆破	浅孔爆破法破大块	300
	浅孔台阶爆破	200（复杂地质条件下或未形成台阶工作面时不小于300）
	浅孔台阶爆破	按设计，但不大于200
	硐室爆破	按设计，但不大于300
水下爆破	水深小于1.5 m 水深大于1.5 m	与露天岩土爆破相同，由设计确定

续表

爆破类型和方法		个别飞散物的最小安全允许距离/m
破冰工程	爆破薄冰凌	50
	爆破覆冰	100
	爆破阻塞的流冰	200
	爆破厚度大于 2 m 的冰层或爆破阻塞的流冰一次用药量超过 300 kg	300
金属物爆破	在露天爆破场	1 500
	在装甲爆破坑中	150
	在厂区内的空场内	由设计确定
	爆破热凝结物和爆破压接	按设计，但不大于 30
	爆炸加工	由设计确定
拆除爆破、城镇浅孔爆破及复杂环境深孔爆破		由设计确定
地震勘探爆破	浅井或地表爆破	按设计，但不大于 100
	在深孔中爆破	按设计，但不大于 30
用爆破器扩大钻井		按设计，但不大于 50
沿山坡爆破时，下坡方向的个别飞散物安全允许距离应增大 50%		

硐室爆破个别飞散物安全距离可按式（9 - 9）计算：

$$R = 20kn^2W \tag{9 - 9}$$

式中，R——爆破飞石安全距离，m；

k——安全系数，一般取 1. 0 ~ 1. 5；

n——爆破作用指数；

W——最小抵抗线，m。

应逐个药包进行计算，选取最大值为个别飞散物安全距离。

9. 4. 2　飞石预防措施

为防止人员或其他保护对象受到伤害，主要采取以下措施：

①采取控制爆破技术缩小危险区，合理确定爆破参数，特别注意最小抵抗线的实际长度和方向，避免出现大的施工误差；在爆破参数设计上，尽量减小爆破作用指数，选用最佳的最小抵抗线，合理选择起爆顺序和延时间隔。

②详尽地掌握爆区介质的情况，注意避免将药包放在软弱夹层或基础的结合缝上。

③采用不耦合装药反向起爆。

④装药前要认真复核孔距、排距、孔深和最小抵抗线等尺寸。如有不符合要求的情况，应根据实测资料采取补救措施或修改装药量，严格禁止多装药。

⑤在浅孔爆破时，尽量少用或不用导爆索起爆系统，以免因炮泥被炸开而产生飞石。

⑥做好炮孔堵塞工作，严防堵塞物中夹杂碎石。

⑦在控制爆破中，可对爆破装药部位进行严密的覆盖。

同时，也可以在爆区与被保护对象之间设置防护排架、挂钢丝网或胶管帘等以拦截飞石，或对被保护对象也进行严密的覆盖；为必须在危险区内工作的人员设置掩体；使人员和可移动保护对象撤出飞石影响区域，以最大限度地防止飞石的破坏。

9.5　爆破有害气体的产生及预防

9.5.1　爆破有害气体的产生及危害

炸药爆炸时产生的有害气体主要与炸药的氧平衡有关，还与药包加工质量、使用条件、作业环境有关。常见的爆破有害气体（explosion gas）如下：

1. 一氧化碳（CO）

一氧化碳（CO）是在供氧不足情况下产生的无色无味气体。其密度是空气密度的0.967，故总是游离在巷道顶部，易用加强通风驱散。在相同条件下，它在水中的溶解度比氧气的小。

CO的毒性在于它与血液中的血红蛋白能结合成碳氧血红蛋白，达到一定浓度就会阻碍血液输氧，造成人体组织缺氧而中毒。在含有CO成分的空气中呼吸中毒致命的情况因人而异。在低浓度下短暂接触，会引起头昏眼花、四肢无力、恶心呕吐等，吸入新鲜空气后，症状即可消失，也不致产生慢性后遗症。长时间在CO含量达0.03%环境中生活就极不安全；大于0.15%是危险的；达到0.4%时，人就会很快残废。必须注意的是，一氧化碳的毒性有累积作用，它与红血球结合的亲和力要比氧与红血球的亲和力大250倍。已中毒的人通常并未觉察，但再走进新鲜空气中就会忽然倒下。含有CO的血液呈淡红色，饱和程度越大，红色越深，且继续到死后，这是判断CO中毒的主要症状。

2. 氮的氧化物（N_nO_m）

爆破气体中氮的氧化物主要包括NO、N_2O_3、NO_2与N_2O_4等。

一氧化氮（NO）是无色无味气体，其密度是空气的1.04倍，略溶于水。它与空气接触即产生复杂的氧化反应，生成N_2O_3。

二氧化氮（NO_2）是棕红色有特殊味的气体，性能不稳定，低温易变为无色的硝酸酐（N_2O_4）气体。

常温下，NO_2与N_2O_4混合气体中N_2O_4占多数，但受热即分解为NO_2。因此，一般认为这类混合气体在低浓度、低压力下的稳定形式是NO_2。

NO_2与N_2O_4密度是分别是空气密度的1.59倍和3.18倍，故爆后可长期渗于碴堆与岩石裂隙，不易被通风驱散，出碴时往往挥发伤人，危害很大。

N_2O_3是一种带有特殊化学性质的气体或混合气体，其物理性质类似于NO与NO_2的等分子混合物。它的密度是空气的2.48倍。能被水或碱液吸收产生亚硝酸或亚硝酸盐。

NO_2/N_2O_4与N_2O_3易溶于水，当吸入人体肺部时，就在肺的表面黏膜上产生腐蚀，并有强烈刺激性。这些气体会刺激鼻腔、辣眼睛、引发咳嗽及胸口痛。低浓度时，导致头痛与胸闷；浓度较高时，可引起肺部浮肿而致命。这些气体具有潜伏期与延迟特性，开始吸入时不会感到任何症候，但几个小时（长达12 h）后，人会剧烈咳嗽并吐出大量带血丝痰液，常因肺水肿死亡。

NO 难溶于水，故不是刺激性的，其毒性是与红血球结合成一种血的自然分解物，损害血红蛋白吸收氧的能力，导致产生缺氧的萎黄病。研究表明，NO 毒性虽稍逊于 NO_2，但它常有可能氧化为 NO_2，故认为两者都是具有潜在剧毒性的气体。

3. 硫化物

硫化氢（H_2S）是一种无色有臭鸡蛋味的气体，密度是空气密度的 1.19 倍，易溶于水，通常情况下 1 个体积水中能溶解 2.5 个体积 H_2S，故它常积存在巷道积水中。H_2S 能燃烧，自燃点为 260 ℃，爆炸上限为 45.50%，爆炸下限为 4.30%。H_2S 具有很强的毒性，能使血液中毒，对眼睛黏膜及呼吸道有强烈刺激作用。当空气中 H_2S 浓度达到 0.01% 时，即能闻到气味，使人流鼻涕、唾液；浓度达到 0.05% 时，0.5 ~ 1.0 h 即严重中毒；浓度达到 0.1% 时，短时间内就有生命危险。

二氧化硫（SO_2）是一种无色、有强烈硫黄味的气体，易溶于水，密度是空气密度的 2.2 倍，故它常存在于巷道底部，对眼睛有强烈刺激作用。SO_2 与水汽接触生成硫酸，对呼吸器官有腐蚀作用，刺激喉咙、支气管发炎，使吸入者呼吸困难，严重时引起肺水肿。当空气中 SO_2 浓度为 0.000 5% 时，即能闻到气味；浓度 0.002% 时，有强烈刺激，可引起头痛和喉痛；浓度 0.05% 时，即引起急性支气管炎和肺水肿，短时间内人就会死亡。

9.5.2　爆破有害气体允许浓度及预防措施

《爆破安全规程》（GB 6722—2014）规定：地下爆破作业点的有害气体浓度不应超过表 9-9 的标准。

表 9-9　地下爆破作业点有害气体允许浓度

有害气体名称	最大允许浓度	
	按体积/%	按质量/$(mg \cdot m^{-3})$
CO	0.002 4	30
N_nO_m	0.000 25	5
SO_2	0.000 5	15
H_2S	0.000 66	10
NH_3	0.004	30
R_n	3 700 Bq/m^3	

在计算有害气体总量时，应将其他气体折算成 CO 含量；其中 N_nO_m 的毒性系数比为 6.5，SO_2、H_2S 的毒性系数比为 2.5。

地下爆破时，作业面有害气体浓度应每月测定一次；爆破药量增加或更换炸药品种时，应在爆破前后分别测定有害气体浓度。

露天硐室爆破后重新开始作业前，应检查工作面空气中有害气体浓度，且不应超过表 9-9 的规定值。爆后 24 h 内应多次检查爆区临近的井、巷、峒内空气的有害气体浓度。

为减少爆破有害气体（explosion gas）的危害，可采取以下措施：

①尽量采用零氧平衡或接近零氧平衡的炸药，减少爆破有害气体产生量。

②做好爆破器材防水处理，确保装药和填塞质量，避免半爆和爆燃。

③如果爆破点附近有井巷、隧道、排水涵洞及独头巷道时，要考虑有害气体沿爆破裂隙或爆堆扩散的可能性，加强防范，以免产生炮烟中毒。

④进行爆破时，要加强通风和爆破后有害气体的检测，以免炮烟熏人。

9.6　爆破粉尘的产生及预防

9.6.1　爆破粉尘的产生及特点

爆破粉尘（blasting dust）产生于以下四个部分：

（1）钻孔作业产生的粉尘

钻机钻孔时，与岩石的打磨作用会产生大量的粉尘，产尘量与岩石的坚硬强度有关。研究煤层钻孔发现，钻机钻孔时能产生 355 mg/m^3 全尘和 105 mg/m^3 可呼吸性粉尘。当岩层的坚硬系数较大时，岩石不易破碎，主要依靠钻头打磨岩石来钻孔，因此大粒径粉尘较少，微小粒径粉尘较多；岩层坚硬系数较小时，岩石更容易破碎，大粒径粉尘较多而微小粒径粉尘较少。

（2）爆破作业产生的粉尘

爆破作业会产生两类粉尘：一类是炸药不完全爆炸和爆炸引起的化学反应所产生的有毒有害气体颗粒及炮烟；另一类是在爆炸作用下炮孔周边岩石破碎及二次破碎所产生的粉尘。

（3）铲装作业产生的粉尘

铲装作业由挖掘、转运和卸料三个步骤完成。挖掘和转运时，机械与岩石及岩石与岩石之间的相互作用会产生部分粉尘；卸料时，物料落差在撞击时也会产生大量粉尘。

（4）运输作业产生的粉尘

由于矿山中的运输道路一般都是碎石路面，重载汽车的重力荷载、车辆频繁运行过程中的反复碾压及凹凸不平的道路使汽车颠簸等原因，使得岩石破碎、颗粒细化形成粉尘。

爆破粉尘的特点：

①浓度高。爆破瞬间，每立方厘米空气里含有数十万颗尘粒，以质量计，浓度可达到 1 500 ~ 2 000 mg/m^3。

②扩散速度快、分布范围广。由于粉尘受建筑物倒塌形成的高压气流和爆生气体为主的气浪的作用，其扩散速度很快，可以达到 7 ~ 8 m/s，瞬间扩散范围达几十米甚至上百米。

③滞留时间长。由于爆破粉尘带有大量的电荷，尘粒粒度小、质量小、粉尘表面积大，其吸附空气的能力也较强，可以长时间地悬浮于空气中，对环境的污染持续时间较长。

④爆破粉尘具有颗粒小、质量小的特点，粒度多处在 0.01 ~ 0.10 mm。

⑤吸湿性一般较好。由于爆破粉尘的主要成分为 SiO_2、黏土和硅酸盐类物质等，亲水性较强，因此，采用湿式除尘一般会获得较好的效果。

9.6.2　爆破粉尘的危害

总悬浮颗粒物（TSP）和飘尘（IP，又称可吸入颗粒物）因爆破产生的排放量很大，对劳动场所、环境和人体健康构成很大危害。

研究表明，动力学尺度在 $d > 10~\mu m$ 的尘粒不会被人的鼻孔吸入；约 90% 的 $2~\mu m < d < 10~\mu m$ 的粒子可以进入并沉积于呼吸道的各个部位，被纤毛阻挡并被黏膜表面吸收后，部分可以随唾液排出体外，10% 的尘粒可以达到肺部的深处并沉积于其中；100% 的 $d < 2~\mu m$ 的粒子可以直接吸入肺中，其中 $0.2 \sim 2~\mu m$ 的粒子几乎全部沉积于肺部而不能呼出，小于 $0.2~\mu m$ 的粒子部分可随气流呼出体外。根据人体内粉尘积存量及粉尘理化性质的不同，可以引起不同程度的危害。

另外，爆破粉尘不仅对人体造成危害，还对环境产生一定的影响，其主要作用表现在以下几个方面：

①爆破过程中，由于粉尘的产生及运动会有一定的碰撞、摩擦，从而粉尘会带有电荷。在城市拆除爆破中，特别是在有浓密电网和有精密复杂仪器设备的地方，则有可能引起电路的短接，影响电力的供应、设备的正常工作。

②爆破粉尘中有一部分由于其粒度细微，在空气中容易与空气形成气溶胶，能在空中长时间的飘浮，这对地区的采光、降水的清洁度均有影响。

③爆破粉尘中颗粒度较大的易于沉降的部分能在短时间内沉降下来，在建筑物表面沉积着很厚的灰尘，影响其美观。

9.6.3 降低爆破粉尘的技术措施

当前降尘技术主要分为干式捕尘、湿式降尘和联合式除尘三种。干式捕尘是将除尘器安装在钻机口进行捕尘，多级旋风除尘器组成的除尘系统效果较好。湿式除尘主要采用风水混合法除尘，即利用压气动力把水送到钻孔底部，在钻进和排碴过程中湿润粉尘，形成潮湿粉团或泥浆，排至孔口密闭罩内或用风机吹到钻孔旁侧。干湿联合除尘是将干式捕尘和湿式除尘联合起来使用的一种综合除尘方式，越来越多的露天爆破采用这种除尘方式，取得了明显效果。常用的湿式粉尘防治技术有以下几种：

1. 压力水降尘技术

1890 年，迈尔斯发现，利用钻孔将压力水提前注入预开采的煤体工作面，通过预湿煤体可以提前预防尘源在爆破作业时的扩散。压力水降尘技术的作用原理如下：第一，压力水将原生煤尘湿润，以削弱其扩散能力，减少尘源；第二，压力水在进入较大的构造裂隙、层理和节理后，可以实现对开采破碎煤体的全包裹，减少游离煤尘的产生；第三，压力水与煤体的物理作用使得煤体的塑性性能大幅提高，减少了煤体在爆破作用下的破碎。该技术引入我国后，又在铁矿、石矿等矿山作业中取得了十足的发展，实践证明，当注水湿润度达 1% 时，降尘率高达 50%。但该降尘技术对爆破岩层有一定的要求，对于无裂隙且高硬度的完整岩层渗透性差，降尘率低。

2. 泡沫降尘技术

该技术主要是由空气、水和发泡剂等物质混合后经物理发泡形成泡沫，利用发泡剂的化学性能降低固 – 液颗粒接触面的表面张力，通过在待爆区域内喷洒泡沫液将主要尘源无空隙覆盖，对粉尘进行包裹。在爆破作业后，利用泡沫的黏附性将周围的粉尘黏附在一起，以此提高粉尘的自身重力，从而达到自然沉降的目的。经广泛应用后发现，起泡液浓度为 3% 时，这项降尘技术的降尘率高达 80%。泡沫降尘技术可应用的尘源种类多，无论是地表粉尘还是因爆炸冲击而抛撒的其他粉尘，都很容易被泡沫捕捉，同时，还可以根据粉尘的化学性质添加适当的发泡剂，以提高泡沫与粉尘之间的吸附力。但是由于混合液的配比复杂，发泡剂的成本高，所以不能大范围地应用于实际工程中。

3. 水幕帘降尘技术

正交试验发现，水袋在尘源的正侧方近距离起爆时，水雾和粉尘的相对作用速度最大。水幕帘降尘技术主要从尘源入手，根据正交试验研究结果，在主要尘源区域悬挂装满水的塑料袋，利用爆破形成帘状水幕区，粉尘因雾化水的吸附沉淀作用被限制在水幕区域内，不会大肆扩散。实践证明，水幕帘降尘技术的降尘率在80%以上。但是该技术操作烦琐，同时对施工环境有一定的要求，不适用于露天环境中。

4. 环保清洁降尘技术

该技术主要是针对当年各种湿式爆破降尘技术对水的利用率低及对后期施工带来的不便等问题，依据胶体脱稳原理，将传统水幕帘降尘技术的物理降尘方法与传统泡沫降尘技术的化学手段相结合，利用泡沫降尘剂来捕尘。

另外，还可以通过爆破工艺防尘、降低爆破粉尘。包括均匀布孔，控制单耗药量、单孔药量与一次起爆药量，提高炸药能量有效利用率；使用毫秒延期爆破技术；根据岩石性质选择相应炸药品种，努力做到波阻抗匹配等。

思 考 题

1. 什么是爆破安全距离？掌握各种安全距离计算公式。
2. 爆破飞石产生的原因有哪些？
3. 如何控制与防护爆破飞石？
4. 产生盲炮的原因有哪些？如何避免盲炮的产生？
5. 如何预防电力起爆中的早爆事故？
6. 减少爆破有害气体危害的措施有哪些？

第 10 章

爆破数值模拟和智能化设计

Chapter 10　Numerical Simulation and Intelligent Design of Blasting

现代爆破技术正在向着精细化、科学化和智能化的方向发展。爆破技术的智能化包括爆破过程数值模拟及效果预测技术、爆破智能设计及钻爆设备大数据融合技术。

随着工程爆破技术的发展和计算机应用技术的普及，有关岩石爆破理论模型及数值模拟的研究近年来取得了许多进展。在有限元应用的岩石爆破损伤模型不断完善基础上，三维离散元及非连续变形分析方法也取得了长足发展及广泛应用。例如，运用三维离散元模拟延时起爆和爆破运动，从而预测和控制爆破运动，以提高矿石回收率；利用光滑粒子流（SPH）模拟自然节理岩石介质爆破引起破裂的过程；和运用非连续变形（DDA）方法模拟爆破过程中的炮孔扩张、岩体破坏、块体抛掷和爆堆形成过程等。

台阶深孔爆破智能设计系统是基于地质地形信息管理系统，结合钻孔定位和自动装药车技术开发的爆破自动设计平台。该系统可根据爆区岩石特性智能选取爆破参数、实现不规则区域的智能布孔设计，以及装药结构和装药自动化设计；实现爆破顺序、破碎位移和振动效应的模拟预测，爆破参数图表自动输出，以及钻孔和装药机械的信息融合。

Modern blasting technology is developing towards refinement, scientization and intelligentization. The intelligentization of blasting technology includes numerical simulation and effect prediction technology of blasting process, blasting intelligent design and big data fusion technology for drilling and blasting equipment developed with computer and information application.

With the development of engineering blasting technology and the popularization of computer application technology, the research on rock blasting theory model and numerical simulation has made a lot of progress in recent years. On the basis of the continuous improvement of rock blasting damage model applied by finite element method, three dimensional discrete element and discontinuous deformation analysis methods have also made great progress and been widely used. For example, the three-dimensional discrete element is used to simulate the delayed initiation and blasting motion, so as to predict and control the blasting motion to improve the ore recovery. Smooth particle flow (SPH) was used to simulate the process of rock rupture caused by blasting natural joint media. The method of discontinuous deformation (DDA) is used to simulate the process of hole expansion, rock mass failure, block throwing and explosive heap formation in the blasting process.

The intelligent design system for bench blasting is an automatic design platform for blasting based on geological and topographic information management system, combined with drilling location and automatic charging vehicle technology. The system can select blasting parameters intelligently according to the characteristics of rock, realize the intelligent hole layout design in the irregular area, as well as the charging structure and charging automation design. Simulation and prediction of blasting sequence, crushing displacement and vibration effect, automatic output of blasting parameter chart, and information fusion of drilling and charging machinery are realized.

10.1　岩石爆破理论模型

爆破过程的数值模拟就是用计算机对人为建立的爆破模型求解，仿真或预演爆炸荷载作用下裂缝产生、发展及岩石破碎的过程，以预测爆破块度组成、爆堆形态和地震强度；也可以通过调整力学模型的参数，比较计算结果而进行爆破优化设计。爆破模拟技术有望提高爆破效果预测的准确性和可靠性。爆破块度的大小与组成是反映爆破破碎效果的主要指标，也是爆破工程实践中质量管理的重要依据。利用模拟爆破预测爆破效果，有利于改善爆破质量，降低钻爆生产成本，从而实现爆破参数优化。

数值计算方法的发展，经历了连续介质材料模型和非连续介质材料模型等发展阶段。岩石爆破损伤模型因其考虑岩石内部客观存在的微裂纹及其在爆炸载荷下的损伤演化对岩石断裂和破碎的影响，能较真实地反映岩石爆破破碎过程。目前的岩石爆破损伤模型很少考虑爆生气体在岩石破碎中的作用。为了反映岩石中的天然节理裂隙和初始损伤等不连续影响及爆破后碎块飞散状况，人们尝试用离散元和不连续变形分析方法建立爆破数值计算模型。

由于爆破机理研究的深入和适应爆破数值计算发展需要，自20世纪70年代以来，各国学者在岩石爆破理论模型研究方面进行了许多探索。回顾爆破模型发展历程，可将其分为弹性理论模型、断裂损伤模型和不连续介质模型三部分。

10.1.1　弹性理论模型

在20世纪70—80年代出现的 Harries 模型和 Favreau 模型是具有代表性的弹性爆破理论模型，它们都将岩石视为均质弹性体处理。

Harries 模型（1973）是建立在弹性应变波基础上的高度简化的准静态模型。该模型认为作用于孔壁的爆生气体压力产生拉应变，拉应变是形成裂缝的主要原因，并以应变值大小决定径向裂纹个数。当爆轰气体压力作用在炮孔壁上时，与孔壁岩石达到平衡，岩体内产生围绕炮孔的切向拉应力，因此孔壁岩石中产生的应变值可按弹性力学中的厚壁圆筒理论方法计算出来：

$$\varepsilon = \frac{(1-\nu)p}{2(1-2\nu)\rho C_P^2 + 3(1-\nu)Kp} \tag{10-1}$$

式中，p——炸药爆炸产生的气体压力，kPa；

C_P——岩石纵波速度，m/s；

ρ——岩石密度，g/m³；

ν——岩石泊松比；

K——绝热指数。

爆炸压力在岩石内传播时，呈负指数衰减，在距离炮孔 r 处的切向应变值为：

$$\varepsilon(r) = [\varepsilon/(r/b)] \cdot e^{-\alpha(r/b)} \tag{10-2}$$

式中，b——炮孔半径。

在压应力作用下，径向位移衍生切向应变，而切向应变超过岩石抗拉极限应变值时，产生径向裂纹，距炮孔 r 处产生的径向裂纹条数为

$$n = \varepsilon(r)/T \tag{10-3}$$

式中，T——岩石动态抗拉极限应变值。

由于 T 不便实测，G. Harries 采取块度反推、裂纹反推、试算及小规模试验等方法确定。根据算出的各点切向应变值和 T 值，即可用计算机给出岩石中的径向裂纹图。Harries 模型用增量法绘制爆破裂隙图，用 Monte Carlo 法确定爆破裂缝分割的破碎块度求块度组成，爆破块度的线性尺寸即是两条相邻裂纹间的距离。该模型首次解决了以往物理爆破模型的使用局限性及难以定量的问题，开辟了计算机应用于爆破理论研究的新方向。

Favreau 模型（1983）是建立在爆炸应力波基础上的三维弹性模型，它考虑了压缩应力波及其在各个自由面的反射拉伸波和爆生气体膨胀压力的联合作用效果，并以岩石动态抗拉强度作为破坏判据。在岩石各向同性弹性体的假设下，可求出球状药包周围的应力解析解，而质点速度 u 作为距离 r 和延迟时间 t 的函数给出如下：

$$\begin{cases} u(r,t) = e^{-\frac{\alpha^2 t}{\rho C_P b}} \left[\left(\dfrac{pb^2 C_P}{\alpha\beta r^2} - \dfrac{\alpha\beta b}{\rho C_P r} \right) \sin\dfrac{\alpha\beta t}{\rho C_P b} + \dfrac{pb}{\rho C_P r}\cos\dfrac{\alpha\beta t}{\rho C_P b} \right] \\[2mm] \alpha^2 = \dfrac{2(1-2\nu)\rho C_P^2 + 3(1-\nu)\gamma c^{-\gamma}p}{2(1-\nu)} \\[2mm] \beta^2 = \dfrac{2\rho C_P^2 + 3(1-\nu)\gamma c^{-\gamma}p}{2(1-\nu)} \end{cases} \tag{10-4}$$

式中，b——炮孔半径；

　　　C_P——岩石纵波速度；

　　　ρ——岩石密度；

　　　ν——岩石泊松比；

　　　γ——多方指数；

　　　p——爆炸压力。

上式用于计算质点的速度峰值，与炮孔壁处的试验值相符合。对于柱状药包的情况，可以将其等效为多个球状药包的叠加结果。

以该模型为基础编制的 BLASPA 数值模拟程序在加拿大等国的很多矿山得到了应用。同期间我国马鞍山矿山研究院推出的 BMMC 露天矿台阶爆破三维数学模型，是在 Favreau 模型基础上开发的，利用单位表面能理论作为破坏判据的改进模型。

10.1.2　断裂与损伤模型

10.1.2.1　NAG – FRAG 模型

NAG – FRAG（Nucleation And Growth of Cracks and Resulting Fragmentation Model）模型是 L. Seamen 等提出来的，来源于研究裂纹的密集度、扩展情况及破碎程度的方法，是一种将计算机程序与模型研究结合起来的方法。以应力波引起岩石中原有裂纹的激化而形成裂纹

为依据，同时兼顾裂纹内气体的压力对裂纹扩展的作用，该模型作用下的理论基础为一圆柱体在环向拉应力和内部气体压力作用下所引起的径向破坏，并认为脉冲载荷使岩石产生破碎的范围或破碎的程度取决于受力作用下所激活的原有裂纹的数量和扩展速度。裂纹密度 N_g 和原有裂纹长度（半径 R）用指数关系表示，即

$$N_g = N_0 e^{-\frac{R}{R_1}} \tag{10-5}$$

式中，N_0——裂纹总数；

R_1——分布常数。

然后经过裂纹的成核、扩展，最后形成破坏。

该模型成功地应用于高速碰撞、高能炸药爆炸所产生的一维、二维应力波在脆性材料如油页岩、均质石英岩等中的传播问题，其计算结果与试验吻合较好。该模型材料参数较多，需对软回收样品进行显微观测，这样就使得该理论中的损伤演化规律带有一定的经验性。但是该模型提出的脆性岩石动态拉伸断裂准则，以及它所采用的动态损伤试验方法对以后的脆性材料动态损伤机理的研究产生了深远的影响。

10.1.2.2　Kipp – Grady 模型

Kipp – Grady（1980）模型是在研究油页岩的爆破问题时提出的。该模型认为，只有在体积拉伸状态下才有损伤累积，在压缩状态下材料进入理想弹塑性状态。假定裂纹密度服从 Weibull 分布：

$$n(\varepsilon) = k\varepsilon^m \tag{10-6}$$

式中，$n(\varepsilon)$——在给定拉伸体积应变 ε 水平下单位体积内所激活的裂纹数；

k、m——材料常数，由材料的单轴动拉伸试验确定。

Kipp – Grady 进一步推导出用于有限差分或有限元计算的常微分方程：

$$\dot{D} = C_D \varepsilon^{m/3} D^{2/3} \tag{10-7}$$

$$\dot{A} = C_F \varepsilon^{m/2} A^{1/2} \tag{10-8}$$

式中，C_D、C_F——由 k、m 和 C_g 合并以后新形成的常数。损伤累积使材料的刚度发生劣化，即

$$\sigma_{ij} = 3K(1-D)\varepsilon\delta_{ij} + 2G(1-D)e_{ij} \tag{10-9}$$

式中，K、G——未损伤岩石的体积模量和剪切模量；

D——损伤参数；

e_{ij}——应变偏量张量；

δ_{ij}——单位张量。

Kipp – Grady 理论认为应变率效应是影响岩石的动态断裂的重要因素之一，岩石动态断裂应力、断裂能和破碎尺寸的大小与拉伸应变率密切相关。对多数岩石，有

$$\sigma_f = \dot{\varepsilon}^{1/3} \tag{10-10}$$

Grady（1982）还利用能量平衡原理研究了脆性材料的动态破碎。他认为材料动态响应与静态响应的根本区别在于惯性效应，这体现在破碎后的碎块仍具有相当大的动能。破碎过程中产生的新表面的表面能由局部动能提供，并且推导出碎块的平均尺寸与拉伸应变率的 2/3 次方成反比。

10.1.2.3　TCK（Taylor – Chen – Kuszmul）模型

TCK 模型是 Taylor、Chen 和 Kuszmul（1986）基于 Kipp – Grady 模型，结合含裂纹体的

等效体积模量和裂纹密度的表达式，以及 Grady 给出的破碎粒径表达式推导得出的脆性岩石损伤模型。该模型仍假定裂纹成核率服从 Weibull 分布，裂纹密度定义为单位体积的裂纹数和裂纹体积的乘积：

$$C_d = N(\beta a^3) \tag{10-11}$$

式中，C_d——裂纹密度；

　　β——比例因子；

　　a——平均裂纹尺寸。

Taylor、Chen 和 Kuszmul 以岩石所经历的最大体积应变率 $\dot{\varepsilon}_{max}$ 代替常应变率得到局部应变率状态下的裂纹尺寸

$$a = \frac{1}{2}\left(\frac{\sqrt{20}K_{IC}}{\rho C \dot{\varepsilon}_{max}}\right)^{2/3} \tag{10-12}$$

因此，有

$$C_d = \frac{5}{2}\frac{k}{(3K)^m}\left(\frac{K_{IC}}{\rho C \dot{\varepsilon}_{max}}\right)^2 p^m \tag{10-13}$$

式中，p——平均拉伸应力。

引入等效体积模量和裂纹密度的关系式

$$\frac{\overline{K}}{K} = 1 - \frac{16}{9}\left(\frac{1-\overline{\nu}^2}{1-2\overline{\nu}}\right)C_d \tag{10-14}$$

$$\overline{\nu} = \nu\left(1 - \frac{16}{9}C_d\right) \tag{10-15}$$

得到损伤变量 D 和裂纹密度、等效体积模量之间的关系式

$$D = \frac{16}{9}\left(\frac{1-\overline{\nu}^2}{1-2\overline{\nu}}\right)C_d \tag{10-16}$$

$$\overline{K} = K(1-D) \tag{10-17}$$

式中，$\overline{K}$、$\overline{\nu}$——损伤材料的等效体积模量和泊松比；

　　K、ν——未损伤材料的体积模量和泊松比。

模型的材料参数 k、m 须由常应变率动态拉伸断裂试验确定。该模型在模拟岩石爆破和岩石、混凝土的动态断裂问题方面取得了成功，但仍属于拉伸损伤模型，不能预测压缩损伤，并且输入的参数过多且有些参数确定困难，因而受到限制。

10.1.2.4　损伤模型的进一步发展

岩石爆破分形损伤模型是在分形理论基础上，提出了一种利用岩石分形维数表征裂纹密度的岩石爆破损伤模型。根据分形研究，岩石中的微裂纹虽然是杂乱无章的随机分布，但在不同尺度下却存在明显的自相似性，具有明显的分形性质，所以可以用分形理论来研究岩石中的裂纹分布，而用分形维数来描述裂纹的分布规律。可将岩石视为含有一定分布密度裂纹的均质材料，沿用泰勒等人关于裂纹密度的假设，裂纹密度 C_d 等于裂纹影响区岩石体积与岩石总体积之比：

$$C_d = \beta N a_0^3 \tag{10-18}$$

式中，a_0——微裂纹平均半径；

　　N——单位体积内的裂纹数目；

　　β——形状影响系数，$0 < \beta < 1$。

由分形理论，裂纹长度 r 与相应长度的裂纹数目 N 之间有关系：

$$N = r^{-D_f}$$

(10 – 19)

式中，D_f——裂纹的分形维数。

将式（10 – 18）和式（10 – 19）带入式（10 – 16），即可得到损伤参量与裂纹密度的关系。这样，损伤参量 D 就表示成了分形维数 D_f 的函数，因而可以通过分析爆破过程的分形演化过程来揭示损伤的演化发展规律。

同时，由分形生长理论可知，一个分形生长的物理系统具有微观上的随机性，这种随机性不仅导致宏观演化过程的不可逆性，还导致宏观上的耗散性。根据研究，岩石破坏过程的分形维数与损伤断裂耗散能有线形关系：

$$D_f = D_0 - KY$$

(10 – 20)

式中，D_0——岩石初始裂纹分形维数；

Y——岩石损伤能量耗散率；

K——由试验确定的参数。

同时

$$Y = -\frac{1}{2}(\lambda \varepsilon_{ii}^e \varepsilon_{jj}^e + 2\mu \varepsilon_{ij}^e \varepsilon_{ij}^e)$$

(10 – 21)

分形维数及其与损伤能量耗散率的关系的引入，不仅解决了损伤的确定问题，克服了损伤模型涉及的岩石特性参数过多的不便，更有利于解决模型在涉及天然损伤影响和爆破过程中新发展裂纹等方面的矛盾。

T. J. Ahrens 通过平面撞击试验和三维冲击试验发现，在冲击载荷作用下，岩石的破坏主要是由于微裂纹附近的拉应力集中及应力波的拉伸部分引起的。岩石在冲击作用下的破坏机制与准静态不同，由于冲击应力迅速增加，裂纹的扩展速率及应力释放区的发展受到材料声速的限制，因而被激活的裂纹数增加。故当应变率越高时，应力释放区越小，被激活的裂纹数越多，介质的损伤程度越高。进一步利用超声波手段测量岩石类脆性材料的冲击损伤，通过波速变化和频谱分析评价损伤参数与应力波在冲击损伤岩石中的传播特性。这些研究成果为建立新的岩石冲击损伤模型奠定了理论基础。

通过对回收样品进行超声波测试，发现波速的测定是评价受冲击岩石样品中微裂纹发育程度的简单而有效的方法，因此，可用波速的变化定义损伤变量：

$$D_P = 1 - (C_P/C_{P0})^2$$

(10 – 22)

式中，C_P、C_{P0}——分别表示纵波速度和其未损伤值。

利用脉冲反射法测出了超声波在冲击损伤岩石中传播时的衰减系数 α_P（单位是 cm/dB）。利用裂纹密度参数建立了一定主频下衰减系数和损伤参数之间的关系：

$$\alpha_P(D_P) = 1.1 + 28.2D_P$$

(10 – 23)

岩石冲击波压缩损伤破坏的机理研究认为，岩石在冲击波压缩作用下的损伤破坏区滞后冲击波波阵面一段距离，当加载应力达到 Hugoniot 弹性极限时，压缩损伤区的扩展边界赶上了冲击波波阵面，而形成这种压缩损伤的主要原因是岩石中的微裂纹在冲击波压缩作用下获得局部的拉伸或剪切而扩展。

基于应力波衰减规律的岩石爆破损伤模型是在 TCK 损伤模型基础上，根据岩石冲击损伤过程的声波衰减规律构造新的岩石爆破损伤模型。利用岩石冲击损伤试验和回收样品的超声波测试，得出损伤耗散能与声波衰减系数的关系，以及衰减系数和损伤变量之间的关系，也可以确定损伤变量及其演化方程。

10.1.3　不连续介质模型

岩石是含有大量不连续界面的复杂地质体，在复杂的爆炸荷载作用下，既有粉碎、大变形、损伤和断裂，又有被原有裂隙和爆破产生裂纹分割成的块体的接触、碰撞和运动等问题。目前可用于岩石爆破数值模拟计算方法可以分为三大类：第一类是基于连续介质力学，包括有限单元法、有限差分和无网格法；第二类是基于非连续介质力学，如非连续变形分析（DDA）和离散单元法（DEM），以及光滑粒子流法（SPH）；第三类则是各种连续和非连续相耦合的数值方法，如流型元（NMM）和有限离散元（FDEM），以及有限元中的黏聚单元方法（CZM）。

随着三维离散元的进一步发展，运用三维离散元模拟延时起爆和爆破运动使得预测和控制爆破运动，从而提高矿石回收率成为可能。在光滑粒子流体动力学（SPH）框架下可以模拟自然节理岩石介质爆破引起破裂的过程；运用非连续变形分析（DDA）方法可以模拟爆破过程中的炮孔扩张、岩体破坏、块体抛掷和爆堆形成过程。近年来，爆破模拟计算更加趋向于各种连续和非连续相耦合的数值方法。

10.1.3.1　离散元方法（DEM）模型简介

在二维离散元爆破块体运动模型 DMC - 2D 的基础上，Preece 等人创建了岩石爆破运动的三维离散元模型并使用了并行处理技术。该模型具备处理数百个炮孔和数百万单元的爆破块体运动模拟功能。由球状离散元编制的简单三维岩石破碎过程模拟方法，结合了冲击波和气体分别作用和联合作用引起的损伤效应。离散元的发展、气体充入内部联通的裂纹网及钱币形裂纹在破裂位置的分布，可由模拟期间的断裂、流体和动态压力分布来计算。气体动态模型和裂纹开裂轨迹由力学计算得出，气体动力学和动态结构响应使得二者成为充分耦合的模型。

三维离散元模型模拟任意尺寸球状单元集合的力学特性，它们具有独立位移且接触时互相作用。假定单元是刚性的，接触特性为软接触，此时用有限的正应力和剪应力强度表示接触强度。固体的性质可用相邻球面的边界组模拟，接触点用"接触边界"。接触边界位于两个单元之间，在很小的接触点小范围内产生支持效应，这样在两个单元边界之间传递力，而不是运动。接触边界的存在阻止了滑移并限制了允许的正应力和剪应力作用在接触上。如果正应力或剪应力的极限达到，那么边界破坏，接触就不能继续传递拉应力，尽管仍可传递压应力和适当的由摩擦系数控制的剪应力。模型假定球状单元按一定的密度固定在一起，单元的运动和相互作用由球接触碰撞过程解决。

三维离散元要进行旋转和平移运动，如图 10 - 1 所示。各种球接触碰撞的复杂情况如图 10 - 2 所示，I 和 J 分别表示正压力和摩擦力，是球体重叠和初碰撞速度的函数；球体的位移也是初碰撞角速度、摩擦系数和碰撞力的函数。三维模拟必须对各球平移和旋转的加速度与速度进行修正，才能对碰撞过程进行准确计算。

10.1.3.2　光滑粒子流体动力学模型

Deb 和 Pramanik 在光滑粒子流体动力学（SPH）框架下提出一种普遍方法来分析具有自然节理的岩体在爆破引发的应力波和膨胀及高压气体产物渗透作用下的动态破坏过程。模型

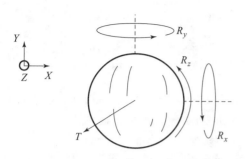

图 10-1 三维球体离散元

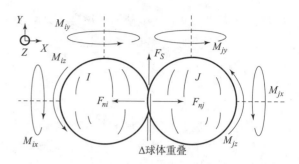

图 10-2 三维球的碰撞

并入了必要的气体岩石交互作用，用于分别描述损伤与拉压塑形的耦合特征。最终在 SPH 框架下呈现了应力波和产物气体与周围具有节理面的脆性岩石材料之间的相互作用。

SPH 方法克服了传统的基于网格的数值方法的缺点，这种缺点体现在处理大变形、严重不均匀性，以及跟踪自由表面和爆炸引起的应力波运动边界的瞬态分析上。

在 SPH 中，粒子的状态由一组固定体积的点表示，这些点具有与其所有相邻颗粒通过权重函数或平滑函数或平滑内核相互作用的材料特性。这个函数应连续可微并且满足规范化、δ 函数和紧密性。每个粒子都有一个支持域，$\Lambda_d \ \forall \alpha \in \Omega$（通过平滑长度 h_a 指定）。在它的平滑函数计算出的支持域内，可以通过所有粒子函数插值得到的一个典型粒子的函数值。通过分析平滑内核的区别，可以看出流动方程梯度。一组控制方程转换成粒子近似得到以下一组 SPH 公式：

$$\frac{\mathrm{D}\rho_\alpha}{\mathrm{D}t} = \sum_{b \in \Lambda_\alpha} m_b \left(\nu_a^\alpha - \nu_b^\alpha \right) \frac{\partial W_{ab}}{\partial x_a^\alpha} \tag{10-24}$$

$$\frac{\mathrm{D}\nu_a^\alpha}{\mathrm{D}t} = \sum_{b \in \Lambda_\alpha} m_b \left(\frac{\sigma_a^{\alpha\beta}}{\rho_b^2} + \frac{\sigma_b^{\alpha\beta}}{\rho_b^2} + \prod_{ab} \delta^{\alpha\beta} \right) \frac{\partial W_{ab}}{\partial x_a^{\alpha\beta}} \tag{10-25}$$

$$\frac{\mathrm{D}e_a}{\mathrm{D}t} = \frac{1}{2} \sum_{b \in \Lambda_\alpha} m_b \left(\frac{\sigma_a^{\alpha\beta}}{\rho_b^2} + \frac{\sigma_b^{\alpha\beta}}{\rho_b^2} + \prod_{ab} \delta^{\alpha\beta} \right) \left(\nu_b^\alpha - \nu_a^\alpha \right) \frac{\partial W_{ab}}{\partial x_a^\beta} \tag{10-26}$$

光滑粒子流体动力学中的爆生气体与岩石相互作用粒子接触面上的应力连续性问题，是由内核插值法解决的。在这种方法中，当有动量估算用于岩石粒子时，可认为界面附近的气体粒子是与临近界面的岩石粒子相同的一种虚拟粒子。为了使压力从气体粒子传递到岩石粒子，引入虚拟气体粒子上的界面应力张量。假设岩石粒子 a^r 附近有一个虚拟粒子 b^g。岩石粒子 a^r 的边界条件应用虚拟粒子的界面应力张量。为了达到这个目的，首先将岩石粒子的应力张量推广到虚拟粒子 b^g：

$$\sigma_{b^g} = \frac{\displaystyle\sum_{c^r \in \Lambda_{b^g}^r} \frac{m_{c^r}}{\rho_{c^r}} \sigma_{c^r} W_{c^r b^g}}{\displaystyle\sum_{c^r \in \Lambda_{b^g}^r} \frac{m_{c^r}}{\rho_{c^r}} W_{c^r b^g}} \tag{10-27}$$

式中，$\Lambda_{b^g}^r$——粒子 b^g 的子支持域（包含相邻的所有岩石粒子）：

$$\Lambda_{b^g} = \Lambda_{b^g}^r \cup \Lambda_{b^g}^g$$

这时，界面应力张量 $\tilde{\sigma}_a^{\alpha\beta}$ 近似为

$$\widetilde{\sigma}_{b^g}^{\alpha\beta} = \begin{cases} 2\sigma_{b^g}^{\alpha\beta} - \sigma_{b^g}'^{\alpha\beta}, & \alpha = \beta \\ \sigma_{b^g}'^{\alpha\beta}, & \alpha \neq \beta \end{cases} \tag{10-28}$$

式中，$\sigma_{b^g}^{\alpha\beta}$——气体粒子 b^g 在 t 时刻的应力张量。

此时，界面应力 $\widetilde{\sigma}_{b^g}^{\alpha\beta}$ 并入岩石粒子 a^r 的动量方程（10-25）。

上述过程通过保持界面的牵引力的连续，将爆炸引发的压力传递到周围的岩石介质。要特别注意的是，岩石和气体粒子的控制方程在一个时间步内需要同时积分。为了克服爆破因高压气体和脆性岩石介质间界面速度连续性的描述的不足，该框架应用了 XSPH 近似法，以确保速度连续性，并且可以避免非物理微粒穿透现象。

10.1.3.3　不连续变形分析（DDA）方法

DDA（Discontinuous Deformation Analysis）方法是在 1984 年由美籍华人石根华提出的一种对不连续块体系统的静态和动态力学行为进行计算的数值计算方法。其基本原理是将计算区域内的结构切割而成的块体单元作为基本单元，各块体单元不仅允许有平动和转动，还允许有变形；块体之间有滑动、转动、张开等运动形式，但不能相互嵌入，各个块体单元的运动用牛顿第二定律来描述。以单元的位移和变形为联立方程式的未知数，利用最小势能原理建立控制方程，把刚度、应力、载荷和惯性力（质量）等子矩阵，判断块块间接触的法向、切向阀弹簧子矩阵及摩擦力子矩阵加到联立方程的系数矩阵中。当确定块体系统中每个块体的几何形状、荷载、材料参数、块体接触的摩擦角、黏聚力和阻尼特性后，DDA 即可通过对块体间接触弹簧的锁定和撤销的隐式求解来计算块体系统中每个块体的位移、应变。

DDA 方法与刚体-弹簧元的区别就是充分考虑单元介质的变形，其直接反映为块体单元本身的应变。以块体的位移和变形为基本未知量，利用最小势能原理建立控制方程。该方法能充分考虑岩石的不连续特性，可以模拟块状结构，如岩体的非连续变形、大位移运动情况。甯尤军通过跟踪炮孔扩张和炮孔周边裂隙的发展贯通，根据爆生压力状态方程计算爆腔即时压力，并将爆生压力载荷作用到主炮孔内壁和贯通裂隙面上，实现了爆生产物作用下节理岩体爆破的 DDA 方法模拟。利用 DDA 方法对不同抵抗线条件下的节理岩体圆形炮孔抛掷爆破及节理岩体台阶爆破问题进行了模拟，得到了爆腔压力衰减曲线及爆破过程中岩体的破裂、抛掷和爆堆形成过程。

10.2　岩石爆破过程数值模拟

10.2.1　爆破裂纹及损伤发展模拟

10.2.1.1　SPH 模拟节理岩石的爆炸损伤和破碎过程

1. 模型及爆炸作用下的损伤演变过程

利用 SPH 模型建立一个如图 10-3 所示的 0.1 m × 0.1 m 大小的方形岩石介质模型，在其中间有一块直径为 0.01 m 乳化炸药炮孔。岩石介质的密度为 2 261 kg/m³，弹性系数为 17.83 GPa，泊松比为 0.271。总共有 62 500 个间距为 0.4 mm 的方形粒子，分散在初始光滑长度为 0.48 mm 的矩形区域内。钻孔内的粒子代表乳化炸药，其余表示炸药周围的岩石颗粒。假设岩石介质的外表面为自由表面边界条件。不同时间步岩石介质的损伤积累计算结果如图 10 - 4 所示，反映了岩石中爆破引起的损伤和破碎裂纹在动态应力波及其后续膨胀高压气体的作用下的演变过程。

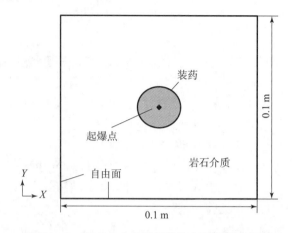

图 10 - 3　包含中心位置炸药的方形岩体示意图

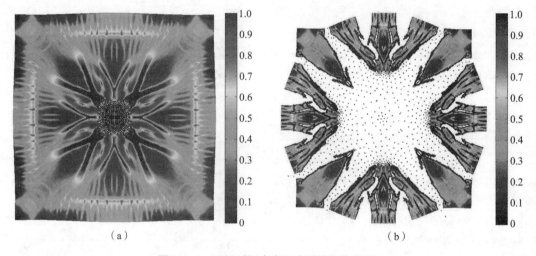

图 10 - 4　不同时间步岩石介质的损伤积累

（a）$t = 23.48\ \mu s$；（b）$t = 351.56\ \mu s$

2. 爆炸作用下含有节理面的岩石损伤和破碎演变过程

为研究含有节理面的损伤和破碎裂纹在动态应力波及其后续膨胀高压气体的作用下的演变过程，在模型中设置了一个倾斜角为 30°的节理面，岩石性质和边界条件与图 10 - 3 的相同。炸药爆炸后损伤的两个不同时期的演变如图 10 - 5 所示。由图可得，由于节理面穿过炮孔，开始沿节理扩张是由于引爆后炮孔内产生的高压作用。同时，也可以观察到，岩体损伤的发展和随后的碎裂相比之前的模型都要少很多，这是炮孔内部爆炸产生的能量从开通的节理得以释放的结果。

10. 2. 1. 2　使用 DDA 模拟的爆炸应力波作用下岩体破坏过程

利用 DDA 方法模拟炮孔中爆生产物作用下节理岩体爆破过程，是通过跟踪炮孔扩张和炮孔周边裂隙的发展贯通、根据爆生压力状态方程计算爆腔即时压力，并将爆生压力载荷作用到炮孔内壁和贯通裂隙面上实现的。炮孔爆控如图 10 - 6 所示，采用单纯形积分对扩张后

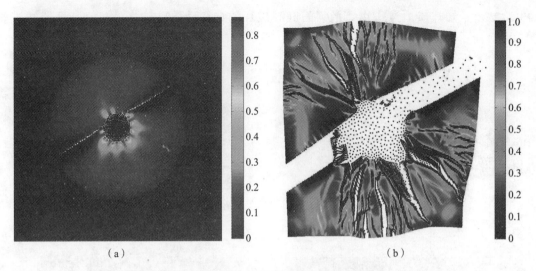

图 10 - 5　在岩石中的节理面上的损害积累

（a）$t = 13.57\ \mu s$；（b）$t = 163.3\ \mu s$

的主炮孔面积及贯通裂隙的面积进行计算，爆生产物的压力可以根据爆腔体积由爆生压力状态方程近似求出，公式如下：

$$p = p_0 \left(\frac{V_0}{V} \right)^r \tag{10-29}$$

式中，p_0、V_0——炮孔初始压力和初始体积；

　　　　p、V——t 时刻的爆腔压力和爆腔体积；

　　　　r——与炸药及岩石性质相关的参数。

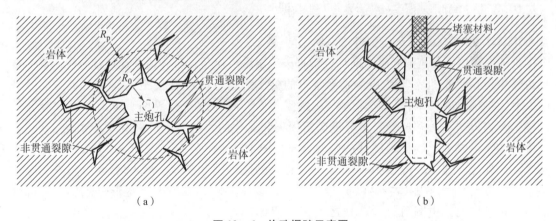

图 10 - 6　炮孔爆腔示意图

（a）水平柱状；（b）垂直柱状

　　DDA 方法不仅可以计算块体单元之间的相互作用，利用子块体单元的应力状态还可以判断块体单元的拉伸或剪切破坏，而通过改进 DDA 子块体开裂算法有利于提高岩体开裂破坏计算的精度。利用 DDA 方法模拟单炮孔条件下爆炸应力波载荷作用下的岩体开裂破坏整个过程，包括炮孔周围裂纹的产生与扩展、自由表面附近岩石的剥落破坏、炮孔周围岩体的碎裂及爆破漏斗区域的形成和块体的抛掷等。通过应力波传播过程和岩体开裂过程的模拟与分析，揭示了爆炸应力波作用下的岩石开裂破坏的特征和爆破破坏的机理。模拟结果如图 10 – 7 所示。

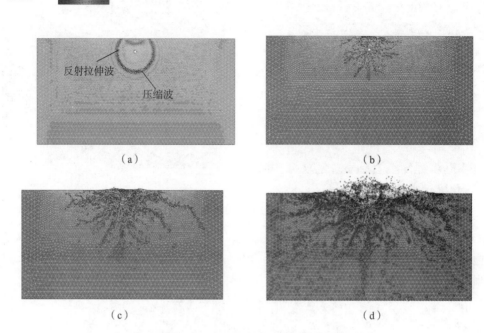

图 10 – 7　爆炸应力波作用下岩体破坏过程

（a）$t = 0.45$ ms 的应力云图；（b）$t = 1$ ms 的应力云图；（c）$t = 5$ ms 的应力云图；（d）$t = 8$ ms 的应力云图

10.2.2　台阶爆破块体运动规律模拟

10.2.2.1　DMC – 3D 模拟逐排延时起爆

近年来利用三维离散元模拟露天台阶爆破后爆堆形成及岩石碎块移动规律取得了许多成果，其中最具代表性的当属 Preece 等做出的关于矿岩分离爆破模拟的研究。生产实践证明，利用精确延时技术控制起爆方向从两侧传向矿石与废石分界面，可使矿石和废石彼此分离开，以达到采矿过程显著降低矿石损失和贫化的目的。为此，利用 DMC – 3D 建立三维掘沟爆破模型，逐孔起爆孔间延时 6 ms，排间延时 90 ms。图 10 – 8 （a）给出了单起爆点逐孔延时爆破方案模拟中四个不同时刻的爆破运动速度。可见矿岩均向与起爆方向相反的方向移动。图 10 – 8 （b）描述了正常逐排延时爆破情况下矩形爆区矿岩各部分的爆破运动情况。由图可见，在爆区的两个界面的都有矿岩混杂情况，炮孔中部位置尤为严重。

利用高精度雷管或电子雷管实现精确爆破延时，可以控制矿石和废石分别远离矿岩边界，以便达到降低矿石损失贫化的目的。这种爆破延时方案包含多点逐孔起爆，从两边传播到矿石与废石边界。图 10 – 9 （a）描述了矩形爆区多点起爆的逐孔爆破延时模型不同时刻的爆堆运动速度。

图 10 – 9 （b）表示不同时间延迟方案的矿岩运动效果。与图 10 – 8 （b）对比，可以看到爆破后矿岩分界基本清晰，没有随爆堆深度变化的混杂情况。采取不同延时起爆方式对于

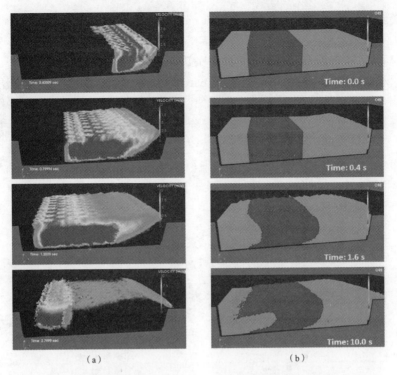

图 10 – 8　逐排延时爆破方案模拟中不同时刻的爆堆运动速度和矿岩位移

（a）运动速度；（b）矿岩位移

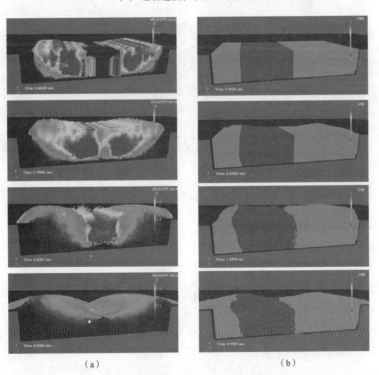

图 10 – 9　矩形爆区的爆破延时模型中的爆堆运动速度和矿岩位移

（a）运动速度；（b）矿岩位移

控制矿岩分离及降低矿石损失和贫化具有显著的差异，再次证明延迟起爆对于矿岩分离的重要意义。

10.2.2.2　CZM 在岩石爆破数值模拟中的应用探索

下面介绍利用 ABQUS 软件引进 CZM（Cohesive Zone Method，黏聚单元方法）进行岩石爆破模拟的有益探索。CZM 适用于预测动态加载和大变形等条件下裂纹的萌生和扩展，其避免了应力奇异性导致的应力强度因子和 J 积分的使用。CZM 的三角形本构模型被广泛应用于描述陶瓷、混凝土等准脆性材料的裂纹成长。有限元分析中，试件被划分为一般的连续单元。两个相邻单元的界面（二维情况下为线段，三维情况下为面）为可能出现裂纹的位置，如图 10 – 10 所示。将 CZM 方法应用于三维台阶爆破数值模拟研究，建立 Cohesive-Finite Element 模型，如图 10 – 11 所示。

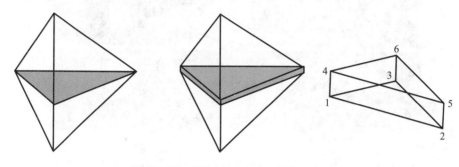

图 10 – 10　Cohesive – FEM 耦合示意图

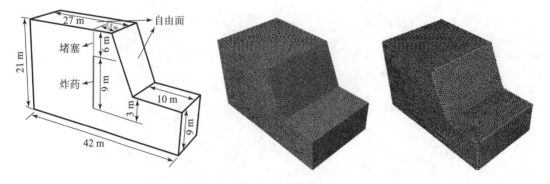

图 10 – 11　台阶计算模型及 Cohesive – Finite Element 模型

采用等效荷载法在孔壁上施加爆炸荷载，利用 ABAQUS 显式积分算法可计算得到各个时刻台阶的爆破模拟结果，如图 10 – 12 所示。其中，如图 10 – 12（a）所示，在冲击波作用下，岩体表面首先出现大量裂纹，并主要集中在炮孔位置周围；如图 10 – 12（b）所示，随着冲击压力的加载，台阶中裂纹进一步增多并产生较大裂缝，使整个台阶向自由面方向运动；如图 10 – 12（c）所示，台阶继续向着自由面运动，并产生更多较大的裂缝，使岩体产生破碎，并且台阶下部逐渐发生了剥落；如图 10 – 12（d）所示，岩体产生了进一步破碎，并在重力作用下向下滑落；如图 10 – 12（e）所示，台阶中岩体继续运动并下落，并在后方形成新的自由面；如图 10 – 12（f）所示，为台阶爆破的最终形态。计算结果显示，利用 CZM 模拟岩石爆破，不仅可以按照岩石不连续现状随意划分单元，还能基本再现从裂隙发展到破碎成块的全部过程。

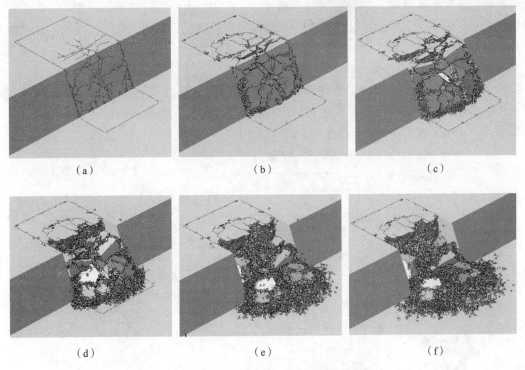

图 10 - 12　典型时刻 CZM 台阶爆破模型计算结果
(a) 0.02 s; (b) 0.4 s; (c) 0.8 s; (d) 1.2 s; (e) 1.6 s; (f) 2.0 s

10.3　岩石爆破智能设计系统

10.3.1　爆破设计系统发展简述

　　爆破作为成熟技术，已在诸如岩体、炸药、爆破器材、爆破工艺等方面积累了大量的技术知识，也造就了诸多具有丰富经验的爆破专家。如果将这些知识和专家的经验及以前成功的爆破设计案例存入计算机，设计人员在选择爆破参数时用计算机来提供决策，就可以大大提高参数选择的合理性及工作效率。将这些技术和经验与现代计算机技术、人工智能技术及大数据技术相结合，有望实现爆破设计的自动化、精确化和智能化。

10.3.1.1　爆破智能设计系统构成

　　爆破设计软件在基于矿岩可爆性分级方法的基础上，基于炮孔自由面条件及炸药威力等条件参数，由计算机自动完成孔位设计和药量计算，以人机交互方式设计起爆网路，使爆破参数选取更为科学、合理。随着计算机技术、人工智能理论及工程测量手段的迅速发展，露天矿台阶爆破作业正朝着测量精确、设计合理、施工现代化的方向发展，开发出实用的台阶爆破专家系统软件，并逐步采用计算机进行爆破设计和爆破质量管理，对实现矿山日常爆破设计工作的规范化具有重要实际意义。

　　爆破智能设计系统是一种集爆破自动设计与爆破效果预测为一体的爆破设计系统。该系统综合考虑了爆区地形及台阶自由面条件、矿岩物理力学性质与地质结构构造特征、炸药爆炸性能及爆区平面形状和台阶坡顶线的不规则性、台阶自由面条件性质、台阶坡面角度，以及爆区内矿岩种类及其可爆性能的复杂性对爆破效果的影响，并据此对爆破破碎效果和爆堆形状进行综合模拟和预测，并可在配套建立的数字矿山数据库的基础上进行台阶炮孔爆破的计算机自动/人机交互设计。

该模型由矿山地质地形图形数据库系统、台阶爆破计算机自动/人机交互设计系统和爆破效果综合模拟预测三部分构成，并为钻孔信息交互和自动化装药留有数据融合接口。爆破智能设计系统及其相互关系如图 10-13 所示。

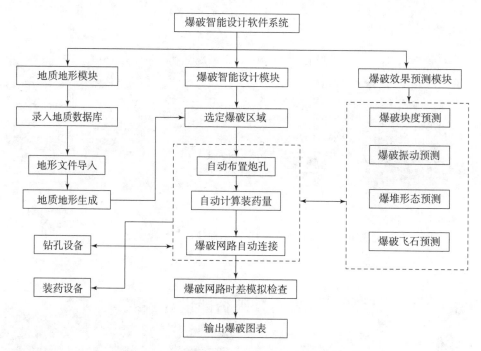

图 10-13　爆破智能设计系统及其各模块的关系

10.3.1.2　楔块损伤体理论

在确定露天台阶爆破参数时，必须综合考虑台阶高度、孔径、矿岩种类、所使用的炸药和种类等。由于涉及的因素多，参数选择得合理与否与爆破设计软件的原理密切相关。逐孔起爆技术是露天台阶爆破实现炮孔间延时起爆的一种爆破技术，随着高精度雷管的推广，已获得广泛的应用。在逐孔起爆条件下，需要提出新的单孔分担体积算法。

一般爆破设计基于图 10-14 所示 JKMRC 破碎模型估算单孔分担体积，认为爆破作用下岩体产生破碎的机理有两种：一是接近炮孔的岩石受压缩的破坏；二是岩体受到的拉伸破坏。在炮孔周围的垂直方向的破坏区域是相同的，在水平方向上压缩破坏区是圆环形，拉伸破坏区域是一个较为规则的四边形。这种规整的立方体爆破范围显然没有考虑炮孔所处位置的不同自由面对爆破效果的影响。这种简化模型适用于逐排起爆炮孔分担计算，已不能满足逐孔起爆条件下爆破设计的要求。

将图 10-14 所示炮孔置于台阶爆破典型环境，即可得到图 10-15 所示逐孔起爆条件下台阶爆破单孔破碎岩石的楔块损伤体。露天台阶爆破岩石损伤楔块理论认为，在逐孔起爆条件下，各孔所分担的岩石损伤范围不仅与孔距、排距和台阶高度有关，还受到该孔所处位置

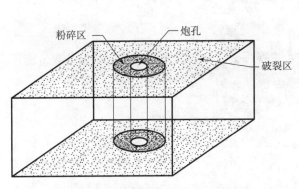

图 10-14　JKMRC 岩石破碎模型

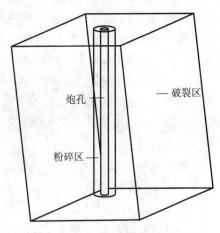

图 10-15　楔形损伤理论模型

自由面条件的影响，尤其是同排前一延时间隔起爆相邻孔破碎质量的影响。

因每孔起爆时不仅可以利用前排炮孔提供的自由面，还可利用同排前一延时间隔起爆相邻孔提供的自由面，所以在水平方向上，岩石的损伤范围呈现平行四边形；加之台阶坡面角的存在，单孔岩石损伤体不是立方块，而是随台阶坡度变化的斜立方体。因此，逐孔起爆条件下台阶爆破单孔损伤范围呈现楔块形破碎块。

10.3.2　爆破智能设计系统

在建立矿山三维模型的整个过程中，诸如现场勘测资料、矿山开采境界和地形测量数据等大量的矿山的地形信息，都是以文字、图形、表格等形式被技术人员采集和存档。如此大量的数据资料往往都是以二维的形式来表现的，这种传统方法难以把矿山地形的绵延起伏和相关地形特点展示给技术人员，因此越来越无法满足矿山爆破技术人员的工作需求。但随着计算机软硬件和计算机图形学的快速发展，人们发现复杂的数据以视觉的形式表现时是最直观，也是最容易理解的。因此，国内外很多科研机构和高等院校都在研究如何以三维形式建立矿山模型，如何将各种地形测量数据应用到三维模型中，如何通过后期处理优化三维地质模型，以及如何模拟和预测开发矿山过程中各项指标的变化趋势等。

三维矿山建模将计算机科学和图像处理技术相结合，并涵盖了计算机图形学、计算机视觉、计算机辅助设计、地球空间科学、软件开发技术等多门学科的知识和理论，根据三维地形坐标，建立一体化的三维空间模型。该模型能够将数据中的物理现象和自然规律转化为直观的图形、图像的方式表达出来，并大大加快数据的处理速度，从而改变技术人员直接面对大量抽象数据的被动局面，以便更直观、更有效地进行日常工作。在今天的信息化时代，伴随着计算机图形技术和地质学研究的不断发展，建立矿山三维模型已成为计算机在工程地质领域应用的一个必然趋势。

10.3.2.1　软件开发平台

软件开发平台可借助 Visual C++ 编程工具。该工具将面向对象和事件驱动编程概念结合，使编写 Windows 应用程序的过程变得简单、方便且代码量小。Visual C++ 中的 MFC 包含了强大的基于 Windows 的应用框架，提供了丰富的窗口和事件管理函数，包含基类、窗口、对话框和控制类及绘图打印类等，是被广泛应用的面向对象的编程工具。

3D 图形引擎实质上就是一组开发和显示 3D 图形的应用程序接口，是可视化的基础。现有多种不同的 3D ADI 标准，但从高效、稳定和标准化的角度出发，可使用 Direct3D、QuickDraw3D 和 OpenGL 等通用的图形引擎。

10.3.2.2　自动布孔设计

软件的自动布孔设计主要分为以下几步：选择爆破区域→确定岩石性质相关参数→选择钻孔设备→选择炸药类型→选择布孔方式→选择装药结构→软件自动计算爆破参数→自动布孔→编辑布孔。

爆破区域和坡顶线有着非常密切的关系，可以说爆破区域就是由坡顶线确定的。一般情况下，首次爆破的坡顶线坐标需要测量技术人员现场实测，但为了减少测量工作量，在保证前一次爆破效果良好的情况下，可以采用前一次上午后排设计推进线平行外推作为当次爆破的坡顶线。

将选择爆区设置为手动选择，并默认设定为逆时针顺序点选。首先选取后排设计推进边界线点 Q、下一台阶面点 Y，此时软件将自动连接 QY 并与台阶坡顶线相交，以确定出点 N，然后继续在下一台阶面上选取点 X，在台阶面上选取点 P，同样道理，软件将自动确定出坡顶线上点 M。此时 PQ 即为后排设计推进边界线，MN 为坡顶线，如图 10 - 16 所示。

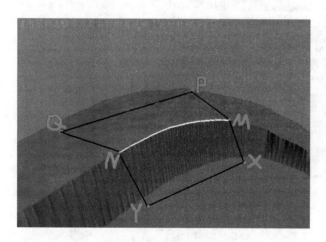

图 10 - 16　选择爆破区域

需要补充说明的是，爆区选择操作极为简单方便，左键单击选择，右键单击取消选择；当最后闭合爆区范围线时，软件会自动提示；由于三维视角在选择爆区时会给人以视觉上的错觉，建议配合旋转视角来准确选择爆破区域。

双击爆区 $PQNM$ 内任一点，进入爆破区域显示窗口，如图 10 - 17 所示。

10.3.2.3　爆破网路

爆破网路连接就是利用爆破器材对整个爆破工作面的炮孔进行起爆顺序的安排。爆破网路设计是一个关键工序，直接关系到爆破工程的成败，影响爆破效果和爆破安全。尽管布孔方式只有矩形布孔（或方形布孔）和三角形布孔，但是起爆顺序会因爆破器材选择、地形地势变化及设计人员的个人习惯而变幻无穷。布孔方式、爆破网路设计、起爆顺序是爆破理论和工程实践的结合，三者相互影响。

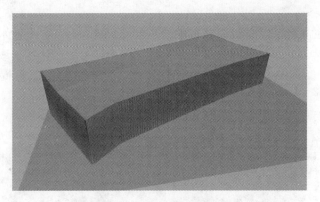

图 10 – 17　爆破区域显示窗口

精确延时爆破实行逐孔毫秒延时起爆技术。逐孔起爆主要是利用孔内和孔外不同延期时间的高精度导爆管雷管配合使用，使每个炮孔按照爆破设计的延期时间顺序起爆。每个炮孔单独起爆，为炮孔创造了更多的自由面，增强了应力波的反射作用，改善了爆破效果。同时，由于单段药量的减少，会使爆破振动明显减弱。目前主流的逐孔起爆技术主要采用澳瑞凯高精度雷管。

1. 孔内雷管选择

数据库中主要存储了澳瑞凯地表连接雷管、澳瑞凯超强型毫秒延期雷管及国内生产的标准普通导爆管雷管等数据。在孔内雷管选择上，设置为单孔内一根或两根雷管。具体操作为：首先选中要进行孔内雷管选择的单个或多个炮孔，进入炮孔编辑页面，并打开"孔内雷管设置"对话框，根据需要进行选择，同时，右击可以取消孔内雷管选择；显示所有炮孔信息选项则可以检查炮孔装药结构、堵塞长度等信息。如图 10 – 18 所示。

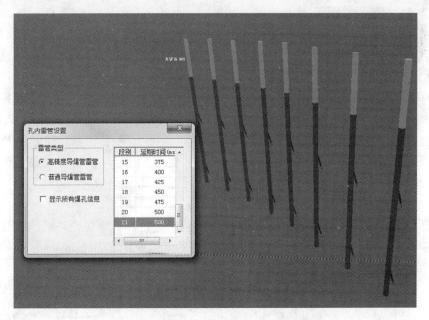

图 10 – 18　选择孔内雷管

2. 孔外雷管选择

对于孔外雷管的选择，主要针对澳瑞凯的高精度雷管和逐孔起爆技术。具体操作为：选取相应毫秒延期地表雷管，选取起爆点并根据设计要求连接控制排；选取传爆列地表雷管依次按斜线起爆、V形起爆等方式连接；最后勾选"显示爆破时间"，根据显示的单孔起爆时间对爆破网路进行修改。需要说明的是，鼠标左击/右击即可完成对连线的确定/取消，同时，孔内雷管和孔外雷管的选择不分先后。如图10－19所示。

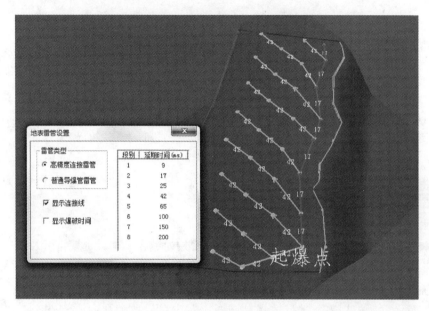

图 10 － 19　选择孔外雷管

10.3.2.4　爆破设计图表

爆破设计工作的最后一个阶段就是输出爆破设计结果，编写汇报性文档，同时还要将大量爆破数据进行整理统计，以便日后分析查阅。爆破设计图表是矿山施工指导最重要的文件之一，因此，为了提高爆破生产管理水平，对设计资料进行系统化、规范化的整理与存档，有必要编写相关文档和图表，在一定程度上减轻设计人员的劳动强度，提高设计精确度和矿山生产效率。

文档与报表主要包括四类：火工品材料审批单、钻孔任务书、装药任务书及连线任务书。其中爆破网路连线任务书在分离爆破中尤为重要，其内容包含雷管总数、实用雷管总数、雷管段别、爆破网路连接图及连线注意事项等信息，对现场的连线操作起到了指导、规范的作用。

对于已经完成钻孔工作并利用CAD设计的爆破矿块，可以顺利导入钻孔验收图并自动进行网路连线图设计，极大地减轻了采场技术人员的爆破设计工作量。

1. 钻孔验收图

因施工现场与设计图纸不同，会出现孔位不合理的情况，因此，需要由技术人员对钻孔后的现场情况进行检察监督，并绘制出实际钻孔图。图纸中应包含炮孔位置、炮孔深度、炮孔孔径、废孔等信息，如图10－20所示。

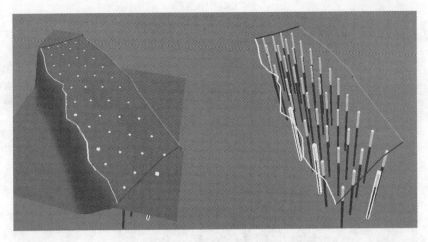

图 10 - 20　钻孔验收图

2. 网路连线图

现场的连线工作需要爆破网路图纸做设计指导，因此，图纸应包含起爆点位置、连线方式、延期时间、线路方向等信息，如图 10 - 21 所示。

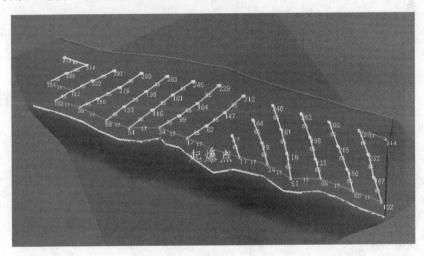

图 10 - 21　起爆网路自动连线图

10.3.3　矿岩分离爆破自动设计

能否实现矿岩分离的核心在于保证矿岩分界线两侧的起爆时间和其与邻近孔的起爆时差。为了保证矿岩分界线两侧孔具有自由面进行抛掷，结合目前高精度导爆管的时差限制，将其延时间隔设定为 100 ms。

1. 起爆网路连接模块

系统支持自动或者手动连接起爆网路，自动计算起爆时间信息。软件支持多种起爆网路连接方案实现自动连线。软件同时支持手动连线方式，用户通过鼠标选择雷管和钻孔即可实现快速连线，如图 10 - 22 所示。软件还提供计算每个炮孔起爆时间、校核连线错误、输出连线工程图等功能。

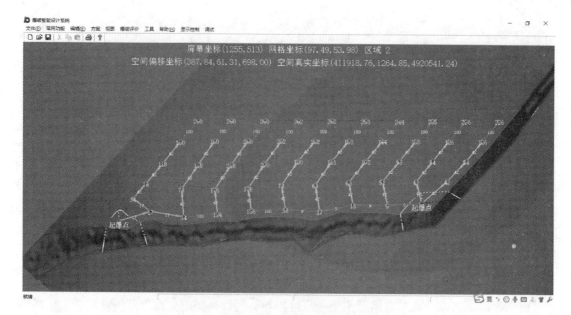

图 10 – 22　矿岩分离爆破起爆网路连接

2. 起爆过程模拟模块

软件提供按照时间仿真起爆过程的功能。首先，根据当前仿真时间和每个炮孔的爆破时间计算出当前炮孔、已爆炮孔和未爆炮孔信息；其次，根据当前炮孔位置和当前爆破地形信息计算出当前炮孔的负担区域并在三维界面中用白色线框标识出来；随后计算出每个已爆炮孔在爆区地形的破碎矿岩范围；最后计算爆破区域的破碎推进状况并显示在三维界面中。随着仿真时间推进，循环实现以上功能，实现动态仿真效果，如图 10 – 23 所示。

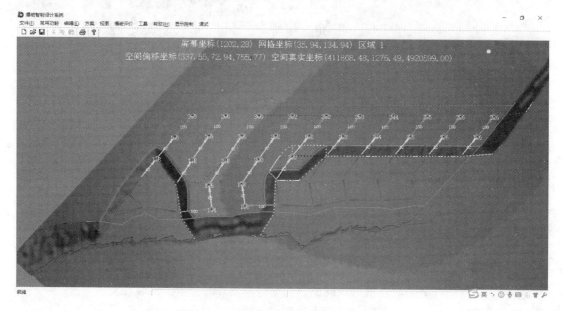

图 10 – 23　起爆网路时差及破碎动态仿真

思 考 题

1. 岩石爆破理论模型发展不同阶段与力学等相关基础学科有何关系？
2. 为什么岩石爆破数值模拟要采取不连续介质模型？
3. 爆破智能设计系统对爆破技术进步有何意义？

第 11 章

爆破施工机械

Chapter 11 Blasting Machinery

大型设备机械化作业是工程技术发展的必然趋势，也是现代爆破技术向着高强度、高效率发展的必要条件。爆破设计者只有充分了解爆破及岩石开挖相关的机械设备，才能在施工中得心应手地选配合理的机械设备，以适应现代化施工的要求。爆破工程涉及的机械设备包括钻孔机械、装药机械、二次破碎机械、装载机械和其他辅助机械等，这些机械设备针对不同的使用条件和工程规模又有不同的系列。

钻孔是有效实施爆破的第一道工序，在爆破施工过程中，该工序占据相当比例的作业时间和设备投入，钻孔工序很大程度上决定着爆破工作的效率和作业工期。按钻孔机械的工作场所和用途，可分为露天和地下两个系统，也有通用设备。机械化装药设备主要有装药车和装药器，机械化装药可以提高装药效率和装药质量，降低劳动强度，并可以降低爆破成本。

二次破碎设备主要有碎石锤、破碎机和风镐等，破碎机械的快速发展对岩石破碎工程及爆破技术的合理使用提出了新的选择。合理地选择二次破碎方式，对降低生产成本有重要意义。装载工序在大规模爆破作业中，占整个生产循环的 30% ~ 50%。不断提高装载作业的机械化水平，对提高劳动生产率、缩短工期和降低成本都有着十分重要的意义。

The mechanized operation of large-scale equipment is an inevitable trend in the development of engineering technology, and it is also a necessary condition for modern blasting technology to develop towards high strength and efficiency. Only when the blasting designers fully understand the mechanical equipment related to blasting and rock excavation, the reasonable mechanical equipment can be selected conveniently to meet the requirements of modern construction in the construction. The mechanical equipment involved in blasting engineering include drilling machinery, explosive charge machinery, secondary fragmentation machinery, loading machinery and other auxiliary machinery, etc.

Drilling is the first procedure to effectively implement blasting. During the blasting operation process, this procedure occupies a considerable proportion of operating time and equipment investment. The drilling procedure largely determines the efficiency and duration of the blasting work. According to the working place and use of drilling machinery, it can be divided into two systems: surface system and underground system, as well as general equipment. Mechanical charge equipment mainly includes explosive loading truck and loading vessel. Mechanical charge can improve the efficiency and quality of charge, reduce labor intensity and blasting cost.

The secondary fragmentation machinery mainly includes drop chisel, crusher, pneumatic pick, etc. The rapid development of crushing machinery has proposed new selections for the rational use of rock crushing engineering and blasting technology. It is of great significance to choose the reasonable way of secondary crushing for reducing the production cost. The loading process accounts for about 30% ~ 50% of the whole production cycle in large-scale blasting operation. Continuously improving the mechanization level of loading operations is of great significance for improving labor productivity, shortening construction periods and reducing costs.

11.1 浅孔冲击式凿岩机械

在岩石爆破中主要采用机械方法钻凿不同直径的炮孔，钻孔作用原理有冲击式凿岩、旋转式凿岩和旋转冲击式联合凿岩三种形式（图 11 − 1）。由于作用形式各不相同，形成了不同的钻孔机械。根据机械破碎岩石的方法，可将钻孔机械分为如下几种。

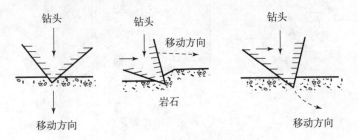

图 11 − 1 机械凿岩原理图
（a）冲击式；（b）旋转式；（c）旋转冲击式

①旋转式钻机：如多刃切削钻头钻机、金刚石钻头钻机等。这种钻机多用于中等硬度以下的岩石或煤中钻孔。

②冲击式钻机：如各种类型凿岩机、潜孔钻机和钢绳冲击式钻机等。可用在中硬以上的岩石中钻孔。

③旋转冲击式钻机：用在中硬以上的岩石中钻孔。

根据钻凿炮孔的深度，可分为深孔钻机与浅孔凿岩机两种。

11.1.1 岩石破碎过程

1. 冲击式凿岩（percussive drilling）

如图 11 − 1（a）所示，给钻头（drill bit）施加一个垂直于岩石表面的冲击力，在这个冲击力作用下，使钻头切入并破碎岩石。破碎岩石的过程就是在岩石表面下形成破碎漏斗的过程。

2. 旋转式凿岩

如图 11 − 1（b）所示，旋转式凿岩的特点是同时给钻头施加一个扭转力和一个固定的轴向力。钻头呈螺旋线形向前运动，并破碎其前方的岩石。

3. 旋转冲击式凿岩

旋转冲击式凿岩的原理如图 11 − 1（c）所示，其特点是除给钻头施加一个旋转力之外，还间歇地给钻头以轴向冲击力，使钻头与岩石表面成一定的倾角向岩石内钻进。

11.1.2 凿岩机械的种类

凿岩机（drilling machine）是最主要的钻孔机具。它的动作原理是冲击式的，如图 11-2 所示。首先利用锤头周期性地给钎头一个轴向力 p，在此轴向力（冲击力）的作用下，钎头凿入岩石一个深度 τ，其破碎的岩石面积为 I—I'。为了形成一个圆形的炮孔，钎子每冲击一次之后，还需回转一个角度 β，然后再进行新的冲击，相应的破碎面积为 II—II'。如此重复运动，即形成具有一定深度的炮孔。在两次冲击之间留下来的扇形岩瘤，将借钎头切削刃上所产生的水平分力剪碎。此外，为保证钎子持续有效地进行凿岩作业，还必须把凿岩过程中形成的粉尘和碎屑从炮孔中及时排出。

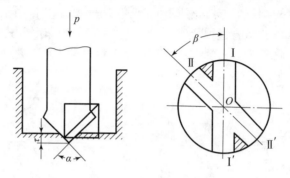

图 11-2　冲击转动凿岩原理

按照冲击钎尾（bit shank）和转动钎头所用的动力划分，有气动、电动、内燃和液压等类型凿岩机。

11.1.2.1　气动凿岩机

气动凿岩机（pneumatic rock drill）以压缩空气为动力，是目前在国内应用最广的凿岩机。气动凿岩机的类型很多，一般有以下几种：

1. 手持式凿岩机

手持式凿岩机（hand-held rock drill）也称手钻，其质量较小（通常小于 20 kg），功率较小，如 01-30 型。这种凿岩机适用于钻凿浅眼，操作时劳动强度较大，如图 11-3 所示。

2. 气腿式凿岩机

气腿式凿岩机质量通常为 22~30 kg，带有起支承和推进作用的气腿，如图 11-4 所示。YT-23、YT-24、YT-25、YTP-26 型凿岩机等已被广泛使用，它们一般能钻凿深度 2~5 m、直径为 34~42 mm 或带一定倾角的炮孔。

3. 伸缩式（向上式）凿岩机

这种凿岩机带有轴向气腿，专用于钻凿 60°~90° 的向上炮孔。一般质量为 40 kg 左右，钻孔深度为 2.5 m，孔径为 36~48 mm。常见型号有 YSP-45 及 01-45 等。

4. 导轨式（柱架式）凿岩机

这种凿岩机质量达 35~100 kg，一般装在凿岩台车或

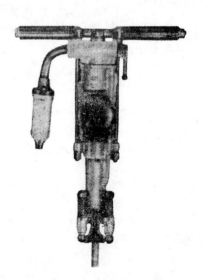

图 11-3　手持式凿岩机

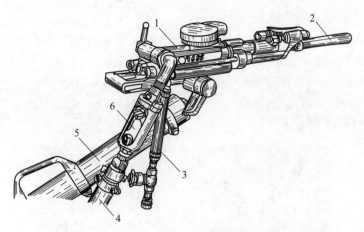

1—凿岩机主机；2—钎子；3—水管；4—压风管；5—气腿；6—注油器。

图 11-4　YT-23（7655）型气腿凿岩机

柱架的导轨上工作。常见型号有 YG-40、YG-65、YG-80 及 YZ-90 型等。

　　按照冲击转动式凿岩的动作原理，凿岩机必须具备以下机构和装置，以完成各主要动作和辅助动作，即冲击配气机构、转钎机构、推进机构、排粉系统、润滑系统和操纵机构等。广泛使用的国产气动凿岩机技术特征见表 11-1。

表 11-1　国产气动凿岩机主要技术参数

技术指标	手持式	气腿式					向上式	导轨式			
	01-30	YT-23	YT-24	YT-25	YTP26	YT-28	YSP45	YG-40	YG-80	YG-90	YG-35
机重/kg	28	23	24	23	26.5	28	44	36	74	90	35
全长/mm	635	628	678	660	680	690	1 420	680	990	883	653
使用气压/MPa	0.5	0.5	0.5	0.5	0.5 ~0.6	0.5	0.5	0.5	0.5	0.5 ~0.7	0.5
气缸直径/mm	65	76	70	70	95	75	95	85	120	125	120
活塞冲程/mm	60	60	70	55	50	70	47	80	70	62	48
冲击次数/ (次·min^{-1})	1 650	2 100	1 800	>1 800	2 600	2 000	>2 700	1 600	1 800	2 000	2 650
冲击功/J	44	59	59	64	59	64	68	103	176	196	98
耗气量/ (m^3·min^{-1})	2.3	<3.6	<2.9	<2.6	3	3.5	<5	5	8.1	11	6.5
扭矩/(N·m)	9.3	15	12.8	19	18	18	>18	38.8	100	118	49
钻孔直径/mm	34~42	34~38	34~42	34~38	34~45		34~42	40~55	50~75	50~80	45~60
钻孔深度/m	4	5	5	4	5	5	6	15	40	30	
气腿型号		FT- 160	FT- 140	FT- 140	专用	FT- 160	专用	专用推进器			
制造厂家	上海	沈阳			湘潭	天水	沈阳	天水	天水	南京	沈阳

11.1.2.2 液压凿岩机

液压钻孔设备的研制始于20世纪60年代中期。20世纪70年代初，法国蒙塔伯特（Montabt）公司的产品首先研制成功并应用于矿山生产。由于全液压凿岩设备与同等气动设备相比具有明显的优越性，并得到了矿山生产实践的证明，各国生产凿岩设备的厂家竞相研制，极大促进了全液压凿岩设备在80年代初的技术成熟和推广使用。瑞典COP1238液压凿岩机及钎具如图11-5所示。

图 11-5 瑞典 COP1238 液压凿岩机及钎具

液压凿岩机（hydraulic drill）具有如下优点：

①动力消耗少，能量利用率高。由于采用高压油作动力，其能量利用率可高达30%～40%，而气动凿岩机一般仅为10%左右，故其动力消耗仅为后者的1/3～1/4。

②液压凿岩机噪声小，比气动凿岩机低15%～25%。

③液压凿岩机工作时没有油雾喷出，工作现场无污染；冲击能、冲击次数、扭矩、转速和推进力等均可调，能更好地适应岩石特性，提高凿岩效率；与液压钻车配套，能源单一，可提高设备的机动性和工作效率。

④凿岩机性能和凿岩速度可大大提高。

⑤液压凿岩机的所有运动件都是在液压油中工作，润滑条件好，零件寿命长。

⑥采用全液压传动，可一人多机操作，台班工效高。

液压凿岩机由于采用高压油作动力，故对机器零件制造和装配精度要求比较严格，维护保养技术和费用较高。

为确保液压凿岩机发挥高效率凿岩的技术优势，与之配合的钎具系统也需要相应提高，首先应做到使用的长期性、稳定性和可靠性；其次是更换方便，结构简单，尽量减少拆卸钎具的辅助作业时间。

目前液压凿岩机型号很多，新型号不断出现，其发展方向是：简化结构，改善性能，提高可靠性。阿特拉斯公司生产的COP产品系列的相关参数见表11-2。国产液压凿岩机的相关参数见表11-3。

11.1.2.3 电动凿岩机

与气动凿岩机相比，电动凿岩机具有动力单一、成本低和机械效率高等优点。目前我国制造和生产的电动凿岩机有YD-30、YTD-35和YTD-30A型等。

电动凿岩机的关键问题是，如何把电动机的旋转运动转换成对钎尾的冲击动作。依据这种转换关系，电动冲击转动式凿岩机的工作原理有离心冲击锤式和曲柄连杆活塞式两种。

表 11 - 2　COP 系列液压凿岩机的部分性能

| 凿岩机的型号 | 冲击机构 | | 回转机构 | | 质量 /kg | 钎杆 | | 钎头 直径 /mm | 配套钻 车型号 |
	功率 /kW	频率 /Hz	转速/ (r·min⁻¹)	最大 扭矩/ (N·m)		型号	长度 /m		
巷道和隧道									
COP1028HD	5.5	50	0～300	120	52	R28	3.2、4.0	35～41	
COP1032HD	7.5	40～53	0～300	200	110	R28	3.09、3.7、4.05	35～43	
COP1038HF - 02	14	100～105	0～460	430	150	R28	3.7、4.3、4.5、4.9	38～51	BMH612/614 /616/618
COP1038ME - 05	15	40～60	0～300	500	151	R38	3.7、4.3、4.9、5.5	8～51	BMH612/614 /616/618
深孔采矿									
COP1038ME - 07	15	42～60	0～200	700	151	R32	1.22、1.83	51～64	BMH204/206
COP1038ME - 07	15	42～60	0～200	700	151	R38	1.22、1.83	64～102	BMH204/206
露天开挖									
COP1038ME - 07	15	40～60	0～200	700	151	R38	3.66	64～102	ROC812H
COP1038ME - 07	15	40～60	0～200	700	151	R45	3.66、6.10	76～105	ROC812HC
COP1038ME - 07	18	50	0～200	700	151	R45	3.66、6.10	76～105	ROC812HT

表 11 - 3　国产液压凿岩机主要技术性能表

型号	冲击能/J	钎杆转速 /(r·min⁻¹)	最大扭矩 /(N·m)	冲击压力 /MPa	冲击频率 /Hz	钻孔直径 /mm
YYG - 80	150	0～300	150	10～12	50	<50
GYYG - 20	200	0～250	200	13	50	50～120
CYY - 20	200	0～250	300	16（20）	37～66	<50
YYG - 250B	240～250	0～250	300	12～13	50	50～120
YYG - 90A	150～200	0～300	140	12.5～13.5	48～58	<50
YYG - 90	200～250	0～260	200	12～16	41～50	<50
YYG - 250A	350～500	0～150	700	12.5～13.5	32～37	<50
DZYG38B	300	0～300	500 或 750	15～21.5	40～60	65～125
YYGJ - 90		0～250	300	16～18	44～64	<50
YYGJ110	220～300					<50

型号	冲击能/J	钎杆转速 /(r·min⁻¹)	最大扭矩 /(N·m)	冲击压力 /MPa	冲击频率 /Hz	钻孔直径 /mm
YYGK – 300	130 ~ 220	0 ~ 300	240	16 ~ 20	42 ~ 62	< 50
YYGK – 200		0 ~ 300	240	16 ~ 20	38 ~ 60	< 50
YYG120			200	15	36 ~ 55	< 50
YYG110			200	15 ~ 24	40 ~ 53	< 50
YYG150			550 ~ 1 000	25	40 ~ 60	< 50
HYD200	200	200 ~ 400	300	14 ~ 16	34 ~ 67	27 ~ 64
HYD300	300	200 ~ 400	100 ~ 300	16 ~ 19	34 ~ 50	38 ~ 89

注：表中未注明钻孔直径的机型，钻孔直径在 50 mm 以下。

1. 电动离心冲击锤式凿岩机

这种机构的优点是结构简单，易于制造，动力消耗小，冲击力较大。主要缺点是振动较大，零件在高冲击负荷作用下易损坏，当电动机与机器连为一体时，质量较大。

2. 曲柄连杆活塞式凿岩机

YD – 30 型电动凿岩机是典型的曲柄连杆活塞式电动凿岩机，其技术特征如下：冲击次数为 1 750 次/min，钎子转数为 155 r/min，冲击功为 440 J，机器质量为 30 kg，扭矩 22 N·m，外形尺寸为 650 mm × 250 mm × 175 mm，电动机功率为 2 ~ 2.5 kW。

11.1.2.4　内燃凿岩机

内燃凿岩机（petrol-driven rock drill）是以小型汽油发动机为驱动动力，由小型汽油发动机、压气机、凿岩机组合而成的一种手持式凿岩机械。内燃凿岩机只能凿岩浅孔，并且凿岩速度慢、工作可靠性和耐用程度远低于气动和液压凿岩机。但优点是质量小，一般为 25 ~ 28 kg，携带方便；自带动力，机动灵活，适用于流动作业工程。内燃凿岩机垂直向下钻孔深度可达 6 m，并可在 –40 ~ 40 ℃气温条件下工作。

11.2　中深孔钻孔机械

中深孔钻孔设备主要有牙轮钻机（rotary drilling rig）、潜孔钻机（down – the hole drill）、旋转钻机和凿岩钻车（drill jumbo）等。大型化和不断采用新技术是钻孔设备的发展趋势。正是因为钻孔机械的不断进步，极大地促进了深孔爆破技术的迅速发展和广泛应用。在大型矿山中使用的钻机大部分是孔径大于 200 mm 的潜孔钻机和牙轮钻机。在一般石方开挖和中小型矿山中使用较多的是孔径在 200 mm 以下的轻型潜孔钻机和液压钻机。

11.2.1　潜孔钻机

11.2.1.1　潜孔钻机概述

潜孔钻机是一种回转加冲击的钻机，它的钻杆（drill rod）前端装有与钻头相连接的气动（或液压）机构，钻杆由回转机构带动回转。凿岩时，冲击器潜入孔底，压缩空气由钻杆内部送入冲击器中，经配气装置带动锤体高频冲击钻头，岩石在钻头的冲击和回转作用下被破碎成岩粉，再由压缩空气吹出孔外。与牙轮钻机相比，潜孔钻机具有灵活机动、设备质量较小、投资小、成本低等特点，适合中小型矿山开采和道路交通路堑深孔爆破使用。潜孔钻机凿岩原理如图 11-6 所示。

部分国产潜孔钻机的主要技术性能参数见表 11-4。近年来，铁路、公路及其他土石方工程中更多地采用了进口或合资工厂的钻机设备。如瑞典阿特拉斯（ATLARC）公司（与我国天水等生产厂家有技术合作）的钻机，包括 ROCC442P 履带式气动钻车、ROC460PC 风动履带式潜孔钻车和 ROC742HC 系列履带式液压露天钻车，孔径为 85 ~ 140 mm，或配 COP131 气动凿岩机，压气动力或自带发动机和空压机，配 CPP1238 或 COP1838 液压凿岩机，并可选配驾驶室和自动接杆系统。又如宣化英格索兰（Ingsland）矿山工程机械有限公司生产的钻机，包括高风压露天潜孔钻机、中风压露天潜孔钻机和 CLQ8OA 低风压露天潜孔飞钻机，孔径为 90 ~ 165 mm，工作风压为 0.5 ~ 2.46 MPa，耗风量为 17 ~ 21 m³/min，配用 DH-4、DH-6 等型号冲击器，爬坡能力为 25° ~ 26°。此外，还有芬兰汤姆洛克的 DHA660 型履带式液压露天钻车和日本古河 HCR-C180R、HCR-260 型履带式液压露天钻车，在许多工程中都有引进。

高效液压钻机的引入简化了深孔爆破的施工组织。这些钻机可以独立行走，具有单一动力，不需要安装供水、供电、供风等线路和管路，对钻孔平台的要求也不高，大大缩短了准备工作时间，促进了深孔爆破的发展。瑞典阿特拉斯公司生产的 ROC742HC 液压钻机在花岗岩中钻孔，纯钻孔速度为 1.4 m/min，每孔定时时间为 3.5 min，接卸钻杆时间为 2.8 min，80 mm 孔径的钻孔速度为 36.1 m/h，可以计算出该钻机的台班进尺大于 200 m。按每米钻孔爆落石方量 7.5 m³ 计算，其台班爆破方量在 1 500 m³ 以上。由此可以看到，高效钻机的推广使用将促使深孔爆破技术取代其他爆破技术而成为石方爆破的主要方法。

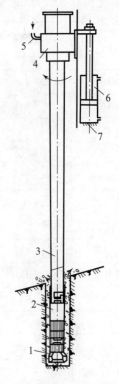

1—钻头；2—冲击器；3—钻杆；4—气接头；5—进气管；6—加减压气缸；7—钻架。

图 11-6　潜孔钻凿岩原理

表 11-4　部分国产潜孔钻机主要技术性能参数

型号	钻孔直径/mm	钻孔深度/m	工作气压/MPa	推进力/kN	扭矩/(kN·m)	耗气量/(m³·min⁻¹)
KQY90	80 ~ 130	20.0	0.50 ~ 0.70	4.5		7.0
KSZ100	80 ~ 130	20.0	0.50 ~ 0.70			12.0
KQD100	80 ~ 120	20.0	0.50 ~ 0.70			7.0
CLQ15	100 ~ 115	20.0	0.63	10.0	1.70	14.4
KQLG115	90 ~ 115	20.0	0.63 ~ 1.20	12.0	1.70	20.0
KQLG165	155 ~ 165	水平 70.0	0.63 ~ 2.00	31.0	2.40	34.8

型号	钻孔直径 /mm	钻孔深度 /m	工作气压 /MPa	推进力 /kN	扭矩 /(kN·m)	耗气量 /(m³·min⁻¹)
TC101	105 ~ 115	20.0	0.63	13.0	1.70	15.5
TC102	105 ~ 115	20.0	0.63 ~ 2.00	13.0	1.70	16.8
CLQG15	105 ~ 130	20	0.4 ~ 0.63, 1.0 ~ 1.50	13.0		24.0
TC308A	105 ~ 130	40	0.63 ~ 2.1	15.0		18.0
KQL120	90 ~ 115	20.0	0.63		0.90	16.2
KQC120	90 ~ 120	20.0	1.0 ~ 1.60		0.90	18.0
KQL150	150 ~ 175	17.5	0.63		2.40	17.4
CTQ500	90 ~ 100	20.0	0.63	0.5		9.0
HCR – C180	65 ~ 90	20.0				
HCR – C300	75 ~ 125	20.0		3.2		
CLQ80A	80 ~ 120	30.0	0.63 ~ 0.70	10.0		16.8
CM – 220	105 ~ 115		0.70 ~ 1.20	10.0		20.0
CM – 351	110 ~ 165		1.05 ~ 2.46	13.6		21.0
CM120	80 ~ 130		0.63	10.0		16.8

露天液压凿岩设备由液压凿岩机和走行台车组成，液压凿岩机的推进钻架及操纵系统构成露天液压钻机。它具有独立的液压系统，控制钻机的冲击、回转、推进或走行，并通过液压系统实现参数调节和自动控制。钻机的原动力装置为风动或电动设备。

随着钻孔深度的延伸，钎杆质量不断加大，能量传递效率相应降低，钻进速度逐渐下降。为了使活塞打击钎杆的能量损失不致随炮孔的延伸而加大，就必须使钎杆质量不随炮孔的延伸而增加。潜孔钻机即是为适应这一要求而发展起来的。它把气动冲击器连钻头装在钻杆的前端，凿岩时，冲击器随着钻孔延深而潜入孔底破碎岩石。图 11 – 7 所示为潜孔钻机作业示意图。潜孔钻机通常适用于钻直径 80 ~ 250 mm 的炮孔，深度一般不大于 30 m。

潜孔钻机是主要的露天钻孔设备。其被公认为是钻凿坚硬岩石经济而有效的钻孔方法。潜孔钻机可在中硬或中硬以上（$f \geqslant 8$）的矿岩中钻凿炮孔。按作业环境分为井下潜孔钻机和露天潜孔钻机两大类型。现在国内外已经有了高工作气压型空气压缩机和相应的高工作气压型潜孔冲击器，使钻孔速度提高了数倍。

潜孔钻机同接杆凿岩钻车相比较，有如下一些特点：

①冲击力直接作用于钻头，冲击能量不因在钎杆中传递而损失，故凿岩速度受孔深的影响小。

②以高压气体排出孔底的岩碴，很少有重复破碎现象。

③孔壁光滑，孔径上下相等，一般不会出现弯孔。

④工作面的噪声低。

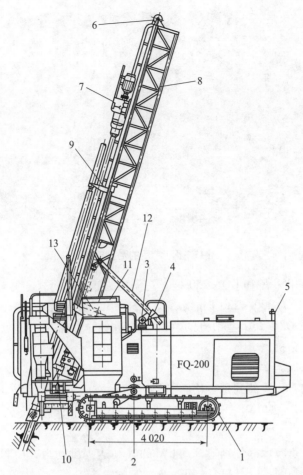

1—行走履带；2—行走转动机；3—钻架起落电动机；4—钻架起落机
构；5—托架；6—提升链条；7—回转供风机械；8—钻架；9—送杆器；
10—空心环；11—干式除尘器；12—起落齿条；13—钻架支撑轴。

图 11 - 7　KQ - 200 型潜孔钻机

11.2.1.2　露天潜孔钻机的分类

露天潜孔钻机都有独立的行走机构，按其钻孔直径和质量，分为轻型、中型和重型三种。常用的潜孔钻机如图 11 - 8 所示。

1. 轻型露天潜孔钻机

这类钻机可钻凿直径 100 mm 左右的炮孔，质量约 1.5 t。不带空压机，由机外风源供给压气。主要机型有三脚架式、牵引式和雪橇式轻型潜孔钻机。它们具有体积小、质量小、行动灵活的特点，适用于少量石方或狭小工作面的穿孔作业。

2. 中型露天潜孔钻机

中型露天潜孔钻机的钻孔直径为 130 ~ 180 mm，机重为 10 ~ 20 t，适用于一般石方钻爆作业。它的主要机型有 YQ - 150A、YQ - 150B 和 T - 170 型。它们不带空压机，由机外风源供给压气，都有履带行走机构，是我国使用最普遍的潜孔钻机。

3. 重型露天潜孔钻机

这类钻机钻孔直径为 180 ~ 250 mm，质量为 30 ~ 45 t，适用于大型露天矿山。主要机型

图11-8　常用的潜孔钻机

有 KQ-200 型、QZ-250 型和 KQ-250 型。它们均为履带自行式，并自带空压机。如 KQ-200 型钻机，钻孔直径为 200~220 mm，质量为 38 t，是我国数量较多的重型露天潜孔钻机。KQ-250 型钻机是在 QZ-250 型钻机的基础上改进的，它采用了高钻架、长钻杆的结构，是一种新型重型潜孔钻机。

4. 高风压露天潜孔钻车

这类钻机中比较有代表性的是英格索兰钻孔机械有限公司的 CM-351。CM-351 钻机配用 DHD-360、DHD-340A、DH-4、DH-6 系列潜孔冲击器。高风压露天潜孔钻车主要有以下特点：

①履带驱动。每条履带都分别靠 8.5 kW 的气马达提供动力，由封闭式减速齿轮驱动，盘式制动器通过弹簧刹闸，空气离合，正反方向功效一样。

②液压补偿油缸。液压补偿油缸的行程是 1.2 m，可把滑架延伸到根部，使之支撑坡面或不平整路面，固定钻机。

③结构紧凑，便于运输。钻机宽度为 2.2 m，可使钻机比同类产品更偏于运输，多数地区可用卡车运输。

④强力进给马达。一个柱塞式空气进给马达带动重型链条，可提供 1 362 kg 的提升力和进给推进力，进给推进力可调。

⑤低噪声操作。进口回转马达、液压泵马达都有消音装置，钻孔时，潜孔冲击器产生的噪声在孔底，这样便可使钻机降低钻孔的噪声。

11.2.2　凿岩钻车

凿岩钻车与牙轮钻机、潜孔钻机相比，是一种装机功率与整机质量较小的多用途露天钻孔设备。既可做穿孔的主要设备，又可作为边坡处理、二次破碎、扫除孤丘和消除根底等辅助设备。

露天凿岩钻车所配用的凿岩钻孔设备主要有液压凿岩机和潜孔冲击器两种，许多露天钻车都具有同时配备这两种钻孔设备的能力。

露天凿岩钻车具有以下特点：

①适应多种用途，设备的机动性高。

②能够钻凿多方位的炮孔，调整钻孔位置迅速、准确。

③钻孔自动化程度高，一般能够实现自动防止卡钻、自动实现反转、上卸钻杆自动化、开孔自动化、停车自动化等。

④钻速快，在岩石坚固性系数 $f = 10 \sim 14$ 条件下，钻进孔径 100 mm、钻深 2 m 时，纯钻速达到 $900 \sim 1\,200$ mm/min，是同级潜孔钻机无法比拟的。

⑤钻具寿命高。钻头寿命一般超过 1 000 m，钻杆寿命高达 $300 \sim 1\,000$ m。

⑥钻孔成本明显降低。

⑦动力消耗低，折算到每立方米岩石的能耗只有潜孔钻机的 1/3 和牙轮钻机的 1/20。

露天凿岩钻车种类及型式较多，以牵引运行方式，分有自行式与非自行式两种。自行式以履带运行为多，非自行式主要是以轮胎为行走轮。按钻孔孔径分，孔径小于 80 mm 者为小型露天凿岩钻车，大于 100 mm 者为大型露天凿岩钻车。以钻具类型分，有气动钻车与液压钻车。国外多数为液压钻车，即液压钻臂配备重型液压凿岩机。常用的凿岩钻机车如图 11 -9 所示。

图 11 -9　常用的凿岩钻车

11.2.3　牙轮钻机

牙轮钻机是一种效率高，机械化、自动化程度高，适应各种硬度岩石的穿孔作业，技术先进的钻机，它是大型矿山露天开挖的主要钻孔机械。牙轮钻机如图 11 - 10 所示，它有如下特点：

①大型化。一般的压轮钻机钻孔直径为 $250 \sim 330$ mm，钻孔直径现已发展到 445 mm。

②采用新技术，提高工艺性能。有些牙轮钻机轴压已提高到 60 t，同时，在机上装有弹簧加载单链推压机构。回转、提升、行走机构改用交流电源驱动，整台构造为组合式结构，以缩短拆卸、安装时间。

③应用自动化电子监测手段，如装设穿孔作业跟踪监测仪等。

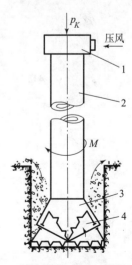

1—回转供风机构；2—钻杆；
3—钻头；4—牙轮；
P_K—轴压力；M—回转力矩。

图 11 -10　牙轮钻进示意图

④随着液压设备的改进，全液压钻机已逐步成为钻孔设备的主流。

牙轮钻机是在旋转钻机的基础上发展起来的一种近代新型钻孔设备。自从美国采用压缩空气排碴，并出现了镶嵌硬质合金柱齿的牙轮钻头之后，钻头寿命显著提高，能在花岗岩、磁铁石英岩等坚硬的矿岩中钻孔，其技术经济指标优于潜孔钻，使牙轮钻机在大型露天矿中获得了广泛的应用。牙轮钻头如图11-11所示。

牙轮钻机虽然是当今世界上最先进的穿孔设备，但因机身笨重、行车速度缓慢、一次性投资高等原因，不适用于铁路、公路、市政等开挖强度较小、机位移动频繁的小规模露天石方开挖工程。

我国主要研制的牙轮钻机有 KY 系列和 YZ 系列，其中 KY 系列牙轮钻机钻孔直径 120~310 mm，YZ 系列牙轮钻机钻孔直径 95~380 mm。国产 KY-310 牙轮钻机的结构如图 11-12 所示。

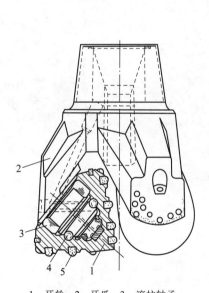

1—牙轮；2—牙爪；3—滚柱轴承；
4—滚珠轴承；5—合金柱。

图 11-11　牙轮钻头

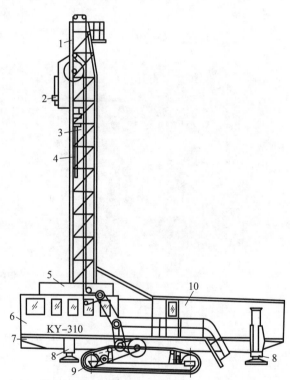

1—钻架装置；2—回转机构；3—加压升降系统；
4—钻具；5—空气净化装置；6—司机室；
7—平台；8—千斤顶；9—履带行走机构；10—机械室。

图 11-12　KY-310 型牙轮钻机总体结构

11.3　装药机械

装药是爆破工作中劳动强度很大的一个环节，尤其是地下工程中由于钻孔直径小、角度方向变化大、堵孔卡孔的机会多，装药问题更为突出，为此，国内外多年前就开始研制装药机械。各种装药车的研制成功和投放现场使用，使露天炸药生产与装填得到极大的改善，克服了以往炸药生产场地大、倒运环节多、包装费用高、劳动强度大、炮孔装药不连续等缺点，从而提高了爆破作业的机械化程度。装药工作机械化，可提高装药密度，改善爆破质量，减少穿孔量，降低穿爆成本，节省炸药的储存、保管、运输和包装费用，具有显著的经济效益。

爆破装药机械按用途，可分为露天和地下爆破装药机械。露天爆破装药机械，包括现场混装重铵油炸药车、现场混装粒状铵油炸药车和现场混装乳化炸药车三大类。地下爆破装药机械，包括装药器和装药车两类。装药器又分为传统装填黏性粒状炸药（还有少数矿山装填粉状炸药）的压气装药器和新型现场混装乳化炸药装药器。装药车也分地下压气装药台车和地下现场混装乳化炸药车。

地面站是为现场混装炸药车进行原材料储存、半成品加工等而设置的地面辅助配套设施，有固定式地面站和移动式地面站两种形式。

11.3.1　露天爆破装药机械

1. 重铵油炸药现场混装车

重铵油炸药现场混装车（mixing-loading truck of heavy ANFO explosive）由汽车底盘、动力输出系统、螺旋输送系统、软管卷筒、干料箱、乳化液箱、电气控制系统、液压控制系统、燃油系统等组成。重铵油炸药现场混装车集原料的运输、混制、装填为一体，在爆破现场按不同比例将乳胶基质与多孔粒状铵油混掺在一起，制备成不同能量密度的重铵油炸药，适用于露天矿山的含水炮孔和干孔装药，水孔直径 100 mm 以上、深 25 m 以内，干孔直径 100 mm 以上、孔深不限，是多功能炸药现场混装车，具有良好的料仓配置性能。目前有 8 t、12 t、15 t、20 t、25 t 等多种规格。重铵油炸药现场混装车具有自动计量功能。BCZH - 15B 现场混装重铵油炸药车主要技术参数见表 11 - 5，车体结构如图 11 - 13 所示。

表 11 - 5　系列露天现场混装乳化炸药车主要技术参数

型号	BCZH - 15B	BCLH - 15B	BCRH - 15B
载药量/t	15	15	15
装药效率/(kg·min^{-1})	水孔：200 ~ 280；干孔：300 ~ 450	300 ~ 450	200 ~ 280
装填炮孔直径/mm	≥100	≥100	≥120，下向孔
装填炮孔深度/m	≥25	不限	20
计量误差/%	≤ ±2	≤ ±2	≤ ±2
发动机功率/kW	206	206	250.5
外形尺寸（长×宽×高）/(mm×mm×mm)	11 500 × 2 493 × 3 900	10 250 × 2 480 × 3 850	11 280 × 2 500 × 3 780

2. 粒状铵油炸药现场混装车

粒状铵油炸药现场混装车（on-site mixed granular ANFO explosive truck）主要由汽车底盘、动力输出系统、干料箱、燃油箱、输送螺旋、电气装置等组成，多在冶金、水利、交

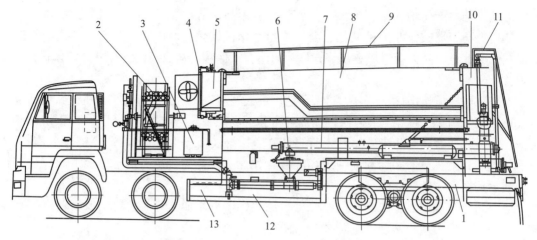

1—汽车底盘；2—输药软管卷筒；3—液压系统；4—水清洗系统；5—敏化剂添加系统；
6—螺旋泵输药装置；7—螺旋输送系统；8—多功能料箱；9—安全护栏；10—燃油系统；
11—爬梯；12—乳胶基质泵送系统；13—动力输出系统。

图 11 – 13　BCZH – 15B 型现场混装重铵油炸药车

通、煤炭、化工、建材等大中型露天矿等工程爆破采场中使用，适用于大直径（一般 80 mm 以上）干孔装药。粒状铵油炸药现场混装车工作前，先在地面站装入柴油和多孔粒状硝酸铵。装药车驶到作业现场，由车载系统将多孔粒状硝酸铵与柴油按配比均匀掺混，并装入炮孔。目前有 4 t、6 t、8 t、12 t、15 t、20 t、25 t 等多个规格可供选择。BCLH – 15B 粒状铵油炸药现场混装车主要技术参数见表 11 – 5，车体结构如图 11 – 14 所示。

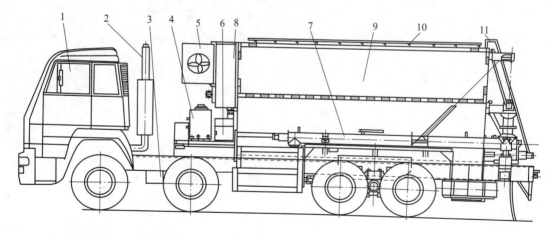

1—汽车底盘；2—排烟管改装；3—动力输出系统；4—液压系统；5—散热器总成；6—电气控制系统；
7—螺旋输送系统；8—燃油系统；9—干料箱；10—走台板；11—梯子。

图 11 – 14　BCLH – 15B 型现场混装多孔粒状铵油炸药车

3. 乳化炸药现场混装车

乳化炸药现场混装车（on-site mixed emulsion explosive vehicle）主要由汽车底盘、动力输出系统、液压系统、电气控制系统、乳化系统、干料配料系统、水暖系统和软管卷筒装置组成。现场混装乳化炸药车中水相、油相、敏化剂的配制在地面站进行，而乳胶基质的敏化、干料的混合、敏化在车上进行，可现场混制纯乳化炸药和最大加 30% 干料的两种乳化炸药。乳化炸药现场混装车在爆破现场将车载乳胶基质装填进入炮孔，敏化后形成具有起爆感度的乳化炸药。目前有 8 t、12 t、15 t、20 t、25 t 等多种规格。BCRH – 15B 乳化炸药现场混装车主要技术参数见表 11 – 5，车体结构如图 11 – 15 所示。

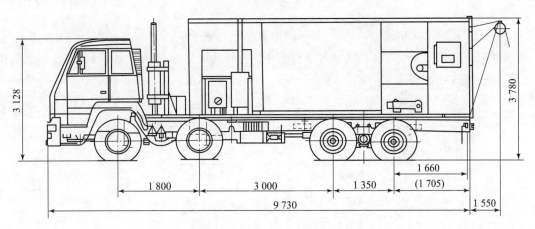

图 11 – 15　BCRH – 15B 型现场混装乳化炸药车

11.3.2　地下爆破装药机械

1. 装药器

装药器（loading vessel）是一种以压缩空气为动力将炸药装填到炮孔之中的一种小型装药机械。其主要用于装填粉状或粒状铵油炸药，在地下爆破工程作业，特别是地下矿山向上的中深孔生产爆破中，采用装药器装药，可节省人力、提高装药效率、改善爆破质量、减轻劳动强度。根据作用原理，装药器主要分为喷射式、压入式和联合式三种类型。表 11 – 6 列出了两种典型的压入式装药器的主要技术参数。

表 11 – 6　BQ 系列粒状铵油炸药装药器

型　　号	BQ – 100	BQ – 50
载药量/kg	100	50
药桶容积/dm³	130	65
工作风压/MPa	0.25 ~ 0.4	0.25 ~ 0.4
承受最大风压/MPa	0.7	0.7
使用输药软管内径/mm	$\phi 25$ 及 $\phi 32$	$\phi 25$ 及 $\phi 32$
外形尺寸（长×宽×高)/(mm×mm×mm)	676 × 676 × 1 350	750 × 750 × 1 100
自重/kg	65	55
备注	为无搅拌装药器，主要用于地下矿山、隧道、硐室爆破	

2. 装药机

装药机（charging machine）是采用泵送装置进行现场混制并装填炸药的小型装药机械。它是将敏化液及乳胶基质带入作业现场，通过泵送装置按照一定的比例将二者吸入混合并通过阀门和管道输入炮孔，从而完成炸药装填作业。装药机机体主要由基质料箱、泵体和自动送管机构三部分构成，根据所搭载的运输设备的不同，装药机主要有矿车式、车载式、铰接车式和便携式四种。

3. 装药车

装药车（explosive loading truck）是运输散装炸药并能于爆破作业现场进行炮孔装填的特种车辆，其主要功能是将地面炸药制备车间已经制备好的炸药装入装药车的料仓内，装药车驶入作业现场并完成装药任务。装药车的构造和原理与装药器基本类似，不同之处在于装药车的体积和炸药装载量都较大，在炸药输送中采用螺旋推进器，辅以高压气体，从而提高了装药效率，有效降低了炸药堵塞现象。BCJ 系列地下混装炸药车的主要技术参数见表 11 - 7。

表 11 - 7   BCJ 系列地下现场混装乳化炸药车主要技术参数

型　号	BCJ - 1	BCJ - 2	BCJ - 4
载药量/kg	600 ~ 1 000	600 ~ 2 000	600 ~ 2 000
装药效率/($kg \cdot min^{-1}$)	15 ~ 20	15 ~ 80	15 ~ 80
装填炮孔范围	（ϕ25 ~ 50 mm）×360°	（ϕ25 ~ 50 mm）×360°	（ϕ25 ~ 90 mm）×360°
装填炮孔深度/m	3 ~ 40	3 ~ 40	3 ~ 40
装药密度/（$g \cdot cm^{-3}$）	0.95 ~ 1.20	0.95 ~ 1.20	0.95 ~ 1.20
行驶速度/（$km \cdot h^{-1}$）	20 ~ 30	40 ~ 60	
工作动力	车载电机或汽车发动机	汽车发动机	车载电动机
外形尺寸（长×宽×高）/（mm×mm×mm）	4 300 × 2 450 × 2 600	7 000 × 2 430 × 3 500	8 900 × 1 850 × 2 500

11.3.3　现场装药地面站

地面站是现场混装炸药车配套的地面辅助设施，它是加工炸药半成品和存储炸药原料的场所。地面站占地面积小，安全级别低，建筑物简单并可以联建，工艺简单，设备少，投资小，见效快。不同的现场混装炸药车，地面站设备配置也不相同。多孔粒状铵油炸药现场混装车地面站只有多孔粒状硝酸铵上料装置和柴油储罐及柴油泵送装置。乳化炸药现场混装车地面站配置可分为车上制乳和地面制乳两种类型。重铵油炸药现场混装车地面站系统配置功能最全，设备最多。地面站按其建筑物的形式，可分为固定式地面站和移动式地面站。

1. 固定式地面站

固定式地面站（fixed ground station）适用于露天矿山开采等作业面相对固定、工期较长的爆破工程。地面站由水相硝酸铵制备系统、油相制备系统、制乳系统、敏化剂添加系统和数字化控制系统组成。固定地面站主要技术性能参数见表 11 - 8。

表 11 - 8   BD 型固定式地面站主要技术性能参数

水相制备（储存）罐/m³	油相制备罐/m³	敏化剂制备罐/m³	制乳装置效率/（$t \cdot h^{-1}$）	破碎机型号	螺旋上料机型号	除尘器型号
10, 15, 25, 45	2, 3, 5	0.3, 0.5	12 ~ 18	400, 500, 600	219, 299	CJ/5, CJ/7

2. 移动式地面站

公路、铁路、水利、电力、小型采矿等爆破工程，由于爆破作业面分散、工期短，为装药车提供半成品及原料，适宜设置移动式地面站（mobile ground station）。移动式地面站移动方便，建设用地少、投资小，能适应流动性大、环境复杂的爆破作业，经济效益显著。移动式地面站由原材料制备车、动力车、生活车、牵引车、运输车等组成。制备车设有水相制备输送系统、油相输送系统、发泡剂输送系统、乳胶输送系统。动力车设有配电屏、发电机、蒸汽锅炉、地表水处理装置、化验室、乳化剂储存保温室等。移动式地面站主要技术性能参数见表 11-9。

表 11-9　BYD 型移动式地面站主要技术性能参数

水相制备罐/m³	水相储存罐/m³	油相制备罐/m³	敏化剂制备罐/m³	溶化效率/(m³·h⁻¹)	制乳装置效率/(t·h⁻¹)	年产/t
6.5	9	2	0.3	5	12~18	4 000~8 000
注：可组合形成年产 4 000~45 000 t 多种产能的地面站。							

11.4　破碎及铲装机械

11.4.1　破碎机械

1. 风镐

风镐（pneumatic pick）是以压缩空气为动力的手持式冲击破碎工具，以冲击形式破碎路面、混凝土和煤层等。适用于不同的破碎对象，可用不同的风镐钎头。

2. 手持式破碎机

手持式破碎机是以压缩空气或液体传递动力的手持式破碎工具。它主要用于混凝土基础、水泥构件、软岩及各种路面的破碎工作。

3. 碎石锤

碎石锤属改装设备，将按要求自行加工的钢制锤体（1 t 以上）装于相应的机械上，利用锤体自由下落的冲击力破碎路面或岩石、混凝土块体。在市政工程中，该设备效率较高，但锤击时振动和噪声较大，加之锤击次数较多，使用中易产生扰民问题。

4. 破碎机（液压镐）

破碎机是大型的破碎工程机械，一般由破碎冲击器和钢钎组成，可装在固定底座上组成固定式破碎机。国产破碎器的主要技术性能见表 11-10。国内使用的进口破碎机主要有德国克虏伯（Krupp）液压破碎锤和韩国"工兵"系列破碎机。

表 11-10　国产破碎器的主要技术性能

型号	PCY80	PCYS200	PCY300	PCY500	PC50	PC100	PC200	PC300	PCY60	PCY180
工作压力/MPa	9.8~12	9.8~12	9.8~12	9.8~12	0.63	0.63	0.63	0.63	12	9.8~12
冲击能量/J	800	2 000	3 000	5 000	500	1 000	2 000	3 000	800	800
冲击频率/Hz	6~8	6.7~8.3	6~8	6~8	8	5	4.5	4	6~8	6~8

续表

型号	PCY80	PCYS200	PCY300	PCY500	PC50	PC100	PC200	PC300	PCY60	PCY180
耗气量 /(L·s⁻¹)					100	150	235	335		
流量 /(L·min⁻¹)	55~70	80~120	115~140	170~220					55~70	55~70
钎尾直径/mm	95	100	130	140	75	100	114	120	95	95
钎尾长度/mm	360	500	460	600	120	160	235	235	360	360
外形尺寸										
长/mm	1 970	1 810	2 345	2 915	1 750	1 920	2 330	2 170	1 970	1 970
宽/mm	580	570	585	600	372	372	472	472	580	580
高/mm	430	420	570	650	750	800	612	655	430	430
配套挖掘机型号	WY40/60	WY60/100	WY60/100	WY100/600	WY40	WY40	WY40/60	WY40/60	DZJ 系列拆炉打碴机	
质量/kg	435	750	1 230	1 680	276	762	120	1 280	435	435
生产厂	通化风动工具厂								沈阳风动工具厂	

克虏伯破碎锤安装在液压承载机械上，要求承载机械的工作重量必须保持液压锤有足够的稳定性，并有合理的液压泵的输出。配用的钢钎有不同的形状，其中锥形钎杆为常用的锤头工具，广泛用于各种工况；扁形钎杆用于岩石破碎及拆除作业；圆头形钎杆用于岩石破碎及采场二次破碎。液压破碎锤的工作效率与下列因素有关：所要破碎的材料；破碎等级；所使用的承载机械；承载机械与液压破碎锤的设备状况；操作工的技术及熟练程度。克虏伯液压破碎锤有轻型、中型和重型三种系列。

11.4.2 铲装设备

装载作业是大规模爆破作业最繁重的工作之一，无论是露天或是地下爆破工程，消耗在这一工作上的劳动量占整个掘进（生产）循环的30%~50%。因此，大力推广和使用装载机械，不断提高装载作业的机械化水平，对提高劳动生产率、解除工人繁重的体力劳动、缩短工期、降低成本等都有着十分重要的意义。

装载机的类型很多，可按其使用场所、工作机构类型、行走方式、动力源的种类等分为若干基本类型：

①按使用场所，可分为露天装载机和地下装载机两大类。

②按装载作业方式，可分为铲斗式、耙爪式和挖斗式等多种。

③按行走方式，可分为轨轮式、履带式和轮胎式等多种。

④按所使用的动力源，可分为电动、气动和内燃驱动等多种。

在土木工程中，挖掘机除少数用于直接剥离表土外，大多数都用于装载和转运已爆破下来的矿岩，其实质上也是一种装载机械。

1. 带转载设备的铲斗式装载机

带转载设备的铲斗式装载机是在工作机构后面安装了一台转载运输机，作业时，碎石经运输机转载到矿车里。它是地下工程的主要清运设备之一。

我国目前生产的这类装载机主要有 ZCY - 30 和 ZCY - 60 型两种，主要用在铁路、公路隧道和水工隧洞的施工，以及井下大断面水平巷道的掘进工作中。

ZCY - 30 型装载机主要由工作机构、转载运输机、传动机构、机架、操纵装置和电气设备等部分组成。用于斜井作业的斜井装载机的结构与这类装载机基本相同，但斜井装载机上装设有绞车，用钢丝绳牵拉住装载机进行作业。

2. 挖掘机

目前土石方爆破工程中大都使用机动灵活、挖装效率高的挖掘机清挖石方。单斗液压挖掘机是在机械传动式正铲挖掘机的基础上发展起来的高效率装载设备，由工作装置、回转装置和运行装置三大部分组成。液压挖掘机是在动力装置与工作装置之间采用了容积式液压传动系统（即采用各种液压元件），直接控制各机构的运动状态，从而进行挖掘工作的。常用挖掘机性能见表 11 - 11。

表 11 - 11　常用挖掘机性能

型号	铲斗形式	铲斗容积/m³	额定功率/kW	行走速度/(m·s⁻¹)	最大挖掘力/kN	最大挖掘半径/m	最大挖掘深度/m	最大卸载高度/m	外形尺寸长×宽×高/(mm×mm×mm)	整机质量/t	生产厂
WY - 15	反	0.15	21	1.6/2.2	26.4	4 800	3 000	2 400	5 030×1 687×2 200	2.2	上海建筑机械厂
WY - 250	正	2.5	220	2	30	9 000				60	杭州重型机械厂
H55	正反	2.7~3.3 1.7~3		2.2						55	杭州重型机械厂
PC - 200	反	0.5~1.17		3.86	10.7	9 650	6 550	6 250		18.4	日本小松有限公司
UH20	正反	3.2 2.0		2.5	30 20	9 400 13 400	3 750 8 300	7 500 8 100		45	日本日立建设机械
RH6	正反	0.8~1.4 0.4~0.9	58	2.6	14.5 13.2	7 000 9 900	2 000 6 800	5 200 6 400		17.1	联邦德国O&K公司
H21C	反	0.4~1.2	74		14.5	9 000	5 900	5 200		20.5	联邦德国Demab公司
H17	正	3.5~4.0	287	1.7		10 300	3 700	6 500		70	
CAT - 320C	反	3.2	103	5.5	148	9 700	6 570	6 650	9 440×3 600×3 010	19.7	美国Cater Pillar公司
	正反	2.3 0.8~2.1	145	3.6					11 430×3 600×3 550 11 430×34 00×3 300	41.2 38.6	

3. 推土机

推土机是一种既能铲挖物料，又能推运和排弃物料的土石方工程机械，在石方工程中是必不可少的辅助设备，用于道路维护、钻孔机作业场地平整、在挖掘机工作面推运矿岩、排土场平整和局部土方弃运等。按行走方式，推土机分为履带式和轮胎式；按作业场地，分为地面式、水下式和两栖式；按传动方式，分为机械传动式、液压机械式、全液压式及电传动式；按发动机功率，分为大型（发动机功率大于 74 kW）、中型（发动机功率为 37～74 kW之间）和小型（发动机功率小于 37 kW）。常用推土机性能见表 11－12。

表 11－12　推土机的主要性能指标

性　　能		东方红60	T80	T100	T120A	T120 上海	TY280	TY240	TY320	TS120	TL160
整机参数	发动机型号	4125 A		4146 T	6135 K－3	6135 K－2	8V 130	12V1 35AK	12V1 35AK	6135 K－3	6120 Q
	发动机功率/kW	44.1		66.2	102.9	88.2	132.3	176.4	235.2	102.9	117.6
	空载总质量/kg	5 900	13 430	13 430	16 880	16 200	21 750	36 500	31 000		12 800
	长度/mm	4 214	5 000	5 000	5 515	5 340	5 954	8 250	6 695		6 130
	宽度/mm	2 280	3 030	3 030	3 910	3 760	4 200	4 200	4 200		3 190
	高度/mm	2 300	2 900	2 992	2 770	3 100	2 920	3 200	3 200		2 840
	行走方式	履带	履带	履带	履带	履带	履带	履带	履带	履带	轮胎
	最小离地间隙/mm	260	331	386	319	300	400				350
	接地比压/kPa	39.2	47.1	47.1	61.7	63.7	78.9			27.5	
	最大爬坡能力	25	30	30	30	30	30	30	30	30	25
行驶速度/(km·h⁻¹)	前进 一挡	3.29	2.36	2.36	2.62	2.28	2.43		0～12.7		7.00
	二挡	4.97	3.78	3.78	3.95	3.64	3.70				13.50
	三挡	6.20	4.51	4.51	5.35	4.35	5.24				27.50
	四挡	8.09	6.45	6.45	6.21	6.24	7.52				49.00
	五挡		10.13	10.13	7.80	10.43	10.12				
	六挡				10.42						
	倒退 一挡	3.14	2.78	2.78	3.68	2.73	3.16		0～8.35		7.00
	二挡	5.00	4.46	4.46	5.57	4.37	4.81				13.50
	三挡		5.33	5.33	7.54	5.32	6.80				27.50
	四挡		7.63	7.63	8.74	7.50	9.78				49.00

续表

性 能		东方红60	T80	T100	T120A	T120上海	TY280	TY240	TY320	TS120	TL160
铲刀的参数	操纵方式	液压	液压	液压	液压	液压	液压	液压	液压	液压	液压
	运动方式	固定	固定	回转	回转	回转	回转	回转	回转侧铲	回转	回转
	铲刀长度/mm	2 280	3 030	3 030	3 910	4 760	4 200		4 200		3 190
	铲刀高度/mm	788	1 100	1 100	1 000	1 000	1 100		1 600		998
	提升高度/mm	625	900	900	940	1 000	1 300		1 660		
	切土深度/mm	290	180	180	300	3 000	530		600		400
	铲土角/(°)	55	52～57～62	60～65	53	48～72	65				52～59
	水平回转角/(°)				±25	±25	±25				±22
生产厂		洛阳拖拉机厂	长春工程机械厂	柳州工程机械厂	宣化工程机械厂	上海澎蒲机器厂	山东推土机厂	上海澎蒲机器厂	宣化工程机械厂	宣化工程机械厂	

4. 空压机

空气压缩机（简称空压机，air compressor）是许多石方开挖和矿山开采的凿岩钻孔机械的配套设备。使用压缩空气动力与使用电力相比较，故障少、易于操作和维修，但费用要高得多。因此，合理地使用压气设备就显得非常必要。空压机按工作原理，可分为速度式和容积式两大类。

①速度式是靠气体在高速旋转叶轮的作用，得到较大的动能，随后在扩压装置中急剧降速，使气体的动能转变成势能，从而提高气体压力。速度式空压机主要有离心式和轴流式两种基本型式。

②容积式是通过直接压缩气体，使气体容积缩小而达到提高气体压力的目的。容积式根据气缸活塞的特点，又分为回转式和往复式两类。回转式包括转子式、螺杆式、滑片式等；往复式有活塞式和膜式两种。按排气压力高低，分为低压、中压、高压和超高压空压机。按气缸中心线与地面相对位置，分为立式、角度式和卧式空压机。按照原始驱动动力，分为电动式和内燃机式。电动式空压机使用成本较低，内燃机式空压机使用成本较高。

目前与钻孔机械配套的常用空压机主要是往复式中的活塞式和回转式中的螺杆式空压机。活塞式空压机比功率最小，所以耗电量少，并且易于调节供气量。但该类机组的质量大、外形尺寸大、易损件多、维修工作量大。螺杆式压缩机与活塞式相比，具有结构简单、零件少、外形紧凑、质量小、维修量小、没有惯性力、基础小、运转可靠等优点，且高原地区容积效率下降比往活塞式空压机要小；螺杆式空压机的缺点是运转时噪声大，并随排气量的增加而增加，并且属于中高频声级，对人体的危害性较大，必须采用隔声罩、消声器等装置。此外，螺杆式压缩机对转子材质要求高，加工难度大。与牙轮钻机、潜孔钻机配套使用的主要是螺杆式空压机。典型的空压机的技术性能参数见表 11－13。

表 11 - 13　L 系列活塞式空压机技术性能参数

型　　号	LW - 20/4 - a	LW - 30/4	LW - 30/4 - c	LW - 40/3	LW - 44/2 - a	L - 20/4，L - 20/4.5
公称容积流量/(m³·min⁻¹)	20	30	30	40	44	20
额定排气压力/MPa	0.4	0.4	0.4	0.3	0.2	0.4，0.45
曲轴转速/(r·min⁻¹)	360	500	380	500	400	360，400
轴功率/kW	92	130	130	155	120	92，100
润滑方式　传动机构	油泵循环润滑					
润滑方式　气缸部分	不注油					
润滑油耗量/(g·h⁻¹)						105
冷却水耗量/(m³·h⁻¹)　主机	3	4.5	4.5	4.5	6	3
冷却水耗量/(m³·h⁻¹)　后冷器	4.5	5	5	5	5	4.5
外形尺寸　长/mm	2 410	2 410	2 410	2 410	2 340	2 410
外形尺寸　宽/mm	1 550	1 550	1 550	1 550	1 550	1 550
外形尺寸　高/mm	2 160	2 045	2 160	2 160	2 550	2 045
压缩机质量/kg	约 3 000	约 3 000	约 3 000	约 3 000	约 3 100	约 2 800
电动机　型号	Y315M1 - 8	Y315M2 - 8	Y355M2 - 8	Y355M1 - 6	Y315M2 - 8	Y315M1 - 8
电动机　功率/kW	110	132	132	185	132	110
电动机　转速/(r·min⁻¹)	738	737	737	983	737	738
电动机　质量/kg	1 100	1 100	1 100	1 425	1 100	1 100

思　考　题

1. 按破岩机理的不同，钻孔机械分为哪几类？
2. 根据不同的动力系统，凿岩机可以分哪几种类型？
3. 潜孔钻机有哪些优点？
4. 牙轮钻机是如何分类的？
5. 什么是炸药混装车？炸药混装车主要有哪些类型？

附录

常用爆破术语英汉对照

A

安定性 stability

安定性试验 stability test

安全电流 safety current

安全距离 safety distance

铵沥蜡炸药 AN-asphalt-wax explosive

铵松蜡炸药 AN-rosin-wax explosive

铵梯炸药 AN-TNT containing explosive

铵油炸药 Ammonium nitrate fuel oil mixture, ANFO explosive

铵油炸药装药器 ANFO loader

奥克托今 Octogen

B

8 号雷管 No. 8 detonator cap

半秒延期雷管 half-second delay detonator

半孔率，孔痕率 half-borehole ratio

帮孔 flank hole，end hole

爆堆 blasting muckpile

爆轰 detonation

爆轰波 detonation wave

爆轰温度 detonation temperature

爆轰压力 detonation pressure

爆破，爆炸 blast，blasting

爆破安全 blasting safety

爆破电桥 circuit tester

爆破剂 blasting agent

爆破进尺 blasting depth

爆破块度 blasting fragmentation

爆破理论 theory of blasting

爆破漏斗 crater

爆破漏斗试验 crater test

爆破母线 shot-firing cable，leading wire

爆破有害效应 adverse effects of blasting

爆破切口 blasting cutting

爆破数值模拟 numerical simulation for blasting

爆破网路，点火电路 firing circuit

爆破噪声 blasting noise

爆破振动 vibration of blasting，concussion of blasting

爆破主线 leading wire

爆破作用指数 crater index

爆燃 deflagration

爆热 explosion heat

爆容 specific volume

爆生气体 explosion gas

爆速 velocity of detonation

爆温 detonation temperature

爆焰 explosion flash，flame of shot

爆炸 explosion

爆炸成形 explosive forming

爆炸复合 explosive clad

爆炸焊接 explosive welding

爆炸合成 explosive synthesis

爆炸加工 explosive working

爆炸连接，爆炸压接 explosive crimping

爆炸切割 explosive cutting

爆炸镶衬 explosive lining

爆炸效应 explosion effect

爆炸压力 explosion pressure

爆炸压缩，爆炸压实 explosive compaction

爆炸硬化 explosive hardening

爆压 detonation pressure

被发药包，被发装药 accepter charge,
　rece-ptor charge

被筒装药 sheathed explosives

泵入式装药车 pump truck

并串联 parallel-series connection

并联 parallel connection

波阻抗 wave impedance

不发火 no-fire

不耦合系数 decoupling ratio/index

不耦合效应 decoupling effect

不耦合装药 decoupling charge

C

C – J 面 Chapman-Jouguet plane

掘进爆破 development blasting, tunneling
　blasting

采石爆破 quarry blasting

残孔，失效炮孔 failed hole

拆除爆破 demolition blasting

铲装机 shovel loader

超挖，超爆 out break, overbreak

超压 overpressure

超钻，钻孔加深 subdrill

超钻深度 over-drilling depth

迟爆 hang fire

冲击波 shock wave

冲击波感度 shock wave sensitivity

冲击式凿岩机 percussion drill

传爆序列 high explosive train

传爆药 booster

撞击感度 impact sensitivity

串并联 series-in parallel connection

串联起爆电流 series firing current

串联起爆试验 series firing test

垂直楔形掏槽 vertical wedge cut

磁电雷管 magnetoelectric detonator

D

大爆破 large scale blasting

大孔距小抵抗线爆破 wide space blasting

大块率 rate of massive yield

代那买特 dynamite

单排孔爆破 single row shot

单体炸药 explosive compound, single
　compound explosive

单位炸药消耗量 powder factor

导爆管 Nonel tube

导爆管雷管 Nonel detonator

导爆索 detonating fuse, detonating cord

导爆索起爆 detonating fuse initiation

导洞 pilot tunnel, guide adit

导向孔 pilot hole, guide hole

低速爆轰 low velocity detonation

底部装药 base charge

底盘抵抗线 toe burden, bench bottom burden

底孔 bottom hole

抵抗线 burden

地下爆破 underground blasting

地震 ground vibration

地震探矿用电雷管 seismograph electric
　detonator

地震探矿用炸药 seismograph explosive

点火 lighting

点火冲量 ignition impulse

点火能量 exciting energy, ignition energy

电爆网路 electric blasting circuit

电雷管 electric blasting cap, electric detonator

电力起爆 electrical blasting

电雷管安全电流 safety current of detonator

电路检测仪 circuit tester

电容式发爆器 condenser type blasting machine

电引火头 fusehead

电子雷管 electronic detonator

电阻 resistance

叠氮化铅 Leadazide

顶板炮孔，上向炮孔 roof hole

定向倒塌式爆破拆除 directional blasting demolition

定向抛掷爆破 directional cast blasting, pinpoint blasting

定向窗 orientation opening

硐室 chamber

硐室爆破 chamber blasting, coyote blasting

堵塞 stemming

段差 time lag

段数 number of delay

断层 fault

多点起爆 multipoint initiation

多孔粒状硝铵 ammonium nitrate prill

躲炮，躲避 retreat

E

二次爆破，解炮 secondary blasting

二硝基重氮酚 diazodinitrophenol

F

发爆能力 firing capability

发爆器 blasting machine, exploder

发火 fire, firing

发火冲能 firing impulse

发火点 ignition temperature

发火电流 firing current

发火试验 firing test

反向起爆 bottom firing

防水药包 water-proof charge

放炮 firing, Initiating

放炮工 shot firer

飞石 flyrock

非电导爆管雷管 Nonel detonator

非电起爆系统 non-electric initiation system

分层装药 deck charge

分段爆破 stage blasting

分段装药 deck charge, deck loading

分阶掏槽 composite cut

粉尘爆炸 dust explosion

粉碎区 crushed zone

粉状代那买特 powdery dynamite

粉状乳化炸药 powdery emulsion explosive

粉状炸药 powdery explosive

辅助孔 relief hole, satellite, easer hole

复式掏槽 double cut

覆盖 cover

覆盖层 overburden

覆土爆破 mudcap blasting, plaster shooting

负氧平衡 negative oxygen balance

G

感度 sensitivity

高安全度炸药 high safety explosives

高能导爆索 high energy detonating cord

高温炮孔爆破 hot holes blasting

根底 tight bottom

工业电雷管 electric detonator

工业炸药 industrial explosive, commercial explosive

沟槽效应 channel effect

孤石爆破 boulder blasting

管道效应 pipe effect, channel effect

光面爆破 smooth blasting

H

含水炸药 water-based explosive, water-containing explosive

毫秒爆破 millisecond blasting

毫秒继爆管 millisecond connector

毫秒延期电雷管 millisecond delay electric detonator

毫秒延期雷管 millisecond (MS) delay detonator

毫秒延时爆破 millisecond delay blasting

黑火药 black powder

黑索金 Hexogen

后冲 crazing of top bench, back break

糊炮 concussion, mudcap blasting
缓冲爆破 cushion blasting
缓冲效应 cushion effect
缓燃导火索 slow burning fuse
混合掏槽 combinational cut, combination cut
混合炸药 explosive mixture
混装车 mixing truck
火雷管，基础雷管 flash detonator, plain detonator
火焰感度 flame sensitivity

J

激发时间 excitation time
即发爆破 instantaneous shot
极限装药量 charge limited
集中装药 concentrated charge
继爆管 delay connector
挤压爆破 tight blasting
架式凿岩机 drifter
间隔装药 divided charge
间隙效应 channel effect, pipe effect
浆状炸药 slurry explosives, slurries
胶质炸药 gelatin dynamite
脚线 leg wire
节理 joint
结块 caking
解炮 boulder blasting
进尺 advance
井下爆破 underground blasting
井下瓦斯检测仪 gas detector for mine gas
井巷掘进爆破 development blasting, exploitation blasting
静电感度 electrostatic sensitivity
静态破碎剂 silent crusher
间隔装药 divided charging
拒爆 misfire
聚能爆破 shaped charge blasting
聚能切割器 jet cutter
聚能装药 shaped charge

聚能效应 shaped charge effect
掘进爆破 exploitation blasting

K

卡斯特猛度试验 Kast brisance test
抗静电电雷管 anti-static electric detonator, electrostatic resistant detonator
抗杂散电流电雷管 anti-stray current electric detonator
孔底装药 base charge
空气冲击波 air shock wave
控制爆破 controlled blasting
矿井瓦斯 mine gas
块度级配 block gradation

L

拉槽 kerf
拉槽爆破 kerf blasting
雷管 detonator, blasting cap
雷管感度 cap sensitivity
雷管编码 detonator coding
离子交换型炸药 ion-exchange explosive
裂隙区 fractured zone
临界直径 critical diameter
连续装药 column charge
零氧平衡 zero oxygen balance
露天爆破 outside blasting
露天炸药 explosive for open-pit operation
裸露爆破 adobe blasting, mudcap blasting
履带式钻车 crawler drill
轮胎钻车 wagon drill
螺旋掏槽 screw cut

M

盲炮 misfire
煤矿许用电雷管 permitted electric detonator for coal mine
煤矿许用炸药 permitted explosive for coal mine
猛爆药 secondary explosive

猛度 brisance
猛炸药 high explosive
秒延期电雷管 second delay electric detonator
秒延期雷管 second delay detonator
敏化剂 sensitizer
摩擦感度 friction sensitivity

N

耐热炸药 heat-proof explosives
耐温电雷管 high temperature resistant electric detonator
耐温耐压电雷管 high temperature-pressure resistant electric detonator
耐压电雷管 high pressure resistant electric detonator
诺曼效应 Neumann effect

O

偶合效应 coupling effect
耦合装药 coupling charge

P

炮根, 残炮, 炮窝 gun root, socket, butt
炮棍 stemmer, tamping rod, tamping stick
炮孔超深 subdrill
炮孔间距 spacing
炮孔利用率 efficiency of borehole
炮孔排列 drilling pattern
炮泥, 填炮泥 stemming
炮泥充填器 tamper
炮烟 blasting fume, fumes
炮孔 blast hole, borehole
炮孔爆破率 efficiency of hole blasting
炮孔布置 hole placement, drilling pattern
炮孔间距 spacing of holes
炮孔密集系数 concentration coefficient of holes
炮孔排距 row spacing
平行掏槽 parallel cut
破碎 fragmentation

Q

齐发爆破 simultaneous blasting
起爆 initiation
起爆点 initiation point
起爆感度 Initiation sensitivity
起爆器材 initiation materials
起爆具 primer
起爆能力 initiation power
起爆顺序 ignition order
起爆药 initiating explosive, primary explosive
浅孔爆破 shot-hole blasting
欠挖 underbreak
堑沟爆破 ditch blasting
切割索 linear shaped charge
轻型凿岩机 jack hammer
清碴, 出碴 mucking
球形药包 ball charge
全断面一次爆破 full-face blasting
全断面掘进, 全断面隧道爆破 full-size tunneling shot

R

燃烧 combustion
热感度 heat sensitivity
乳化炸药 emulsion explosive
乳胶基质 emulsion matrix; emulsion mixture

S

扇形掏槽 fan cut
射孔 perforation
射频感度 radio-frequency sensitivity
深孔爆破 deep-hole blasting
手持式风钻 hand hammer
手持式凿岩机 jack hammer
水封爆破 water infusion blast
水胶炸药 water gel explosive
水炮泥 water stemming
水下爆破 submarine blasting, underwater

blasting
水压爆破 water pressure blasting
瞬发爆破 instantaneous blasting, instantaneous shot
瞬发电雷管 instantaneous electric detonator
松动爆破 standing shot, loosening blasting
隧道掘进爆破 tunneling blasting

T

台阶爆破 bench blasting
太安 Pentaerythritol tetranitrate, PETN
太乳炸药 PETN-latex flexible explosive
掏槽 cut
掏槽孔 cut hole, breaking-in hole
特屈儿 Tetryl
梯恩梯 Trinitrotoluene
填塞系数 coefficient of tamping
筒形掏槽 cylinder cut

V

V 形掏槽 V cut, V-cut

W

瓦斯, 沼气 gas, methane
瓦斯爆炸 gas explosion
瓦斯突出 gas outburst
完全爆轰 complete detonation
威力 strength
无起爆药雷管 non-primary explosive detonator

X

熄爆 incomplete detonation
巷道 drift
硝化甘油炸药 nitroglycerine explosive, dynamite
硝酸铵 ammonium nitrate
硝酸铵类炸药 ammonium nitrate explosive
楔形掏槽 wedge cut
斜眼掏槽 angled cut, oblique cut

现场混装乳化炸药 site mixed emulsion
旋转冲击式钻机 rotary percussion drill
螺旋掏槽 screw cu
殉爆 sympathetic detonation
殉爆安全距离 safety gap distance, safety distance by sympathetic detonation
殉爆距离 transmission distance, gap distance
殉爆试验 gap test

Y

牙轮钻机 rotary drilling rig
压碴爆破 tight blasting
压死 dead press
延长药包 extended charge
延期爆破 delay blasting
延期电雷管 delay electric detonator
岩爆, 岩石突出 rock burst
岩石炸药 rock explosives
岩屑, 钻屑 drill cuttings, cuttings
氧化剂 oxidizer, oxidizing agent
氧平衡 oxygen balance
药包 charge
药壶爆破 pocket shot
药卷 cartridge
药量 charge quantity
约束爆破 confined blasting
液压凿岩机 hydraulic rock drill
应力波 stress wave
油气井爆破 blasting for oil-gas well
油井射孔 well shooting
有毒气体 poisonous gas, toxic gas
预裂爆破 presplit blasting
预拆除 preliminary demolition
原地坍塌式爆破拆除 vertical blasting demolition

Z

杂散电流 stray current, leakage current
凿岩, 钻孔 drilling
凿岩机 rock drill

凿岩台车 drill carriage

早爆 premature explosion

炸高，聚能装药安置高度 stand-off

炸药 explosive

炸药换算系数 coefficient of explosive

炸药威力 explosive power

折叠倒塌式爆破拆除 folded blasting demolition

振动区 vibration zone

正向起爆 collar firing

正氧平衡 positive oxygen balance

支腿钻机 leg drill

直眼掏槽 burn cut, burn-out cut

中心起爆 center priming

中心掏槽 center cut

重铵油炸药 heavy ANFO

重型凿岩机 drifter

周边爆破 contour blasting, perimeter blasting

周边孔 periphery hole

主发药包 donor charge

主装药 main charge

注水爆破 infusion blasting

柱状药包 column charge

装药 charge, loading

装药车 explosive loading truck

装药不耦合系数 coefficient of decoupling charge

装药长度系数 loading factor

装药结构 loaded constitution

装药量 charge quantity

装药器 loader

装载机 shovel loader

撞击感度 impact sensitivity, sensitivity to impact

锥形掏槽 pyramid cut

自由面 free face

钻爆法 drilling and blasting method

钻杆 rod steel, drill rod

钻机 drilling machine

钻孔爆破 drilling blast

钻孔台车 drill carriage, drill jumbo, jumbo

钻头 drill bit, rock bit

最大不发火电流 maximum non-firing current

最小抵抗线 minimum burden

最小发火电流 minimum firing current

做功能力 strength, power

主要参考文献

[1] 张守中，张汉萍，等．爆炸及其作用［M］．北京：国防工业出版社，1979．

[2] 兰格佛斯，等．岩石爆破现代技术［M］．北京：冶金工业出版社，1983．

[3] 钮强．岩石爆破机理［M］．沈阳：东北工学院出版社，1990．

[4] 龙维琪．特种爆破技术［M］．北京：冶金工业出版社，1993．

[5] 冯叔瑜，等．城市控制爆破［M］．北京：中国铁道出版社，1996．

[6] 陶颂霖．凿岩爆破［M］．北京：冶金工业出版社，1997．

[7] 刘殿忠．工程爆破实用手册［M］．北京：冶金工业出版社，1999．

[8] 日本火药学会．爆破工学实用手册［M］．东京：共立出版株式会社，2001．

[9] 熊代余，顾毅成，等．岩石爆破理论与技术新进展［M］．北京：冶金工业出版社，2002．

[10] 于亚伦，等．工程爆破理论与技术［M］．北京：冶金工业出版社，2004．

[11] Fourney W L. The Role of Stress Waves and Fracture Mechanics in Fragmentation［J］. Blasting and Fragmentation，2015，9（2）：83－106．

[12] Roberts D K，Wells A A. The velocity of brittle fracture［J］．Engineering，1954，178（4639）：820－821．

[13] Hustrulid W A. Blasting principles for open pit mining：general design concepts［M］．Balkema，1999．

[14] Zhang Z X. Rock fracture and blasting：theory and applications［M］．Butterworth-Heinemann，2016．

[15] 戴俊．岩石动力学特性与爆破理论［M］．北京：冶金工业出版社，2002．

[16] 杨年华．危险性较大的分部分项工程监管制度与方案范例（爆破与拆除施工方案）［M］．北京：中国建筑工业出版社，2017．

[17] 汪旭光．爆破手册［M］．北京：冶金工业出版社，2010．

[18] 李夕兵，等．凿岩爆破工程［M］．长沙：中南大学出版社，2011．

[19] Johansson D，Ouchterlony F. Shock wave interactions in rock blasting：the use of short delays to improve fragmentation in model-scale［J］．Rock Mechanics and Rock Engineering，Springer，2013，46（1）：1－18．

[20] Katsabanis P D，Tawadrous A，Braun C，et al. Timing effects on the fragmentation of small scale blocks of granodiorite［J］．Fragblast，Taylor & Francis，2006，10（1－2）：83－

93.

[21] 汪旭光，于亚伦．台阶爆破［M］．北京：冶金工业出版社，2017.

[22] 高文乐，葛家才，柳姬，等．国内冷却塔拆除爆破设计综述［J］．爆破，2012（02）：71－75.

[23] 汪旭光．爆破设计与施工［M］．北京：冶金工业出版社，2011.

[24] 吴亮，谢先启，韩传伟，等．高架桥箱梁水压拆除爆破数值模拟与实践［J］．公路交通科技，2016（3）.

[25] 肖建庄，陈立浩，叶建军，蓝戊己，曾亮．混凝土结构拆除技术与绿色化发展［J］．建筑科学与工程学报，2019，36（05）：1－10.

[26] 郑远谋．爆炸焊接和爆炸复合材料［M］．北京：国防工业出版社，2017.

[27] 张发亮，何启林，王佰顺．正令矿干式钻孔粉尘特性的测定与模拟［J］．煤炭技术，2013，32（1）.

[28] 许秦坤，陈海焱．爆破粉尘及炮烟控制现状［J］．爆破，2010，27（04）：113－115.

[29] 池恩安，温远富，罗德丕，等．拆除爆破水幕帘降尘技术研究［J］．工程爆破，2002，8（3）：25－28.

[30] 王玉杰，陈先锋，柴修伟．爆破工程［M］．武汉：武汉理工大学出版社，2018.

[31] Harries G. A Mathematical Model of Cratering and Blasting［C］. National Symposium on Rock Fragmentation, Adelaide, 1973：41－45.

[32] Favreau R F. 台阶爆破岩石位移速度［C］．第一届爆破破岩国际会议论文集（中译本），1983：408－417.

[33] Seamen L, Curran D R, Murri W J. A Continuum Model for Dynamic Tensile Micro-fracture and Fragmentation［J］. J. Appl. Mech., 1985（52）：593－600.

[34] Grady D E, Kipp M E. Continuum Modeling of Explosive Fracture in Oil Shale［J］. Int. J. Rock Mech. Min. Sci. Geomech. Abstr., 1980（17）：147－157.

[35] Grady D E. Local Inertial Effects in Dynamic Fragmentation［J］. J. Appl. Phys., 1982, 53（1）：322－325.

[36] Taylor L M, Chen E P, Kuszmaul J S. Microcrack-induced Damage Accumulation in Brittle Rock under Dynamic Loading［J］. Computer Meth. Appl. Mech. Eng., 1986（55）：301－320.

[37] 杨军．岩石爆破分形损伤模型．中国矿业大学北京研究生部博士论文，1996.

[38] Ahrens T J, Rubin A M. Impact-Induced Tensional Failure in Rock［J］. J. G. R., 1993, 98（E1）.

[39] 杨军，高文学，金乾坤．岩石动态损伤特性试验及爆破模型［J］．岩石力学与工程学报，2001，20（3）：320－323.

[40] Preece D S, Tawadrous A, Silling S A, et al. Modelling Full-scale Blast Heave with Three-dimensional Distinct Elements and Parallel Processing［C］. 11th International Symposium on Rock Fragmentation by Blasting, Australia, 2015：127－134.

[41] Preece D S. Development and Application of a 3－D Rock Blast Computer Modeling Capability Using Discrete Elements－DMCBLAST_3D［C］. Proc. 16th Symp. on Explosive

and Blasting Research，ISEE，2000：12 – 18.

[42] Deb D，Pramanik R. Smoothed Particle Hydrodynamics Modelling of Blast-induced Fracture Processes in Naturally Jointed Rock Medium ［C］. 11th International Symposium on Rock Fragmentation by Blasting，Australia，2015：65 – 70.

[43] Shi G H. Discontinuous Deformation Analysis：A New Numerical Model for the Statics and Dynamics of Block Systems ［D］. Berkeley：University of California，Berkeley，1988.

[44] Ning Y J，Yang J，An X M，Ma G W. Modelling rock fracturing and blast-induced rock mass failure via advanced discretisation within the discontinuous deformation analysis framework ［J］. Computers and Geotechnics，2011（38）：40 – 49.

[45] 于琦. 黏聚单元在爆破工程中的应用研究 ［D］. 北京：北京理工大学，2018.

[46] 王海亮，蓝成仁. 工程爆破 ［M］. 北京：中国铁道出版社，2018.

[47] 刘殿书，李胜林，梁书峰. 爆破工程 ［M］. 北京：科学出版社，2017.

[48] 冯有景. 现场混装炸药车 ［M］. 北京：冶金工业出版社，2014.

[49] 姚文莉，杨书卷，马丽，陈广仁. 待到山花烂漫时——丁憼传 ［M］. 北京：北京理工大学出版社，2020.